矿业工程国家级实验教学示范中心（山东科技大学）资助

高等教育安全科学与工程类系列教材

安全评价

主　编　曹庆贵

副主编　辛　嵩　撒占友　吴立荣

参　编　（以姓氏笔画为序）

于岩斌　王　刚　司崇殿

卢　颖　刘小荣　刘　泳

陈　静　杨文宇　苗德俊

郑晓云　胡　静　黄冬梅

机械工业出版社

本书从安全工程专业本科教学特点和安全评价课程的学习要求出发，系统、全面、简练地介绍了安全评价的基本知识和基本方法，以及安全评价的工作方法和实际应用，简明地分析了安全评价新技术和新方法的研究思路。本书主要内容包括安全评价的原理与方法体系、危险辨识与评价单元划分、定性与定量安全评价方法、概率风险评价法、安全对策措施、安全评价的工作程序与技术文件、安全评价实例分析以及安全评价新技术、新方法研究应用等。每章均编有学习目标和本章小结，并附有思考与练习题，方便教学。

本书主要作为高等学校安全科学与工程类专业相关课程本科教材及其他相关专业本科和研究生的教学参考书，还可作为各级安全评价师的培训教材和业务参考书。

图书在版编目（CIP）数据

安全评价/曹庆贵主编 . —北京：机械工业出版社，2017.9（2024.7重印）
高等教育安全科学与工程类系列教材
ISBN 978-7-111-58031-7

Ⅰ.①安…　Ⅱ.①曹…　Ⅲ.①安全评价—高等学校—教材　Ⅳ.①X913

中国版本图书馆 CIP 数据核字（2017）第 229452 号

机械工业出版社（北京市百万庄大街22号　邮政编码100037）
策划编辑：冷　彬　责任编辑：冷　彬　马军平
责任校对：樊钟英　封面设计：张　静
责任印制：郜　敏
北京富资园科技发展有限公司印刷
2024 年 7 月第 1 版第 8 次印刷
184mm×260mm·18.25 印张·504 千字
标准书号：ISBN 978-7-111-58031-7
定价：45.00 元

电话服务　　　　　　　　　　网络服务
客服电话：010-88361066　　机　工　官　网：www.cmpbook.com
　　　　　010-88379833　　机　工　官　博：weibo.com/cmp1952
　　　　　010-68326294　　金　书　网：www.golden-book.com
封底无防伪标均为盗版　　机工教育服务网：www.cmpedu.com

前　言

　　安全是人类社会最为关注的重大课题，安全评价是解决安全问题的重要手段。20世纪80年代以来，随着安全系统工程学科理论的引进，我国安全评价的研究和应用受到广泛的重视。2002年以来，随着《中华人民共和国安全生产法》的颁布实施，安全评价工作已步入法制化、常态化、职业化轨道，安全评价课程也被各高校列为核心专业课或重要专业课。

　　本书主要目的是为安全工程专业编写适用的教材，同时为安全评价师的培训和在职学习提供参考。本书力求系统、全面、简炼地介绍安全评价的基本知识和基本方法，以及安全评价的工作方法和实际应用，简明地分析安全评价新技术和新方法的研究思路。全书注重讲清方法思路、保持体系上的完整性和条理性，从安全评价的基本理论与应用实践两个方面充实和完善其内容。本书在选材上力求新颖，尽量吸收国内外最新科研成果，部分内容取材于作者的研究成果和现场的安全工作实践，部分内容取自山东科技大学安全工程专业多年使用的"安全评价与预测"课程的讲义；在内容安排上，既简明扼要地阐述理论，又提供详细、完整的应用实例，便于理解和掌握。

　　曹庆贵任本书主编，负责全书的统稿并编写了第1章、第2章、第6章和第10章的部分内容。其他作者及其参与编写的部分对照如下：第1章——陈静；第2章——杨文宇，辛嵩；第3章——王刚，于岩斌；第4章——陈静，黄冬梅，刘泳；第5章——吴立荣，郑晓云，黄冬梅，杨文宇，王刚；第6章——苗德俊，吴立荣，撒占友，胡静；第7章——黄冬梅，司崇殿，苗德俊；第8章——于岩斌，卢颖，吴立荣；第9章——刘小荣，吴立荣，黄冬梅，撒占友；第10章——辛嵩，黄冬梅，杨文宇。研究生高荣翔、黄珊珊绘制了部分插图。

　　本书的编写得到了许多专家、同仁的关心与指点，参阅了众多专家和学者的论著（见参考文献）。借出版之际，向相关专家、同仁及论著的作者致以衷心的感谢！

　　由于作者水平有限，书中疏漏和错误在所难免，敬请读者多加指正。

编　者

目　录

第 1 章

安全评价概述

学习目标

1. 熟悉系统评价的概念，了解系统评价的内容及其指标体系。
2. 熟悉安全评价的概念、种类和一般程序步骤，了解安全评价的由来、目的意义、功能特点、现状及发展沿革情况。
3. 熟悉安全评价工作的标准规范，了解安全评价的法规依据。
4. 了解安全评价的职业化及其工作、管理方式。

1.1 评价与系统评价

1.1.1 评价与系统评价的概念

所谓评价，是指明确目标对象的属性，并把它变成主观效用（满足主体要求的程度）的行为，即明确价值的过程。在实际生活中，评价、评估、评定、评鉴乃至测量等概念均有使用，它们被当作同义词使用的情况也屡见不鲜；在英文中也有 Evaluation、Assessment、Appraisal 和 Measurement 等表示这一概念的词语。所有这些都影响着人们对评价概念的理解以及方法的准确运用。在我国文字中，评价意味着评判价值之意，也就是说，评价就是判断价值。

系统评价就是根据预定的系统目的，在系统调查和可行性研究的基础上，主要从技术和经济等方面，就各种系统设计的方案所能满足需要的程度同消耗和占用的各种资源进行评审和选择，并选择出技术上先进、经济上合理、实施上可行的最优或满意的方案。

1.1.2 系统评价的目标、内容和原则

1. 系统评价的目标

进行系统评价时，要从明确评价目标开始，通过评价目标来规定评价对象，并对其功能、特性和效果等属性进行科学的测定。

具体地说，系统评价是对系统分析过程和结果的鉴定，其主要目的是判别设计的系统是否达到了预定的各项技术经济指标，能否投入使用并提供决策所需的信息。在对某系统进行决策时，

应当全面地考虑系统状态信息，并对依据这些信息所采取的策略以及执行这些策略可能产生的后果进行综合评价，按照评定的价值来判断各种策略和方案的优劣，做出正确的决断。

因此，评价的目标是为了决策。系统评价是方案优选和决策的基础，评价的好坏影响着决策的正确性。

2. 系统评价的内容

在系统评价过程中，首先要熟悉方案和确定评价指标。熟悉方案是指通过大量的调查研究了解系统的基本目标、功能要求，掌握各种方案的优缺点以及系统目标、功能要求的实现程度、方案实施的条件和可能性等。评价指标是指评价条目和要求，是方案期望达到的指标，它包括政策指标、技术指标、经济指标和社会指标等。然后，根据熟悉方案情况，结合评价指标，应用适当的方法，先进行单项评价，再进行综合评价，从而得出各方案优先顺序的结论。单项评价一般指技术评价、经济评价和社会评价。

3. 系统评价的原则和范式

为了搞好系统评价，必须遵守下面几条原则：①要保证评价的客观性；②要保证方案的可比性；③评价指标的系统性；④评价指标必须与国家的方针、政策、法律法规的要求相一致。

评价是一个比较的过程。在这个过程中，把被评价的事物与一定的对象进行比较，从而确定该事物的价值，或者说确定其在系统之中的地位。因此，任何评价都可按照图1.1所示的范式进行，其中 X 为被评价的对象（元素、系统）。

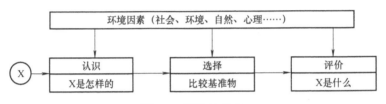

图1.1 评价的范式

1.1.3 系统评价的指标体系

为了将多层次、多因素的复杂的评价问题用较科学的计量方法进行量化处理，首先必须针对评价对象构造一个科学的评价指标体系。这个指标体系必须将被评对象的大量相互关联、相互制约的复杂因素之间的关系层次化、条理化，并能够区分它们各自对评价目标影响的重要程度，以及对那些只能定性评价的因素进行恰当的、方便的量化处理。

评价指标体系要全面地反映出所要评价的系统的各项目标要求，尽可能地做到科学、合理，且符合实际情况，并基本上能为有关人员和部门所接受。

评价指标体系通常可考虑如下几大类：

（1）政策性指标。包括国家的方针、政策、法律法规，以及法律约束和发展规划等方面的要求，这对国防或国计民生方面的重大项目或大型系统尤为重要。

（2）技术性指标。包括产品的性能、寿命、可靠性、安全性等。

（3）经济性指标。包括方案成本、效益、建设周期、回收期等。

（4）社会性指标。包括社会福利、社会节约、综合发展、污染、生态环境等。

（5）资源性指标。

（6）时间性指标。

以上是考虑的大类指标，每一个指标又可以包含许多小类指标。每一个具体指标可能由几个指标综合反映，这样形成了指标树，这个指标树就构成了系统评价指标体系。

1.2　安全评价的概念与种类

上一节介绍了系统评价，是普通意义上的评价。本节及之后则会全面介绍安全评价，它可以看作是系统评价的一个分支。安全评价同其他工程系统评价一样，都是从明确的目标值开始，对工程、产品、工艺等的功能、特性和效果等属性进行科学测定，然后根据测定的结果，用一定的方法进行综合、分析、判断，并作为决策的参考。

安全评价是安全系统工程的重要组成部分。现代工业生产中，为实现系统安全的目标，必须应用安全原理和工程技术方法，预先对系统中的各种危险进行辨识、评价和控制，以有效地预防事故、特别是重大恶性事故的发生，将系统的危险性降到最低，避免或减少事故可能造成的生命或财产损失。为达到这一目的，就需要对计划、设计直到生产运行的全过程不断地进行检查、测定、分析和评价，以便有的放矢地采取事故预防措施，保证系统的安全。因此，安全评价是充分认识系统的实际安全状况，有效地采取安全对策的基础，是应当引起高度重视并积极进行研究的一个重要课题。

安全评价技术首先是由于保险业的需要而发展起来的。之后，人们将其应用到工业企业及安全管理工作中，取得了良好的效果。

1.2.1　安全评价的概念

安全评价（Safety Assessment）也称为安全性评价、危险评价或风险评价（Risk Assessment），是按照科学的程序和方法，对系统中的危险因素、发生事故的可能性及损失与伤害程度进行调查研究与分析论证，并以既定的指数、等级或概率值来表示，再针对存在的问题，根据当前科学技术水平和经济条件，提出有效的安全措施，以便消除危险或将危险降到最低。

与"风险评价"或"危险评价"相比，"安全评价"的提法更容易被人们接受，所以我国广泛应用"安全评价"这一名词。

《安全评价通则》（AQ 8001—2007）对安全评价的定义是：以实现安全为目的，应用安全系统工程原理和方法，辨识与分析工程、系统、生产经营活动中的危险、有害因素，做出评价结论的活动。安全评价可针对一个特定的对象，也可针对一定区域范围。

要消除危险就必须对它有充分的认识。在传统的安全工作中，认为安全和危险是两个互不相容的绝对概念。但是，广义上讲，做一件事总要承担一定的风险。因此，现代安全理念认为，在现实世界中绝对的安全是不存在的，安全和危险是事物的两个方面。美国安全工程师学会曾将安全解释为"导致损伤的危险程度是可以容许的，较为不受损害的威胁和损害概率低的通用术语"。也就是说，在某个具体的环境中，危险性和安全性都是存在的，只是它们的程度不同而已。当危险性小到某种程度时，人们就认为是安全的了。

1.2.2　安全评价的内容与种类

1. 安全评价的内容

理想的安全评价，包括危险性的辨识和危险性的评价两个方面，如图 1.2 所示。对于危险性的辨识，应尽可能有量的概念，即用具体数字表示系统的危险程度的大小，以便于比较，并应反复校核系统的危险性，确认系统是否有新的危险以及系统的运行过程中危险性会发生什么变化；对于危险性评价，需要有一个标准，即社会公认的安全指标（见第 2 章）；同时，还要确认危险性是否被排除、危险程度是否有所降低。

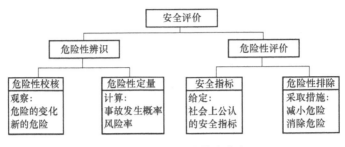

图 1.2　安全评价的基本内容

2. 安全评价的种类与方法

随着 20 世纪 80 年代安全系统工程的引进和发展，安全评价技术一直处于开发研究阶段，并在我国得到了持续的发展和完善。安全评价的分类以及每类的具体叫法还不够统一和规范。一般地，可从如下几个方面划分安全评价的种类与方法。

（1）从量化程度划分。根据评价指标和评价结果的量化程度，将安全评价方法划分为定性安全评价和定量安全评价；也有人在这两类之间单独划分出"半定量安全评价"。

（2）按被评价系统所处的阶段或时间关系划分。根据安全评价工作与生产工作的时间关系，可以将其分为预评价和现状评价；按照被评价系统所处的阶段，可将安全评价划分为：新建、扩建、改建系统以及新工艺的预先评价，现有系统或运行系统的安全性评价，退役系统的安全性评价。

根据安全评价工作与生产工作的时间关系，还可以将安全评价划分为日常评价、事前评价及事后评价。其中，日常评价是指与生产工作同步进行，随时评价其实际安全状况的经常性安全评价，以便及时采取针对性安全技术措施，防止事故发生。

（3）按评价性质和目的划分。根据评价工作的性质和目的，可以将其分为系统固有危险性评价、系统安全管理状况评价和系统现实危险性评价。

（4）《安全评价通则》（AQ 8001—2007）的划分。国家安全生产监督管理局 2003 年 3 月发布的《安全评价通则》，根据工程、系统生命周期和评价的目的，安全评价分为安全预评价、安全验收评价、安全现状综合评价和专项安全评价。

国家安全生产监督管理总局 2007 年 1 月发布、2007 年 4 月 1 日实施的《安全评价通则》（AQ 8001—2007）中，安全评价按照实施阶段的不同分为三类：安全预评价、安全验收评价和安全现状评价。

目前，在厂矿企业和政府各级安全监管机构中所讲的安全评价，主要指《安全评价通则》（AQ 8001—2007）中的安全预评价、安全验收评价、安全现状评价。

1.2.3　安全评价的发展历史

如上所述，安全评价技术首先是由于保险业的需要发展起来的。保险公司为客户承担各种风险，必然要收取一定的费用。而这个费用收取多少合适，应该是由所承担的风险大小来决定。因此，早在 20 世纪 30 年代，就产生了一个衡量风险程度的问题，这个衡量风险程度的过程就是当时的美国保险协会所从事的风险评价。

20 世纪 60 年代，美国道化学公司开发了以火灾爆炸指数为依据的安全评价方法。这种方法在世界范围内影响很大，推动了安全评价工作的发展。之后，英国帝国化学公司在此基础上推出了蒙德法，日本推出了冈山法、疋田法。而美国道化学公司的安全评价方法也日趋科学、合理、切合实际。经过多年的实践，道化学公司本身对其评价方法先后修订 6 次，于 1993 年推出了第 7 版和相应的教科书。评价范围也从火灾爆炸扩展到毒性等其他方面。

20 世纪 70 年代初，日本劳动省颁发了《化工厂安全评价指南》，把安全评价方法进一步向科学化、标准化方向推进。它采用了一整套安全系统工程的综合分析方法和评价手段，使化工厂的安全工作在规划、设计阶段就能得到充分的保证。

以风险率为标准的定量评价是安全评价的高级阶段，其评价方法随着高科技领域的开发而得到迅速的发展。英国在 20 世纪 60 年代中期就建立了故障率数据库和可靠性服务所，开展概率风险的评价工作。70 年代中，美国原子能管理委员会发表了《商用核电站风险评价报告》，在国际同行中影响很大，并推动了安全系统工程在世界范围内的广泛应用。现在，定量的安全评价已在发达国家的许多工程项目中得到广泛应用，并且许多行业制定了技术标准。

我国自 20 世纪 80 年代以来，开始在企业安全管理中应用安全系统工程，并取得了丰硕成果，推进了安全管理水平的提高，加快了我国安全管理向科学化、现代化方向发展的速度。在此期间，安全工作的特点主要是系统安全分析方法得到应用，基本上解决了系统的局部安全问题；之后，人们对安全系统工程的认识逐步提高，认识到要全面了解和掌握整个系统的安全状况，客观地、科学地衡量企业的事故风险大小，区别轻重缓急，有针对性地采取相应对策，真正落实"安全第一、预防为主、综合治理"的方针，政府要有效地实行安全监督管理，工会系统要切实履行劳动保护监督职责，保险部门要合理收取保险费，科学地实行风险管理等，必须采用系统安全评价的方法。目前，许多企业和一些产业部门开始着手安全性评价理论、方法的研究与应用。现在，以安全检查表为主要依据的安全评价方法已经比较成熟，1988 年 1 月 1 日，机械电子工业部颁发了《机械工厂安全性评价标准》，受到企业的欢迎，收到较好的效果。该标准的颁布执行，标志着我国安全管理工作进入了一个新的阶段。国家其他一些产业部门，如原化工部、冶金部、航空航天部、兵器工业总公司等，也开展了本行业安全性评价标准的研制工作。核工业部参照国外标准对秦山核电站进行了科学的评价。北京、天津、上海、湖北、广东等省市，也在不同范围内、不同程度上开展了安全评价的研究与试点工作。所以，企业的安全评价工作正在全国范围内展开，这对加强劳动保护，提高全社会的安全生产水平具有深远的意义。

2002 年 11 月 1 日起施行、2014 年修改的《中华人民共和国安全生产法》（简称《安全生产法》）第二十九条规定，矿山、金属冶炼建设项目和用于生产、储存、装卸危险物品的建设项目，应当按照国家有关规定进行安全评价。

按照《安全生产法》等安全法规的规定，我国近年来对矿山和危险化学品等行业开展了大规模的安全评价工作，并由政府的安全生产监督管理部门对该项工作进行监督和管理，对保证项目的"三同时"建设、为企业创造良好安全生产条件、有的放矢地开展事故预防工作，起到了积极的基础和保障作用。

1.3 安全评价的意义与程序步骤

1.3.1 安全评价的意义

安全评价与日常的安全管理工作和安全监察监督工作不同，它的着眼点是由技术和工艺带来的负效应，主要从危险有害因素及其存在状态、产生损失和伤害的可能性、影响范围、严重程度及应采取的对策等方面进行分析、论证和评估。

第一，安全评价工作有助于政府安全生产监督管理部门对企业的安全生产实行宏观控制。

安全评价可以根据标准对企业的安全管理、安全技术、安全教育等方面进行综合评价，以了解企业存在的问题，客观地对企业安全水平做出结论。安全生产监督管理部门以此为依据，对企业依法进行恰当的处置，如依法追究事故责任、责令停产整顿或采取相应安全措施等。因此，可以达到安全监察和宏观控制的目的。

第二，安全评价有助于保险部门对企业灾害实行风险管理。

保险部门对企业由于事故引起的人身伤亡、职业病和财产损失风险所承担的经济补偿义务，是保险业务的一项主要内容。随着我国保险事业的发展，对企业事故的风险管理必然要纳入议事日程。对企业事故的风险管理应该包括以下内容：保险费的合理收取，风险的控制和事故后的合理赔偿。

保险部门为企业承担灾害事故保险，应该以什么为标准、收取多少保险费合适呢？一般，保险费的收取是由企业灾害事故风险的大小决定的。严格地讲，保险费的计算应以实际风险率为基准。但目前尚不具备这样的条件。因此，可以考虑采用安全评价的结果计算费率，即综合考虑安全评价中对企业固有危险性划分的危险等级和企业安全管理现状的安全评价结果，也就是考虑企业生产过程中危险程度大小和企业对危险的控制能力的高低。

对于风险控制，是在保险过程中通过保险人与被保险人共同努力，尽量减少事故的发生、减轻灾害事故产生的损失。保险部门为客户提供灾害风险的保险，并不是所有事故都负责赔偿，而是仅在客户遵守保险部门制定的防灾防损条例、条令、规程、规定及保险人所明确的保险责任范围内，才履行经济补偿义务；目前，保险业可借用企业安全评价标准作为企业防灾防损的准则。

第三，安全评价有助于提高企业的安全管理水平。

安全评价可以使企业安全管理达到如下目的：

（1）变事后处理为事先预防预测，使企业安全工作实现科学化。

（2）变纵向单科管理为全面系统管理，使企业安全工作实现系统化。企业进行安全评价，不仅评价安全技术部门，而且要全面评价各职能部门以及每一位职工应负的安全职责，使企业所有部门都按照要求做好本系统的安全工作。这样，可以使企业安全管理实现全员、全面、全过程的系统化管理。

（3）变盲目管理为目标管理，使企业安全工作实现标准化。按评价标准进行安全评价，可以使安全技术干部和全体职工明确各项工作的安全标准，就可使安全工作有明确的追求目标，从而使安全管理变为目标管理。

第四，安全评价可以为企业领导的安全决策提供必要的科学依据。

安全评价不仅要系统地确认危险性，还要进一步考虑危险发展为事故的可能性大小及事故造成损失的严重程度，进而计算风险率。以此为根据，可以合理地选择控制事故的措施，确定措施投资的多少，从而使投资和可能减少的负效益达到平衡，为企业领导的安全决策提供科学依据，使系统达到社会认可的安全标准。

1.3.2 安全评价的功能与特点

随着安全评价技术的发展，人们对它的认识也在不断地深化。归纳起来，安全评价的功能与特点有如下几个方面：

（1）安全评价是一门控制系统总损失的技术。通过对系统固有的及潜在的危险进行辨识与评价，对控制系统总损失的有效性、经济性和可操作性诸方面进行分析论证，并采取有效的措施保证系统的安全，控制事故可能造成的损失。

（2）安全评价是一门保障企业不断进步的技术。现代工业生产技术发展很快，新工艺、新设备、新材料和新能源等不断出现。每种新工艺、新设备、新材料或新能源的出现，都有可能带来新的危险。所以，要使企业不断地进步和发展，就需要适时地进行安全评价，并及时采取有针对性的事故预防措施，防止各种可能发生的事故。

（3）安全评价必须全面、系统。安全评价工作中，既要考虑生产系统的各个环节，如生产、运输、储存等过程；又要考虑设备、工艺、材料等多种因素。

（4）安全评价的着眼点是预防事故，因而带有预测的性质。安全评价工作虽然离不开有关的规程和标准，但主要不是依靠既定的规程和标准去制约技术和工程，而是对技术或工程本身可能产生的损失以及可能对人员造成的伤害进行预测。安全评价所要达到的目标，也不仅要求满足有关的规程和标准，而是要有效地控制系统的所有危险。

（5）安全评价涉及多种领域，因而评价的方法应当多样化。根据需要，既可以对规划、设计阶段的工程项目进行评价，也可对运行中的生产装置进行评价，还可以进行某些专门的评价。应根据各种评价工作的具体要求，分别采用实用有效的方法。

（6）安全评价的具体工作主要是调查研究。为了全面、系统地进行安全评价，有效地预防事故、控制事故可能造成的损失，应该进行深入细致的调查研究工作，对被评价系统的历史和现状进行详细的分析，以求对系统的实际安全状况做出客观、真实的评价。

安全评价工作的重要性，主要体现在如下3个方面：

1）安全评价工作是预防事故的需要。

2）安全评价工作是制订安全对策的需要。

3）安全评价工作是加强安全管理的需要。

安全评价的结果，既可以作为安全管理部门和监督监察部门进行安全管理工作的依据，便于确定重点管理的对象与范围；也可以作为作业规程修订的依据，以便改善防灾设施与组织，提高企业的防灾能力，促进企业安全管理水平的提高。

1.3.3　安全评价的程序步骤

安全评价主要是对系统内的危险因素进行辨识、分析判断，制定相应的安全对策，并对系统的安全性做出结论。

安全评价工作可采取由企业自身进行评价，企业与有关单位合作评价，邀请外单位专家评价，委托专业安全评价机构评价等方式。各种方式的安全评价程序不尽相同。以委托专业安全评价机构所做的安全评价（安全预评价等）为例，说明安全评价的程序步骤，如图1.3所示。

（1）前期准备。准备工作包括明确评价的对象和范围，了解被评价对象的技术概况，选择分析方法，收集国内外相关法律法规、标准、规章、规范等有关资料及事故案例，制订评价工作计划以及准备必要的替代方案等。

（2）辨识与分析危险、有害因素。通过一定的手段，对被评价对象的危险、有害因素进行辨识、分析和判断。要对危险、有害因素的性质、种类、范围和条件、危险发生的实际可能性和危险的严重程度进行分析，并推断危险影响的频率，分析发生危险的时间和空间条件。

（3）划分评价单元。为合理、有序开展安全评价，应划分评价单元。评价单元的划分应科学、合理，便于实施评价、相对独立且具有明显的特征界限。

（4）定性、定量安全评价。根据评价单元的具体情况，选择应用定性安全评价、定量安全评价或定性、定量相结合的评价方法，开展安全评价，确定其危险等级或发生概率，得出危险程度的明确结论。

（5）提出安全对策措施和建议。根据危险、有害因素辨识及定性、定量安全评价结果，提出有针对性、且技术可行、经济合理的安全对策措施和建议，以消除危险或将危险控制在可接受水

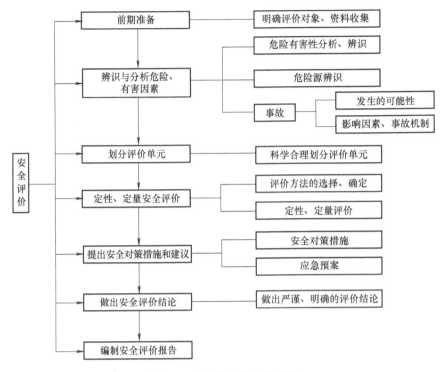

图 1.3　安全评价的程序步骤

平；当无法有效控制总体危险水平时，可以提出中断开发或停止使用等措施。

（6）做出安全评价结论。通过定性、定量安全评价，并同既定的安全指标或标准相比较，判明项目所达到的实际安全水平后，应根据"客观、公正、真实"的原则，严谨、明确地做出安全评价结论。

安全评价结论的内容应高度概括评价结果，从风险管理角度，给出评价对象在评价时与国家有关安全生产的法律法规、标准、规章、规范的符合性结论，给出事故发生的可能性和严重程度的预测性结论，以及采取安全对策措施后的可能安全状态等。

（7）编制安全评价报告。依据安全评价的结论，编制系统、明确的安全评价报告。报告应全面、概括地反映安全评价过程及全部工作，文字简洁、准确，提出的资料清楚可靠，论点明确，利于阅读和审查。安全评价报告是安全评价过程的具体体现和概括性总结，是评价对象实现安全运行的指导性文件，对完善其安全管理、指导安全技术的应用等方面具有重要作用；安全评价报告作为第三方出具的技术性咨询文件，可作为政府安全生产监管、监察部门、行业主管部门等相关单位对被评价对象的安全行为进行监管的参考依据。

图 1.3 表示的是全面、规范的安全评价程序。其他情况下，如企业自身开展的安全评价、特别是日常安全评价，可参考上述程序，制定简单、易行的程序步骤，一般包括前期准备、危险的辨识与分析、划分评价单元、评价计算及危险的定量化、确定安全对策及安全评价结论等。

1.4　安全评价的依据与规范

安全评价是一项政策性很强的工作，必须依据我国现行的法律、法规、技术标准和相关国际法律文件予以实施，以保障被评价项目的安全运行。应该注意，安全评价所涉及的法规、标准等要随法规、标准条文的修改或新法规、新标准的出台而及时更新。

1.4.1　安全评价依据的主要法律、法规

（1）宪法。宪法的许多条文直接涉及安全生产和劳动保护问题，这些规定既是安全法规制定的最高法律依据，又是安全法律、法规的一种表现形式。

（2）法律。法律是由国家立法机构以法律形式颁布实施的，制定权属全国人民代表大会及其常务委员会。与安全评价有关的法律包括《中华人民共和国安全生产法》《中华人民共和国刑法》《中华人民共和国劳动法》《中华人民共和国矿山安全法》《中华人民共和国职业病防治法》《中华人民共和国突发事件应对法》《中华人民共和国消防法》《中华人民共和国道路交通安全法》等。

（3）行政法规。行政法规是由国务院制定的，以国务院令公布。与安全评价有关的行政法规很多，如《安全生产许可证条例》（2014 年修订）、《危险化学品管理条例》（国务院令第 591 号）、《易制毒化学品管理条例》（国务院令第 445 号）、《使用有毒物品作业场所劳动保护条例》（国务院令第 352 号）、《烟花爆竹安全管理条例》（国务院令第 455 号）（2016 年修订）、《生产安全事故报告和调查处理条例》（国务院令第 493 号）、《特种设备安全监察条例》（国务院令第 549 号）、《女职工劳动保护特别规定》等。

（4）部门规章。部门规章是由国务院有关部门制定的专项安全规章，是安全法规各种形式中数量最多的。如由国家安全生产监督管理（总）局、国家煤矿安全监察局发布的《煤矿建设项目安全设施监察规定》（国家煤矿安全监察局第 6 号令）、《危险化学品建设项目安全生产许可实施办法》（安全监管总局令第 8 号）、《非煤矿山企业安全生产许可证实施办法》（2015 年修订）、《建设项目职业卫生"三同时"监督管理暂行办法》（国家安监总局 51 号令）、《生产经营单位安全培训规定》（国家安监总局第 3 号令）（2015 年修订）、《安全评价机构管理规定》（国家安监总局第 22 号）（2015 年修正）、《安全评价机构考核管理规则》（安监总规划字［2005］65 号）等。

（5）地方性法规和地方规章。地方法规是由各省、自治区、直辖市人大及其常务委员会制定的有关安全生产的规范性文件；地方规章是由各省、自治区、直辖市政府，其首府所在地的市和经国务院批准的较大的市政府制定的有关安全生产的专项文件。

（6）国际法律文件。主要是我国政府批准加入的国际劳工公约。

1.4.2　安全评价依据的一般标准

各类与安全生产有关的标准，都是安全评价工作的依据。与安全评价相关的标准种类繁多，应根据被评价项目所属行业合理选择应用。相关标准可按来源、法律效力、对象特征等划分为多种类型。

按标准来源可分为 4 类：①由国家主管标准化工作的部门颁布的国家标准，如《生产设备安全卫生设计总则》（GB 5083—1999）等；②国务院各部委发布的行业标准，如《化工企业定量风险评价导则》（AQ/T 3046—2013）等；③地方政府制定颁布的地方标准，如《不同行业同类工种职工个人劳动防护用品发放标准》（［1991］鲁劳安字第 582 号）等；④企业制定的企业标准。

按法律效力可分为两类：①强制性标准，如《建筑设计防火规范》（GB 50016—2014）等；②推荐性标准，如《高温作业分级》（GB/T 4200—2008）等。

按对象特征可分为管理标准和技术标准。其中，技术标准又可分为基础标准、产品标准和方法标准 3 类。

1.4.3 安全评价工作的标准规范

为规范安全评价本身的程序、方法、工作方式等各方面工作，国家安全生产监督管理总局等制定了多项行业标准和规范，成为安全评价的主要工作依据。其中，最为重要的是《安全评价通则》（AQ 8001—2007）、《安全预评价导则》（AQ 8002—2007）和《安全验收评价导则》（AQ 8003—2007），其他还有《煤矿建设项目安全预评价实施细则》（AQ 1095—2014）、《煤矿建设项目安全验收评价实施细则》（AQ 1096—2014），以及由住房和城乡建设部制定的《施工企业安全生产评价标准》（JGJ/T 77—2010）等。

1.5 安全评价的职业化及其工作、管理方式

1.5.1 安全评价的职业化

劳动和社会保障部 2008 年制定了《安全评价师国家职业标准（试行）》，自 2008 年 2 月 29 日起施行，安全评价师职业编码为 X4 - 07 - 01 - 11。安全评价从而正式成为一种职业。

除安全评价师国家职业资格，国家制定的《安全评价机构管理规定》等规章和标准，也给安全评价的职业化提供了保障。

1.5.2 安全评价师职业及其基本要求

安全评价师（Safety Evaluation Engineer）指采用安全系统工程方法、手段，对建设项目和生产经营单位生产安全存在的风险进行安全评价的人员。

（1）职业等级。该职业共设 3 个等级，分别为：三级安全评价师（国家职业资格三级）、二级安全评价师（国家职业资格二级）、一级安全评价师（国家职业资格一级）。三级最低，一级最高。

（2）职业环境。主要在室内、外，常温，有时会在危险、有害环境中工作。

（3）职业能力特征。具有较强的文字表达、语言沟通、获取信息、综合分析与处理、组织协调、洞察风险和思维判断的能力；具备团队合作精神；身体健康。

（4）基本文化程度。最低文化程度要求为：大学专科毕业。

（5）基础知识。安全评价师应掌握如下基础知识：法律、法规和标准、规范；安全评价技术基础知识；安全生产技术理论知识；安全生产管理知识。

1.5.3 安全评价的工作、管理方式

1. 安全评价师工作要求

对各级安全评价师有不同的工作要求。三级安全评价师、二级安全评价师、一级安全评价师的能力要求依次递进，高级别涵盖低级别的要求。具体要求见《安全评价师国家职业标准（试行）》。

2. 安全评价管理方式

国家对安全评价机构和安全评价人员实行资质许可制度，相关要求及管理方式如下。

（1）安全评价师管理。具备规定学历和工作年限要求的人员，需经国家组织的安全评价师鉴定考试，方可取得相应等级的安全评价师资格。鉴定分为理论知识考试和专业能力考核，一、二级安全评价师还需参加综合评审测试。经鉴定合格人员将获得安全评价师职业资格证书。

安全评价师实行注册执业制度，只能受聘并注册于一家法人单位从业。根据其与所注册法人

单位的劳动关系性质，可注册为专职或兼职安全评价师；在注册期内，安全评价师应按规定接受必要的继续教育，不断提高自身业务能力和技术服务水平。

安全评价师要规范执业，遵守国家相关文件和规定，如《安全评价机构和安全评价师自律公约》等；中国安全生产协会 2016 年制定了《安全评价师从业注册规则》，自 2016 年 6 月 1 日起施行，对安全评价师的执业和注册做了更为细致的规定。

（2）安全评价机构的管理。安全评价机构的管理主要执行《安全评价机构管理规定》，该规定于 2009 年 7 月 1 日由国家安全生产监督管理总局第 22 号令公布了修订版，之后于 2013 年 8 月 29 日第 63 号令第一次修正，2015 年 5 月 29 日第 80 号令第二次修正。该规章明确规定：国家对安全评价机构实行资质许可制度。安全评价机构应当取得相应的安全评价资质证书，并在资质证书确定的业务范围内从事安全评价活动；未取得资质证书的安全评价机构，不得从事法定安全评价活动。

安全评价机构的资质分为甲级、乙级两种，根据其专业人员构成、技术条件确定各自的业务范围。取得甲级资质的安全评价机构，可以根据确定的业务范围在全国范围内从事安全评价活动；取得乙级资质的安全评价机构，可以根据确定的业务范围在其所在的省、自治区、直辖市内从事安全评价活动。

安全评价机构均必须具有法人资格，有固定工作场所、相关设施、设备和技术支撑条件，以及一定数量的固定资产。甲级资质，应当有 25 名以上专职安全评价师；乙级资质，应当有 16 名以上专职安全评价师。

安全评价机构应当依法独立开展安全评价活动，客观、如实地反映所评价的安全事项，并对做出的安全评价结果承担法律责任。

本 章 小 结

本章简要介绍了系统评价的概念、内容及指标体系；详细介绍了安全评价的概念、种类、意义、现状及发展沿革，分析了安全评价的功能特点与程序步骤，并对安全评价的法规依据、安全评价工作的标准规范，以及安全评价的职业化问题做了系统、简练的说明。本章可为系统、深入地学习和研究安全评价建立基础。

思考与练习题

1. 何为评价？何为系统评价？
2. 系统评价的内容是什么？说明系统评价的原则和范式。
3. 如何建立系统评价的指标体系？其确定原则是什么？
4. 试述安全评价的概念，简述安全评价的功能特点。
5. 安全评价的内容包括哪些方面？
6. 试述安全评价的种类和方法，简述它们的基本思路。
7. 说明安全评价的意义，分析其重要性。
8. 说明并分析不同种类安全评价的程序步骤。
9. 简述安全评价的依据和规范。
10. 分析安全评价的发展、应用和职业化情况。

第2章

安全评价的原理与方法体系

学习目标

1. 熟悉安全评价的基本原理，了解安全评价原则。
2. 明确安全评价指标体系的概念、建立原则与结构设计。
3. 熟悉安全评价的参数与标准的概念，掌握风险率的计算方法，明确风险率与安全指标的关系。
4. 掌握安全评价的方法分类及安全评价的方法体系。
5. 了解化工企业易发生泄漏的设备及其裂口参数的估算，熟悉常见泄漏的计算模型。
6. 熟悉蒸气云爆炸计算模型与沸腾液体扩展蒸气爆炸计算模型，了解池火灾计算模型。

2.1 安全评价的基本原理与原则

2.1.1 安全评价的基本原理

安全评价的主要任务是寻求系统安全的变化规律，并赋予一定的量的概念，然后根据系统的安全状况、危险程度采取必要的措施，以达到预期的安全目标。如何掌握这种规律和结果，如何建立安全评价的数学模型才能得到有关系统安全程度的准确的量的概念，以及采取什么样的措施，从何处着手解决问题才能达到系统安全的目标，这些都需要在正确的理论指导下进行。这就要研究和探讨安全评价的基本原理。

安全评价的基本原理主要有相关性原理、类推性原理、惯性原理和量变到质变原理。

1. 相关性原理

（1）相关性原理的概念。安全评价的对象是系统，虽然系统有大有小，千差万别，但其基本特征是一致的。系统的整体功能和任务是组成系统的各个子系统、单元综合发挥作用的结果。因此，不仅系统与子系统、子系统与单元有着密切的关系，各子系统之间、各单元之间也存在着密切的相关关系。所以，在评价过程中只有找出这种相关关系，并建立相关模型，才能正确地对系统的安全性做出评价。

对于每个系统，其属性、特征与事故和职业危害都存在着因果的相关性，这是相关性原理在安全评价中应用的理论基础。

（2）系统结构及安全评价。每个系统都有本身的目标或目标体系，而构成系统的所有子系统、单元都是为这一目标或目标体系共同发挥作用的。如何使这些目标达到最佳，是系统工程要解决的问题。因此，系统应该包括：①系统要素 X，即组成系统的所有元素；②相关关系集 R，即系统各元素之间的所有相关关系；③系统要素和相关关系的分布形式 C。要使系统目标达到最佳程度，只有使上述三者达到最优结合，才能产生最大的输出效果 E，即：

$$E = \max f(X, R, C) \tag{2.1}$$

对于系统的安全评价来说，就是要寻求 X、R 和 C 的最合理的结合形式。所谓最合理的结合形式，即具有最优结合效果 E 的系统结构形式及在 E 条件下保证安全的最佳系统。安全评价的目的，就是寻求最佳生产（运行）状态下的最佳安全系统。因此，在评价之前要研究与系统安全有关的系统组成要素，要素之间的相关关系，以及它们在系统各层次的分布情况。例如，工厂的安全决定于构成工厂的所有要素，即人、机、环境等，而它们之间又都存在着相互影响、相互制约的相关关系，这些关系在系统的不同层次中表现又各不相同。

要对系统做出准确的安全评价，必须对要素之间及要素与系统之间的相关形式和相关程度给出量的概念。哪个要素对系统有影响，是直接影响，还是间接影响；哪个要素对系统影响大，大到什么程度，彼此是线性相关，还是指数相关等等，都需要明确。

（3）因果关系及其应用。事故和导致事故发生的各种原因（危险因素）之间存在着相关关系，主要表现为因果关系，即危险因素是原因，事故是结果，事故的发生往往不是由单一危险因素造成的，而是由若干个危险因素综合作用的结果。当出现符合事故发生的充分与必要条件时，事故就会必然发生；多一个危险因素不影响事故发生的结果，而少一个危险因素则事故不会发生。进一步分析，每一个危险因素又由若干个二次危险因素构成，二次危险因素则由三次危险因素构成，依此类推。

根据因果关系，只要消除了事故发生的 n 次（n≥1）危险因素，破坏了发生事故的充分与必要条件，事故就不会产生。这是采取技术、管理、教育等方面安全对策措施的理论依据。

在安全评价过程中，明确事故发生的因果关系，则可根据各种原因（危险因素）的实际状况，通过对相关数据及其发展趋势的分析判断，借鉴因果关系模型而得到安全评价结果。因果关系模型越接近真实情况，安全评价效果越好，评价结果越准确。

2. 类推性原理

类推性原理，即按照一定规则进行推算，根据两个或两类对象之间存在的某些相同或相似的属性，从一个已知对象具备的某种属性来推断出另一个对象也具有这一属性的一种推理方法。

类推原理既可以由一种现象推算出另一种现象，也可以根据已掌握的实际统计资料，采用合理的统计推算方法进行推算，求得基本符合实际需要的资料，以弥补调查统计资料的不足，供安全评价工作应用。

对于具有相同特征的类似系统的安全评价，可采用类推原理。常用的类推方法有以下几种。

（1）平衡推算法。平衡推算是根据相互依存的平衡关系来推算所缺有关指标的方法。例如，利用事故法则（1∶29∶300），在已知重伤死亡数据的情况下，推算轻伤和无伤害事故数据；利用事故的直接经济损失与间接经济损失的比例为1∶4的关系，从直接损失推算间接损失和事故总经济损失等。

（2）代替推算法。代替推算是利用具有密切联系（或相似）的有关资料，来代替所缺少资料项目的办法。例如，对新建装置的安全评价，可利用与其类似的已有装置资料、数据对其进行评价。

（3）因素推算法。因素推算是根据指标之间的联系，从已知因素数据推算有关未知指标数据的方法。例如，已知系统事故发生概率 P 和事故损失严重度 C，就可利用风险率 R 与 P、C 的关系

$R = PC$，来求得风险率数值 R。

（4）抽样推算法。抽样推算是根据抽样或典型调查资料推算系统总体特征的方法。这种方法是数理统计分析中的常用方法，是以部分样本代表整个样本空间来对总体进行统计分析。

（5）比例推算法。比例推算是根据社会经济现象的内在联系，用某一时期、地区、部门或单位的实际比例推算另一类似时期、地区、部门或单位有关指标的方法。例如，控制图法的控制中心线的确定，是根据上一个统计期间的平均事故率来确定的；国外各行业安全指标的确定，通常也是由前几年的年事故平均数值确定的。

（6）概率推算法。概率推算是指对于任何随机事件，在一定条件下发生与否未知，但其发生概率是一客观存在的定值。事故的发生是一个随机事件，就可以用概率值来预测现在和未来系统发生事故的可能性大小，以此来衡量系统危险性的大小、安全程度的高低。美国原子能委员会发布的《商用核电站风险评价报告》基本上是采用了概率推算的方法。

3. 惯性原理

任何事物的发展都带有一定的延续性，这一特性称为惯性。惯性原理指利用惯性来评价系统或项目的未来发展趋势。

惯性表现为趋势外推，如从一个单位过去的事故统计资料寻找出事故变化趋势，推测其未来状态。这就是马尔可夫过程中从过去事故发生的规律来预测未来事故发生的基本原理，概率推算也基于这种思想。

利用惯性原理进行安全评价时应注意以下两点。

（1）惯性的大小。惯性越大，影响越大；反之，影响越小。例如，一个生产经营单位中，如果疏于管理，违章作业严重、事故隐患多发，则事故发展的惯性就比较大，导致事故和损失的可能性就比较大，应该设法减小这种惯性，为安全生产创造良好条件。

事故发展的惯性运动是受"外力"影响的，可使其加速或减速。例如，安全投资、安全措施、安全管理等，均可认为作用于"事故"上的"外力"，使事故发展产生负加速度，使其发展速度减慢，惯性变小。而今天的安全投资，也是以昨天的事故损失大小为依据的。安全投资过少，则不能阻止事故发展的惯性运动。这就需要建立安全投资与减少事故损失的相关模型，并对其进行分析和优化，以期取得最佳的安全投资效益。

（2）惯性的趋势及影响。一个系统的惯性是这个系统内的各个内部因素之间互相联系、互相影响、互相作用，并按照一定的规律发展变化的一种状态趋势。因此，只有当系统是稳定的，受外部环境和内部因素的影响产生的变化较小时，其内在联系和基本特征才可能延续下去，该系统所表现的惯性发展结果才基本符合实际。但是，绝对稳定的系统是没有的，因为惯性在受到外力作用时，可以加速或减速，甚至可以改变方向。这样，就需要对应用惯性原理做出的评价进行修正，即在系统主要方面不变、而其他方面有所偏离时，就应根据其偏离程度对所做出现的评价结果进行修正。

4. 量变到质变原理

任何一个事物在发展变化过程中都存在着从量变到质变的规律。同样，在一个系统或项目中，许多有关安全的因素也都存在着量变到质变的规律；在评价一个系统或项目的安全时，也都离不开从量变到质变的原理。因此，量变到质变原理在安全评价工作中有广泛应用。

例如，作业条件危险性评价法（LEC 法）中，在评价、计算出危险分数 D 后，按照 D 从量变到质变的层次，将 D 值划分为 <20、20-69、70-159、160-319、≥320 共 5 段，每一段分别对应着"稍有危险""可能危险""显著危险""高度危险""极其危险"5 个危险等级。在做出评价结论时，"稍有危险"是一般可接受的，"极其危险"是不可接受的，必须"停产整改"，其他几个危

险等级也需要采取相应的危险控制对策（详见第5章）。

上述安全评价基本原理是在安全评价发展过程中总结、提炼出来的，可用于指导安全评价工作。掌握安全评价的基本原理可以建立正确的思维模式，对于安全评价人员开拓思路、合理选择和灵活运用安全评价方法，有效开展安全评价工作，都是有益和必需的。

2.1.2　安全评价的原则

安全评价是安全生产监督管理的重要手段，是落实"安全第一，预防为主，综合治理"安全生产方针的重要技术保障。安全评价是关系到被评价项目及生产经营单位能否达到国家规定的安全标准，能否保障劳动者安全与健康的关键性工作，不但技术要求高，而且有很强的政策性。要做好这项工作，必须以被评价对象（项目及生产经营单位）的实际情况为基础，以国家安全法规及有关技术标准为依据，用严肃的科学态度，认真负责的精神，强烈的责任感和事业心，全面、仔细、深入地开展和完成安全评价任务；安全评价工作中必须自始至终遵循科学性、公正性、合法性和针对性原则。

（1）科学性。安全评价涉及多方面的知识和技术。安全预评价旨在实现项目的本质安全及防灾的预测、预防性，安全验收评价则在项目的可行性和保障性上做出结论，安全现状评价注重整个项目全面的现实安全效果。为保证安全评价能准确地反映被评价项目的客观实际和结论的准确性，在安全评价的全过程中，必须依据科学的方法、程序，以严谨的科学态度全面、准确、客观地进行工作，提出科学的对策措施，做出科学的结论。从收集资料、调查分析、筛选评价因子、测试取样、数据处理、模式计算和权重值的确定，直至提出安全对策措施和建议、做出安全评价结论等，每个环节都必须严守科学态度，用科学的方法和可靠的数据，按科学的工作程序一丝不苟地完成，在最大程度上保证评价结论的正确性和对策措施的合理性、可行性和可靠性。

（2）公正性。安全评价结论是被评价项目的决策、设计及能否安全运行的依据，也是国家安全生产监督管理部门安全监督管理的执法依据。安全评价的正确与否直接涉及被评价项目能否安全运行，涉及国家财产和声誉会不会受到破坏和影响，涉及被评价单位的财产是否受到损失、生产能否正常进行，涉及周围单位及居民是否受到影响，涉及被评价单位职工乃至周围居民的安全和健康。因此，安全评价单位和评价人员必须严肃、认真、实事求是地进行公正的评价。即对于安全评价的每一项工作，都要做到客观公正，既要防止受评价人员主观因素的影响，又要排除外界因素的干扰，切实避免出现不合理、不公正的结论。安全评价有时会涉及一些部门、集团、个人的利益，这就要求在评价时必须以国家和劳动者的总体利益为重，充分考虑劳动者的安全与健康，依据国家有关法规、标准和经济技术的可行性提出明确、公正的结论和建议。

（3）合法性。安全评价目前是我国法律明确规定、在特定行业必须实施的法定工作，安全评价机构和评价人员必须由国家相关部门予以资质核准和资格注册，只有取得资质的单位和人员才能依法进行安全评价工作，国家的政策、法规、标准是安全评价的依据。所以，安全评价工作必须严格执行国家及地方颁布的有关安全的方针、政策、法规和标准等，全面、仔细、深入地剖析被评价项目或生产经营单位在执行产业政策、安全生产和劳动保护政策等方面存在的问题，并且在评价过程中主动接受国家相关部门的指导、监督和检查，力争为项目决策、设计和安全运行提出符合政策、法规、标准要求的评价结论和建议，为安全生产监督管理提供科学依据。

（4）针对性。进行安全评价工作时，首先应针对被评价对象的实际情况和特征，收集有关资料，对系统进行全面的分析；其次要对众多的危险、有害因素及评价单元进行筛选，针对主要的危险因素及重要单元进行重点评价，并辅以对重大事故后果和典型案例的分析、评价。由于各类安全评价方法都有特定适用范围和使用条件，要有针对性地选用安全评价方法；最后，要从实际的经济、技术条件出发，提出有针对性的、操作性强的安全对策措施，对被评价对象做出客观、公正的评价结论。

2.2 安全评价的指标体系

安全评价的对象，可以是一部机器、一台装置、一条工艺线、一种物质或材料等；但是，更多情况下是针对一个建设项目（如某一金属冶炼企业扩建项目等）或一个厂矿企业整体进行安全评价，包括对危险设备和危险装置、工艺过程、危险物质、生产环境和人的安全素质的评价等，是对一个复杂系统所做的综合评价。在安全评价技术中，这种评价具有一定的代表性，况且在国内广泛应用。

安全评价的核心问题，是确定评价指标体系。对评价一个项目或企业（以下简称企业）而言，就是采用哪些指标或者标准去评价、估量其安全水平。确定一个指标体系是否合理和科学，既关系到能否得到实际安全水平的准确、真实的评价结论，又关系到能否发挥安全评价的作用，达到通过评价而促进整个企业安全水平不断提高的总目的。因此，建立一套安全评价指标体系，对于企业安全生产的健康发展有着方向性、实质性的影响。但是，要建立一套既科学又合理的评价指标体系，却是一个难度非常大的课题。因为企业是一个极为复杂的大系统，存在着影响其安全状况的各种因素，而究竟其中哪些因素是最重要的，是需要认真研究探讨的问题。要建立一套完善、合理、科学的安全评价指标体系，必须首先确定建立评价指标体系的指导原则。

2.2.1 建立安全评价指标体系的原则

在建立安全评价指标体系时应该遵循什么样的指导原则，众说不一。在众多说法中，可以归纳为以下几个指导原则。

（1）科学性原则。科学的任务是揭示事物发展的客观规律，探求客观真理，作为人们改造世界的指南。所建立的安全评价指标价系，必须反映客观实际、反映事物的本质、反映出影响企业安全状况的主要因素。只有坚持科学性原则，获得的信息才具有可靠性和客观性，评价的结果才具有可信性。

（2）可行性原则。所建立的安全评价指标体系，应方便数据资料的收集，能反映事物的可比性，使评价程序与工作尽量简化，避免面面俱到，烦琐复杂。只有坚持可行性原则，安全评价的实施方案才能比较容易地为企业界、科学界和各级安全监督、监察部门所接受。

（3）方向性原则。所建立的安全评价指标体系，应体现我国安全生产的方针政策，体现我国的国情。只有坚持方向性原则，才能通过安全评价引导各类企业在贯彻"安全第一，预防为主，综合治理"的方针下，在安全生产方面达到安全法规和政府安全生产监督管理部门的要求。

（4）可比性原则。安全评价指标应当具有可比性；为了便于比较，安全评价指标宜予以量化。安全管理和安全技术工作，具有社会性、迟效性、综合性等特点，评价的对象比较复杂。但是，事物的质量是事物的存在形式，而质与量总是紧密相联的，事物的质是要通过一定的量表现出来的。因此，评价的指标应当尽可能量化，以精确地揭示事物的本来面目。

2.2.2 安全评价指标体系的结构设计

评价一个企业的安全水平，可从系统分析的角度，设想一个评价模型框图，如图2.1所示。

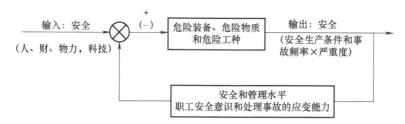

图2.1 企业安全评价模型框图

在图2.1中，把一个企业看作一个大系统，即人—机—环境系统。系统的输入是国家和企业本身对安全在人力、财力、物力和科学技术方面的投入；系统的输出为企业的安全生产条件和风险率（伤亡事故频率和严重度）。在系统的内部，影响系统输出的因素很多，其中起主要作用的是企业的安全管理水平、职工的安全意识和处理事故的应变能力，以及企业所拥有的危险装备和物质。更为重要的是，一个企业的安全管理水平、职工的安全意识，会反过来强烈地影响着企业投入的效益。从控制论的角度说，有着很强的反馈作用，不可避免地要加强或削弱输出项。因此，作为整个系统诸因素的综合信息，应该是企业的安全水平。换言之，企业的整体安全水平，与企业的安全管理水平、职工的安全意识和处理事故的应变能力、危险装置与物质3个方面有着紧密的联系。

以上三个方面，可以看作是三个子系统，每个子系统由若干指标所组成，合在一起则构成安全评价指标体系。在确定各个子系统指标时，应当解决目标评价和过程评价的关系。

对于这个问题，存在着两种观点：

第一种观点认为，企业安全评价应当是目标评价。其主要论点是：

（1）企业的安全评价是对企业加强宏观指导和管理的手段之一，应当是目标控制，不应强调过程控制。

（2）许多管理过程是不太容易衡量好坏的，过程管理的好坏主要通过效果来反映。目标评价正是主要看企业安全工作的结果，而不是看过程本身。

（3）从安全评价的任务来看，评价本身不是经验的总结。

第二种观点认为，企业的安全评价不能只进行目标评价，应当考虑过程评价。其主要论点是：

（1）企业的安全评价是一个很复杂的问题，其中的一些因素，特别是人的安全意识和企业的安全管理水平，对企业的整体安全水平的影响要通过一段时间才能反映出来，是一种滞后效应。因此，需要经过一些过程指标来衡量人的安全意识和企业安全管理水平对企业整体安全水平的影响。

（2）一个企业的安全水平，同企业的安全管理关系密切，科学的、现代化的管理显得越来越重要，而管理方面的评价基本上是属于过程评价。

（3）考虑过程评价，将有助于企业的安全工作健康地发展，因为有些过程指标是带有引导性的。

以上两种观点均不无道理，但都只强调了事物的某个方面，具有一定的片面性。对此，应综合考虑两方面的情况，才能比较全面地得出结论。

基于上面的分析和讨论，可以提出这样一个安全评价指标体系，即以企业的危险物质和危险装置为基础，以降低伤亡事故率和减少损失为目标，以企业的安全管理水平与职工的安全意识为控制手段的评价指标体系。

例如，矿井提升系统安全评价指标体系，可以由设备设施、员工素质等6个一级指标和20多个二级指标组成，如图 2.2 所示。

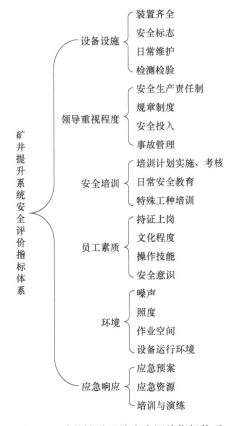

图 2.2 矿井提升系统安全评价指标体系

再如，煤矿瓦斯爆炸事故危险性评价指标体系，可以由矿井瓦斯等级、矿井瓦斯管理、瓦斯检查员素质、机电工人素质、放炮员素质、机电设备失爆率、矿井通风管理、安全生产方针执行情况、安全保护装置、瓦斯监测监控、瓦斯抽放等 11 个指标组成。

2.3 安全评价的参数与标准

安全评价的参数指危险性的判别指标（或判别准则），是用来衡量被评价系统风险大小的尺度，无论是定性评价还是定量评价，都需要有危险判别指标；安全评价标准则是衡量被评价系统危险性的限定或期望尺度，判断风险是否达到了可接受程度、系统的安全水平是否在可接受范围的参数。显然，无论是定性评价还是定量评价，都需要安全评价标准。

2.3.1 一般安全评价中的参数与标准

一般安全评价、特别是定性安全评价中，其参数（即危险判别指标）主要有安全系数、安全等级、危险指数、危险等级等；失效概率、事故频率、财产损失率、死亡概率、风险率和安全指标等也经常作为安全评价的参数，且主要应用在定量安全评价中。

各种安全评价都应该根据国家相关法律、法规、规章和标准进行，因此，国家法律、法规、规章和标准是安全评价所依据的主要标准。相关问题见 1.4 节讨论，此处不再赘述。

需要说明的是，安全评价所依据标准众多，不同行业会涉及不同标准，安全评价过程中应注意使用最新的、适合本行业的标准。

2.3.2 风险率与安全指标

定量安全评价过程中，需要用风险率与安全指标两个数量化的参数，以判定系统的实际安全状况。下面对这两个参数以及与之相关的事故频率等参数做一详细介绍。

2.3.2.1 风险率

风险率也叫危险度，是用来表示危险性大小的指标。安全系统工程认为，危险性是客观存在的，并且在一定条件下会发展成为事故，造成一定损失。

危险性的大小受两方面因素的影响，一是事故的发生概率，二是事故后果的严重程度。事故的发生概率表示事故发生的可能性，可以用事故的频率来代替。事故的频率表示在一定时间或生产周期内事故发生的次数。事故后果的严重程度表示发生一起事故造成的损失数值，称为严重度。如果事故仅造成财物损失，则包括直接损失和间接损失，可以折算成损失的金额进行计算；由于安全方面主要考虑事故造成的伤亡损失，事故的严重度则由人员死亡或负伤的损失工作日来表示。

风险率的定义如下：

$$R = PC \tag{2.2}$$

式中 R——风险率；

P——事故发生概率（频率）；

C——事故后果的严重度。

对风险率的定义式做进一步分析，有：

$$风险率 = 频率 \times 严重度 = \frac{事故次数}{单位时间} \times \frac{损失数值}{事故次数} = \frac{损失数值}{单位时间} \tag{2.3}$$

由式 (2.3) 可见，风险率是以单位时间的损失数值来表示的。在安全方面，主要考虑事故造成的伤亡情况，即损失数值用人员死亡或负伤的损失工作日数来表示。因此，风险率可以用如下单位表示：

1）死亡/（人·年），指每人每年的死亡概率。

2）FAFR（Fatal Accident Frequency Rate，死亡事故频率），指接触工作 1 亿（10^8）h 所发生的死亡人数。1FAFR 相当于 1000 人在 40 年工作时间内（每年工作 2500h）有 1 人死亡。

3）损失工日/接触小时，指每接触工作 1h 所损失的工作日数。

有了风险率的概念，就可以用数字明确表示系统的危险性大小，也即表示了其安全性如何。安全评价及安全工作的任务，就是要设法降低风险率，提高系统的安全性。

下面通过实例说明风险率的计算。据 1971 年统计资料，美国一年发生汽车交通事故 1500 万次，其中每 300 次事故中造成 1 人死亡。这样，一年中汽车交通事故的死亡人数为 5 万人。若按美国人口为 2 亿计算，则当时美国汽车交通事故的风险率为：

$$R = \frac{5 \times 10^4}{2 \times 10^8} = 2.5 \times 10^{-4} 死亡/（人·年）$$

若每人每天用车时间为 4h，则每年 365 天中总共接触小汽车 1460h。根据这些数据，可以求得以 FAFR 表示的风险率为：

$$R = \frac{2.5 \times 10^{-4}}{1460} \times 10^8 = 17.1FAFR$$

事故除了可能产生死亡这一最严重的后果以外，大多数是负伤。对负伤风险进行评价，则采用损失工作日/接触小时为计算单位。

负伤有轻重之分，如果经过治疗、休养后能够完全恢复劳动能力，则损失工作日数按实际休工天数计算。但有的重伤后造成伤残，或身体失去某种功能，不能完全恢复劳动能力，甚至发生死亡事故。为了便于计算，应该把致残、死亡伤害折合成相应的损失工作日数。

《企业职工伤亡事故分类》（GB 6441—1986）中，对每类伤亡事故的损失工作日均规定了换算标准，表2.1是其中的一例。同时规定，死亡或永久性全失能伤害的损失工作日为6000日。

实际计算中，可按《企业职工伤亡事故分类》（GB 6441—1986）的规定计算各类伤亡事故的损失工作日，未规定数值的暂时性失能伤害按歇工天数计算。

表 2.1　骨折损失工作日换算表

骨 折 部 位	损失工作日	骨 折 部 位	损失工作日
掌、指骨	60	胸骨	105
桡骨下端	80	跖、趾	70
尺、桡骨干	90	胫、腓	90
肱骨髁上	60	股骨干	105
肱骨干	80	股粗隆间	100
锁骨	70	股骨颈	160

对于永久性失能伤害，不管其歇工天数多少，损失工作日均按《企业职工伤亡事故分类》（GB 6441—1986）的规定数值计算。各伤害部位累计损失工作日数超过6000日者，仍按6000日计算。

2.3.2.2　安全指标

1. 可接受危险分析

按照相对安全的观点，安全是没有超过允许限度的危险，即安全也是一种危险，只不过其危险性很小，人们可以接受它。这种没有超过允许限度的危险称作可接受危险。

安全是一个相对的概念，人们对安全的认识可以看作一种心理状态的反应。对于同一事物究竟是安全的还是危险的，不同人或同一人在不同的心理状态下会有不相同的认识。也就是说，不同的人、在不同的心理状态下，其可接受危险的水平是不同的。一般地，人们随着立场、目的、环境的变化，对安全与危险的认识也会变化。

研究表明，许多因素影响人们对危险的认识。一般人们进行某项活动可能获得的利益越多，所能承受的危险越高。例如，在图2.3中处于A处的人认为是安全的，而获得较多利益的处于B处的人也认为是安全的。美国原子能委员会曾引用它的利益与危险关系图来说明人们从事非自愿活动所获得的利益与可承的危险之间的关系，如图2.4所示。

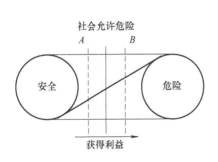

图 2.3　社会允许危险

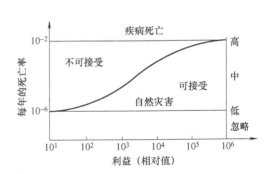

图 2.4　利益与危险

影响可接受危险水平的因素还包括人们是否自愿从事某项活动，以及危险的后果是否立即出现，是否有进行该项活动的替代方案，认识危险的程度，共同承担还是独自承担危险，事故的后果能否被消除等。

被社会公众所接受的危险称作"社会允许危险"。在系统安全评价中，社会允许危险是判别安全与危险的标准。

有学者研究了公众认识的危险与实际危险之间的关系，得到了如下的结果：

（1）公众认为疾病死亡人数低于交通事故死亡人数，而实际上前者是后者的若干倍。

（2）低估了一次死亡人数少但大量发生的事件的危险性。

（3）过高估计了一次死亡许多人但很少发生的事件的危险性。

在公众的心目中，每天死亡1人的活动没有一年中只发生一次死亡300人的活动危险，出现这种情况的主要原因是一些精神的、道义的和社会心理的因素起作用。

在系统安全评价中确定安全评价标准时，必须充分考虑公众对危险的认识。

2. 安全指标的概念

如上所述，任何系统都有一定的风险，绝对的安全是没有的。从这一观念出发，可以认为安全就是一种可以容许的危险。例如，谁都不否认，与煤炭工业等工业企业相比，商业是最安全的，但据美国20世纪80年代统计，商业的风险率也达到3.2FAFR。因此需要确定，系统中的风险率小到什么程度才算是安全的。进行定量安全评价时，将计算出的系统实际风险率与已确定的、公认为安全的风险率数值进行比较，以判别系统是否安全。这个安全风险率数值就叫作安全指标（也有人称之为安全标准或安全目标），它是根据多年的经验积累并为公众所承认的指标。

我们仍以美国的汽车交通事故为例进行说明。经计算（如前所述），美国汽车交通事故的风险率为 2.5×10^{-4} 死亡/（人·年），这个数值意味着，对于每个人来说，每年有0.00025因车祸而死亡的可能性。但是，为了享受小汽车带来的物质文明，就必须承担这样的风险率。实际生活中，没有人由于害怕承担这样的风险而放弃使用小汽车。所以，这个风险率数值就可以作为使用小汽车的一个社会公认的安全指标。

3. 安全指标制定的一般原则与方案

（1）安全指标制定的一般原则。安全指标的确定本身是个科学问题。对于工业生产安全指标的确定，至今尚处于探索和研究阶段。确定安全指标时，一般应该考虑以下几个基本原则。

1）参照自然灾害（地震、台风、洪水、陨石等）的死亡概率，从中权衡选择适当的安全指标数值。人们对各种危险的接受程度，与它们的风险率大小以及是否受人们的意志支配等许多因素有关。根据国外的统计，自然灾害及其他非自愿承担的风险和部分自愿承担的风险的风险率数值见表2.2。

表2.2 自然灾害及自愿和非自愿承担的风险率

类　型	死亡/（人·年）	FAFR	备　注
自然灾害及非自愿承担的风险			
陨石	6×10^{-11}		
雷击（英）	1×10^{-7}		
堤坝决口（荷）	1×10^{-7}		英、美等国20世纪70年代资料
溺水（美）	4×10^{-5}		
飓风（美）	4×10^{-6}		
触电（美）	6×10^{-6}		
火灾（美）	4×10^{-5}		

（续）

类　型	死亡/(人·年)	FAFR	备　注
飞机失事（英）	2×10^{-8}		
中毒（美）	2×10^{-5}		
疾病	9.8×10^{-3}	133	
自愿承担的风险			
足球	4×10^{-5}		
爬山	4×10^{-5}		
吸烟（20支/日）	500×10^{-5}		英、美等国20世纪
避孕药	2×10^{-5}		70年代资料
家中		3	
乘下列交通工具旅行			
公共汽车		3	
火车		5	
小汽车		57	
自行车		96	
飞机		240	
摩托车		660	
橡皮艇		1000	

英国、美国各类工业所承担的风险率见表2.3。

表2.3　美、英各类工业的风险率

国　别	工业类型	FAFR	死亡/(人·年)	备　注
美国	工业	7.1	1.4×10^{-4}	
	商业	3.2	0.6×10^{-4}	
	机关	5.7	1.14×10^{-4}	1. 每年以接触2000h;
	运输及公用事业	16	3.6×1^{-4}	2. 美国1980年资料
	农业	27	5.4×10^{-4}	
	建筑业	28	5.6×10^{-4}	
	采矿、采石业	31	6.2×10^{-4}	
英国	全英工业	4		
	制衣和制鞋业	0.15		
	钢铁	8		
	农业	10		
	铁路	45		英国20世纪70年代资料
	建筑	67		
	煤矿	40		
	化工	3.5		
	飞机乘务员	250		

从以上两表的数据，可以看出各种工业所承担的风险率情况。风险率的大小是采取安全措施的重要依据。

如果风险率以死亡/(人·年) 表示，在风险率的数值为不同的数量等级时，其危险程度和一般应采取的对策见表2.4。

表 2.4　风险率的等级

风险率/(死亡/(人·年))	危 险 程 度	对　　策
10^{-3}数量级	危险程度特别高，相当于由生病造成的自然死亡率的1/10	必须立即采取措施予以改进
10^{-4}数量级	危险程度中等	应采取预防措施
10^{-5}数量级	和游泳淹死的事故风险率为同一数量级	人们对此危险是关注的，也愿意采取措施加以预防
10^{-6}数量级	相当于地震和或天灾的风险率	人们并不担心这种事故的发生
$10^{-7}\sim 10^{-8}$数量级	相当于陨石坠落伤人的风险率	没有人愿意为这种事故投资加以预防

2）以产业实际的平均死亡率作为确定安全指标的基础。保护人的生命是安全的根本目的，"死亡"是安全工作中所应处理的最为明确、也最为敏感的事件，其统计数据的可靠程度也最高。况且，根据事故法则，还可以由死亡人数推断出重伤和轻伤事故情况。所以，死亡率是评价安全工作的一个重要指标，并且应以死亡率作为确定安全指标的基础。安全指标必须低于已经发生的实际死亡率数值，并应考虑由于自然灾害可能引起的次生灾害的影响。

3）对职业性灾害的评价要比对其他灾害的评价严格。人们自愿做的事情，如踢足球、骑摩托和吸烟等，对其风险基本上是接受的；对于职业性灾害就不是这样，没有人心甘情愿地承担这种风险。因此，对于职业性灾害的评价和防范，要采取更为严格的措施。

4）要考虑合理的投资。要采取措施降低事故的风险率，就需要有一定的投入。因此，确定安全指标时，要对可能达到的安全水平和需要支出的费用进行综合比较和判断，从而确定具有投资可行性、有效性的最佳费用指标。

（2）安全指标的制定方案。以上介绍的是制定安全指标的几个基本原则。安全指标的制定方法可采用统计法或风险与收益比较法。但是，对于具体的安全指标，至今还没有通用的或国际公认的标准。下面介绍关于制定安全指标的3种提案，可作为参考方案，供实际工作中参考应用。

1）采用英国原子能委员会的提案，安全指标$<10^{-5}$死亡/(年·工厂)。这个提案的依据是，现阶段工厂的实际风险率为10^{-4}，降低一个数量级则为10^{-5}。因此，对整个社会而言，以10^{-5}作为安全指标是适宜的。否则，如果将安全指标订得更为严格，将风险率降低到10^{-6}，则需要对现阶段的生产过程和生产设备等做大幅度改变或重新做出评价，而且需要大量的费用，目前还很难做到。

2）取FAFR值的1/10作为安全指标。这是英国帝国化学公司（ICI）的提案。根据化学工业的风险率为3.5FAFR，取其1/10即0.35FAFR作为安全指标。这意味着特定的人在3×10^8工作小时内死亡一次。假若一个人每年平均工作2000小时，则其15万年死亡一次。这种方案的实质，就是在安全设计时，要按照所有的人所承担的风险率都小于0.35FAFR来考虑。

3）以损害程度和发生频率表示安全与危险等级。可参考美国军事标准MIL-STD-882中提出的安全与危险等级的划分，见表2.5，其划分依据即是事故的损害程度和发生频率。

表 2.5　MIL-STD-882 中的危险等级划分

危 险 等 级	损 害 程 度	发 生 频 率
1. 安全	不发生人体伤害和系统功能的损害	不足10^4工作小时一次
2. 允许范围	虽然影响系统功能，但不致引起主要系统的损害和人身伤亡，可以防止和控制	$10^4\sim10^5$工作小时一次
3. 危险范围	产生人身伤害和主要系统的损害，要立即采取措施	$10^5\sim10^7$工作小时一次
4. 破坏状态	造成系统报废和多人伤亡的重大灾害	

（3）负伤安全指标。事故导致的损失，除了死亡以外，大多数是负伤的情况。如上所述，对负伤风险进行评价，采用损失工作日/接触小时为计算单位，也据此制定负伤安全指标。

表2.6为美国不同工作地点的负伤安全指标；对于一些职业性或非职业性的活动，如汽车司机、游泳和体育运动等，也可根据统计数据来制订负伤安全指标，如表2.7所示。这两个表中的数据可作为制订负伤安全指标的参考。

表2.6 美国不同工作地点的负伤安全指标

工 业 类 型	风险率/（损失工日/接触小时）
全美工业	6.7×10^{-4}
汽车工业	1.6×10^{-4}
化学工业	3.5×10^{-4}
橡胶与塑料工业	3.6×10^{-4}
商业（批发与零售）	4.7×10^{-4}
钢铁工业	6.3×10^{-4}
石油工业	6.9×10^{-4}
造船工业	8.0×10^{-4}
建筑业	1.5×10^{-3}
采矿采煤工业	5.2×10^{-3}

表2.7 职业活动与非职业活动负伤安全指标

活 动 项 目	负伤风险率/（损失日数/接触小时）	备 注
汽车运输	6.6×10^{-3}	
民航	4.1×10^{-3}	
摩托车	3.1×10^{-2}	
划船	6.0×10^{-2}	
游泳	7.8×10^{-2}	
爬山	2.4×10^{-1}	资料来源：
拳击	4.2×10^{-1}	R. L. Browning
赛车	3.0	（1980）
摔跤	6.0×10^{-2}	
足球	3.7×10^{-2}	
体操	3.1×10^{-2}	
篮球	3.0×10^{-2}	
潜水	8.4×0^{-3}	

2.3.2.3 我国危险化学品安全指标

我国国家安全生产监督管理总局2014年5月7日发布第13号公告，公布了《危险化学品生产、储存装置个人可接受风险标准和社会可接受风险标准（试行）》（以下简称《可接受风险标准》），可作为危险化学品生产、储存装置安全评价时的安全指标，用于确定陆上危险化学品企业新建、改建、扩建和在役生产、储存装置的外部安全防护距离。

《可接受风险标准》分别对个人风险和社会风险给出了标准。个人风险指因危险化学品生产、储存装置各种潜在的火灾、爆炸、有毒气体泄漏事故造成区域内某一固定位置人员的个体死亡概率，即单位时间内（通常为一年）的个体死亡率。社会风险是对个人风险的补充，指在个人风险确定的基础上，考虑到危险源周边区域的人口密度，以免发生群死群伤事故的概率超过社会公众的可接受范围。通常用累积频率和死亡人数之间的关系曲线（F-N 曲线）表示。

1. 可接受风险标准的确定原则

（1）"以人为本、安全第一"的理念。根据不同防护目标处人群的疏散难易程度，将防护目标分为低密度、高密度和特殊高密度三类场所，分别制定相应的个人可接受风险标准。

（2）既与国际接轨，又符合中国国情的原则。我国新建装置的个人可接受风险标准在现有公布可接受风险标准的国家中处于中等偏上水平。由于我国现有在役危化装置较多，综合考虑其工艺技术、周边环境和城市规划等历史客观原因，对在役装置设定的风险标准比新建装置相对宽松。

2. 可接受风险的具体标准

（1）个人可接受风险标准。我国危险化学品生产、储存装置个人可接受风险标准见表2.8。不同防护目标的个人可接受风险标准是由分年龄段死亡率最低值乘以相应的风险控制系数得出的。根据我国第六次人口普查（2010 年）数据，10 ~ 20 岁青少年的年平均死亡率为 3.64×10^{-4}，是分年龄段死亡率最低值。参考国外相关做法，不同防护目标的风险控制系数分别选定为 10%、3%、1% 和 0.1%，则得到表中的风险率数值。例如，在役装置低密度人员场所的个人可接受风险标准为：$3.64 \times 10^{-4} \times 10\%$ 死亡/（人·年）$\approx 3 \times 10^{-5}$ 死亡/（人·年）。

表 2.8　我国个人可接受风险标准值

防护目标	个人可接受风险标准/（死亡/（人·年））	
	新建装置	在役装置
低密度人员场所（人数 <30 人）；单个或少量暴露人员	1×10^{-5}	3×10^{-5}
居住类高密度场所（30 人≤人数 <100 人）：居民区、宾馆、度假村等； 公众聚集类高密度场所（30 人≤人数 <100 人）：办公场所、商场、饭店、娱乐场所等	3×10^{-6}	1×10^{-5}
高敏感场所：学校、医院、幼儿园、养老院、监狱等； 重要目标：军事禁区、军事管理区、文物保护单位等； 特殊高密度场所（人数≥100 人）：大型体育场、交通枢纽、露天市场、居住区、宾馆、度假村、办公场所、商场、饭店、娱乐场所等	3×10^{-7}	3×10^{-6}

（2）社会可接受风险标准。我国社会可接受风险标准如图 2.5 所示，用累积频率和死亡人数之间的关系曲线（F-N 曲线）表示。图中，横坐标对应的是死亡人数 N，纵坐标对应的是所有超过该死亡人数事故的累积概率 F。因此，F(30) 对应的是该装置造成超过30 人以上死亡事故的概率，也就是特别重大事故的发生概率。

可以看出，社会可接受社会风险标准划分为不可接受区、可接受区和尽可能降低区 3 个区域，这是采用 ALARP（As Low As Reasonable Practice）原则划分的。即，ALARP 原则通过两个风险分界线将风险划分为 3 个区域：不可接受区（风险不能被

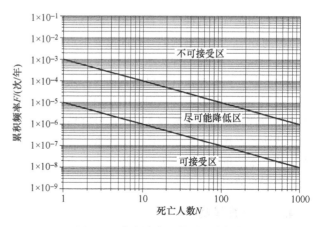

图 2.5　我国社会可接受风险标准

接受)、可接受区(风险可以被接受,无需采取安全改进措施)、尽可能降低区(需要尽可能采取安全措施,降低风险)。

根据《可接受风险标准》,可采用定量风险评价方法确定外部安全防护距离,科学开展危险化学品企业的安全评价工作,见6.1节。

我国各行业及有关安全生产监督管理部门在进行安全管理工作中,都要给所属单位下达死亡指标。为防止盲目性,应该研究提出适于我国应用的安全指标。《可接受风险标准》的应用,可为这一工作提供参考和指导。

2.4 安全评价模型

2.4.1 模型与安全评价模型简介

1. 模型及其类型

在研究实际系统时,为了便于试验、分析、评价和预测,经常先建立模型,即设法对所要研究的系统的结构形态或运动状态进行描述、模拟和抽象。模型是对系统或过程的一种简化,虽然不再包括原系统或过程的全部特征,但能描述原系统或过程输入、中间过程和输出的本质性特征,并与原系统或过程所处的环境条件相似。模型一般可分为以下3种类型。

(1)形象模型。形象模型是系统实体的放大或缩小,如建造舰船和飞机用的模型、作战计划用的沙盘、土木工程用的建筑模型等。

(2)模拟模型。模拟模型是在一组可控制的条件下,通过改变特定的参数来观察模型的响应,预测系统在真实环境条件下的性能和运动规律。例如,在水池中对船模进行航行模拟试验,在实验室条件下利用计算机模拟自动系统的工作过程等。

(3)数学模型。数学模型也称为符号模型,用数学表达式来描述实际系统的结构及其变量间的相互关系。下面介绍的安全评价模型均为数学模型。

2. 安全评价模型的特点

评价模型不是直接研究现实世界的某一现象或过程的本身,而是设计出一个与该现象或过程相类似的模型,通过模型间接地研究该现象和过程。

设计评价模型最本质的一条就是抓住"相似性",即在两个对象之间可以找到某种相似性。这样,两个对象之间就存在着"原型-模型"关系。评价模型是现实系统的抽象或者模仿,是由那些与分析的问题有关的部分或者因素构成的,它表明了这些有关部分或因素之间的关系。

评价模型是现实系统的一种抽象表示形式,如果太复杂甚至和实际情况一样,就失去利用评价模型的意义。任何一种实际现象总要涉及大量的因素(或变量),但确定导致其现象产生的本质因素时,往往只要抓住其主要因素即可。用字母、数字及其他符号来体现变量以及它们之间的关系,是最一般、最抽象的模型,即采用数学表达形式表示的符号模型或称数学模型。由于数学模型中的参数和变量最容易改变,因此最容易操作。

火灾、爆炸、中毒是常见的重大事故,经常造成严重的人员伤亡和巨大的财产损失,影响社会安定。本节重点介绍火灾、爆炸与中毒事故后果分析及评价模型。中毒事故及火灾爆炸事故主要由泄漏事故引起。

2.4.2 泄漏模型

据相关事故调查报告表明,化工及石油化工企业火灾爆炸、人员中毒事故多是设备损坏或操作失误引起的物料泄漏导致的,最典型的案例是1984年12月3日发生在印度中央邦首府博帕尔市一所农药厂的氰化物泄漏事故。因此,充分准确地判断泄漏量的大小,掌握泄漏后有毒有害、易燃易爆物料的扩散范围,对明确现场救援与实施现场控制处理非常重要。

2.4.2.1 常见的泄漏源

有毒化学品泄漏可分为大面积泄漏和小孔泄漏。大面积泄漏是指在短时间内有大量的物料泄漏出来,储罐的超压爆炸就属于大面积泄漏;小孔泄漏是指物料通过小孔以非常慢的速率持续泄漏,上游的条件并不因此而立即受到影响,故通常假设上游压力不变。

图2.6所示为化工厂中常见的小孔泄漏的情况。对于这些泄漏,物质从储罐和管道上的孔洞和裂纹,以及法兰、阀门和泵体的裂缝或严重破坏、断裂的管道中泄漏出来。图2.7所示为物料的物理状态对泄漏过程的影响。对于存储于储罐内的气体或蒸气,裂缝导致气体或蒸气泄漏出来,对于液体,储罐内液面以下的裂缝导致液体泄漏出来。如果液体存储压力大于其大气环境下沸点所对应的压力,那么液面以下的裂缝将导致泄漏的液体的一部分闪蒸为

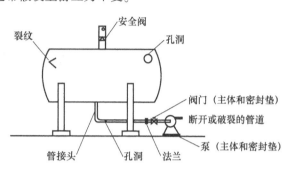

图2.6 化工厂中常见的小孔泄漏

蒸气,形成小液滴或雾滴,并可能随风而扩散开来。液面以上的蒸气空间的裂缝能够导致蒸气流,或气液两相流的泄漏,这主要取决于物质的物理特性。

图2.7 蒸气和液体以单相或两相状态从容器中泄漏出来

根据各种设备泄漏事故案例分析,可将工厂(特别是化工厂)中易发生泄漏的设备归纳为以下10类:管道装置、挠性连接器、过滤器、阀、压力容器或反应器、泵、压缩机、储罐、加压或冷冻气体容器及火炬燃烧装置或放散管。

为了能够预测和估算发生泄漏时的泄漏速度、泄漏量、泄漏时间等,本章将建立如下泄漏源模型,描述物质的泄漏过程:①工艺单元中液体经小孔泄漏的源模式;②储罐中液体经小孔泄漏的源模式;③液体经管道泄漏的源模式;④气体或蒸气经小孔泄漏的源模式;⑤易挥发液体蒸发的源模式。

2.4.2.2 泄漏量计算

1. 工艺单元中液体经小孔泄漏的源模式

系统与外界无热交换,流体流动的不同能量形式遵守式(2.4)所描述的机械能守恒方程:

$$\int \frac{dp}{\rho} + \Delta \frac{\alpha U^2}{2} + \Delta gz + F = \frac{W_s}{m} \tag{2.4}$$

式中 p——压力(Pa);

ρ——液体密度（kg/m^3）；

α——动能校正因子，无因次；

U——流体平均速度（m/s），简称流速；

g——重力加速度（m/s^2）；

z——高度（m），以基准面为起始；

F——阻力损失（J/kg）；

W_s——轴功（J）；

m——质量（kg）。

动能校正因子 α 值与速度分布有关，须应用速度分布曲线进行计算。工程上常见的是速度比较均匀的情况，因此本章从工程计算角度出发，α 值近似取为 1。对于不可压缩流体，密度恒为常数，有：

$$\int \frac{\mathrm{d}p}{\rho} = \frac{\Delta p}{\rho} \tag{2.5}$$

泄漏过程暂不考虑轴功，$W_s = 0$，则式（2.4）简化为：

$$\frac{\Delta p}{\rho} + \frac{\Delta U^2}{2} + \Delta gz + F = 0 \tag{2.6}$$

工艺单元中的液体在稳定的压力作用下，经薄壁小孔泄漏，如图 2.8 所示。容器内的压力为 p_1，小孔直径为 d，面积为 A，容器外为大气压力。此种情况，容器内液体流速可以忽略，不考虑摩擦损失和液位变化，利用式（2.6），得到：

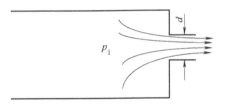

图 2.8　液体经薄壁小孔泄漏

$$\frac{\Delta p}{\rho} + \frac{\Delta U^2}{2} = 0 \tag{2.7}$$

$$U = \sqrt{\frac{2p_1}{\rho}} \tag{2.8}$$

$$Q = \rho UA = A\sqrt{2p_1\rho} \tag{2.9}$$

式中　Q——单位时间内液体流过任一截面的质量，称为质量流量（kg/s）。

考虑到因惯性引起的截面收缩以及摩擦引起的速度减低，引入泄漏系数 C_0，将其定义为实际流量与理想流量的比值。则经小孔泄漏的实际质量流量为：

$$Q = \rho UAC_0 = AC_0\sqrt{2p_1\rho} \tag{2.10}$$

在很多情况下，难以确定泄漏孔口的泄漏系数，为保持足够的安全裕度，确保估算出最大的泄漏量和泄漏速度，C_0 值可取为 1。

2. 储罐中液体经小孔泄漏的源模式

气体与液体从储罐中泄漏是一种十分常见的泄漏源模式。罐壁上的腐蚀、疲劳裂纹或孔洞以及碰撞、容器超压都能导致储罐泄漏。

图 2.9 所示的液体储罐，距其液位高度 z_0 处有一小孔，在静压能和势能的作用下，储罐中的液体经小孔向外泄漏。

随着泄漏过程的延续，储罐内液位高度不断下降，泄漏速度和质量流量也随之降低。这时泄漏流量的计算需要考虑液位

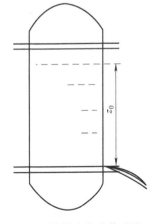

图 2.9　储罐中的液体泄漏

下降的影响。如果储罐通过呼吸阀或弯管与大气连通，则内外压力差 Δp 为 0，可得到随时间变化的质量流量：

$$Q = \rho C_0 A \sqrt{2gz_0} - \frac{\rho g C_0^2 A^2}{A_0} t \tag{2.11}$$

式中　Q——液体经小孔泄漏的质量流量（kg/s）；

　　　ρ——液体的密度（kg/m³）；

　　　C_0——泄漏系数，取 0.61 ~ 1.0；

　　　A——小孔的面积（m²）；

　　　z_0——小孔距液面的高度（m）；

　　　A_0——储罐横截面积（m²）；

　　　t——泄漏时间（s）。

如果储罐内盛装的是易燃液体，为防止可燃蒸气大量泄漏至空气中，或空气大量进入储罐内的气相空间形成爆炸性混合物，通常情况下会采取通氮气保护的措施。这时，储罐内外形成压差，式（2.11）改写为：

$$Q = \rho C_0 A \sqrt{\frac{2(p - p_0)}{\rho} + 2gz_0} - \frac{\rho g C_0^2 A^2}{A_0} t \tag{2.12}$$

式中　p——罐内绝对压强（Pa）；

　　　p_0——环境大气压（Pa）。

根据上式可求出不同时间的泄漏质量流量，在进行事故后果分析时，只要泄漏物质的性质和状态确定，则 ρ、i、p_0、z_0、A_0 就可以确定。小孔的面积 A 可以根据实际情况将其换算成等效面积，或者做出假设。对于瞬时泄漏或者泄漏的流速较小时，储罐内的压强可看作定值，否则必须考虑压力变化对泄漏流量的影响。

[**例 2-1**]　某丙酮液体储罐，直径为 4m。上部装设有呼吸阀与大气连通。在其下部有一泄漏孔，直径为 4cm，初始泄漏时距离液面高度为 10m。已知丙酮的密度为 800kg/m³，泄漏系数 C_0 取 1.0。求：（1）最大泄漏量；（2）泄漏质量流量随时间变化的表达式；（3）最大泄漏时间；（4）泄漏量随时间变化的表达式。

解：（1）最大泄漏量即为泄漏点液面以上所有液体量：

$$m = \rho A z_0 = 800 \times \pi \times \left(\frac{4}{2}\right)^2 \times 10 \text{kg} = 100480 \text{kg}$$

（2）根据题意，储罐通过呼吸阀或弯管与大气连通，故运用式（2.11）求泄漏质量流量随时间变化的表达式：

$$\begin{aligned} Q &= \rho C_0 A \sqrt{2gz_0} - \frac{\rho g C_0^2 A^2}{A_0} t \\ &= 800 \times 1 \times \frac{\pi}{4} \times 0.04^2 \times \sqrt{2 \times 9.8 \times 10} - \frac{800 \times 9.8 \times 1^2 \times \left(\frac{\pi}{4} \times 0.04^2\right)^2}{\frac{\pi}{4} \times 4^2} t \\ &= 14.07 - 0.000985t \end{aligned}$$

（3）令泄漏质量流量时间表达式的左侧为 0，即得最大泄漏时间：

$$t = 14285 \text{s} = 3.97 \text{h}$$

（4）任一时间内总泄漏量为泄漏质量流量对时间的积分，有：

$$W = \int_0^t Q\mathrm{d}t = 14.07t - 0.0004925t^2$$

给定任意泄漏时间，即可得到已经泄漏的液体总量。

3. 液体经管道泄漏的源模式

在化工生产中，通常采用圆形管道输送。如果管线发生爆裂、折断或因误拆盲板等，可造成液体经管口泄漏。由式（2.6）可以看到，阻力损失 F 的计算是泄漏速度和泄漏量的关键，正确计算出阻力损失后即可算得泄漏量。

4. 气体或蒸气经小孔泄漏的源模式

气体或蒸气经小孔自由扩散泄漏的过程中轴功为 0，忽略势能变化与气体或蒸气的初始动能，得到泄漏质量流量：

$$Q = C_0 p_0 A \sqrt{\frac{2\gamma}{\gamma-1}\frac{M}{R_0 T_0}\left[\left(\frac{p}{p_0}\right)^{2/\gamma} - \left(\frac{p}{p_0}\right)^{(\gamma+1)/\gamma}\right]} \qquad (2.13)$$

式中　Q——泄漏质量流量（kg/s）；

　　　C_0——裂口形状系数，圆形取 1.00，三角形取 0.95，长方形取 0.90；

　　　A——小孔的面积（m²）；

　　　γ——气体的比热容比，即比定压热容 c_p 与比定容热容 c_V 之比；

　　　M——气体分子质量（kg/mol）；

　　　R_0——通用气体常数，8.314J/(mol·K)；

　　　T_0——气体温度（K）；

　　　p_0——容器内压力（Pa）；

　　　p——大气压力（Pa）。

从安全工作的角度考虑，我们关心的是经小孔泄漏的气体或蒸气的最大流量。从裂口泄漏的速度与其流动状态有关。因此，计算泄漏量时首先要根据式（2.14）与式（2.15）判断泄漏时气体流动属于音速还是亚音速流动，前者称为临界流，后者称为次临界流。

$$\frac{p}{p_0} \leqslant \left(\frac{2}{\gamma+1}\right)^{\frac{\gamma}{\gamma-1}} \qquad (2.14)$$

$$\frac{p}{p_0} \geqslant \left(\frac{2}{\gamma+1}\right)^{\frac{\gamma}{\gamma-1}} \qquad (2.15)$$

当式（2.14）成立时，属于音速流动；当式（2.15）成立时，属于亚音速流动。气体或蒸气呈音速流动时，其最大泄漏量可用下式计算。

$$Q = C_0 A p_0 \sqrt{\frac{M\gamma}{R_0 T_0}\left(\frac{2}{\gamma+1}\right)^{\frac{\gamma+1}{\gamma-1}}} \qquad (2.16)$$

气体或蒸气呈亚音速流动时，其最大泄漏量为：

$$Q = Y C_0 A p_0 \sqrt{\frac{M\gamma}{R_0 T_0}\left(\frac{2}{\gamma+1}\right)^{\frac{\gamma+1}{\gamma-1}}} \qquad (2.17)$$

$$Y = \left(\frac{p}{p_0}\right)^{\frac{1}{\gamma}} \sqrt{\left(\frac{1}{\gamma-1}\right)\left(\frac{\gamma+1}{2}\right)^{\frac{\gamma+1}{\gamma-1}}\left[1 - \left(\frac{p}{p_0}\right)^{\frac{\gamma-1}{\gamma}}\right]} \qquad (2.18)$$

[例 2-2]　　某生产厂有一空气柜，因外力撞击，在空气柜一侧出现一小孔。小孔面积为 19.6cm²，空气柜中的空气经此小孔泄漏入大气中。已知空气柜中压力为 2.5×10^5Pa，温度为 $T_0 = 330$K，大气压力为 10^5Pa，比热容比 $\gamma = 1.4$。求空气泄漏的最大质量流量。

解：先判断流体的流动性质。

$$\frac{p}{p_0} = \frac{10^5}{2.5 \times 10^5} = 0.4 \leqslant \left(\frac{2}{\gamma+1}\right)^{\frac{\gamma}{\gamma-1}} = \left(\frac{2}{1.4+1}\right)^{\frac{1.4}{1.4-1}} = 0.528$$

属于音速流动，故应用式 (2.16)，泄漏系数 C_0 值取为 1，计算如下

$$Q = C_0 A p_0 \sqrt{\frac{M\gamma}{R_0 T_0}\left(\frac{2}{\gamma+1}\right)^{\frac{\gamma+1}{\gamma-1}}}$$

$$= 1.00 \times 19.6 \times 10^{-4} \times 2.5 \times 10^5 \times \sqrt{\frac{29 \times 10^{-3} \times 1.4}{8.314 \times 330} \times \left(\frac{2}{1.4+1}\right)^{\frac{1.4+1}{1.4-1}}}$$

$$= 1.09\text{kg/s}$$

若泄漏系数 C_0 取为 0.61，则空气泄漏的最大质量流量为：

$$Q = 0.61 \times 1.09 = 0.665\text{kg/s}$$

5. 易挥发液体蒸发的源模式

在化工生产中使用了大量的易挥发液体，如大多数的有机溶剂、油品等。如果装置或储存容器中的易挥发液体泄漏至地坪或围堰中，会逐渐向大气蒸发。根据传质过程的基本原理，该蒸发过程的传质推动力为蒸发物质的气液界面与大气之间的浓度梯度。液体蒸发为气体的摩尔通量可用下式表示：

$$N = k_c \Delta C \tag{2.19}$$

式中　N——摩尔通量 $[\text{mol}/(\text{m}^2 \cdot \text{s})]$；

　　　k_c——传质系数 (m/s)；

　　　ΔC——浓度梯度 (mol/m^3)。

若液体在某一温度 T 下的饱和蒸气压为 p_{sat}，则在气液界面处，其浓度 C 可由理想气体状态方程得到：

$$C = \frac{p_{\text{sat}}}{RT} \tag{2.20}$$

同理可以得到蒸发物质在大气中分压为 p 时的摩尔浓度，则 ΔC 可由下式表达：

$$\Delta C = \frac{p_{\text{sat}} - p}{RT} \tag{2.21}$$

一般情况下，$p_{\text{sat}} \gg p$，则上式简化为：

$$\Delta C = \frac{p_{\text{sat}}}{RT} \tag{2.22}$$

液体的蒸发质量流量为其摩尔通量与蒸发面积 A、蒸发物质摩尔质量 M 的乘积：

$$Q = NAM = \frac{k_c M A p_{\text{sat}}}{RT} \tag{2.23}$$

当液体向静止大气蒸发时，其传质过程为分子扩散；当液体向流动大气蒸发时，其传质过程为对流传质过程。对流传质系数比分子扩散系数要高 $1 \sim 2$ 个数量级。

[**例 2-3**]　有一露天桶装乙醇翻倒后，致使 2m^2 内均为乙醇液体。当时大气温度为 16℃，乙醇的饱和蒸气压为 4kPa，乙醇的传质系数为 k_c 为 $1.2 \times 10^{-3}\text{m/s}$。求乙醇蒸发的质量流量。

解：先查出或计算出乙醇的摩尔质量 $M = 46.07\text{g/mol}$。

根据式 (2.23) 计算乙醇蒸发的质量流量

$$Q = \frac{k_c M A p_{\text{sat}}}{RT} = \frac{1.2 \times 10^{-3} \times 46.07 \times 2 \times 4000}{8.314 \times 289}$$

$$= 0.184\text{g/s} = 1.84 \times 10^{-4}\text{kg/s}$$

2.4.3 扩散模型

在化工生产中，所使用的物料大多具有易燃易爆、有毒有害的危险特性，一旦由于某种原因发生泄漏，泄漏出来的物料会以烟羽或烟团两种方式在浓度梯度和风力的作用下在大气中扩散，工程中常用烟羽模型和烟团模型。

烟羽模型描述来自连续源释放物质的稳态浓度，烟团模型描述一定量的单一物质释放后的暂时浓度。连续泄漏源如连续在大型储罐上的管道穿孔、挠性连接器处出现的小孔或缝隙、连续的烟囱排放等。一般情况下，对于泄漏物质密度与空气接近或经很短时间的空气稀释后密度即与空气接近的情况，可用烟羽扩散模式描述连续泄漏源泄漏物质的扩散过程。

烟团扩散模式描述瞬间泄漏源泄漏物质的扩散过程。瞬间泄漏源如液化气体钢瓶破裂、瞬时冲断形成的事故排放、压力容器安全阀异常启动、放空阀门的瞬间错误开启等，其特点是泄漏在瞬间完成。

风速、大气稳定度、地面情况（建筑物、树木等）、泄漏源高度、泄漏物质的初始状态、物料性质均会对泄漏物质在大气中的扩散产生影响。

下面通过［例2-4］介绍具有代表性的帕斯奎尔-吉福德（Pasquill-Gifford）模型的工程应用。

［例2-4］ 在氯乙烯生产过程中，大量使用氯气作为原料。在某生产厂突然发生氯气泄漏。根据源模式估计约有1.0kg氯气在瞬间泄漏。泄漏时为有云的夜间，初步观测发现云量小于4/10，风速为2m·s^{-1}。泄漏源高度很低，可近似视为地面源。居民区距泄漏源处为400m。请回答以下问题：

（1）泄漏发生后，大约经多长时间烟团中心到达居民区？

（2）烟团到达居民区后，地面轴线氯气浓度为多少？是否超过国家卫生标准？

（3）试判断经多远距离后，氯气的地面浓度才被大气稀释至可接受水平。

（4）估算烟团扩散至下风向5km处，其覆盖的范围。

解：（1）$t = x/u = (400/2)$s $= 200$s $= 3.33$min

烟团中心扩散至居民区仅需3.33min，可见泄漏发生后，用以发出警告或提醒通知居民的时间很短，必须在第一时间发生警告。

（2）应用帕斯奎尔-吉福德（P-G）模型的烟团模型。根据常规观测到的气象资料划分大气稳定度级别，再利用P-G扩散曲线图直接查出下风向距离上的水平扩散参数 σ_y 与垂直扩散参数 σ_z 的值。

对于瞬时地面点源烟团模型，以风速方向为 x 轴，坐标原点取在泄漏点处，风速恒为 u，则源强为 Q 的浓度分布为：

$$c(x,y,z,t) = \frac{Q}{\sqrt{2}\pi^{3/2}\sigma_x\sigma_y\sigma_z}\exp\left[-\frac{(x-ut)^2}{2\sigma_x^2}-\frac{y^2}{2\sigma_y^2}-\frac{z^2}{2\sigma_z^2}\right] \tag{2.24}$$

令 $z = 0$，得到地面浓度：

$$c(x,y,0,t) = \frac{Q}{\sqrt{2}\pi^{3/2}\sigma_x\sigma_y\sigma_z}\exp\left[-\frac{(x-ut)^2}{2\sigma_x^2}-\frac{y^2}{2\sigma_y^2}\right] \tag{2.25}$$

令 $y = 0$，$z = 0$ 得到地面轴线浓度：

$$c(x,0,0,t) = \frac{Q}{\sqrt{2}\pi^{3/2}\sigma_x\sigma_y\sigma_z}\exp\left[-\frac{1}{2}\left(\frac{(x-ut)^2}{\sigma_x^2}\right)\right] \tag{2.26}$$

根据云量、云状、太阳辐射情况和地面风速（自地面10m高处的风速），可将大气的扩散能力从强不稳定到稳定划分为 A～F 共6个稳定度等级。具体的分类方法见表2.9。

表 2.9　大气稳定度级别划分表

地面风速（距地面 10m 高处）/m·s⁻¹	白天太阳辐射			阴天白天或夜晚	有云的夜晚	
	强	中	弱		薄云遮天或低云≥5/10	云量<4/10
<2	A	A～B	B	D		
2～3	A～B	B	C	D	E	F
3～5	B	B～C	C	D	D	E
5～6	C	C～D	D	D	D	D
>6	C	D	D	D	D	D

根据题中所述情况，查表 2.9 知大气稳定度为 F 级。

由 $x=400\text{m}$，并根据大气稳定度为稳定，查图 2.10、图 2.11，得到 $\sigma_y=4.5\text{m}$，$\sigma_z=1.8\text{m}$，令 $\sigma_x=\sigma_y$，又因为烟团到达居民区 $t=200\text{s}$，风速 $u=2\text{m/s}$，代入式（2.26）进行计算：

$$c(400,0,0,200)=\frac{1.0}{\sqrt{2}\times3.14^2\times4.5^2\times1.8}\text{kg/m}^3=3.49\times10^{-3}\text{kg/m}^3=3490\text{mg/m}^3$$

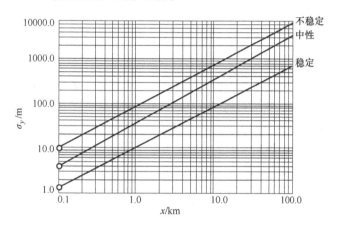

图 2.10　烟团模式的水平扩散参数 σ_y 曲线图

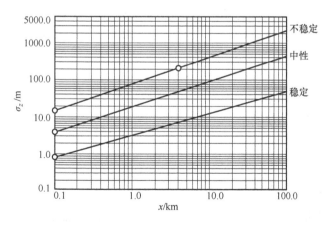

图 2.11　烟团模式的垂直扩散参数 σ_z 曲线图

根据我国车间空气氯气的最高容许浓度标准为 1mg/m^3，可知扩散至居民区后，其地面轴线浓度远远超过了国家卫生标准，说明暴露于大气中的人员都有发生中毒的危险。

（3）可接受的地面氯气浓度水平以其最高容许浓度 $1mg/m^3$ 考虑，则扩散至距离 x 处，$c(x, 0, 0) = 1mg/m^3$。将有关数据代入式（2.26）简化后得到：

$$c(x, 0, 0, t) = \frac{1.0}{\sqrt{2} \times 3.14^{1.5} \sigma_y^2 \sigma_z}$$

即：

$$\sigma_y^2 \sigma_z = 1.27 \times 10^5 m^3$$

利用试差法求解，即先假定 x 值，查出相应的 σ_y、σ_z 值，代入上式计算，直至满足上式。

x/km	σ_y/m	σ_z/m	$\sigma_y^2 \sigma_z/m^3$
9	73	12	6.39×10^4
10	80	13	8.07×10^4
11	90	14	1.13×10^5
12	97	15	1.4×10^5

再利用内插法求解 x

$$1.27 \times 10^5 = 1.13 \times 10^5 + \frac{(1.4 - 1.13) \times 10^5 \times (x - 11)}{12 - 11}$$

$$x = 11.52km$$

这说明 1kg 氯气泄漏，就必须考虑下风向 11.52km 范围内的安全问题。

（4）烟团扩散至 5km 处，所需时间为（5000/2）s = 2500s。

查图 2.10、图 2.11，得到 $\sigma_y = 44m$，$\sigma_z = 8m$，令 $\sigma_x = \sigma_y$，其所覆盖的范围以外边界浓度为国家卫生标准考虑，代入式（2.26），得：

$$c(5000, 0, 0, 2500) = 1.0 \times 10^{-6} = \frac{1.0}{\sqrt{2} \times 3.14^{3/2} \times 44^2 \times 8} \exp\left[-\frac{1}{2} \frac{(x - 5000)^2}{44^2} \right]$$

解得 $x = (5000 \pm 90.25)m$，说明覆盖了沿风向距离 180.5m 的范围。

若以地面平面 x、y 范围考虑，代入地面浓度扩散模型式（2.25）

$$c(x, y, 0, 2500) = 1.0 \times 10^{-6} = \frac{1.0}{\sqrt{2} \times 3.14^{3/2} \times 44^2 \times 8} \exp\left[-\frac{1}{2} \frac{(x - 5000)^2}{44^2} - \frac{1}{2} \frac{y^2}{44^2} \right]$$

$$1.22 \times 10^{-1} = \exp\left[-\frac{1}{2} \frac{(x - 5000)^2}{44^2} - \frac{1}{2} \frac{y^2}{44^2} \right]$$

$$(x - 5000)^2 + y^2 = 8150.6$$

此方程说明在其下风向 5km 处，地面氯气浓度高于其最高容许浓度的覆盖范围以 $x = 5000m$，$y = 0$ 为圆心，直径为 180.5m 的圆。

需要注意的是帕斯奎尔-吉福德模型仅应用于气体的中性浮力扩散，在扩散过程中，湍流混合是扩散的主要特征，它仅对距离释放源在 $0.1 \sim 10km$ 范围内的距离有效。

2.4.4 火灾爆炸参数计算模型

化工生产中有着大量的危险化学品、特殊的设备及复杂的工艺过程，可能发生严重火灾、爆炸事故，造成重大人员伤亡和财产损失。蒸气云爆炸、沸腾液体扩展蒸气爆炸、池火灾是三类典型的化工火灾爆炸事故。

1. 蒸气云爆炸（UVCE）计算模型

当大量可燃气体或蒸气泄漏到敞开空间以后，如果没有立即点火，而是先在空中扩散，与空气形成爆炸混合物，然后发生延迟点火，那么，就会发生蒸气云爆炸。

根据普适火球模型，可以得到蒸气云爆炸的火球直径以及火球持续时间的计算公式：

$$D = 4.54 M^{0.320} \tag{2.27}$$

$$t = 1.54 M^{0.320} \tag{2.28}$$

式中 M——火球中可燃物的持量（kg）；

D——火球直径（m）；

t——火球持续时间（s）。

要估计火球热辐射的伤害距离，首先必须知道火球辐射热的传播规律。在假设不发生大气能量散失的情况下，Baker 等人得到了下面的热辐射计算公式：

$$\frac{Q}{(bG)M^{1/3}\theta^{2/3}} = \frac{\dfrac{D^2}{R^2}}{\left(F + \dfrac{D^2}{R^2}\right)} \tag{2.29}$$

式中 Q——热剂量（J/m²）；

bG——常量，2.04×10^4；

M——火球中消耗的燃料的质量（kg）；

θ——火球温度（K），对于蒸气云爆炸取 2200K；

D——火球直径（m）；

R——到火球中心的距离（m）；

F——常量，取 161.7。

假设火球的持续时间即为人员暴露于火球辐射热的时间，将式（2.29）代入有关的热辐射伤害方程得：

$$t^{-1/3}\left[\frac{(bG)M^{1/3}\theta^{2/3}}{1 + FR^2/D^2}\right] = C_n \tag{2.30}$$

式中 C_n——常数，对于一度烧伤，取 2.817×10^6；对于二度烧伤，取 8.425×10^6；对于死亡，取 1.459×10^7。

同样，可以得到描述要材引燃情况的方程：

$$\frac{(bG)M^{1/3}\theta^{2/3}}{t(1 + FR^2/D^2)} = 6730 t^{-0.8} + 25400 \tag{2.31}$$

由式（2.30）和式（2.31），可得出在火球的热辐射效应下，人员的伤亡半径和引燃木材半径为：

$$R_n = g(M, \theta, C_n) \tag{2.32}$$

[例 2-5] 某一天然气管道发生泄漏，泄漏的质量为 13.72kg。如果泄漏出的天然气中有 90% 发生燃烧，形成爆炸火球。试计算火球的热辐射伤害范围。

解：由于可燃气云中 90% 发生燃烧，形成火球，则火球的有效质量为：

$$M = 13.72 \times 90\% \, \text{kg} = 12.384 \text{kg}$$

根据式（2.27）和式（2.28）分别计算火球的直径和持续时间为：

$$D = 4.54 M^{0.320} = 4.54 \times 12.384^{0.320} \text{m} = 10.15 \text{m}$$

$$t = 1.54 M^{0.320} = 1.54 \times 12.384^{0.320} \text{s} = 3.441 \text{s}$$

根据式（2.30），C_n 对于一度烧伤取 2.817×10^6；对于二度烧伤，取 8.425×10^6；对于死亡，取 1.459×10^7，其适用条件是 $t < 180$s。

由式 (2.30) 计算可得:

一度烧伤半径 $R_1 = 7.36\text{m}$; 二度烧伤半径 $R_2 = 4.82\text{m}$; 死亡半径 $R_3 = 3.90\text{m}$;

根据式 (2.31) 可以得到木材引燃的半径:

$$\frac{(bG)M^{1/3}\theta^{2/3}}{t(1 + FR^2 + D^2)} = 6730t^{-0.8} + 25400$$

木材引燃的半径 $R_4 = 8.0\text{m}$。

2. 沸腾液体扩展蒸气爆炸 (BLEVE) 计算模型

BLEVE 爆炸是指液化气容器在外部火焰的烘烤下突然发生延性破裂,压力平衡被破坏,液体急剧汽化,并随即被火焰点燃而生产爆炸。准确地说,BLEVE 爆炸并非爆炸,而属于火灾。例如,LPG 储罐破裂时,绝大部分液体以雾状散落在空气中,与周围的空气混后而着火燃烧。虽然,BLEVE 爆炸产生的破片和冲击波超压有一定的危害,但与爆炸产生的火球辐射危害相比,其危害可以忽略。

国际劳工组织 (ILO) 提出的关于 BLEVE 爆炸火球模型的火球半径和火球持续时间的公式如下:

$$R = 2.9W^{1/3} \qquad (2.33)$$

$$t = 0.45W^{1/3} \qquad (2.34)$$

式中　R——火球半径 (m);

　　　t——火球持续时间 (s);

　　　W——火球中消耗的可燃物的质量 (kg)。

对单罐储存,W 取罐容量的 50%; 对双罐储存,W 取罐容量的 70%; 对于多罐储存,W 取罐容量的 90%。

非点源的 BLEVE 热辐射通量计算公式如下:

$$q = q_0(1 - 0.058\ln r)R^2 r/(R^2 + r^2)^{3/2} \qquad (2.35)$$

式中　q——热辐射通量 (kW/m^2);

　　　q_0——火球的表面的辐射通量 (kW/m^2),柱形罐取 270kW/m^2,球形罐取 200kW/m^2;

　　　r——目标到火球中心的距离 (m)。

该公式的适用条件: $r > 2R$。

3. 池火灾计算模型

可燃性液体泄漏后流到地面形成液池,或流到水面并覆盖水面,遇到引火源而形成池火,如泄漏到地面上、堤坝内液体的燃烧,敞开的容器内液体的燃烧,水面上液体燃烧等。池火模型一般按圆形液面计算,所以其他形状的液池应换算为等面积的圆池。常见的池火模型有点源模型、Shokri-Beyler 模型和 Mudan 模型等。点源模型不是一种严格的计算方法,仅可适用于辐射通量小于 5kW/m^2 的场合。Shokri-Beyler 模型假设火焰是具有辐射能力的圆柱形黑体辐射源,圆柱形辐射源的直径等于液池的直径,高度为池火焰长度。Mudan 模型将池火火焰假设为一个垂直 (无风条件)或者倾斜 (有风条件下) 的圆柱形辐射源。Mudan 模型不仅考虑了池火焰表面的有效热辐射通量和被辐射目标物与池火焰之间的视角关系,还考虑了大气透射系数的影响。

可燃液体燃烧速率可用 Burgess 和 Hertzberg 提出的方法计算。其计算方法根据液体沸点的高低分为两种情况:

当液池中液体的沸点高于周围环境温度时,液体表面单位面积的燃烧速度 $\text{d}m/\text{d}t$ 可按下式计算:

$$\frac{\text{d}m}{\text{d}t} = \frac{0.001H_c}{c_p(T_b - T_0) + H_v} \qquad (2.36)$$

式中　dm/dt——燃烧速度 $[kg/(s \cdot m^2)]$；

　　　H_c——液体燃烧热（J/kg）；

　　　c_p——液体比定压热容 $[J/(kg \cdot K)]$；

　　　T_b——液体沸点（K）；

　　　T_0——环境温度（K）；

　　　H_v——液体汽化热，J/kg。

当液体的沸点低于环境温度时，如加压液化气或冷冻液化气，液体表面单位面积的燃烧速度 dm/dt 可按下式计算：

$$\frac{dm}{dt} = \frac{0.001H_c}{H_v} \qquad (2.37)$$

池火灾火焰高度可按下式计算：

$$H = 84r\left[\frac{\dfrac{dm}{dt}}{\rho_a(2gr)^{\frac{1}{2}}}\right]^{0.61} \qquad (2.38)$$

式中　H——火焰高度，m；

　　　ρ_a——周围空气的密度（kg/m^3），一般可取 1.29；

　　　g——重力加速度，9.8m/s^2。

[例2-6]　以某甲醇罐区发生池火灾为例，对甲醇的燃烧速度与火焰高度进行模拟计算。已知液池半径为 11.3m，甲醇燃烧热取 20×10^6J/kg，甲醇的比定压热容取 2516J/（kg·K），液体沸点取 363.15K，环境温度取 298.15K，液体汽化热取 1.1×10^6J/kg。

解：（1）甲醇的燃烧速度按式（2.36）计算：

$$\frac{dm}{dt} = \frac{0.001H_c}{c_p(T_b - T_0) + H_v}$$

$$= \frac{0.001 \times 20 \times 10^6}{2516 \times (363.15 - 298.15) + 1.1 \times 10^6} kg/(s \cdot m^2) = 0.016 kg/(s \cdot m^2)$$

（2）池火灾火焰高度按式（2.38）计算：

$$H = 84r\left[\frac{\dfrac{dm}{dt}}{\rho_a(2gr)^{\frac{1}{2}}}\right]^{0.61}$$

$$= 84 \times 11.3 \times \left[\frac{0.016}{1.29 \times (2 \times 9.8 \times 11.3)^{\frac{1}{2}}}\right]^{0.61} m = 12.56m$$

2.5　安全评价方法体系

根据安全评价的对象和目的不同，可以采用各种不同的方法开展安全评价工作。具体工作中，应设计（或选用）科学、适用的安全评价方法体系，即采用定性安全评价、定量安全评价，或定性与定量相结合的系列（或综合）安全评价方法，对具体对象开展安全评价，以客观、真实地评定其实际安全状况，为事故预防和风险控制提供准确、可靠的依据。

定性安全评价与定量安全评价是安全评价方法设计和应用的基础，本节对它们的基本情况做一介绍。

2.5.1 定性安全评价方法

定性评价是最基本、也是目前应用最广泛的安全评价方法。定性安全评价方法主要是借助于对事物的经验知识及其发展变化规律的了解，通过直接分析判断，对生产系统的工艺、设备、设施、环境、人员和管理等方面的状况进行科学的定性分析、判断的一类方法。因此，定性安全评价的方法是定性的，评价结果也是一些定性的指标，如是否达到了某项安全标准、某类事故发生的可能性、安全性（危险性）的大小，以及安全程度（危险程度）的等级划分等。

定性安全评价可以按次序揭示系统、子系统中存在的所有危险，并能大致按重要程度对危险性进行分类，以便区别轻重缓急，采取适当的措施控制事故。同时，定性安全评价的结果还可以为定量安全评价做好准备。

安全系统工程中的各种定性系统安全分析方法，均可进行安全评价工作，均属于定性安全评价方法。常用定性安全评价方法有：安全检查表（Safety Check List，SCL），故障假设分析法（What... If，WI），预先危险性分析（Preliminary Hazard Analysis，PHA），故障类型和影响分析（Failure Modes and Effects Analysis，FMEA），危险与可操作性研究（Hazard and Operability Study，HAZOP），作业危害分析（Job Hazard Analysis，JHA），蝶形图分析（Bow Tie Analysis）等。

定性安全评价方法中，安全检查表法是一种比较系统的方法。其应用广泛，可根据实际需要采用不同方式（检查表式综合评价法或优良可劣评价法）。

定性安全评价方法的详细介绍见第 4 章。

2.5.2 定量安全评价方法

通过安全评价，查明系统中存在的危险性，并对危险性进行定量化处理，为评价提供数量依据及结果，即为定量安全评价。

定量安全评价方法是运用基于大量试验结果和广泛统计资料分析获得的指标或规律（数学模型），对生产系统的工艺、设备、设施、环境、人员和管理等方面的状况，按照有关标准，应用科学的方法构造和解算数学模型，进行定量评价的一类方法。评价结果是一些定量的指标，如事故发生的概率、风险率、事故的伤害（或破坏）范围、定量的危险等级、事故致因因素的关联度或重要度等。

各种定量系统安全分析方法（如事故树分析、事件树分析、因果分析、致命度分析等）均可进行定量安全评价工作，均属于定量安全评价方法。常用定量安全评价方法有事故树分析（Fault Tree Analysis，FTA），事件树分析（Event Tree Analysis，ETA），因果分析（Cause-Consequence Analysis，CCA），致命度分析（Criticality Analysis，CA），马尔科夫过程分析（Markov Process Analysis），管理失误与风险树分析（Management Oversight and Risk Tree，MORT），道化学公司火灾、爆炸指数评价法（Dow Hazard Index，DOW），化工企业六阶段安全评价法，重大危险源评价法，风险矩阵法，作业条件危险性评价法（LEC），保护层分析法（layer of protection analysis，LOPA），模糊数学综合评价法，人员可靠性分析法（Human Reliability Analysis，HRA）等。

定量安全评价方法主要划分为概率安全评价法和危险指数评价法两种类型，也代表了定量安全评价两个主要发展趋势。

2.5.2.1 概率安全评价法

概率安全评价（Probabilistic Safety Assessment，PSA）方法，是以可靠性、安全性为基础，对系统运行各个水平上的损害及不期望后果进行辨识和定量分析，计算和预测事故发生概率，做出定量评价结果的方法，也称为概率风险评价（Probabilistic Risk Assessment，PRA）或概率风险分析

（Probabilistic Risk Analysis，PRA）。其中，"概率风险评价"的名称更为明确地表明了这一方法的精髓。

概率风险评价方法的具体做法是，采用合理、有效方法（事故树分析法、事件树分析法等）计算出事故的发生概率，进而计算出风险率，并和社会允许的风险率数值（即安全指标）进行比较，确定被评价系统的安全状况。

概率风险评价是定量风险评价（Quantitative Risk Assessment，QRA）方法的典型代表。定量风险评价是对某一设施或作业活动中事故发生频率和后果进行定量分析，并与风险可接受标准进行比较的系统方法。可以看出，PRA 和 QRA 在处理问题思路和出发点等方面本质上是一致的。因此，许多学者认为两者基本相同。当然，一般说来，PRA 主要围绕事故概率进行研究、评价，QRA 处理问题则更为宽泛。

上述定量安全评价方法中，事故树分析、事件树分析、因果分析、致命度分析、马尔科夫过程分析、管理失误与风险树分析等属于概率风险评价方法。这类方法的评价精度较高，但需要足够的基础数据，且需要一定的数学基础，有时需要做较为复杂的数学计算，所以该方法比较复杂，也较难掌握。

2.5.2.2　危险指数评价法

1. 危险指数评价法的概念

危险指数评价法（Hazard Index，HI）简称指数法或评分法，是通过评价物质、操作等状况，评定、计算危险（安全）分数，综合确定危险等级的安全评价方法。

道化学公司"火灾、爆炸指数评价法"、化工企业六阶段安全评价法、英国 ICI 公司蒙德部"火灾、爆炸、毒性指数评价法（Mond Index，ICI）"等，都属于危险指数评价法。这类方法计算简单，使用起来比较容易，但评价精度稍差。

另外，定量安全评价方法也可以按照评价得出的定量结果的类别，划分为概率风险评价法、伤害（或破坏）范围评价法和危险指数评价法。伤害（或破坏）范围评价法是根据事故的数学模型，计算事故对人员的伤害范围或对物体的破坏范围的安全评价方法。常用的伤害（或破坏）范围评价法有液体泄漏模型、气体泄漏模型、两相流动泄漏模型、毒物泄漏扩散模型、液体扩散模型、喷射扩散模型、绝热扩散模型、池火火焰与辐射强度评价模型、喷射火伤害模型等。

需要说明的是，如果按照"定性—半定量—定量"的划分标准，似乎应该将指数法划分为"半定量评价方法"；而定量安全评价方法，则专指上述概率安全评价法（概率风险评价法）。此问题尚可讨论，但本书对定量安全评价方法的界定是目前的通行做法。或者说，本书从实用的角度分别对定性安全评价、定量安全评价及定量安全评价中的细类进行了划分。

2. 指数法中总评价分数的确定

采用指数法（评分法）进行安全评价时，首先根据评价对象的具体情况选定评价的项目，并根据各个评价项目对安全状况的影响程度确定各个项目所占的分数值（或分数值范围）。在此基础上，由评价者对各个项目逐项进行评定，确定各个评价项目的得分值。然后，通过一定的规则计算得出总评价分数，再根据总评价分数的大小确定系统的安全等级。

确定总评价分数时，可以采用不同的计算方法。据此，可将评分法分为加法评分法、加乘评分法和加权评分法三种。

（1）加法评分法。加法评分法是将各评价项目的得分值依次相加，各评价项目得分值之和即为系统的总评价分数，即：

$$F = \sum_{i=1}^{n} F_i \tag{2.39}$$

式中　F——总评价分数；

　　F_i——评价项目 i 的评价分数值；

　　n——评价项目的数目。

这种方法简单易行，但它将各评价项目平等对待，往往会忽视主要项目的决定性作用，使评价结果与系统的实际安全状况之间产生一定的偏差。

（2）加乘评分法。加乘评分法是将各评价项目分成若干小组，首先将每组之内各项目的得分值相加求出小组的得分值，然后将各组的得分值相乘，求出系统的总评价分数，即：

$$F = \prod_{i=1}^{m} \sum_{j=1}^{n} F_{ij} \tag{2.40}$$

式中　F——总评价分数；

　　F_{ij}——i 组中项目 j 的得分值；

　　m——小组数目；

　　n——小组中的项目数目。

采用这种评价方法时，若某组的得分值较小，则对总评价分数的影响较大。即采用这种方法可以明显地反映出各组的得分状况，可以促使被评价单位全面地做好安全工作。但是，这种评价方法仍然未能客观地表示主要评价项目的决定性作用。

（3）加权评分法。加权评分法中，按各评价项目的重要性程度对其分配权数。计算总评价分数时，将各项目的得分值乘以该项目的权数，然后再相加，即：

$$F = \sum_{i=1}^{n} Q_i F_i \tag{2.41}$$

式中　Q_i——评价项目 i 的权数；

　　其他符号意义同前。

这种评价方法，可以客观地确定各评价项目的重要性程度，突出主要评价项目的作用，使评价工作重点突出，因而评价结果也比较准确、可靠。

定量安全评价方法的详细介绍见第 5 章和第 6 章。

2.5.3　安全评价方法的综合应用

1. 安全评价方法的设计或选用思路

针对不同目的开展安全评价工作，可参考如下思路设计安全评价方法，或选择应用安全评价方法体系：

（1）采用某一合理的系统安全分析方法进行安全评价，达到安全评价工作的某一具体要求。例如，采用故障类型和影响分析方法，对某一在用设备进行分析评价，找出严重故障类型，以便加以改进，提高设备的安全性。

（2）根据被评价对象的特点和安全评价的目的，选择应用现有成熟的安全评价（系列）方法，如道化学公司火灾爆炸指数评价法、日本劳动省化工企业六阶段安全评价法等。

（3）根据安全评价工作的实际需要，按照本书介绍的定性安全评价、定量安全评价的方法和研究思路，设计新的安全评价方法或方法体系。不论是解决实际安全评价问题，还是安全评价方法的深化研究和发展，这一考虑尤为重要，第 10 章介绍的安全评价新方法、新技术研究应用，可作为这一方面的参考。

（4）结合应用两种或两种以上的安全评价方法，综合开展安全评价工作，见以下介绍。

2. 综合评价法

实际安全评价工作中，根据评价对象和评价的深度、广度要求，经常将两种或数种不同的安全评价方法结合应用，以使安全评价工作更加完善。这样的安全评价方法也称为综合评价法，是把定性方法和定量方法综合在一起应用于安全评价，有时则是两种以上定量评价方法的综合应用。例如，安全检查表法同指数法相结合、指数法同概率风险评价法相结合等。由于各种评价方法都有其适用范围和局限性，所以综合应用几种评价方法就会相互取长补短，提高评价结果的精度和可靠性。

由上述分析可知，不同安全评价方法的综合应用，可以取得较为理想的效果；另外，从我国的实际情况出发，难以很快解决建立故障率数据库、提供众多的基础事故数据这一实际困难。所以，定性与定量相结合的安全评价方法将是今后较长一段时间付诸应用的主要安全评价方法。

本 章 小 结

本章简要介绍了安全评价的基本原理，详细介绍了安全评价的指标体系、评价参数与评价标准；对各类安全评价方法做了概略说明，明确了安全评价的方法体系。同时，简要分析了安全评价模型，对泄漏模型、爆炸模型及池火灾计算模型等做了明确说明。

思考与练习题

1. 安全评价的基本原理有哪些？如何应用？
2. 试述风险率的概念和单位，它的几个单位如何进行换算？
3. 试述安全指标的概念及确定原则、制订方案。
4. 简述我国危险化学品安全指标及其确定依据。
5. 化工生产中易于发生泄漏的部位有哪些？这些常见的泄漏源可分为几类？
6. 泄漏物质在大气的扩散过程中，风主要起什么作用？
7. 简述蒸气云爆炸模型和池火灾计算模型及其在安全评价中的应用。
8. 何为定性安全评价？可以采取哪些方法进行定性安全评价？
9. 何为定量安全评价方法？分为哪几类？其发展趋势如何？
10. 指数法中，如何确定总评价分数？
11. 试述安全评价方法的设计和选用的思路。
12. 何为安全评价方法中的综合评价法？分析其特点和应用。

第3章

危险辨识与评价单元划分

学习目标

1. 熟悉危险、有害因素的产生原因及其与事故的关系，掌握危险、有害因素的分类。

2. 了解危险、有害因素的辨识原则，熟悉危险、有害因素的辨识方法，掌握危险、有害因素的辨识过程及其注意事项。

3. 了解安全评价单元的概念和目的意义，掌握评价单元的划分原则、方法及其注意事项。

4. 能够辨识生产过程中的危险和有害因素，分析其危险与危害。

5. 能够根据行业安全评价的标准、导则或细则，对机械行业基本建设及生产经营活动中存在的危险和有害因素进行分类和分析。

3.1 危险、有害因素及其分类

3.1.1 危险、有害因素概述

危险、有害因素指可对人造成伤亡、影响人的身体健康甚至导致疾病的因素，可以拆分为危险因素和有害因素。危险因素是指能对人造成伤亡或对物造成突发性损害的因素。有害因素是指能影响人的身体健康，导致疾病，或对物造成慢性损害的因素。通常情况下，对两者并不严格区分而统称为危险、有害因素。

1. 危险、有害因素的产生原因

危险、有害因素尽管表现形式不同，但从事故发生的本质上讲，之所以能造成危险和有害后果，均可归结为存在危险、有害物质、能量和危险、有害物质、能量失去控制两方面因素的综合作用，并导致危险、有害物质的泄漏、散发和能量的意外释放。因此，存在危险、有害物质、能量和危险、有害物质、能量失去控制是危险、有害因素转换为事故的根本原因。

（1）危险、有害物质、能量的存在。能量与有害物质是危险、有害因素产生的根源，也是最根本的危险、有害因素。一方面，系统具有的能量越大，存在的有害物质数量越多，其潜在危险性和危害性就越大。另一方面，只要进行生产活动，就需要相应的能量和物质（包括有害物质）。因此，危险、有害因素是客观存在的，是不能完全消除的。

1）能量就是做功的能力。它既可以造福人类，也可以造成人员伤亡和财产损失；一切产生、供给能量的能源和能量的载体在一定条件下都可能是危险、有害因素。例如，锅炉、爆炸危险物质爆炸时产生的冲击波、温度和压力，高处作业（或吊起的重物等）的势能，带电导体上的电能，行驶车辆（或各类机械运动部件、工件等）的动能，噪声的声能，激光的光能，高温作业及剧烈热反应工艺装置的热能，各类辐射能等，在一定条件下都能造成各类事故。静止的物体棱角、毛刺、地面等之所以能伤害人体，也是人体运动、摔倒时的动能、势能造成的。这些都是由于能量意外释放形成的危险因素。

2）有害物质在一定条件下能损伤人体的生理机能和正常代谢功能，破坏设备和物品的效能，也是最根本的有害因素。例如，作业场所中由于有毒物质、腐蚀性物质、有害粉尘、窒息性气体等有害物质的存在，当它们直接、间接与人体或物体发生接触，能导致人员的死亡、职业病、伤害、财产损失或环境的破坏等，都是有害因素。

（2）危险、有害物质、能量的失控。在生产实践中，能量与危险物质在受控条件下，按照人们的意志在系统中流动、转换，进行生产。如果发生失控（没有控制、屏蔽措施或控制措施失效），就会发生能量与有害物质的意外释放和泄漏，造成人员伤亡和财产损失。因此，失控也是一类危险、有害因素。

人类的生产和生活离不开能量，能量在受控条件下可以做有用功；一旦失控，能量就会做破坏功。如果意外释放的能量作用于人体，并且超过人体的承受能力，则会造成人员伤亡；如果意外释放的能量作用于设备、设施、环境等，并且能量的作用超过其抵抗能力，则会造成设备、设施的损失或环境的破坏。用此观点解释事故产生的机理，可以认为所有事故都是因为系统接触到了超过其组织或结构抵抗力的能量，或系统与周围环境的正常能量交换受到了干扰。

2. 危险、有害因素与事故的关系

根据危险、有害因素在事故发生、发展中的作用，以及从导致事故和伤害的角度出发，我们把危险因素划分为"固有"和"失效"两类。"固有危险因素"指系统中存在的、可能发生意外释放而伤害人员和破坏财物的能量或危险物质；"失效危险因素"是指导致约束、限制能量措施失效或破坏的各种不安全因素。

一起灾害事故的发生是系统中"固有危险因素"和"失效危险因素"共同作用的结果，如图 3.1 所示。

在事故的发生、发展过程中，固有危险因素和失效危险因素是相辅相成、相互依存的。固有危险因素是灾害事故发生的前提，决定事故后果的严重程度；失效危险因素出

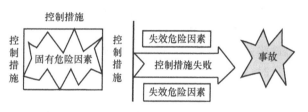

图 3.1　危险因素与事故的关系

现的难易程度决定事故发生的可能性大小，失效危险因素的出现是导致固有危险因素产生事故的必要条件。

3.1.2　危险、有害因素的分类

危险、有害因素的分类，对于指导和规范行业在规划、设计和组织生产，对危险、有害因素预测、预防，对伤亡事故原因的辨识和分析具有重要意义。对危险、有害因素分类便于安全评价时进行危险、有害因素的分析与识别。安全评价中常按"导致事故的直接原因"和"参照事故类别、职业病类别"进行分类。

3.1.2.1　按事故和职业危害的直接原因分类

根据《生产过程危险和有害因素分类与代码》（GB/T 13861—2009），生产过程中的危险和有

害因素分为4类，分别是"人的因素""物的因素""环境因素""管理因素"。危险有害因素分类代码用6位数字表示，共分4层。

1. 人的因素

人的因素，指在生产活动中，来自人员或人为性质的危险和有害因素。

（1）心理、生理性危险和有害因素。包括：

1）心负荷超限：体力负荷超限（指易引起疲劳、劳损、伤害等的负荷超限），听力负荷超限，视力负荷超限，其他负荷超限。

2）健康状况异常，指伤、病期等。

3）从事禁忌作业。

4）心理异常：情绪异常，冒险心理，过度紧张，其他心理异常。

5）辨识功能缺陷：感知延迟，辨识错误，其他辨识功能缺陷。

6）其他心理、生理性危险和有害因素。

（2）行为性危险和有害因素。包括：

1）指挥错误（包括生产过程中的各级管理人员的指挥）：指挥失误，违章指挥，其他指挥错误。

2）操作错误：误操作，违章操作，其他操作错误。

3）监护失误。

4）其他行为性危险和有害因素：脱岗等违反劳动纪律的行为。

2. 物的因素

物的因素，指机械、设备、设施、材料等方面存在的危险和有害因素。

（1）物理性危险和有害因素。包括以下几方面：

1）设备、设施、工具、附件缺陷：强度不够；刚度不够；稳定性差，抗倾覆、抗位移能力不够（包括重心过高、底座不稳定、支承不正确等）；密封不良，指密封件、密封介质、设备辅件、加工精度、装配工艺等缺陷以及磨损、变形、气蚀等造成的密封不良；耐腐蚀性差；应力集中；外形缺陷，指设备、设施表面的尖角利棱和不应有的凹凸部分等；外露运动件，指人员易触及的运动件；操纵器缺陷，指结构、尺寸、形状、位置、操纵力不合理及操纵器失灵、损坏等；制动器缺陷；控制器缺陷；设备、设施、工具、附件其他缺陷。

2）防护缺陷：无防护；防护装置、设施缺陷，指防护装置、设施本身安全性、可靠性差，包括防护装置、设施、防护用品损坏、失效、失灵等；防护不当，指防护装置、设施和防护用品不符合要求、使用不当，不包括防护距离不够；支撑不当，包括矿井、建筑施工支护不符合要求；防护距离不够，指设备布置、机械、电气、防火、防爆等安全距离不够和卫生防护距离不够等；其他防护缺陷。

3）电伤害：带电部位裸露，指人员易触及的裸露带电部位；漏电；静电和杂散电流；电火花；其他电伤害。

4）噪声：机械性噪声；电磁性噪声；流体动力性噪声；其他噪声。

5）振动危害：机械性振动；电磁性振动；流体动力性振动；其他振动危害。

6）电离辐射：X射线、γ射线、α粒子、β粒子、中子、质子、高能电子束等辐射。

7）非电离辐射：紫外辐射、激光辐射、微波辐射、超高频辐射、高频电磁场、工频电场。

8）运动物伤害：抛射物、飞溅物、坠落物、反弹物，土、岩滑动料堆（踩）滑动，气流卷动，其他运动物伤害。

9）明火。

10）高温物体：高温气体、高温液体、高温固体、其他高温物体。

11）低温物体：低温气体、低温液体、低温固体、其他低温物体。

12）信号缺陷：无信号设施，指应设信号设施处无信号，如无紧急撤离信号等；信号选用不当；信号位置不当；信号不清，指信号量不足，如响度、亮度、对比度、时间维持时间不够；信号显示不准，包括信号显示错误、显示滞后或超前；其他信号缺陷。

13）标志缺陷：无标志，标志不清晰，标志不规范，标志选用不当，标志位置缺陷，其他标志缺陷。

14）有害光照：直射光、反射光、眩光、频闪效应等。

15）其他物理性危险和有害因素。

（2）化学性危险和有害因素。包括爆炸品，压缩气体和液化气体，易燃液体，易燃固体、自燃物品和遇湿易燃物品，氧化剂和有机过氧化物，有毒品，放射性物品，腐蚀品，粉尘与气溶胶，其他化学性危险和有害因素。

（3）生物性危险和有害因素。包括致病微生物（细菌、病毒、真菌、其他致病微生物）及传染病媒介物（致害动物、致害植物、其他生物性危险和有害因素）。

3. 环境因素

环境因素指生产作业环境中的危险和有害因素，包括室内、室外、地上、地下（如隧道、矿井）、水上、水下等作业（施工）环境。

（1）室内作业场所环境不良。包括：室内地面滑，指室内地面、通道、楼梯被任何液体、熔融物质润湿，结冰或有其他易滑物等；室内作业场所狭窄；室内作业场所杂乱；室内地面不平；室内梯架缺陷，包括楼梯、阶梯、电动梯和活动梯架，以及这些设施的扶手、扶栏和护栏、护网等；地面、墙和天花板上的开口缺陷，包括电梯井、修车坑、门窗开口、检修孔、孔洞、排水沟等；房屋地基下沉；室内安全通道缺陷，包括无安全通道、安全通道狭窄、不畅等；房屋安全出口缺陷，包括无安全出口、设置不合理等；采光照明不良，指照度不足或过强、烟尘弥漫影响照明等；作业场所空气不良，指自然通风差、无强制通风、风量不足或气流过大、缺氧、有害气体超限等；室内温度、湿度、气压不适；室内给、排水不良；室内涌水；其他室内作业场所环境不良。

（2）室外作业场地环境不良。包括：恶劣气候与环境，如风、极端的温度、雷电、大雾、冰雹、暴雨雪、洪水、浪涌、泥石流、地震、海啸等；作业场地和交通设施湿滑，如铺设好的地面区域、阶梯、通道、道路、小路等被任何液体、熔融物质润湿，冰雪覆盖或有其他易滑物等；作业场地狭窄；作业场地杂乱；作业场地不平，如不平坦的地面和路面，有铺设的、未铺设的、草地、小鹅卵石或碎石地面和路面；航道狭窄、有暗礁或险滩；脚手架、阶梯和活动梯架缺陷，包括这些设施的扶手、扶栏和护栏、护网等；地面开口缺陷，包括升降梯井、修车坑、水沟、水渠等；建筑物和其他结构缺陷，包括建筑中或拆毁中的墙壁、桥梁、建筑物；筒仓、固定式粮仓、固定的槽罐和容器；屋顶、塔楼等；门和围栏缺陷，包括大门、栅栏、畜栏和铁丝网等；作业场地基础下沉；作业场地安全通道缺陷，包括无安全通道、安全通道狭窄、不畅等；作业场地安全出口缺陷，包括无安全出口、设置不合理等；作业场地光照不良，指光照不足或过强、烟尘弥漫影响光照等；作业场地空气不良，指自然通风差或气流过大，作业场地缺氧，有害气体超限等；作业场地温度、湿度、气压不适；作业场地涌水；其他室外作业场地环境不良。

（3）地下（含水下）作业环境不良（不包括以上室内作业场所及室外作业场地环境不良已列出的有害因素）。包括：隧道或矿井顶面缺陷；隧道或矿井正面或侧壁缺陷；隧道或矿井地面缺陷；地下作业面空气不良，如通风差或气流过大、缺氧、有害气体超限等；地下火；冲击地压，指井巷（采场）周围的岩石（如煤体）等物质在外载作用下产生的变形能，当力学平衡状态受到破坏时，瞬间释放，将岩体、气体、液体急剧、猛烈抛（喷）出造成严重破坏的一种井下动力现象；地下水；水下作业供氧不当；其他地下（含水下）作业环境不良。

（4）其他作业环境不良。包括：强迫体位，指生产设备、设施的设计或作业位置不符合人类工效学要求，而易引起作业人员疲劳、劳损或事故的一种作业姿势；综合性作业环境不良，显示有两种以上作业环境致害因素，且不能分清主次的情况；以上未包括的其他作业环境不良。

4. 管理因素

管理因素是指因管理和管理责任缺失所导致的危险和有害因素，包括：

（1）职业安全卫生组织机构不健全，如组织机构的设置和人员的配置。

（2）职业安全卫生责任制未落实。

（3）职业安全卫生管理规章制度不完善，包括：建设项目"三同时"制度未落实；操作规程不规范；事故应急预案及响应缺陷；培训制度不完善；其他职业安全卫生管理规章制度不健全，如隐患管理、事故调查处理等制度不健全。

（4）职业安全卫生投入不足。

（5）职业健康管理不完善。

（6）其他管理因素缺陷。

[例3-1]　对某企业进行安全现状评价时现场勘察发现如下问题：厂区有些建筑物之间的防火间距小于设计标准；某设备表面有尖角利棱；某作业部位受眩光影响；地面沉降使固定式槽罐倾斜；高处作业人员体格健康检查报告中发现有一名低血压患者；本企业从未进行安全预评价和安全验收评价。

问题：根据《生产过程危险和有害因素分类与代码》（GB/T 13861—2009），列出有害因素的名称、分类和代码，并说明理由。

答：按照《生产过程危险和有害因素分类与代码》（GB/T 13861—2009），将危险有害因素分类、代码及理由列于表3.1。

表3.1　危险有害因素分类与代码

序号	存在的问题	危险有害因素分类			理　由
		名　称	分　类	代　码	
1	厂区有些建筑物之间的防火间距小于设计标准	防护距离不够	第二类物的因素	210205	机械、电气、防火、防爆安全距离不够
2	某设备表面有尖角利棱	外形缺陷	第二类物的因素	210107	设备设施表面存在尖角利棱和不应有的凸凹部分
3	某作业部位受眩光影响	有害光照	第二类物的因素	2114	存在直射光、反射光、眩光、频闪效应
4	地面沉降使固定式槽罐	作业场地基础下沉	第三类环境因素	3211	室外作业场地环境不良
5	检查报告中发现有一低血压患者	从事禁忌作业	第一类人的因素	1103	低血压患者不得从事登高作业
6	本企业从未进行安全预评价和安全验收评价	建设项目"三同时"制度未落实	第四类管理因素	4301	安全预评价与同时设计相关；安全验收评价与同时投入生产和使用相关

3.1.2.2　按照事故类别和职业病类别分类

除了以导致事故和职业危害的直接原因进行危险有害因素辨识之外，还可以利用事故类别和职业危害分类来进行危险有害因素辨识。

1. 参照企业职工伤亡事故分类

参照《企业职工亡事故分类》（GB 6441—1986），考虑起因物、引起事故的诱导性原因、致害物、伤害方式等，将危险有害因素分为 20 类。

（1）物体打击。物体在重力或其他外力的作用下产生运动，打击人体造成人身伤亡事故，如落物、滚石、砸伤等。不包括因机械设备、车辆、起重机械、坍塌等引发的物体打击。

（2）车辆伤害。企业机动车辆在行驶中引起的人体坠落和物体倒塌、下落、挤压伤亡事故。不包括起重设备提升、牵引车辆和车辆停驶时引发的事故。

（3）机械伤害。机械设备运动（静止）部件、工具、加工件直接与人体接触引起的夹击、碰撞、剪切、卷入、绞、辗、割、刺等伤害。不包括车辆、起重机械引起的机械伤害。

（4）起重伤害。各种起重作业（包括起重机安装、检修、试验）中发生的挤压、坠落、（吊具、吊重）物体打击和触电。

（5）触电。电流流过人体或人与带电体间发生放电引起的伤害，包括雷击伤亡事故。

（6）淹溺。水大量经口、鼻进入肺内，导致呼吸道阻塞，发生急性缺氧而窒息死亡的事故，包括高处坠落淹溺，不包括矿山、井下透水淹溺。

（7）灼烫。火焰烧伤、高温物体烫伤、化学灼伤（酸、碱、盐、有机物引起的体内外灼伤）、物理灼伤（光、放射性物质引起的体内外灼伤）。不包括电灼伤和火灾引起的烧伤。

（8）火灾。火灾引起的烧伤、窒息、中毒等伤害。

（9）高处坠落。在高处作业发生坠落造成的伤亡事故，包括由高处落地和由平地落入地坑。不包括触电坠落事故。

（10）坍塌。物体在外力或重力作用下，超过自身的强度极限或因结构稳定性破坏而造成的事故，如挖沟时的土石塌方、脚手架坍塌、堆置物倒塌等。不包括矿山冒顶、片帮和车辆、起重机械、爆破引起的坍塌。

（11）冒顶片帮。矿井工作面、巷道侧壁支护不当或压力过大造成的顶板冒落、侧壁垮塌事故。

（12）透水。从事矿山、地下开采或其他坑道作业时，因涌水造成的伤害。不包括地面水害事故。

（13）放炮。由爆破作业引起的伤害，包括因爆破引起的中毒（"放炮"在《煤炭科技名词》中已规范为"爆破"）。

（14）火药爆炸。只有火药、炸药及其制品在生产、加工、运输、储存中发生的爆炸事故。

（15）瓦斯爆炸。可燃性气体瓦斯、煤尘与空气混合形成的混合物的爆炸。

（16）锅炉爆炸。适用于工作压力在 0.07MPa 以上、以水为介质的蒸汽锅炉的爆炸。

（17）容器爆炸。压力容器破裂引起的气体爆炸（物理性爆炸）以及容器内盛装的可燃性液化气体在容器破裂后立即蒸发，与周围的空气混合形成爆炸性气体混合物遇到火源时产生的化学爆炸。

（18）其他爆炸。可燃性气体、蒸气、粉尘等与空气混合形成爆炸性混合物的爆炸，如炉膛、钢水包、亚麻粉尘等爆炸。

（19）中毒和窒息。职业性毒物进入人体引起的急性中毒事故，或缺氧窒息性伤害。

（20）其他伤害。上述范围之外的伤害事故，如扭伤、非机动车碰撞轧伤、滑倒碰倒、非高处作业跌落损伤等。

[例3-2]　某机械加工企业的主要生产设备为金属切削机床，包括车床、钻床、冲床、剪床、铣床、磨床等，车间还安装了3t桥式起重机，配备了2辆叉车。该公司事故统计资料显示某一年内发生冲床断指的事故共有14起。

问题：根据《企业职工伤亡事故分类》（GB 6441—1986）对该企业的危险有害因素进行辨识，并说明产生危险有害因素的原因。

答：根据《企业职工伤亡事故分类》（GB 6441—1986），该企业存在危险有害因素和产生原因列于表3.2。

表3.2　危险有害因素类别及其产生原因

序号	危险有害因素	产生原因
1	机械伤害	机械设备旋转部位（齿轮、联轴节、工具、工件等）无防护设施或防护装置失效，以及因人员操作失误或操作不当等导致咬、绞、切等伤害；机械设备之间的距离过小或设备活动机件与墙、柱的距离过小而造成人员挤伤；冲剪压作业时由于防护失灵等造成伤人事故；机械设备上的尖角、锐边等可能划伤人体
2	物体打击	由于机械设备防护不到位，工件装夹不牢固，操作失误等造成工件、工具或零部件飞出伤人
3	起重伤害	由于起重设备质量缺陷、安全装置失灵、操作失误、管理缺陷等因素均可发生起重机械伤害事故
4	车辆伤害	由于场内叉车引起的事故
5	高处坠落	由于从事高处作业可能引起事故
6	触电	由于设备漏电，未采取必要的安全技术措施（如保护接零、漏电保护、安全电压、等电位连接等），或安全措施失效，操作人员的操作失误或违章作业等可能导致人员触电
7	火灾	机械设备使用的润滑油属于易燃物品，在有外界火源作用下可能会引起火灾；由于电气设备出现故障、电线绝缘老化、电气设备检查维护不到位等还可能引起电气火灾

2. 参照职业病分类目录分类

国家卫生计生委、人力资源社会保障部、国家安全监管总局、全国总工会于2015年11月17日联合发布了《职业病危害因素分类目录》，可根据此目录对职业病危害因素进行分类。具体如下。

（1）粉尘（52类）。主要包括：矽尘（游离 SiO_2 含量≥10%）、煤尘、石墨粉尘、铝尘、棉尘、硬质合金粉尘等。

（2）化学因素（375类）。主要包括：铅及其化合物（不包括四乙基铅）、汞及其化合物、钡及其化合物、氯气、光气（碳酰氯）、氨、一氧化碳、硫化氢、氯酸钾等。

（3）物理因素（15类）。主要包括：噪声、高温、低温、高原低氧、振动、激光、微波、紫外线、高频电磁场等。

（4）放射性因素（8类）。主要包括：密封放射源产生的电离辐射、非密封放射性物质、X射线装置（含CT机）产生的电离辐射、加速器产生的电离辐射、中子发生器产生的电离辐射、铀及其化合物等。

（5）生物因素（6类）。主要包括：艾滋病病毒、布鲁氏菌、伯氏疏螺旋体、森林脑炎病毒、炭疽芽孢杆菌等。

（6）其他因素（3类）。主要包括金属烟等。

3.2.1　危险、有害因素的辨识原则

（1）科学性。危险有害因素的辨识是分辨、识别、分析确定系统内存在的危险，是预测安全状态和事故发生途径的一种手段。这就要求进行危险有害因素识别必须要有科学的安全理论做指导，使之能真正揭示系统安全状况，危险有害因素存在的部位、存在的方式、事故发生的途径及其变化规律，并予以确切描述、明确表示。

（2）系统性。危险有害因素存在于生产活动的各个方面，因此要对系统进行全面、系统地剖析，研究危险有害因素对系统和子系统的影响及其约束关系，并分清主要危险有害因素及其相关的危险、有害性。

（3）全面性。辨识危险有害因素时不要发生遗漏，要从厂址、自然条件、总平面布置、建筑物、工艺过程、生产装置、特种设备、公用工程、安全管理、设施、制度等各方面进行分析、识别。不仅要分析正常生产运转、操作中存在的危险有害因素，还要分析开车、停车、检修、装置故障及操作失误等情况下的危险、有害后果。

（4）预测性。对于危险有害因素，还要分析其触发事件，即危险有害因素出现的条件或设想的事故模式。

3.2.2　危险、有害因素的辨识方法

选用哪种辨识方法要根据分析对象的性质、特点、寿命的不同阶段和分析人员的知识经验和习惯来定。常用的危险、有害因素辨识方法有直观经验分析方法和系统安全分析方法。

（1）直观经验分析法。

1）对照分析法：对照有关标准、法规、检查表或依靠分析人员的观察分析能力，借助经验和判断能力直接对评价对象的危险有害因素进行分析的方法。

2）类比推断法：利用相同或相似的工程系统或作业条件的经验和劳动卫生的统计资料来类推、分析评价对象的危险有害因素。

（2）系统安全分析法。系统安全分析方法是应用某些系统安全评价方法进行危险有害因素辨识。系统安全分析方法常用于复杂系统或新开发系统，常用的系统安全分析方法有安全检查表、预先危险性分析、故障类型和影响分析、事件树分析、事故树分析等。

3.2.3　危险、有害因素的辨识过程

在进行危险、有害因素的辨识时，要全面、有序地进行辨识，防止出现漏项，宜按厂址、总平面布置、道路及运输、建（构）筑物、生产工艺、物流、主要设备装置、作业环境管理等方面进行。辨识过程实际上就是系统安全分析过程。

（1）厂址。从厂址的工程地质、地形地貌、水文、气象条件、周围环境、交通运输条件、自然灾害、消防支持等方面分析、识别。

（2）总平面布置。从功能分区、防火间距和安全间距、风向、建筑物朝向、危险有害物质设施、动力设施（氧气站、乙炔气站、压缩空气站、锅炉房、液化石油气站等）、道路、储运设施等方面进行分析、识别。

（3）道路及运输。从运输、装卸、消防、疏散、人流、物流、平面交叉运输和竖向交叉运输

等几方面进行分析、识别。

（4）建（构）筑物。从厂房的生产火灾危险性分类、耐火等级、结构、层数、占地面积、防火间距、安全疏散等方面进行分析识别；从库房储存物品的火灾危险性分类、耐火等级、结构、层数、占地面积、安全疏散、防火间距等方面进行分析、识别。

（5）工艺过程。

1）新建、改建、扩建项目设计阶段危险有害因素的辨识应从以下 6 个方面进行分析识别。

① 对设计阶段是否通过合理的设计，尽可能从根本上消除危险、有害因素的发生进行考查。例如，是否采用无害化工艺技术，以无害物质代替有害物质并实现过程自动化等，否则就可能存在危险。

② 当消除危险、有害因素有困难时，对是否采取了预防性技术措施来预防或消除危险、危害的发生进行考查。例如，是否设置安全阀、防爆阀（膜）；是否有有效的泄压面积和可靠的防静电接地、防雷接地、保护接地、漏电保护装置等。

③ 当无法消除危险或危险难以预防的情况下，对是否采取了减少危险、危害的措施进行考查。例如，是否设置防火堤、涂防火涂料；是否敞开或半敞开式的厂房；防火间距、通风是否符合国家标准的要求等；是否以低毒物质代替高毒物质；是否采取了减振、消声和降温措施等。

④ 当在无法消除、预防、减弱的情况下，对是否将人员与危险、有害因素隔离等进行考查。如是否实行遥控、设隔离操作室、安全防护罩、防护屏、配备劳动保护用品等。

⑤ 当操作者失误或设备运行一旦达到危险状态时，对是否能通过连锁装置来终止危险、危害的发生进行考查。如锅炉极低水位时停炉连锁和冲剪压设备光电连锁保护等。

⑥ 在易发生故障和危险性大的地方，对是否设置了醒目的安全色、安全标志和声、光警示装置等进行考查。如厂内铁路或道路交叉路口、危险品库、易燃易爆物质区等。

2）安全现状评价中，可针对行业和专业特点及行业和专业制定的安全标准、规程进行分析、识别。例如，安监部门会同有关部委制定了冶金、电子、化学、机械、石油化工、轻工、塑料、纺织、建筑、水泥、制浆造纸、平板玻璃、电力、石棉、核电站等一系列安全标准及安全规程、规定，评价人员应根据这些标准、规程、规定、要求对被评价对象可能存在的危险有害因素进行分析和识别。

3）根据典型的单元过程（单元操作）进行危险有害因素的识别。典型的单元过程是各行业中具有典型特点的基本过程或基本单元，这些单元过程的危险、有害因素已经归纳总结在许多手册、规范、规程和规定中，可通过查阅文献获取。

（6）生产设备、装置。对于工艺设备可以从高温、低温、高压、腐蚀、振动、关键部位的备用设备、控制、操作、检修和故障、失误时的紧急异常情况等方面进行辨识；对机械设备可从运动零部件和工件、操作条件、检修作业、误运转和误操作等方面进行辨识；对电气设备可从触电、断电、火灾、爆炸、误运转和误操作、静电、雷电等方面进行辨识。另外，还应注意辨识高处作业设备、特殊单体设备（如锅炉房、乙炔站、氧气站）等的危险、有害因素。

（7）作业环境。注意辨识存在毒物、噪声、振动、高温、低温、辐射、粉尘及其他有害因素的作业部门。

（8）安全管理措施。可以从安全生产管理组织机构、安全生产管理制度、事故应急预案、特种作业人员培训、日常安全管理等方面进行辨识。

3.2.4 危险、有害因素辨识注意事项

危险、有害因素辨识工作要始终坚持"横向到边、纵向到底、不留死角"的原则，尽可能包

括"三个所有",即所有人员、所有活动、所有设施;还要注意考虑有可能出现的各种事故类型。

1. 辨识危险时要考虑典型危害类型

(1) 机械危险。注意加速、减速、活动零件、旋转零件、弹性零件、角形部件、锐边、机械活动性、稳定性等;机械可能造成人体砸伤、压伤、倒塌压埋伤、割伤、刺伤、擦伤、扭伤、冲击伤、切断伤等。

(2) 电气危险。注意带电部件、静电现象、短路、过载、电压、电弧、与高压带电部件无足够距离、在故障条件下变为带电零件等;设备设施安全装置缺乏或损坏造成的火灾、人员触电、设备损害等。

(3) 热危险。注意热辐射、火焰、具有高温或低温的物体或材料等。

(4) 噪声危险。注意作业过程中运动部件、气穴现象、气体高速泄漏、气体啸声等。

(5) 振动危险。注意机器或部件振动,机器移动,运动部件偏离轴心,刮擦表面,不平衡的旋转部件等。

(6) 材料和物质产生的危险。注意易燃物、可燃物、爆炸物、粉尘、烟雾、悬浮物、氧化物等,各种有毒有害化学品的挥发、泄漏所造成的人员伤害、火灾等,以及生物病毒、有害细菌、真菌等造成的发病感染。

(7) 辐射危险。注意低频率电磁辐射、无线频率电磁辐射、光学辐射(红外线、可见光和紫外线)等。

(8) 与人类工效学有关的危险。注意出入口、指示器和视觉显示单元的位置,控制设备的操作和识别费力、照明、姿势、重复活动、可见度等,以及不适宜的作业方式、作息时间、作业环境等引起的人体过度疲劳危害等。

(9) 与机器使用环境有关的危险。注意雨、雾、雪、风、温度、闪电、潮湿、粉尘、电磁干扰、污染等。

2. 辨识危险时要考虑三种时态、三种状态

(1) 三种时态(过去时、现在时、将来时)。过去时是指作业活动或设备等过去的安全控制状态及发生过的人体伤害事故;现在时是指作业活动或设备等现在的安全控制状况;将来时是指作业活动发生变化,系统或设备等在发生改进、报废后将会产生的危险因素。

(2) 三种状态(正常、异常、紧急状态)。正常是指作业活动或设备等按其工作任务连续长时间进行工作的状态;异常是指作业活动或设备等周期性或临时性的作业状态,如设备的开启、停止、检修等状态;紧急状态是指事故等状态或隐患严重、不处理则将发生事故的状态,如有毒或可燃气体大量泄漏的状态。

3. 根据行业特点辨识危险有害因素

不同行业的生产技术工艺差别巨大,涉及不同的危险、有害因素,应根据各行业特点,有针对性地开展危险、有害因素的辨识工作。其中,最为基础的是机械行业的危险、有害因素辨识;最为重要的是危险化学品、矿山、建筑施工、交通、烟花爆竹及民用爆破器材行业的危险、有害因素辨识;比较重要的还有特种设备、港口运营等行业的危险、有害因素辨识等。限于篇幅,本章只介绍机械行业的危险、有害因素辨识,其他行业可参考相关书籍和手册。

3.3 机械行业危险、有害因素辨识

机械行业涉及喷漆、油封、铸造、热处理、电炉、油库、空气压缩站、锅炉房、压力容器、变配电站等危险因素。在机械行业中进行危险、有害因素辨识是依据物质的危险特性、数量及其

加工工艺过程的危险性等来进行的。

3.3.1 机械运转的危险与危害分析

1. 机械运行状态及可能对人的伤害

机械运行状态及可能对人的伤害分析如下。

（1）正常工作状态。在机械完好的情况下，机械完成预定功能的正常运转过程中，存在着各种不可避免的但却是执行预定功能所必须具备的运动要素，有些可能产生危害后果。例如，大量形状各异的零部件的相互运动、刀具锋刃的切削、起吊重物、机械运转的噪声等，在机械正常工作状态下就存在着碰撞、切割、重物坠落、使环境恶化等对人身安全不利的危险因素。

（2）非正常工作状态。在机械运转过程中，由于各种原因（可能是人员的操作失误，也可能是动力突然丧失或来自外界的干扰等）引起的意外状态。例如，意外起动、运动或速度变化失控，外界磁场干扰使信号失灵，瞬时大风造成起重机倾覆倒地等。机械的非正常工作状态会直接导致或轻或重的事故危害。

（3）故障状态。故障状态是指机械设备（系统）或零部件丧失了规定功能的状态。设备的故障，哪怕是局部故障，有时都会造成整个设备的停转，甚至整个流水线、整个自动化车间的停产，给企业带来经济损失。而故障对安全的影响可能会有两种结果。有些故障的出现，对所涉及的安全功能影响很小，不会出现大的危险。例如，当机器的动力源或某零部件发生故障时，使机械停止运转，处于故障保护状态。有些故障的出现，则会导致某种危险状态。例如，由于砂轮轴的断裂，会导致砂轮飞甩的危险；速度或压力控制系统出现故障，会导致速度或压力失控的危险等。

（4）非工作状态。机器停止运转处于静止状态时，在正常情况下，机械基本上是安全的，但不排除由于环境光照度不够，导致人员与机械悬凸结构的碰撞；结构垮塌；室外机械在风力作用下的滑移或倾覆；堆放的易燃易爆原材料的燃烧爆炸等。

（5）检修保养状态。检修保养状态是指对机械进行维护和修理作业时（包括保养、修理、改装、翻建、检查、状态监控和防腐、润滑等）机械的状态。尽管检修保养一般在停机状态下进行，但其作业的特殊性往往迫使检修人员采用一些超常规的做法，如攀高、钻坑、将安全装置短路、进入正常操作不允许进入的危险区等，使维护或修理出现正常操作时不存在的危险。

2. 机械伤害形式

机械危险的伤害实质，是机械能（动能和势能）的非正常做功、流动或转化，导致对人员的接触性伤害。机械危险的主要伤害形式有夹挤、碾压、剪切、切割、缠绕或卷入、戳扎或刺伤、摩擦或磨损、飞出物打击、高压流体喷射、碰撞和跌落等。

（1）卷绕和绞缠。引起这类伤害的是做回转运动的机械部件（如轴类零件），包括联轴节、主轴、丝杠等；回转件上的凸出物和开口，如轴上的凸出键、调整螺栓或销、圆轮形状零件（链轮、齿轮、胶带轮）的轮辐、手轮上的手柄等，在运动情况下，将人的头发、饰物（如项链）、肥大衣袖或下摆卷缠引起的伤害。

（2）卷入和碾压。引起这类伤害的主要危险是相互配合的运动副，如相互啮合的齿轮之间以及齿轮与齿条之间，胶带与胶带轮、链与链轮进入啮合部位的夹紧点，两个做相对回转运动的辊子之间的夹口等所引发的卷入；滚动的旋转件引发的碾压，如轮子与轨道、车轮与路面等。

（3）挤压、剪切和冲撞。引起这类伤害的是做往复直线运动的零部件，如相对运动的两部件之间，运动部件与静止部分之间由于安全距离不够产生的夹挤，做直线运动部件的冲撞等。直线运动有横向运动（如大型机床的移动工作台、牛头刨床的滑枕、运转中的带链等部件的运动）和垂直运动（如剪切机的压料装置和刀片、压力机的滑块、大型机床的升降台等部件的运动）。

（4）飞出物打击。由于发生断裂、松动、脱落或弹性位能等机械能释放，使失控的物件飞甩或反弹出去，对人造成伤害。例如，轴的破坏引起装配在其上的胶带轮、飞轮、齿轮或其他运动零部件坠落或飞出；螺栓的松动或脱落引起被其紧固的运动零部件脱落或飞出；高速运动的零件破裂碎块甩出；切削废屑的崩甩等。另外，弹性元件的位能引起的弹射有弹簧、皮带等的断裂；在压力、真空下的液体或气体位能引起的高压流体喷射等。

（5）物体坠落打击。处于高位置的物体具有势能，当它们意外坠落时，势能转化为动能，造成伤害。例如，高处掉下的零件、工具或其他物体（哪怕是很小的）；悬挂物体的吊挂零件破坏或夹具夹持不牢引起物体坠落；由于质量分布不均衡，重心不稳，在外力作用下发生倾翻、滚落；运动部件运行超行程脱轨导致的伤害等。

（6）切割和擦伤。切削刀具的锋刃，零件表面的毛刺，工件或废屑的锋利飞边，机械设备的尖棱、利角和锐边；粗糙的表面（如砂轮、毛坯）等，无论物体的状态是运动的还是静止的，这些由于形状产生的危险都会构成伤害。

（7）碰撞和刮蹭。机械结构上的凸出、悬挂部分（如起重机的支腿、吊杆，机床的手柄等），长、大加工件伸出机床的部分等，这些物件无论是静止的还是运动的，都可能产生危险。

（8）跌倒及坠落。由于地面堆物无序或地面凹凸不平导致的磕绊跌伤，或接触面摩擦力过小（光滑、油污、冰雪等）造成打滑、跌倒。例如，人从高处失足坠落；误踏入坑井坠落；电梯悬挂装置破坏，轿厢超速下行，撞击坑底对人员造成的伤害。

机械危险大量表现为人员与可运动物件的接触伤害，各种形式的机械危险与其他非机械危险往往交织在一起。在进行危险因素辨识时，应该从机械系统的整体出发，考虑机械的不同状态、同一危险的不同表现方式、不同危险因素之间的联系和作用，以及显现或潜在的不同形态等。

3.3.2 机械行业危险、有害因素分析

1. 机械行业危险、有害因素

机械行业主要存在如下危险、有害因素：

（1）物体打击。指物体在重力或其他外力作用下产生运动，打击人体而造成人身伤亡事故，不包括主体机械设备、车辆、起重机械和坍塌等引发的物体打击。

（2）车辆伤害。指企业机动车辆在行驶中引起的人体坠落和物体倒塌、飞落、挤压等，不包括起重提升、牵引车辆和车辆停驶时发生的事故。

（3）机械伤害。指机械设备运动或禁止部件、工具、加工件直接与人体接触引起的挤压、碰撞、冲击、剪切、卷入、绞绕、甩出、切割、切断、刺扎等伤害，不包括车辆、起重机械引起的伤害。

（4）起重伤害。指各种起重作业（包括起重机械安装、检修、试验）中发生的挤压、坠落、物体（吊具、吊重物）打击等。

（5）触电。包括各种设备、设施的触电，电工作业时触电、雷击等。

（6）火灾。包括火灾引起的烧伤和死亡。

（7）高处坠落。指在高处作业中发生坠落造成的伤害事故，不包括触电坠落事故。

（8）坍塌。指物体在外力或重力作用下，超过自身的强度极限或因结构稳定性破坏而造成的事故，如挖沟时的土石塌方、脚手架坍塌、堆置物倒塌、建筑物倒塌等。

（9）火药爆炸。指火药、炸药及其制品在生产、加工、运输及储存过程中发生的爆炸事故。

（10）化学性爆炸。指可燃性气体、粉尘等与空气混合形成爆炸混合物，接触引爆源发生的爆炸事故（包括气体分解、喷雾爆炸等）。

（11）物理性爆炸。包括锅炉爆炸、容器超压爆炸等。

（12）其他伤害。指除上述以外的伤害，如摔、扭、挫、擦等伤害。

2. 静止机械的危险有害因素

主要包括切削刀的刀刃，机械加工设备凸出较长的机械部分，毛坯、工具、设备边缘锋利飞边和粗糙表面，引起滑跌、坠落的工作平台。

3. 运动机械的危险有害因素

（1）直线运动的危险。主要包括：

1）接近式的危险。纵向运动的构件，如龙门刨床的工作台、牛头刨床的滑枕、外圆磨床的往复工作台；横向运动的构件，如升降式铣床的工作台。

2）经过式的危险。单纯做直线运动的部位，如运转中的传动带、链；做直线运动的凸起部分，如运动中的金属接头；运动部位和静止部位的组合，如工作台与底座的组合；做直线运动的刃物，如牛头刨的刨刀、带锯床的带锯。

（2）旋转运动的危险。卷进单独旋转机械部件中的危险，如卡盘等单独旋转的机械部件以及磨削砂轮、铣刀等加工刀具；卷进旋转运动中两个机械部件间的危险，如朝相反方面旋转的两个轧辊之间，相互啮合的齿轮；卷进旋转机械部件与固定构件间的危险，如砂轮与砂轮支架之间、传送带与传送带架之间；卷进旋转机械部件与直线运动件间的危险，如传送带与带轮、链条与链轮、齿条与齿轮；旋转运动加工件打击或绞轧的危险，如伸出机床的细长加工件。

（3）振动部件夹住的危险，如振动引起被振动体部件夹住的危险。

（4）飞出物击伤的危险。飞出的刀具或机械部件，如未夹紧的刀片、紧固不牢的接头、破碎的砂轮片等；飞出的切屑或工件，如连续排出的或破碎而飞散的切屑，锻造加工中飞出的工件。

4. 与手工操作有关的危险和有害因素

在从事手工操作，搬、举、推、拉及运送重物时，有可能导致的伤害有椎间盘损伤、韧带或筋损伤、肌肉损伤、神经损伤、挫伤、擦伤、割伤等。其危险有害因素有：

1）远离身体躯干拿取或操纵重物。

2）超负荷推、拉重物。

3）不良的身体运动或工作姿势，尤其是躯干扭转、弯曲、伸展取东西。

4）超负荷的负重运动，尤其是举起或搬下重物的距离过长，搬运重物的距离过长。

5）负荷有突然运动的风险。

6）手工操作的时间及频率不合理。

7）没有足够的休息和恢复体力的时间。

8）工作的节奏及速度安排不合理。

5. 安全管理方面的危险和有害因素

安全管理方面的危险有害因素可从以下方面进行分析：

（1）企业是否建立、健全本单位安全生产责任制，组织制定本单位安全生产规章制度和操作规程，保证本单位安全生产投入的有效实施；企业是否经常进行安全检查和日常的安全巡查，及时消除生产安全事故隐患，组织制定并实施本单位的生产安全事故应急预案；是否依法设置安全生产管理机构和配备安全生产管理人员，是否对从业人员进行安全生产教育和培训，保证从业人员具备必要的安全生产知识，熟悉有关的安全生产规章制度和安全操作规程，掌握本岗位的安全操作技能。

（2）企业采用新工艺、新技术、新材料或者使用新设备，是否了解、掌握其安全技术特性，采取有效的安全防护措施，并对从业人员进行专门的安全生产教育和培训。

（3）生产经营单位的特种从业人员是否按照国家有关规定经专门的安全作业培训，取得特种作业操作资格证书，再进行上岗作业。

3.3.3　机械行业职业危害因素分析

（1）静电危害。如在机械加工过程中产生的有害静电，将引起爆炸、电击伤害事故。

（2）灼烫和冷冻危害。如在热加工作业中，有被高温金属体和加工件灼烫的危险。又如在深冷处理时，有被冻伤的危险。

（3）振动危害。在机械加工过程中，按振动作用于人体的方式，可分为局部振动和全身振动。局部振动是通过振动工具、振动机械或振动工件传向操作者的手和臂，从而给操作者造成振动危害；全身振动是由振动源通过身体的支持部分将振动传布全身而引起的振动危害。

（4）噪声危害。

1）机械性噪声。机械性噪声由于机械的撞击、摩擦、转动而产生，如球磨机、电锯及切削机床在加工过程中发出的噪声。

2）流体动力性噪声。流体动力性噪声由于气体压力突变或流体流动而产生，如液压机械、气压机械设备等在运转过程中发出的噪声。

3）电磁性噪声。电磁性噪声由于电机中交变力相互作用而产生，如电动机、变压器等在运转过程中发出的"嗡嗡"声。

（5）辐射危害。

1）电离辐射危害。指放射性物质、X 射线装置及 γ 射线装置等的电离辐射危害。

2）非电离辐射危害。指紫外线、可见光、红外线、激光和射频辐射等。如从高频加热装置中产生的高频电磁波或激光加工设备中产生的强激光等的非电离辐射伤害。

（6）化学物质危害。主要包括工业毒物的危害、化学物质的腐蚀性危害和易燃、易爆物质的危害。

1）易燃、易爆物质危害。引燃、引爆后在短时间内释放出大量能量的物质，因其具有迅速释放能量的能力而产生危害，或者是因其爆炸或燃烧而产生的物质（如有机溶剂）而造成危害。

2）腐蚀性物质危害。用化学的方式伤害人身及物体的物质（如强酸、碱）是腐蚀性物质，其危险有害性包括两个方面：一是对人的化学灼伤，腐蚀性物质作用于皮肤、眼睛或进入呼吸系统、食道而引起表皮组织破坏，甚至死亡；二是作用于物体表面（如建筑物、设备、管道、容器等）而造成腐蚀、损坏。腐蚀性物质可分为无机酸、有机酸、无机碱、有机碱、其他有机和无机腐蚀物质 5 类。

3）有毒物质危害。以不同形式干扰、妨碍人体正常功能的物质是有毒物质，它们可能加重器官（如肝脏、肾）的负担而造成人身中毒。有毒物质包括：

① 毒物。指以较小剂量作用于生物体，能使生物体的生理功能或机体正常结构发生暂时性或永久性病理改变甚至死亡的物质。

② 工业毒物。工业毒物按化学性质分类，其基本特性可以查阅相应的危险化学品安全技术说明书。

③ 148 种剧毒化学品。2015 年 2 月 27 日，国家安全生产监督管理总局、公安部等十部委联合公告了《剧毒化学品目录》（2015 版），共收录了 148 种剧毒化学品。

（7）粉尘危害。在生产过程中，如果在粉尘作业环境中长时间工作吸入粉尘，就会引起肺部组织纤维化、硬化，丧失呼吸功能，导致尘肺病，是难以治愈的职业病；粉尘还会引起刺激性疾病、急性中毒或癌症。爆炸性粉尘在空气中达到一定的含量（爆炸下限浓度）时，遇火源会发生爆炸。

1）粉尘及其形成工艺。具体如下。

① 固态物质的机械加工或粉碎，如金属的抛光、石墨电极的加工。

② 某些物质加热时产生的蒸气在空气中凝结或被氧化所形成的粉尘，如熔炼黄铜时，锌蒸气在空气中冷凝，氧化形成氧化锌烟尘。

③ 有机物质的不完全燃烧，如木材、焦油及煤炭等燃烧时所产生的烟。

④ 铸造加工中，清砂时或在生产中使用的粉末状物质在混合、过筛、包装及搬运等操作时沉积的粉尘，由于振动或气流的影响又浮游于空气中的粉尘（二次扬尘）。

⑤ 焊接作业中，由于焊药分解，金属蒸发所形成的烟尘。

2）粉尘危害的辨识。生产性粉尘危险有害因素辨识包括以下内容：

① 根据工艺、设备、物料、操作条件，分析可能产生的粉尘种类和部位。

② 用已经投产的同类生产厂、作业岗位的检测数据或模拟实验测试数据进行类比辨识。

③ 分析粉尘产生的原因、粉尘扩散传播的途径、作业时间、粉尘特性，确定其危害方式和危害范围。

④ 分析是否具备形成爆炸性粉尘及其爆炸的条件。

3）粉尘爆炸及其条件。有些粉尘在一定条件下能够爆炸。

① 爆炸性粉尘的危险性主要表现为：虽然燃烧速度和爆炸压力比气体爆炸低，但因其燃烧时间长、产生能量大，所以破坏力和损害程度大；爆炸时粒子一边燃烧一边飞散，可使可燃物局部严重炭化，造成人员严重烧伤；最初的局部爆炸发生之后，会扬起周围的粉尘，继而引起二次爆炸、三次爆炸，扩大伤害；与气体爆炸相比，易于造成不完全燃烧，从而使人发生一氧化碳中毒。

② 形成爆炸性粉尘有四个必要条件：粉尘的化学组成和性质；粉尘的粒度分布；粉尘的形状与表面状态；粉尘中的水分。可用上述四个条件来辨识是否为爆炸性粉尘。

③ 爆炸性粉尘爆炸的条件：可燃性和微粉状态；在空气中（或助燃气体）悬浮式流动；达到爆炸极限；存在点火源。

（8）生产环境。

1）气温。工作区温度过高、过低或急剧变化。

2）湿度。工作区湿度过大或过小。

3）气流。工作区气流速度过大、过小或急剧变化。

4）照明。工作区照度不足，亮度分布不适当，光或色的对比度不当，以及频闪效应，眩光现象。

3.4 安全评价单元划分

安全评价过程包括前期准备、划分评价单元、危险及有害因素辨识、安全评价和安全对策措施等多个阶段。合理、正确地划分评价单元，是成功开展危险、有害因素识别和安全评价工作的重要环节。

3.4.1 评价单元的概念与目的意义

1. 评价单元的概念

我国对于安全评价单元的最早定义出自于原劳动部颁布的《建设项目（工程）劳动安全卫生预评价导则》（LD/T 106—1998），定义评价单元为：根据评价的要求而划定的在工艺和设备布置上相对独立的作业区域；之后，1999 年的《建设项目（工程）劳动安全卫生预评价指南》做了补充定义：评价单元就是在危险、有害因素分析的基础上，根据评价目标和评价方法的需要，将系统分为若干有限、确定范围和需要评价的单元。

国家安全生产监督管理局 2003 颁布的《安全预评价导则》（安监管技装字［2003］77 号）对评价单元的定义是：评价单元是为了安全评价需要，按照建设项目生产工艺或场所的特点，将生产工艺或场所划分成若干相对独立的部分。

《非煤矿山安全评价导则》（安监管技装字［2003］14 号）、《危险化学品生产企业安全评价导则（试行）》（安监管危化字［2004］127 号）、《煤矿安全评价导则》（煤安监技监字［2003］114 号）等均对评价单元进行了定义。《安全预评价导则》（AQ 8002—2007）和《建设项目（工程）劳动安全卫生预评价指南》给出的定义说明了评价单元的实质。现将其定义如下：评价单元是安全评价工作的基本单元，是根据评价目标和评价方法的需要，按照建设项目生产工艺或场所的特点，将生产工艺或场所划分成若干相对独立的部分。

美国道化学公司火灾爆炸指数法评价中称，"多数工厂是由多个单元组成，在计算该类工厂的火灾爆炸指数时，只选择那些对工艺有影响的单元进行评价，这些单元可称为评价单元"，其评价单元的定义与本书定义实质上是一致的。

2. 评价单元划分的目的与意义

作为安全评价对象的建设项目或装置（系统），一般是由相对独立、相互联系的若干部分（子系统、单元）组成。各部分的功能、含有的物质、存在的危险和有害因素、危险性和危害性，以及安全指标均不尽相同。以整个系统作为评价对象实施评价时，一般按一定原则将评价对象分成若干个评价单元分别进行评价，再综合为整个系统的评价。

将系统划分为不同类型的评价单元进行评价，不但可以简化评价工作，减少评价工作量，避免遗漏，而且由此能够得出各评价单元危险性（危害性）的比较概念，从而提高安全评价的准确性，有针对性地采取安全对策措施。

3.4.2　评价单元的划分原则和方法

划分评价单元是为评价目标和评价方法服务的，要便于评价工作的进行，有利于提高评价工作的准确性。评价单元的划分一般将生产工艺、工艺装置、物料的特点及特征与危险、有害因素的类别、分布有机结合进行划分，还可以按评价的需要将一个评价单元再划分为若干子评价单元或更细致的单元。由于很难用明确通用的"规则"来规范单元的划分方法，因此会出现不同的评价人员对同一个评价对象划分出不同的评价单元的现象。

由于评价目标不同、各评价方法均有自身特点，只要达到评价的目的，评价单元的划分并不要求绝对一致。《安全预评价导则》（AQ 8002—2007）要求评价单元划分应考虑安全预评价的特点，以自然条件、基本工艺条件、危险有害因素分布及状况、便于实施评价为原则进行；《安全验收评价导则》（AQ 8003—2007）要求"划分评价单元应符合科学、合理的原则"。

3.4.2.1　划分评价单元的基本原则

划分评价单元时要坚持以下几点基本原则：

1）各评价单元的生产过程相对独立。

2）各评价单元在空间上相对独立。

3）各评价单元的范围相对固定。

4）各评价单元之间具有明显的界限。

这几项评价单元划分原则并不是孤立的，而是有内在联系的，划分评价单元时应综合考虑各方面的因素进行划分。

3.4.2.2　评价单元划分的方法

划分评价单元的方法很多，最基础的方法有：以危险有害因素类别划分评价单元，以装置和物质特征划分评价单元，依据评价方法的有关规定划分评价单元等。

1. 以危险有害因素类别划分评价单元

（1）综合评价单元。对工艺方案、总体布置及自然条件和环境对系统的影响等综合性的危险、有害因素的分析和评价，宜将整个系统作为一个评价单元。

（2）共性评价单元。将具有共性危险、有害因素的场所和装置划为一个评价单元。

1）按危险因素类别各划归一个单元，再按工艺、物料、作业特点（即其潜在危险因素不同）划分成子单元分别评价。例如，炼油厂可将火灾爆炸作为一个评价单元，按熘分、催化重整、催化裂化、加氢裂化等工艺装置和储罐区划分成子评价单元，再按工艺条件、物料的种类（性质）和数量更细分为若干评价单元。

再如，将存在起重伤害、车辆伤害、高处坠落等危险因素的各码头装卸作业区作为一个评价单元；有毒危险品、矿砂等装卸作业区的毒物、粉尘危害部分则列入毒物、粉尘有害作业评价单元；燃油装卸作业区作为一个火灾爆炸评价单元，其车辆伤害部分则在通用码头装卸作业区评价单元中评价。

2）进行安全评价时，可按有害因素（有害作业）的类别划分评价单元。例如，将噪声、辐射、粉尘、毒物、高温、低温、体力劳动强度危害等场所各划归一个评价单元。

2. 以装置特征和物质特征划分评价单元

（1）按装置工艺功能划分。对于化工生产的评价对象，按生产装置的区域划分，基本上可以反映出化工生产的工艺过程，各装置的功能特征区别也较分明，以装置划分单元更有利于评价结果的准确性。例如，原料储存区域；反应区域；产品蒸熘区域；吸收或洗涤区域；中间产品储存区域；产品储存区域；运输装卸区域；催化剂处理区域；副产品处理区域；废液处理区域；通入装置区的主要配管桥区；其他（过滤、干燥、固体处理、气体压缩等）区域。

（2）按布置的相对独立性划分。

1）以安全距离、防火墙、防火堤、隔离带等与（其他）装置隔开的区域或装置部分可作为一个单元；

2）储存区域内通常以一个或共同防火堤（防火墙、防火建筑物）内的储罐、储存空间作为一个单元。

（3）按工艺条件划分。按操作温度、压力范围的不同划分为不同的单元；按开车、加料、卸料、正常运转、填加触媒、检修等不同作业条件划分单元。

（4）按储存、处理危险物品的潜在化学能、毒性和危险物品的数量划分。

1）一个储存区域内（如危险品库）储存不同危险物品，为了能够正确识别其相对危险性，可做不同单元处理。

2）为避免夸大评价单元的危险性，评价单元的可燃、易燃、易爆等危险物质应有最低限量。例如，美国道化学公司火灾、爆炸指数评价法（第 7 版）要求，评价单元内可燃、易燃、易爆等危险物质的最低限量为 2270kg（5000lb）或 2.27m^3（600gal），小规模实验工厂上述物质的最低限量为 454kg（1000lb）或 0.454m^3（120gal）。

（5）按危险严重程度划分。根据以往事故资料，将发生事故能导致停产、波及范围大、造成巨大损失和伤害的关键设备作为一个单元；将危险性大且资金密度大的区域作为一个单元；将危险性特别大的区域、装置作为一个单元；将具有类似危险性潜能的单元合并为一个大单元。

3. 依据评价方法的有关具体规定划分评价单元

评价单元划分原则并不是孤立的，而是有内在联系的，划分评价单元时应综合考虑各方面因素。如 ICI 公司蒙德法需结合物质系数以及操作过程、环境或装置采取措施前后的火灾、爆炸、毒性和整体危险性指数等划分评价单元；故障假设分析方法则按问题分门别类，如按照电气安全、消防、人员安全等问题分类划分评价单元；模糊综合评价法需要从不同角度（或不同层面）划分评价单元，再根据每个单元中多个制约因素对事物做综合评价，建立各评价集。

3.4.3 评价单元划分的注意事项

1. 评价单元划分中存在的误区

评价单元划分是安全评价中一项极为重要的环节。在系统存在的各种危险有害因素得到全面辨识后，需要针对具体对象做进一步格外细致的分析和评价，所以要进行评价单元的划分。在评价单元划分环节，应该避免出现以下误区。

（1）把评价单元等同于工艺单元。有些安全评价报告列出工艺流程中的工艺单元并直接认定为安全评价单元，仅仅照搬可操作性研究阶段工艺流程中提出的工艺单元而不做延伸；也有些报告中的评价单元划分，仅列出物理概念上的系统，而作业条件安全性、作业现场职业危害程度、工程环境条件、项目周边的安全影响等其他需要相对独立评价的部分往往都被忽略。把评价单元等同于工艺单元往往是由于熟悉工艺设计、熟悉工程技术而不理解评价单元划分的真正作用，是最常见的错误。

（2）评价单元划分与实际评价脱节。某些安全评价报告，章节安排完全按照安全评价导则中的要求进行编制，虽然划分了评价单元，但是划分出来的评价单元与实际评价过程采用的评价单元没有逻辑关系，甚至自相矛盾，这可能是由于没有理解安全评价过程中单元划分的意义所在。

（3）评价单元划分层次不清晰。对于一些比较复杂的工艺系统，评价单元的划分必须分层进行，这给评价者带来麻烦，往往随意划分会造成混淆，忽略复杂系统在逻辑分析上的统一性。

（4）把评价单元等同于定量分析的指数评价单元。有些评价人员错误地将评价单元仅仅理解为火灾、爆炸指数评价方法中所使用的指数评价单元。其实安全评价的范围远远不止火灾、爆炸、中毒因素，切忌以偏概全，类似的错误对于过于偏重理论计算、定量计算的评价者来说比较普遍。

2. 评价单元划分与评价结果的相关性

在划分评价单元时，一般不会采用某种单一方法，往往是多重方法同时使用。但是应注意，在同一划分层次上，一般不使用第二种划分方法，因为如果那样做，就很难保证危险、有害因素识别的全面性。

以某种原则划分评价单元，实际上就确定了评价结果的形式，划分评价单元方法不同，导致评价结果反映的角度不同，评价单元划分与所表现的评价结果密切相关。

若按有害作业的类别划分评价单元，则将这个单元汇总噪声、辐射、粉尘、毒物、高温、低温、体力劳动强度等检测结果与对应标准比较，查看各个因素是否超标，得出"单项评价结果"。例如，若粉尘浓度超标，则粉尘这个单项的评价结果为"不合格"。由于各种因素对人体健康损害的后果不同，相互比较时最好置入"权"值（整合条件），各单项评价结果经过整合，得到的是"单元评价结果"。

若按某种评价方法的要求划分单元，单元中包含不同类型的危险有害因素，按评价方法的标准（评价方法一般都带有判别标准）进行评价后，得到的可能不是"单项评价结果"，而是不同因素的"综合评价结果"，再根据评价方法的要求得出"单元评价结果"。

采用以上两种单元划分方法，会出现不可比较的两种"单元评价结果"。因此，在确定评价单元划分方法的同时，需要认真考虑能否与评价要求相一致。

本 章 小 结

本章介绍了危险、有害因素的分类及其辨识方法，详细介绍了机械行业的危险、有害因素分析；详细介绍了安全评价单元及其划分方法。通过本章学习，可为正确划分安全评价单元，明确辨识生产场所、生产工艺、设备设施等存在的危险、有害因素提供依据，也为安全评价工作奠定基础。

思考与练习题

1. 简述危险、有害因素的定义及分类。

2. 分析危险因素与事故的关系。危险辨识时应注意哪些问题？

3. 危险、有害因素辨识原则有哪些？有哪些辨识方法？

4. 试分析危险有害因素辨识在安全评价中的作用。

5. 简述机械行业的危险、有害因素。

6. 对新建、改建、扩建项目设计阶段危险、有害因素的辨识应从哪几个方面进行？

7. 根据《企业职工亡事故分类》（GB 6441—1986），如何进行事故分类？

8. 根据《生产过程危险和有害因素分类与代码》（GB/T 13861—2009）的规定，危险有害因素分为几类？

9. 什么是安全评价单元？如何划分安全评价单元？

10. 划分安全评价单元的原则和目的是什么？应该注意哪些问题？

第4章

定性安全评价方法

学习目标

1. 熟悉定性安全评价方法的分类，掌握常用评价方法的特点。

2. 熟悉安全检查表的定义优、缺点及适用条件，掌握安全检查表的编制及检查表式安全评价法的应用。

3. 了解故障假设分析及故障假设/检查表分析方法的特点、分析步骤、分析要点和适用条件。

4. 熟悉预先危险性分析方法的基本原理和特点，掌握分析步骤、分析的基本内容、适用条件及应用。

5. 熟悉故障类型和影响分析、致命度分析、故障类型影响与致命度分析方法的特点、基本概念及故障分类，掌握分析步骤、分级方法、适用条件及应用。

6. 了解危险与可操作性研究方法的基本概念、原理和特点，熟悉分析步骤和分析要点，掌握分析的基本内容和适用条件。

7. 了解作业危害分析方法的概念、特点、步骤、适用条件及应用。

8. 了解蝶形图分析法的概念、特点、步骤、适用条件及应用。

4.1 安全检查表方法

4.1.1 安全检查表的定义与分类

1. 安全检查表的定义

安全检查表（Safety Check List，SCL）是为了查明系统中的不安全因素，依据相关的法律、法规和标准等对系统进行分析，并以提问的形式，将需要检查的项目按系统或子系统顺序编制成的表格。安全检查表实际上是实施安全检查的项目清单和备忘录。

安全检查表既是安全检查和诊断的一种工具，又是发现潜在危险因素的一个有效手段，它简单实用，很受生产现场欢迎。我国引进安全系统工程后，首先在各行业应用的就是安全检查表。

利用安全检查表进行系统安全分析和评价，也叫安全检查表分析法（Safety Checklist Analysis，SCA）。

2. 安全检查表的种类

安全检查表的类型可根据其使用目的、使用周期等加以划分。根据检查周期的不同，可将安全检查表分为定期安全检查表和不定期安全检查表；根据检查的目的不同，即根据安全检查表的不同用途，可分为设计审查用安全检查表、厂（矿）级安全检查表、车间（工区）用安全检查表、班组及岗位用安全检查表和专业性安全检查表等。下面对几种常用的安全检查表做简单介绍。

（1）设计审查用安全检查表。设计审查用安全检查表主要供设计人员在设计工作中应用，同时供安全人员进行设计审查时应用。设计用安全检查表中应该系统、全面，应列出有关的规程、规定和标准，以利于设计人员按规程要求进行设计，并可避免设计人员和审查人员发生争议。

（2）厂（矿）级安全检查表。厂（矿）级安全检查表既可供全厂（矿）性安全检查时应用，又可供安监部门日常巡回检查时应用，还可供上级有关部门巡回检查应用。这种安全检查表既应系统、全面，又应充分结合本厂（矿）实际设置安全检查项目。

（3）车间（工区）用安全检查表。车间（工区）用安全检查表供各车间（工区）定期安全检查或预防性安全检查工作中应用。其内容应涵盖本车间（工区）防止事故发生的各有关方面，主要集中在防止人身及机械设备的事故方面。

（4）班组及岗位用安全检查表。班组及岗位用安全检查表可供班组、岗位（一般一个班组从事同一岗位）进行自查、互查或安全教育用。其内容主要集中在防止人身事故及误操作引起的事故方面，应根据所在岗位的工艺与设备的防灾控制要点来确定，要求内容具体、易于检查。

（5）专业性安全检查表。专业性安全检查表主要用于专业性的安全检查或特种设备的安全检查。例如，煤矿企业可编制用于对采矿、掘进、运输等系统进行检查或对主提升机、主排水泵等重要设备进行检查用的专业性安全检查表；化工企业可编制用于对火灾爆炸、有毒气体泄漏事故等进行检查用的专业性安全检查表。专业性安全检查表应突出重点，不必面面俱到，具有专业性强、技术要求高的特点。

4.1.2 安全检查表的格式、编制及应用

实际应用中，可以根据生产系统、工区、车间、班组和岗位等不同部门编制安全检查表，也可以按专题编写安全检查表。安全检查表编出后，还要在实施过程中不断修改完善，使其更加符合实际，以便通过一定时间的实践应用，达到标准化、规范化。

1. 安全检查表的编制步骤及编制依据

（1）安全检查表的编制步骤。

1）熟悉系统。包括系统的结构、功能、工艺流程、主要设备、操作条件、布置和已有的安全设施等。

2）收集资料。收集有关的安全法律法规、标准、制度及本系统过去发生过事故的资料，作为编制安全检查表的依据。

3）划分单元。按功能或结构将系统划分成子系统或单元，逐个分析潜在的危险因素。

4）编制检查表。针对危险因素，依据有关法律法规、标准规定，参考过去事故的教训和经验确定安全检查表的检查要点、内容和为达到安全指标应采取的措施。

（2）安全检查表的编制依据。

1）有关规程、规范、规定和标准。例如，采煤工作面安全检查表应以《煤矿安全规程》《操作规程》和《作业规程》中的有关规定作为编制的依据，使安全检查表的内容符合这些规程的要求。

2）本单位的经验，即本单位长期形成的安全管理经验和生产管理经验，以及基于本单位的实

际状况,对本单位的事故预防工作有效的安全技术措施。

3)事故案例资料。它包括国内外同行业、同类型的事故案例资料。

4)系统安全分析的结果,即通过事故树分析、事件树分析等系统安全分析方法进行分析,找出导致事故的各个基本事件,并以这些分析方法的分析结果作为编制安全检查表的依据。

2. 安全检查表的内容和格式

几种常用安全检查表的基本内容已在上面做了简单介绍,编制安全检查表时要求尽可能做到无遗漏,要综合考虑人、物、环境和管理四个方面的因素(即4M因素)。

最简单的安全检查表只有四个栏目,即序号、检查项目、回答("是""否"栏)和备注(注明措施、要求或其他事项),见表4.1。

表4.1 安全检查表的格式

序 号	检查项目	回 答	备 注
×××	××××××	×	×××
×××	××××××	×	×××
…	…	…	…

为了提高检查效果,可以通过增设栏目使安全检查表进一步具体化。例如,可以增加"标准及要求"栏目,列出各检查项目的检查标准、要求及有关规定,使检查者和被检查者明确应该怎样做、做到什么程度;还可以增设"处理意见"和"处理日期"等栏目,以便于及时解决存在问题、确保系统的安全。

为了使检查人员特别重视对危险性大的项目进行检查,可以对各个检查项目的轻重程度做出标记,即分析各检查项目的危险程度并划分为不同的重要等级(如A、B、C级),或按危险程度给出它们的权值。

安全检查要在表末或表头注明被检查对象(地点等)、检查者和(或)检查日期等信息,以备安全管理工作中应用。

表4.2是某厂桥式起重设备岗位安全检查表。

表4.2 桥式起重设备岗位安全检查表

序号	检查项目	标准及要求	标准依据	检查情况					
				1	2	3	4	5	6
1	操作室电气柜门是否完好	完整关严	国发(56)40						
2	电铃是否完好	完好、声音清晰	16 条						
3	紧急开关	可靠	27 条						
4	大、小钩限位器	完好	10 条						
5	大、小车极限	完好	19 条						
6	仓门、栏杆开关	完好	24 条						
7	各部制动器是否完好	完好	15 条						
8	照明是否完好	工作区明亮	国发(56)40						
9	外露传动部分防护保护罩	完好、可靠	18 条						
10	钢丝绳是否完好	完好	65 条						
11	走梯、平台、走台栏杆是否完好	完好	GB 4053 1~3—2009						
岗位工人签字				1		3		5	
				2		4		6	

注:1. 将检查情况在小格内打"√"或"×"。

2. 发现问题填表上报车间解决。

3. 安全检查表的应用

安全检查工作中，应对照安全检查表中的检查项目逐项认真检查，检查结果用"是""否"来回答，或用"√""×"符号来表示；需要采取的措施、要求等事项记录在"备注"栏内。如果检查表中有"处理意见""处理时间"等栏目，则根据实际情况填写。

为有效实施安全检查表，应制定实施办法和管理制度，保证安全检查表的实施效果；要注意信息的反馈和处理，对查出的问题要及时进行处理，以有效地防止事故的发生。

4.1.3　检查表式安全评价法

除直接应用安全检查表以外，经常利用安全检查表进行定性评价，分为检查表式综合评价法和优良可劣评价法；检查表式安全评价法还可通过评分方式形成量化效果。

1. 检查表式综合评价法

检查表式综合评价法，是应用安全检查表对企业的安全管理、安全状况、环境和操作因素等进行综合评价。

这种安全评价方法一般都预先拟定用于安全评价的安全检查表，可称为"安全评价表"，属于安全评价用的专业性安全检查表。安全检查表的内容，根据检查的目的、时间、规模等的不同而有所区别。综合性的安全检查表一般应包括安全管理、安全技术、安全教育、安全措施计划、文明生产和工业卫生等方面，根据检查内容的编写形式可分为问答式的和陈述式的，其检查标准是判断检查结果是否合格的根据，目前多是参考有关规范和标准制定的。具体进行安全评价时，根据安全检查表规定的内容（评价指标）进行检查评定，记录每一评价指标的评价结果，综合每一评价指标的评价结果，给出安全评价的结果（往往是定性划分的安全等级）；或进一步将每一评价指标的评价结果按一定的规则打分，再按规定的方法给出安全评价的总分数，并据此划分安全等级。

为应用检查表式综合评价法，需完成如下基础工作：设计安全评价用的专业性安全检查表，规定评价操作程序和评价结果处理办法。检查表式综合评价法所用安全检查表的一般格式见表4.3。

表4.3　检查表式综合评价法所用安全检查表的一般格式

序　　号	评价项目	评价、验收要求	评价办法	评价结果	
				自　　查	验　　收

为科学地开展安全管理工作，我国许多行业主管部门和企业制定了安全状况评价验收标准，这实际上就是一种比较简单的检查表式的综合评价法。

[例4-1]　表4.4为某企业制定的安全生产、文明生产、工业卫生检查验收细则，可以看作检查表式综合评价法的一个具体应用。

表4.4　安全生产、文明生产、工业卫生检查验收细则（标准：60分）

项目号	项目	条款号	验收、评价要求	标准分	评价办法	评价分数	
						自查	验收
一	领导重视，机构健全（12分）	1	各级领导树立"安全第一"的思想，有一名领导分管安全工作	2	无分管领导或厂部党委会议记录无安全内容扣2分		

（续）

项目号	项目	条款号	验收、评价要求	标准分	评 价 办 法	评价分数	
						自查	验收
一	领导重视,机构健全(12 分)	2	按规定配备专职安全技术人员并保持相对稳定	4	机构不健全、人员不适应工作需要或不稳定扣 2~4 分;有活动无记录扣 1 分;无活动、无记录扣 2 分		
		3	认真贯彻"五同时"和"三同时"。安全技术人员(科长)每周参加生产调度会,有会议记录	4	厂部召开生产会议,无安全技术人员参加扣 1 分;安全生产和劳动保护工作没摆到议事日程扣 2 分;安全生产无会议记录扣 1 分		
		4	坚持中层以上干部或安全值班员值班制度,记录认真填写	2	无值班制度的不得分,已进行值班但记录简单、不完全扣 1 分;值班认真记录内容齐全,存在问题整改及时,有据可查的加 2 分		
二	安全基础管理工作(15 分)	1	建立各级安全生产责任制,健全各项规章制度,并认真贯彻执行	4	管理制度不健全扣 2 分;未认真贯彻扣 2 分		
		2	严格执行安全操作规程,做到无违章指挥、违章操作	4	操作规程不齐全扣 2 分;无违章记录表的扣 1 分		
		3	加强基础管理,做到图表化、数据化,表、单、卡齐全	2	未做到图表化、数据化的扣 1 分;表、单、卡少于 10 种的扣 1 分		
		4	消除重大事故隐患,减少或杜绝重大人身事故;发生事故严格按事故报告规程处理。一般事故频率在 2‰以内	5	发生事故后未按"三不放过"精神处理的扣 3 分;隐瞒事故不报的扣 2~4 分;事故频率超过 2‰的不得分(化工、铸锻热加工不超过 3‰)		
三	安全生产宣传教育(6 分)	1	运用多种形式进行宣传教育,做到生动活泼、坚持不懈	2	无据可查不得分		
		2	开展全员安全教育(包括干部),受教育面超过 80%	2	无据可查不得分		
		3	抓好新工人进厂(矿)后的三级教育和调换工种的教育,有安全教育登记表、卡	2	新工人进厂后不进行教育的不得分;工种调换无记录和资料可查的扣 1 分		
四	特种设备安全管理(8 分)	1	特种设备安全附件齐全、灵敏、可靠,操作工人凭证操作,每年进行 1 次考核	4	安全附件不齐全、不完好的扣 2~4 分;发现无证操作的扣 1 分		
		2	有全厂要害部位分布图,严格执行管理制度	2	无分布图扣 1 分;执行制度不严扣 1 分		
		3	"冲床、木刨"有完善安全防护措施;其他机械设备有安全防护措施	2	无防护措施的不得分		

（续）

项目号	项目	条款号	验收、评价要求	标准分	评价办法	评价分数	
						自查	验收
五	安全检查 （4分）	1	开展定期（节日、专业）和不定期安全生产检查，做到检查有记录、整改有计划、完成有保障	2	检查出的问题无整改计划、措施又不落实的不得分		
		2	坚持巡回检查制度	2	未进行检查的不得分；无检查记录的扣1分		
六	安全措施计划 （4分）	1	编制年度计划的同时，编制安全措施计划并按时上报	2	无计划或有计划不执行的不得分		
		2	按规定提取安全措施费用并用于改善劳动条件，做到专款专用，按期完成项目	2	安全措施费用不按规定提取、不用于改善劳动条件的扣1~2分		
七	文明生产 （6分）	1	加强厂区管理，保持主干道平整、清洁，沟盖齐全、道路畅通，有明显的安全标志，要害部门有醒目警告标志	2	厂区物料堆放零乱扣1分；道路不平整、不畅通扣0.5分；要害部位无醒目安全标志扣1分		
		2	车间内部照明齐全、墙壁整洁、地面平整，工件堆放整齐，安全通道畅通、标志明显	2	车间内部文明生产差的扣1分；安全通道不畅通、标志不明显的扣1分		
		3	劳保用品穿戴齐全，坚持文明生产，无野蛮操作	2	不坚持文明生产的不得分；穿戴不齐全的扣1分		
					注：年内发生责任性重伤、死亡、重大火灾的不得验收		
八	工业卫生 （5分）	1	接触尘毒的工人有健康档案	2	无健康档案扣2分		
		2	采取各种措施，使职业病逐年下降	3	职业病上升、无治理措施的不得分		

2. 优良可劣评价法

优良可劣评价法，则是采用"优、良、可、劣"4个等级，或采用"可靠""基本可靠""基本不可靠""不可靠"4个等级进行安全评价工作，也就是将评价结果划分为上述4个等级，以便于合理安排事故预防措施。

优良可劣评价法的基础工作如下：对于每一个安全评价项目，制定优、良、可、劣4个等级标准，在此基础上设计出安全评价用的专业性安全检查表，规定评价操作程序和评价结果处理办法。优良可劣评价法所用安全检查表的格式可参考表4.5。

表4.5　优良可劣评价法所用安全检查表的格式

序号	评价项目	劣	可	良	优	评价结果

[例4-2] 表4.6为英国化工协会制定的"企业安全活动评价标准",评价结果即采用"优、良、可、劣"表示。若经过评价,某项内容为"劣""可"两级,则需迅速采取措施予以更正或改善;若为"良",也需采取适当措施,尽量把安全工作做得尽善尽美。

表4.6 企业安全活动评价标准(英国化工协会,部分)

活 动	劣	可	良	优
一、组织管理				
1. 厂领导有无分工专管安全,有无组织机构,有无专、兼职人员及相应的安全责任制	无人负责也未曾指定过	各级领导对安全工作一般了解,但对责任制未有成文规定	领导上有分工专管,组织机构健全,各级责任制明确	除了"良"中所包含的以外,每年对安全工作有检查和总结,领导对重大安全问题经常组织研究
2. 安全操作规程和岗位安全操作法	无成文规定	对危险的操作有成文的操作规程或操作法,但不完善	全部危险性操作均有操作规程或操作法	全部危险性操作均有操作规程或操作法,并张贴在工作场所,每年要进行检查
3. 工作人员的选用和安排	仅进行身体检查	对新工人要进行适应性检查	除"可"包括的内容以外,录用工人时还要考虑其安全方面的有关历史资料	除"良"中规定的内容以外,提升时也要考虑其安全历史资料
4. 重大灾害和紧急处理计划	无计划或规定	只有口头上知道紧急状态时如何处理	写出了规定并提出最低要求	各类紧急处理方法均有文字规定;救援人员的义务和责任均很明确
5. 经常性的安全管理	无活动	发生事故后才有所活动	除"可"包括的内容外,对所有的事故加以研究和检查,并实施改进措施	除"良"包括的内容外,并详细研究,将安全和生产问题同等对待,在生产调度会或专题会议上加以研究
6. 厂级安全管理	无	有规定	和工厂其他规定结合实施	每年进行修订,经常检查是否执行,有一定强制性
二、工业危险性控制				
1. 物料保管储存等	保管不良,原材料、半成品和成品胡乱堆放	保管较好,采取了合理的储存方式	有次序地存放;重型或大体积的物料、设备等均放在不碍事的地方	原材料的储放均处于合理状态
2. 机器防护	对机器上的危险点很少注意防护	虽有防护设备但效果不好或不够合理	有防护设备并符合有关规定,但仍有改进的余地	有效地进行了防护,不容易发生事故。设计时首先考虑操作安全
3. 工作区域防护	对下列危险从未注意:地板上的开口、地面的缺陷、楼梯不良等	虽然注意但所采取的措施并不十分有效	采取了措施并且符合有关规定,但仍有改进余地	采取了有效措施,不容易发生工伤事故
……	……	……	……	……

3. 量化安全检查表

(1)定量化和半定量化安全检查表。如上所述,检查表式安全评价法还可通过评分方式形成量化效果,有学者根据量化程度将其划分为"半定量化安全检查表"和"定量化安全检查表"。按照这种划分方式,上述检查表式综合评价法(见表4.4)可认为是半定量化安全检查表。

按照这种方式划分的定量化安全检查表,则包括各子系统的权重系数及各检查项目的得分情况。评价过程中，按照一定的计算方法，首先应计算出各子系统的评价分数值，再计算出各评价系统的评价得分，最后确定系统（装置）的安全评价等级。定量化安全检查表的格式见表4.7。

表4.7　定量化安全检查表的格式

序　号	检查项目（权重）	检查内容（权重）	检 查 得 分	检查内容评价分数	检查项目评价分数

[例4-3]　表4.8表示的危险化学品生产、存储企业安全评估表，就是一个定量化安全检查表。该表中的不同检查项目和检查内容均按重要程度给予权重系数，同一层次各权重系数之和等于1。评价时从检查内容开始，按实际得分逐层向前推算，根据检查内容的分数值和权重系数计算检查项目分数值，最后得到系统总的评价得分，按评价总分划分安全评价结果等级。

表4.8　危险化学品生产、存储企业安全评估表

序号	检查项目（权重）	检查内容（权重）	检查得分	检查内容评价分数	检查项目评价分数
1	组织机构及安全管理制度（0.2）	安全生产管理机构（0.05）			
		专职安全管理人员（0.05）			
		兼职安全管理人员（0.05）			
		安全生产工作领导机构（0.05）			
		事故应急救援抢救组织（委托、兼管也可）（0.05）			
		安全生产议事制度（0.05）			
		安全生产岗位责任制（0.1）			
		安全技术与操作规程（0.1）			
		安全生产教育制度（0.1）			
		安全生产检查制度（0.1）			
		安全生产值班制度（0.05）			
		危险物品仓储安全管理制度（0.1）			
		危险作业安全管理制度（0.1）			
		设备安全管理制度（0.05）			
2	从业人员（0.12）	劳动合同中安全条款是否符合国家有关规定（0.08）			
		从业人员是否经过安全教育、培训及持证上岗情况（0.24）			
		特种作业人员是否经过培训和持证上岗情况（0.16）			
		事故应急救援抢救人员是否经过培训（0.09）			
		作业人员是否熟悉并遵守作业规程（0.18）			
		从业人员是否掌握紧急情况下的应急措施（0.09）			
		是否全部缴纳职工工伤保险（0.08）			
		安全生产合理化建议情况（0.08）			
3	生产、储存工艺技术与装备（0.1）	生产、储存装备布置、建筑结构、电气设备的选用及安装是否符合国家有关规定和国家标准（0.3）			
		采用的生产、储存工艺技术是否为国家淘汰的生产工艺（0.2）			
		使用的生产、储存装备是否为国家淘汰的生产装备（0.2）			
		特种设备是否按照国家有关规定取得检验、检测合格证（0.2）			
		特种设备档案是否齐全（0.1）			

（续）

序号	检查项目（权重）	检查内容（权重）	检查得分	检查内容评价分数	检查项目评价分数
4	公用工程与安全设施（0.14）	公用工程是否满足生产工艺技术的需要（0.05）			
		职工安全防护装置的配置是否符合国家有关规定（0.15）			
		生产、储存装备安全防护装置的配置是否符合国家有关规定（0.15）			
		职工劳动防护用品的配备是否符合国家有关规定（0.15）			
		职工安全防护装置，生产、储存装备安全防护装置，职工劳动防护用品等安全设施是否定期检验、检测，并建立档案（0.15）			
		消防设施的配置是否符合国家有关规定（0.15）			
		是否配备事故应急救援器材、设备（0.05）			
		危险作业场所是否按照国家有关规定和国家标准设置明显的安全警示标志（0.15）			
5	安全操作、检查与检修施工作业（0.14）	是否按照安全检查制度进行检查，并保存记录（0.08）			
		生产、储存操作记录是否齐全（0.08）			
		有无跑、冒、滴、漏及腐蚀现象（0.2）			
		是否按国家有关规定定期对现有生产、储存装备进行安全评价（0.15）			
		对安全检查和安全评价发现的隐患是否提出整改措施，并完成整改工作（0.2）			
		生产、储存装备是否按规定定期进行维护保养与检修（0.15）			
		检修施工作业是否遵守国家有关规定和国家标准（0.08）			
		重复使用的危险化学品包装物、容器在使用前是否进行了检查，并有相应的记录（0.06）			
6	事故预防与处理（0.09）	是否对危险源实施监控，并建立档案（0.15）			
		是否制定了相应的化学事故应急预案（0.2）			
		化学事故应急预案是否按规定向政府部门备案（0.1）			
		是否按照化学事故应急预案定期组织演练，并及时修订预案（0.15）			
		发生的事故是否建立了档案（0.1）			
		事故调查处理是否符合国家有关规定（0.1）			
		事故"四不放过"的落实情况（0.2）			
7	安全生产投入（0.08）	安全技术措施项目投入是否编入年度投入计划（0.25）			
		安全技术措施项目完成情况（0.25）			
		年度投入是否满足改善安全生产条件的需要（0.25）			
		事故隐患整改投入完成情况（0.25）			

（续）

序号	检查项目（权重）	检查内容（权重）	检查得分	检查内容评价分数	检查项目评价分数
8	危险物品安全管理（0.13）	对新的或危险性不明的化学品，是否按规定委托国家认可的专业技术机构对其危险性进行鉴别和评估（0.08）			
		编制危险化学品安全技术说明书和安全标签是否符合国家标准（0.15）			
		是否生产、使用国家明令禁止的危险化学品（0.2）			
		销售、购买危险化学品是否符合国家有关规定，并保存记录（0.08）			
		危险物品是否建立了档案（0.08）			
		危险物品的运输是否符合国家有关规定和国家标准（0.08）			
		使用的危险化学品包装物、容器是否是定点生产单位生产的产品（0.15）			
		使用的危险化学品包装物、容器是否取得具有专业资质的检测、检验机构检测、检验合格（0.09）			
		废弃危险化学品的处置是否符合国家有关规定（0.09）			
		评估分数合计			

注：检查内容每条按百分制打分，无需检查的条目按满分计算。

（2）量化计分方式的种类与选用。由上述介绍可知，利用安全检查表进行的量化形式安全评价中，常常对每一评价指标评分，然后汇总得出安全评价的总分数。按照指标评分和汇总方式的不同，可分为逐项赋值评价法、单项定性加权计分法、加权平均法和单项否定计分法四类。

1）逐项赋值评价法。针对每一评价指标，即安全检查表的每一项检查内容，按其重要性程度的不同，赋予不同的标准分值（见表4.4）。评价时，单项检查完全合格者给满分，部分合格者按规定的标准给分，完全不合格者不记分。这样逐条逐项地检查评分，最后累计所有各项得分，以得到系统评价的总分，并根据总分多少，按规定的标准确定被评价系统的安全等级。上面介绍的检查表式综合评价法，即属于逐项赋值评价法。

2）单项定性加权计分法。这种评价计分方法，是把安全检查表中的所有检查项目，按照实际检查评定结果，分别给以"优、良、可、劣"，或采用"可靠、基本可靠、基本不可靠、不可靠"等定性等级评定，对每一等级赋予相应的权重系数，然后累计求和并划分安全等级。它相当于上面介绍的优良可劣评价法。

3）加权平均法。把企业的安全评价按专业分成若干个评价表，所有评价表不管条款多少，都按统一计分体系分别评价计分，如10分制或100分制等；同时，按照各评价表的内容对总体安全评价的重要程度分别给予一定的权重系数。评价时，按各评价表评价所得的分值，分别乘上各自的权重系数并求和，便得到企业安全评价的总分值，并划分安全等级。上述定量化安全检查表（见表4.8）即属于加权平均法。

4）单项否定计分法。这种方法一般不单独使用，仅适用于企业系统中某些具有特殊危险而又十分敏感的具体系统，如煤气站、锅炉房、起重设备等。这类系统往往有若干危险因素，只要其中有一项处于不安全状态，就极有可能导致严重事故的发生。因此，把这类系统的安全评价表中的某些评价项目确定为对该系统安全状况具有否定权的项目，只要这些项目中有一项被判为不合格，就认为该系统安全状况不合格。这种方法已在机械工厂和核工业设施的安全评价中采用。

上述评价计分方法的特点和选用原则是：逐项赋值评价法最简单实用，而且计值较合理；加权平均法的系统性、科学性较强，适用于大型企业按一定评价范围分别进行评价；单项定性加权计分法仅在所有评价项目的重要性均等的情况下才能使用；单项否定计分法则只能在危险性很大、危险因素很多的系统中采用。

4.1.4 安全检查表的特点及适用条件

1. 安全检查表的特点

安全检查表具有如下优点：

1）具有全面性、系统性。由于安全检查表能够事先编制，因而有充足的编制时间，可以进行深入、细致的分析和讨论，所编制的安全检查表可以做到系统、全面，使可能导致事故的各种因素不至被遗漏。这样，可以克服安全检查工作的盲目性，避免走过场现象，提高安全检查的工作质量。

2）安全检查表采用提问的方式进行表述，有问有答，可以给人以深刻印象，让人知道如何做才是正确的，因而可以起到安全教育的作用。

3）可以根据已有的规程、标准和规章制度等进行编写，利于实现安全工作的标准化和规范化。

4）可以和安全生产责任制相结合。由于不同的检查对象有不同的安全检查表，因而易于分清责任，可以作为安全检查人员履行职责的考核依据。同时，在安全检查表中还可以注明对改进措施的要求，便于隔一段时间再有针对性地检查改进。

5）安全检查表属于定性的检查方法，是对传统安全检查工作的改进和提高。它简明易懂、容易掌握，不仅适合我国现阶段使用，还可以为进一步采用其他更先进的安全系统工程方法，进行事故预测和安全评价打下基础。

安全检查表的缺点如下：

1）安全检查表主要用于定性评价，不能直接用于定量评价（上述"量化安全检查表"是对安全检查表做出改进后的应用方式）。

2）安全检查表的质量受编制人员的知识水平和经验影响较大。

2. 安全检查表的适用条件及应用情况

（1）安全检查表的应用及注意事项。具体如下。

1）各类检查表都有其适用范围和适用对象，不宜通用。

2）安全检查表的实施工作应由具体的部门或人员负责。

3）应制定安全检查表的实施办法和管理制度，保证安全检查表的实施效果。

4）安全检查表的实施工作中，要注意信息的反馈和处理，对查出的问题要及时处理，以有效地防止事故的发生。

5）为了提高安全检查表的应用效果，应根据系统工程的原理，积极研究安全检查表的新的应用方法，进一步提高其发现和处理事故隐患的效果。20世纪80及90年代在我国煤矿中广泛应用的"煤矿安全信息管理"方法，就是安全检查表在煤矿安全管理工作中的一个较好的应用方法；近年来，以安全检查表为基础，对事故风险进行检查和评价，并据此开展有针对性的风险管理工作，取得了很好的效果。

（2）安全检查表的适用条件。安全检查表是进行安全检查、发现潜在危险的一种实用而简单可行的方法。安全检查表常用于安全生产管理，对熟知的工艺设计、物料、设备或操作过程等进行评价；可用于专门设计的评价；也可用于新开发工艺过程的早期阶段评价，识别和消除在类似系统多年操作中所发现的危险；还可以对已经运行多年的在役装置的危险进行检查。安全检查表可用于项目建设、运行过程的各个阶段。

在安全评价中，安全检查表常用于安全验收评价、安全现状评价，而在安全预评价过程中，一般较少使用。

4.2 故障假设分析法

4.2.1 分析方法概述

1. 故障假设分析法的概念

故障假设分析法（What……If Analysis）是通过对某一生产工艺过程或操作过程的假设性提问，来识别危险有害因素，分析由此可能产生的后果，并根据实际问题提出降低危险性的安全措施及建议的方法。使用该方法的人员应熟悉工艺过程，通过提出一系列"如果……怎么办"的问题（故障假设），来发现可能和潜在的事故隐患，从而对系统进行彻底的检查。在分析过程中，围绕所确定的分析项目对工艺过程或操作进行分析，鼓励每个分析人员对假定的故障问题发表不同看法。如果分析人员富有经验，该方法是一种强有力的分析方法；否则，其结果可能是不完整的。对一个相对简单的系统，故障假设分析只需要一两个分析人员就能进行；对复杂系统则需要组织较大规模的分析组，需较长时间或多次会议才能完成。

故障假设分析法通常对工艺过程进行审查，一般要求评价人员用"What……If"作为开头对有关问题进行考虑，从进料开始沿着流程直到工艺过程结束。故障假设提出的问题诸如"如果原料的浓度不对将会发生什么情况？""如果在开车时泵停止运转如何处理？""如果操作工打开阀 B 而不是阀 A 怎么办？"等。任何与工艺安全有关的问题，即使它与之不太相关也可提出并加以讨论。故障假设分析结果可找出暗含在问题和争论中的可能故障情况，这些问题和争论则往往指出了故障发生的原因。

通常，将所有的问题都记录下来，然后将问题分类。例如，按照电器安全、消防、人员安全等对问题进行分类，分别进行讨论。对正在运行的现役装置，则与操作人员进行交谈，所提出的问题要考虑到任何与装置有关的不正常的生产条件，而不仅仅是设备故障或工艺参数的变化。此外，对问题的回答，包括危险、后果、已有安全保护、重要项目的可能解决方案也要记录下来。

2. 故障假设/检查表分析法的概念

故障假设/检查表分析，即故障假设/安全检查表分析（What……If/Safety Checklist Analysis）。故障假设/检查表分析法是将故障假设分析与安全检查表分析两种分析方法组合在一起的分析方法，由熟悉工艺过程的人员所组成的分析组来进行。分析组用故障假设分析方法确定过程可能发生的各种事故类型，然后用一份或多份安全检查表帮助补充可能的疏漏，此时所用的安全检查表与通常的安全检查表略有不同，它不再着重于设计或操作特点，而着重在危险和事故产生的原因。这些安全检查表启发评价人员对工艺过程有关的危险和事故原因的思考。

可以看出，故障假设/检查表分析法一定程度上弥补了两种方法各自单独使用时的不足。因为，安全检查表分析法是一种以经验为主的方法，用它进行安全评价时，成功与否很大程度取决于检查表编制人员的经验水平；而故障假设分析法鼓励评价人员思考潜在的事故和后果，弥补了安全检查表编制时可能存在的经验不足；相反，安全检查表则使故障假设分析方法更系统化。

另外，故障假设/检查表分析法是故障假设分析法的扩展和完善，下面主要以后者为例介绍其方法步骤和应用情况。

3. 应用范围及方法的性质

故障假设分析法（故障假设/检查表分析法）应用范围很广，可用于设备设计和操作的各个方面，也可用于项目发展的各个阶段。该方法一般用于分析主要的事故情况及其可能后果，是一种粗略的、较为宽泛层面上的分析。

4.2.2 故障假设分析法评价步骤

故障假设分析首先提出一系列问题，然后再回答这些问题。评价结果一般以表格的形式显示，主要内容包括：提出的问题，回答可能的后果，降低或消除危险性的安全措施。该方法由三个步骤组成，即分析准备、完成分析、编制分析结果文件。

1. 分析准备

（1）人员组成。分析小组应由 2 ~ 3 名专业人员组成。小组成员要熟悉生产工艺，有评价危险性的经验，并了解分析结果的意义，最好有现场班组长和工程技术人员参加。

（2）确定分析目标。首先要考虑以取得什么样的结果作为目标，对目标应明确限定。目标确定之后就要确定分析哪些系统，如物料系统、生产工艺等。分析某一系统时应注意与其他系统的相互作用，避免漏掉危险性。如果是对正在运行的装置进行分析，分析组应与操作、维修、公用系统或其他服务系统的负责人座谈。此外，如果拟分析设备的布置问题，还应当到现场掌握系统的布置、安装及操作情况。

（3）准备资料。故障假设分析法所需资料见表4.9，最好在分析会议开始之前得到这些资料。

表 4.9 故障假设分析法所需资料

资料大类	详细资料
工艺流程及其说明	1. 生产条件；工艺中涉及的物料及其理化性质；物料平衡及热平衡 2. 设备说明书
工厂平面布置图	
工艺流程及仪表控制和管路图	1. 控制（连续监测装置，报警系统功能） 2. 仪表（仪表控制图，监测方式）
操作规程	1. 岗位职责 2. 通信联络方式 3. 操作内容（预防性维修、动火作业规定、容器内作业规定、切断措施、应急措施）

（4）准备基本问题。它们是分析会议的"种子"。如果以前进行过故障假设分析，或者进行过对装置改造后的分析，则可以使用以前分析报告中所列的问题。对新的装置或第一次进行故障假设分析的装置，分析组成员在会议之前应当拟定一些基本的问题，其他各种危险分析方法对原因和后果的分析也可以作为故障假设分析的问题。

2. 完成分析

（1）了解情况，准备故障假设问题。故障假设分析通过分析会议来完成。首先由熟悉整个装置和工艺的人员阐述生产情况和工艺过程，包括原有的安全设备及措施。分析人员还应说明装置的安全防范、安全设备、卫生控制规程。

分析人员要向现场操作人员提问，然后对所分析的工艺过程提出有关安全方面的问题。但是分析人员不应受所准备的故障假设问题的限制或者仅局限于对这些问题的回答，而是应当利用他们的综合专业知识和分析组人员之间的相互启发，提出他们认为必须分析的问题，以保证分析的完整。分析速度不能太快也不能太慢，每天最好不要超过4 ~ 6 小时，连续分析不要超过1 周。

分析过程可采用两种会议方式。一种方式是列出所有的安全项目和问题，然后进行分析；另一种方式是提出一个问题讨论一个问题，即对所提出的某个问题的各个方面进行分析后再对分析组提出的下一个问题（分析对象）进行讨论。两种方式都可以，但通常最好是在分析之前列出所有的问题，以免打断分析组的创造性思维。如果过程比较复杂，可以分成几部分进行。

（2）按照准备好的问题，从工艺进料开始，一直进行到成品产出为止，逐一提出，如果发生某种情况，操作人员应该怎么办的问题，分析得出正确答案，填入分析表中。常见的故障假设分析法分析表见表4.10。

（3）将提出的问题及正确答案加以整理，找出危险、可能产生的后果、已有安全保护装置和措施、可能的解决方法等汇总后报相关部门，以便采取相应措施。在分析过程中，可以补充任何新的故障假设问题。

表4.10　故障假设分析法分析表

序　号	如果……怎么办	危险性/结果	建议/措施

3. 编制分析结果文件

编制分析结果文件是此分析方法的关键一步，将分析人员的发现变为消除或减少危险的措施和建议。表4.11就是一份故障假设分析结果报告式样，供读者参考。根据分析对象的不同要求可对表格内容进行调整。

表4.11　DAP工艺过程的故障假设结果分析文件

工艺过程：DAP反应器　　　　　　　　　　　　分析人员：由安全、操作、设计等方面人员组成
分析主题：有毒、有害物质释放　　　　　　　　　　　　　　　日　期：日/月/年

故障假设分析问题	危险/后果	已有安全保护	建　议
原料磷酸中含有杂质	杂质与磷酸或氨反应可能产生危险，或产品不符合要求	供应商可靠，对反应器进料有严格的规定	采取措施，保证物料管理规定严格执行
进料中磷酸浓度太低，不符合原设计规定	过量且未反应的氨经过DAP储槽释放到工作区	供应商可靠，已安装有氨检测与报警装置	严格分析检测原料站送来的磷酸的浓度
反应器中氨含量过高	未反应的氨进入DAP储槽并释放到工作区，恶化环境	氨水管线上装有流量计、氨检测报警器	通过阀门B的流量较小时，氨报警器启动或关闭阀门A
阀门B关闭或堵塞	大量未反应的氨进入DAP储槽并释放到工作区，恶化环境	定期维修，安装有氨检测与报警装置，磷酸管线上装有流量计	通过阀门B的流量较小时，阀门A关闭或氨报警器启动
搅拌器停止搅拌	物料不均匀，局部反应剧烈，易发生危险		关闭阀门A、阀门B，备用搅拌器

4.2.3　故障假设分析法应用实例

某化工有限公司是美国一家大型联合化工企业，生产氯、烧碱、硫酸、盐酸等许多化学品。该公司决定将氯乙烯（VCM）单体的生产能力扩大，建一条工艺生产状况具有世界先进水平的VCM生产线。以下从该公司研究与开发阶段所存在的隐患着手，对其进行故障假设分析。

用故障假设分析法对氯乙烯单体产品的生产装置进行安全评价。研究与开发阶段的故障假设

分析结果见表4.12。

表4.12 故障假设分析结果

序号	故障假设分析	后果/危险	建议	负责人	解决时的签字与日期
1	乙烯供料伴有杂质	乙烯中主要杂质是油，油与氯气剧烈反应，然而，在乙烯中的油通常是少量的，而且反应器中大量的二氯化乙烯将抑制任何的油/氯化反应。水也是微量杂质	（1）查证高纯度乙烯的利用率和供料的可行性 （2）确定并检验油/氯化反应的反应动力学	乙烯专家、化学专家	
2	氯气供料有杂质	在氯气中主要杂质是水，在氯气中有大量的水将会引起氯气装置设备的损坏，在送到氯乙烯单体装置时有水会引起停车。少量的水不会有问题			
3	供料管线破裂	氯气——将有大量的液氯逸出，并在周围形成大量的氯气气雾。乙烯——将会有大量的液体乙烯逸出形成大量的乙烯气雾，具有潜在的燃烧和爆炸危险	（1）考虑给氯乙烯单体装置供给氯气； （2）评价某公司加工高度易燃原料的能力。考虑意外燃烧的安全培训和保护装置	化学专家、装置消防主任、协会的培训官员、工程师	
4	供料违章，不稳定	反应也许会失去控制，还不知道可接受的操作限度	检验在各种乙烯/氯气供料比率下的反应速率	化学专家	

4.2.4 故障假设分析法的特点及适用条件

1. 优缺点分析

故障假设分析法不受行业和评价类型的限制；故障假设/检查表分析法中，故障假设分析的创造性和基于经验的安全检查表分析的完整性，能够弥补各自单独使用时的不足，分析系统完整，操作简单、方便。

同时，故障假设分析法只能定性而不能定量分析，因而很少单独使用，但是检查表可以使故障假设分析法更系统化，因此故障假设分析法一般需要与检查表结合使用，及采用故障假设/检查表分析法。

2. 适用条件分析

故障假设分析法（故障假设/检查表分析法）分析方法较为灵活，适用范围很广，可用于工程、系统的任何阶段，也可用于设备设计和操作的各个方面，如建筑物、动力系统、原料、中间体、产品、仓库储存、物料的装卸与运输、工厂环境、操作方法与规程、安全管理规程、装置的安全保卫等。

因此，使用该方法时，有可能用到与工艺过程有关的资料，对于工艺的具体过程，一般2~3名评价人员即可完成，复杂工艺可分解、分块处理。该方法包括检查设计、安装、技改或操作过程中可能产生的偏差，要求评价人员对工艺规程熟知，并对可能导致事故的设计偏差进行整合。

这种方法在国外经常被应用，但在我国安全评价中很少单独使用，一般是和其他方法配合使用。

4.3 预先危险性分析

4.3.1 预先危险性分析的概念与目的

预先危险性分析（Preliminary Hazard Analysis，PHA）也称为危险性预先分析，是在一项工程活动（设计、施工、生产运行、维修等）之前，首先对系统可能存在的主要危险源、危险性类别、出现条件和导致事故的后果所做的宏观、概略分析，是一种定性分析、评价系统内危险因素的危险程度的方法。

预先危险性分析的目的，是尽量防止采取不安全的技术路线，避免使用危险性物质、工艺和设备；如果必须使用，也可以从设计和工艺上考虑采取安全防护措施，使这些危险性不致发展成为事故。

预先危险性分析的显著特点，是把分析工作做在行动之前，避免由于考虑不周而造成损失。当生产系统处于新开发阶段，对其危险性还没有很深的认识，或者是采用新的操作方法，接触新的危险物质、工具和设备时，使用这一方法就非常合适。事先分析不耗费多少资金，可以取得防患于未然的效果。

4.3.2 预先危险性分析的步骤与格式

1. 预先危险性分析的步骤

预先危险性分析大体分为以下五个步骤：

（1）熟悉系统。在对系统进行危险性分析之前，首先要对系统的目的、工艺流程、操作运行条件、周围环境做充分的调查、了解。

（2）辨识危险因素。根据系统具体状况，采取合理的危险因素辨识方法，查找能够造成人员伤亡、财产损失和系统完不成任务的危险因素。

（3）识别转化条件。研究危险因素转变为危险状态的触发条件，即找出"触发事件"；确定危险状态转变为事故（或灾害）的必要条件，即确定"形成事故的原因事件"。

（4）确定危险因素的危险等级。按照危险因素形成事故的可能性和损失的严重程度划分其危险等级，以便按照轻重缓急采取危险控制措施。

（5）制定危险控制措施。根据危险因素的危险等级，制定并实施危险控制措施。

2. 预先危险性分析表的格式

预先危险性分析结果一般采用表格的形式列出。预先危险性分析表应该包括以下内容：

（1）表明系统的基本目的、工艺过程、控制条件及环境因素等。

（2）划分整个系统为若干子系统（单元）。

（3）参照同类产品或类似的事故教训及经验，查明分析单元可能出现的危害。

（4）确定危害的起因。

（5）提出消除或控制危险的对策；在危险不能控制的情况下，分析最好的预防损失的方法。

规范的预先危险性分析表通用格式见表4.13。实际应用中，可以根据具体情况和实际需要确定PHA的格式。

表 4.13　PHA 表通用格式

系统：　　　　子系统：　　　　状态：　　　　制表者：
编号：　　　　日期：　　　　　　　　　　　制表单位：

危险因素	触发事件	发生条件	原因事件	事故后果	危险等级	防范措施	备　注
①	②	③	④	⑤	⑥	⑦	⑧

注：①——潜在危害因素；②——导致产生"危险因素"的事件；③——使"危险因素"发展成为潜在危害的事件或错误；④——导致产生"发生条件"的事件及错误；⑤——事故后果；⑥——危险等级；⑦——为消除或控制危害应采取的措施，应包括对装置、人员、操作程序等多方面的考虑；⑧——必要的其他说明。

4.3.3　危险性的辨识及等级划分

1. 危险性的辨识

危险因素就是在一定条件下能够导致事故发生的潜在因素。要对系统进行危险性分析，首先要找出系统可能存在的所有危险因素。

既然危险因素有一定的潜在性质，辨识危险因素就需要有丰富的知识和实践经验。为了迅速查出危险因素，可以从以下几方面入手。

（1）从能量转移概念出发。能量转移论者认为，事故就是能量的不希望转移的结果。能量转移论的基本观点是：人类的生产活动和生活实践都离不开能量，能量在受控情况下可以做有用功，制造产品或提供服务；一旦失控，能量就会做破坏功，转移到人就造成人员伤亡，转移到物就造成财产损失或环境破坏。

该理论的原始出发点是防止人身伤害事故。他们认为："生物体（人）受伤害只能是某种能量的转移"，并提出了"根据有关能量对伤亡事故加以分类的方法"，将伤害分为两类：第一类伤害是由于施加了超过局部或全身性损伤阈的能量引起的，见表 4.14；第二类是由于影响了局部的或全身性能量交换引起的，见表 4.15。

表 4.14　第一类伤害实例

增加的能量类型	产生的原发性损伤	举例与注释
机械能	移位、撕裂、破裂和挤压，主要损及组织	由于运动的物体，如子弹、皮下针、刀具和下落物体冲撞造成的损伤，以及由于运动的身体冲撞相对静止的设备造成的损伤，如跌倒时、飞行时和汽车事故中。具体的伤害结果取决于合力施加的部位和方式
热能	炎症、凝固、烧焦和焚化，伤及身体任何层次	第一、二、三度烧伤。具体的伤害结果取决于热能作用的部位和方式
电能	干扰神经-肌肉功能，以及凝固、烧焦和焚化，伤及身体任何层次	触电死亡、烧伤、干扰神经功能，如在电休克疗法中。具体的伤害结果取决于电能作用的部位和方式
电离辐射能	细胞和亚细胞成分与功能的破坏	反应堆事故，治疗性与诊断性照射，滥用同位素，放射性粉尘的作用。具体伤害结果取决于辐射能作用的部位和方式
化学能	一般要根据每一种或每一组的具体物质而定	包括由于动物性和植物性毒素引起的损伤，化学灼伤（如氢氧化钾、溴、氟和硫酸），以及大多数元素和化合物在足够剂量时产生的损伤

注：这些伤害是由于施加了超过局部或全身性损伤阈的能量引起的。

表 4.15　第二类伤害实例

影响能量交换的类型	产生的损伤或障碍的种类	举例与注释
氧的利用	生理损害，组织或全身死亡	全身——由机械因素或化学因素引起的窒息，如溺水、一氧化碳中毒和氰化氢中毒 局部——"血管性意外"
热能	生理损害，组织或全身死亡	由于体温调节障碍产生的损害，冻伤、冻死

注：这些损伤是由于影响了局部的或全身的能量交换引起的。

既然事故来自于能量的非正常转移，那么，在对一个系统进行危险因素辨识的时候，就要确定系统内存在哪些类型的能量，以及它们存在的部位、正常或不正常转移的方式，从而确定各种危险因素。这也就是按第一类伤害的能量类型确定危险因素；同时，还要考察影响人体内部能量交换的危险因素，即按照第二类伤害确定危险因素，如引起窒息、中毒、冻伤等的致害因素。

（2）从人的操作失误考虑。系统运行的好坏和安全状况如何，除了机械设备本身的性能和工艺条件外，很重要的因素就是人的操作可靠性。然而，人作为系统的一个组成部分，其失误概率要比机械、电气、电子元件高几个数量级。这就要求，在辨识系统可能存在的危险性时，要充分考虑到人的操作失误所造成的危险。在这方面，人机工程、行为科学都有较为成熟的经验，系统安全分析方法中也有可操作性研究等方法可供借鉴。

（3）从外界危险因素考虑。系统安全不仅取决于系统内部的人、机、环境因素及其配合状况，有时还要受系统以外其他危险因素的影响。其中，有外界所发生的事故或不测事件对系统的影响，如火灾、爆炸；也有自然灾害对系统的影响，如地震、洪水、雷击、飓风等。因此，在辨识系统危险性时，也应考虑这些外界因素，特别是处于设计阶段的系统。

2. 危险等级划分

危险性查出后，为了按照轻重缓急采取安全防护措施，对预计到的危险因素加以控制，就要按其形成事故的可能性和损失的严重程度确定危险等级。

危险因素的危险等级一般划分为如下 4 个级（也常用罗马数字表示）：

1 级：安全的，尚不能造成事故。

2 级：临界的，处于事故的边缘状态，暂时还不会造成人员伤亡和财产损失，应当予以排除或采取控制措施。

3 级：危险的，必然会造成人员伤亡和财产损失，要立即采取措施。

4 级：灾难的（破坏性的），会造成灾难性事故（多人伤亡，系统损毁），必须立即排除。

4.3.4　预先危险性分析应用实例

金属、非金属矿山的立井提升系统，由于设备故障或人员操作失误，可能造成提升设备坠落、人员伤亡事故。矿山立井提升系统的预先危险性分析见表 4.16，应按照表中对策开展安全工作，严防提升伤害事故。

表 4.16　铁矿山立井提升系统预先危险性分析表

危险因素	事故原因	事故结果	危险等级	防治对策
卷扬机安全缺陷	制动不可靠、不灵敏、失效或无过卷保护装置	人员伤亡	3	检查、维修，完善制动装置和过卷保护装置

（续）

危险因素	事故原因	事故结果	危险等级	防治对策
提升系统及钢丝绳安全缺陷	使用前未进行检验、试验，使用时未做到定期检测，安全系数不符合安全要求	伤亡事故	3	做好施工组织设计，提升吊挂系统应符合安全要求，定期进行检查、检验和监测，发现问题及时更换；井口设置封口盘，封口盘上设井盖门及围栏
罐笼运行安全缺陷	罐笼超载，提升速度过快，未安装安全伞，无稳绳运行阶段过长	人员伤亡	3	按规程要求提升罐笼，严禁超载、超速，并按规定安装安全伞，采用符合安全要求的提升钩头
人员操作失误	没有做到持证上岗，违章作业，对信号操作、判断失误	伤亡事故	3	对操作人员进行安全培训，严禁"三违"现象的发生
罐笼梁及梁销、各悬挂及连接装置安全缺陷	使用前未详细检查，使用不符合安全要求的连接装置，未按要求进行拉力试验	人员伤亡、悬挂系统损坏	4	对连接装置按规程要求进行试验、维护、检修，保证牢固并安全运行，及时更换不合格的部件
信号失误	信号工未按要求发出信号	伤亡事故	3	信号工要严格按规程操作
罐笼防坠器缺陷	使用前未详细检查，使用不符合安全要求的防坠器	伤亡事故	3	对防坠器按规程要求进行检查、试验、维护、检修，保证防坠器终端载荷符合要求

4.3.5　预先危险性分析法的特点及适用条件

1. 预先危险性分析的特点

预先危险性分析是一种定性分析、评价方法，是一种宏观、概略分析。在项目发展初期使用PHA，有如下优点：

1）能识别可能的危险，用较少的费用或时间就能进行改正。

2）能帮助项目开发组分析和（或）设计操作指南。

3）方法简单易行、经济、有效。

PHA 的缺点是：属于定性方法，评估危险等级受人的主观性影响较大。

2. 预先危险性分析的适用条件

预先危险性分析适用于各类系统设计、施工、生产、维修前的概略分析和评价；也适用于固有系统中采取新的操作方法、接触新的危险性物质、工具和设备时进行危险性评价。

4.4　故障类型和影响分析

4.4.1　故障类型和影响分析的概念

故障类型和影响分析（Failure Modes and Effects Analysis，FMEA）是安全系统工程的重要分析方法之一，起源于可靠性技术，其基本考虑是找出系统的各个子系统或元件可能发生的故障及其出现的状态（即故障类型），搞清每个故障类型对系统安全的影响，以便采取措施予以防止或消除。

故障类型和影响分析 FMEA 是根据系统可分的特性，按实际需要分析的深度，把系统分割成子系统，或进一步分割成元件，然后逐个分析各部分可能发生的所有故障类型及其对子系统和系统产生的影响，以便采取相应措施，提高系统的安全性。

FMEA 主要应用于系统的安全设计。1957 年，FMEA 方法开始在美国飞机发动机设计中使用。之后，该方法在核工业、机械、仪器仪表、动力等工业部门得到广泛应用。

4.4.2 故障类型和故障等级划分

4.4.2.1 故障、故障类型和故障等级

元件、子系统或系统在运行时达不到设计规定的要求，因而完不成规定的任务或完成得不好，则称为故障。例如，某个设备坏了、不能用了，或其某一部分、某个功能不能用了，都属于故障。

故障类型指元件、子系统或系统所发生故障的形式。例如，一个阀门发生故障，可能有 4 种故障类型：内漏、外漏、打不开、关不严。

根据故障类型对子系统或系统影响程度的不同而划分的等级称为故障等级。划分故障等级的目的是为了区别轻重缓急，采取合理的处理措施。一般划分为 4 个故障等级：

Ⅰ级：致命的，可能造成死亡或系统损失。

Ⅱ级：严重的，可能造成重伤，严重的职业病或主系统损坏。

Ⅲ级：临界的，可造成轻伤、轻度职业病或次要系统损坏。

Ⅳ级：可忽略的，不会造成伤害和职业病，系统不会损坏。

4.4.2.2 故障等级的划分方法

划分故障等级的方法有定性划分法、评点法和风险矩阵法，下面主要介绍前两种方法。

1. 定性划分故障等级——直接判断法（简单划分法）

定性划分故障等级，是通过直接判断法，从严重程度考虑来确定故障的等级，也叫简单划分法。

上面介绍的故障等级划分方法就是定性划分故障等级的方法（直接判断法）。它基本是通过对严重程度考虑来确定故障等级的，有一定片面性。为了更全面地确定故障等级，可采用如下定量的方法。

2. 评点法

评点法通过计算故障等级价值 C_s 值，定量确定故障等级。

（1）评点法之一。按照如下方法步骤计算和确定故障等级。

1）按下式计算 C_s 值：

$$C_s = \sqrt[5]{C_1 C_2 C_3 C_4 C_5} \tag{4.1}$$

式中　C_s——故障等级价值；

　　　C_1——故障影响大小，损失严重程度；

　　　C_2——故障影响的范围；

　　　C_3——故障频率；

　　　C_4——防止故障的难易；

　　　C_5——是否为新设计的工艺。

2）$C_1 \sim C_5$ 的取值范围和确定方法。$C_1 \sim C_5$ 的取值范围均为 1 ~ 10。具体数值的确定，可请三、五位有经验的专家座谈讨论，即采用专家座谈会方法确定各个参数的取值；也可采用函调法，即采用特尔菲方法，将所提问题和必要的背景材料，用通信的方式向选定的专家提出，然后按照规定的程序和方法，将专家的判断结果进行综合，再反馈给他们进行重新征询和判断。如此反复多

次，直到取得满意的判断结果为止。

3）故障等级划分。根据 C_s 值的大小，按表4.17将故障划分为4个等级。

表 4.17　故障等级划分表

故　障　等　级	C_s 值	内　　容	应采取的措施
Ⅰ级：致命	7~10	完不成任务，人员伤亡	变更设计
Ⅱ级：严重	4~7	大部分任务完不成	重新讨论设计，也可变更设计
Ⅲ级：临界	2~4	一部分任务完不成	不必变更设计
Ⅳ级：可忽略	<2	无影响	无

（2）评点法之二。按照如下方法步骤计算和确定故障等级。

1）按下式计算 C_s 值：

$$C_s = \sum_{i=1}^{5} C_i \tag{4.2}$$

2）$C_1 \sim C_5$ 的确定。按照表4.18确定 $C_1 \sim C_5$ 的数值。

3）故障等级划分。故障等级的划分仍然按表4.17进行。

表 4.18　C_i 取值表

评价因素（C_i）	内　　容	C_i 值
故障影响大小（C_1）	造成生命损失 造成相当程度的损失 元件功能有损失 无功能损失	5.0 3.0 1.0 0.5
对系统影响程度（C_2）	对系统造成2处以上重大影响 对系统造成1处以上重大影响 对系统无过大影响	2.0 1.0 0.5
发生频率（C_3）	容易发生 能够发生 不大发生	1.5 1.0 0.7
防止故障的难易程度（C_4）	不能防止 能够防止 易于防止	1.3 1.0 0.7
是否新设计的工艺（C_5）	内容相当新的设计 内容和过去相类似的设计 内容和过去一样的设计	1.2 1.0 0.8

3. 风险矩阵法

综合故障发生的可能性和故障发生后引起的后果（严重度），确定故障等级。具体思路和方法可参阅5.4节。

4.4.3　故障类型和影响分析步骤及格式

1. FMEA 步骤

（1）熟悉系统。FMEA 分析之前，首先要熟悉系统的有关资料，了解系统组成情况，明确系统、子系统、元件的功能及其相互关系，以及系统的工作原理、工艺流程及有关参数等。

（2）确定分析深度。根据分析目的确定系统的分析深度。如果将 FMEA 用于系统的安全设计，应进行详细分析，直至元件；用于系统的安全管理，则允许分析得粗一些，可以把某些功能件（由若干元件组成的、具有独立功能的组合部分）视为元件分析，如泵、电机、储罐等。

（3）绘制系统功能框图或可靠性框图。绘制系统功能框图和可靠性框图的目的，是要从系统功能和可靠性方面弄清系统的构成情况，并以此作为故障类型和影响分析的出发点，正确分析元件的故障类型对子系统、系统的影响。

功能框图是描绘各子系统及其所包含功能件的功能以及相互关系的框图。一个系统可以由若干个功能不同的子系统组成（如动力、传动、工作、控制等子系统），一个子系统又是由更小的子系统或元件组成的。为了便于分析，要绘制功能框图。

可靠性框图是研究如何保证系统正常运行的一种系统图，而不是按系统的结构顺序绘制的结构图。绘制可靠性框图时应注意：串联系统可靠性框图必为串联结构，而并联系统不一定是并联结构。

（4）列出所有故障类型并分析其影响。按照框图绘出的与系统功能和可靠性有关的部件、元件，根据过去的经验和有关故障资料数据，列出所有可能的故障类型，并分析其对子系统、系统，以及对人身安全的影响。

（5）划分故障等级。按照各个故障类型的影响程度，通过上述方法划分故障等级。

（6）分析构成故障类型的原因及其检测方法。分析构成各种故障类型的原因，确定其检测方法。

（7）汇总结果和提出改正措施。按照规范的格式汇总分析结果，提出每种故障类型的改正措施，编制完成故障类型和影响分析表。

2. FMEA 的格式

FMEA 通常按预定的分析表逐项进行。故障类型和影响分析表的规范格式见表 4.19。

表 4.19　故障类型影响分析表的格式

子系统	元件名称	故障类型	故障原因	故 障 影 响				故障检测方法	故障等级	校正措施	备注
				子系统	系统	任务	人员				

实际应用中，可以根据具体情况对 FMEA 表的格式做出调整，如表 4.20、表 4.21 等。

表 4.20　故障类型影响分析表格（1）

系统 子系统			故障类型影响分析				日期 制表 主管		
编号	子系统项目	元件名称	故障类型	推断原因	对子系统影响	对系统影响	故障等级	措施	备注

表 4.21　故障类型影响分析表格（2）

系统 子系统 组件				故障类型影响分析						日期 主管	制表 审核	
分析项目				功能	故障类型及造成原因	任务阶段	故障影响			故障检测方法	改正处理所需时间	故障等级	修改
名称	项目号	图纸号	框图号				组件	子系统	系统（任务）				

4.4.4　故障类型和影响分析实例

　　家用暖风系统的任务是满足冬季采暖的需要，每年冬季要工作 6 个月，使室温保持22℃。在室外温度降低到 −23℃ 时，室内温度不变。暖风系统设置在地下室内，环境温度也是 −23℃，同时还有相当浓度的粉尘。室内温度达不到 22℃，就认为是系统出了故障。本系统所使用的公用工程部分，即外电和煤气，都不在分析范围之内。以下对家用暖风系统故障类型和影响进行分析。

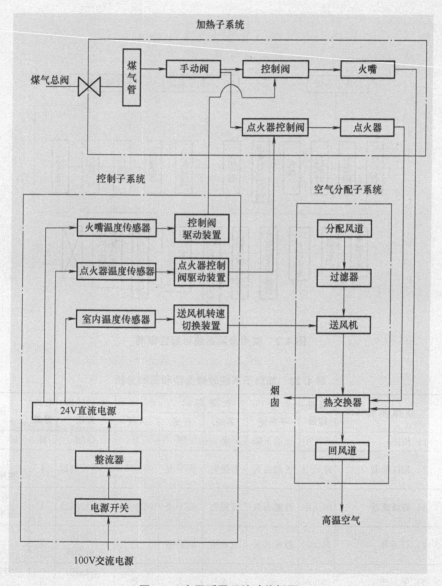

图 4.1　家用暖风系统功能框图

系统由 3 个子系统构成。

　　（1）加热子系统。共有 6 个部分：煤气管；切断煤气源用的手动阀；控制煤气流量的控制阀；火嘴；由点火器传感器控制的点火器控制阀；点火器（由点火器控制阀控制）。

（2）控制子系统。100V 交流电经整流后变为 24V 直流电源，分别供给点火器温度传感器、火嘴温度传感器、室内温度传感器，再由各传感器控制相应装置。

（3）空气分配子系统。室内温度下降时，由传感器控制开动送风机，从风道吸入空气进入热交换器，加热后再送回到室内。室温升高后，由控制子系统将风机停止。送风机转速共有三档，以适应不同风量的需要。

系统功能框图和可靠性框图如图 4.1 和图 4.2 所示。此处只分析加热子系统，一直分析到功能件。加热子系统的故障类型和影响分析见表 4.22。

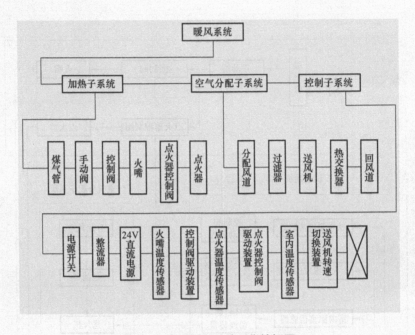

图 4.2　家用暖风系统可靠性框图

表 4.22　加热子系统故障类型和影响分析

子系统	元件名称	故障类型	运转阶段	故障影响				故障检测方法	故障等级	备考
				子系统	系统	任务	人员			
加热子系统	煤气管	1）损伤	运行中	性能下降	无	无	无	目测	III	
		2）裂纹泄漏	停运中	性能丧失	有损失	完不成	有损失	瓦斯检测器	I	有火灾危险（概率小）
		3）焊缝泄漏	停运中	性能丧失	有损失	完不成	有损失	瓦斯检测器	I	有火灾危险（概率小）
	手动阀	1）打不开	起动时	性能丧失	起动慢	起动慢	无	由操作人员发现	I	
		2）关不严	停止时	无	无	无	无	由操作人员发现	II	从仪表控制盘将阀用手关闭
		3）外漏	停运中	性能丧失	有损失	完不成	有损失	瓦斯检测器	I	有火灾危险（概率小）
		4）内漏	停止时	无	无	无	无	无	II	

（续）

子系统	元件名称	故障类型	运转阶段	故障影响				故障检测方法	故障等级	备考
				子系统	系统	任务	人员			
加热子系统	控制阀	1）控制部分打不开	运行中	不能加热	有损失	有损失	无	温度下降	I	用手动操作
		2）控制部分关不严	运行中	过度加热	有损失	有损失	无	温度上升	I	用手动操作
		3）控制部分内漏	运行中	无	无	无	无	灭火时有小火焰残留	II	
		4）外泄煤气	运行中	性能丧失	有损失	有损失	有损失	瓦斯检测器，瓦斯味	I	有火灾危险
		5）安全部分打不开	起动时	起动慢	起动慢	无	无	点火器点不着	I	
		6）安全部分关不严	停止时	无	无	无	无	点火器灭不掉	II	
		7）安全部分内漏	运行中	无	无	无	无	点火器灭不掉	II	
		8）不能继续开	停运中	不能加热	有损失	有损失	无	温度下降	I	
	火嘴	1）损伤	停运中	有性能下降可能	无	无	无	目测	III	
		2）瓦斯泄漏	停运中	性能下降	有损失	完不成	有损失	瓦斯检测器	I	有火灾危险
		3）火嘴孔堵塞	起动时	性能下降	有损失	无	无	目测	III	
		4）火嘴孔过大	起动时	性能下降	有损失	有损失	无	目测	II	
	点火器控制阀	1）控制部分打不开	起动时	性能丧失	起动慢	有损失	无	目测	III	
		2）控制部分关不严	停止时	性能丧失	无	无	无	点火器灭不掉	II	
		3）内漏	停止时	性能丧失	无	无	无	点火器灭不掉	II	
		4）外漏	停止时	性能丧失	无	无	无	瓦斯检测器	III	
		5）不能继续开	运行中	性能丧失	温度下降	有损失	无	点火器灭火	III	
	点火器	1）损伤	停运中	无	无	无	无	目测	IV	
		2）点火器漏瓦斯	起动时	性能丧失	有损失	有损失	无	瓦斯检测器	III	

4.4.5 致命度分析

1. 致命度分析方法

对于特别危险的故障类型，例如故障等级为 I 级的故障类型，有可能导致人员伤亡或系统损坏。对这类元件应特别注意，可采用致命度分析（Criticality Analysis，CA）做进一步分析。致命度分析是在故障类型和影响分析的基础上扩展出来的，是在初步分析之后，对其中特别严重的故障所做的详细分析。

致命度分析通过计算系统中各严重故障的临界值（致命度指数）进行分析，即分析某故障类型产生致命度影响的概率。因此，它是一种定量分析方法。

致命度分析一般都与故障类型影响分析合用，称为故障类型影响与致命度分析（Failure Modes Effects and Criticality Analysis，FMECA）。

致命度分析通过计算致命度指数进行分析和评价。致命度指数 C_r 表示运行 100 万 h（次）发生的故障次数，按下式计算：

$$C_r = \sum_{j=1}^{n} (\alpha\beta k_A k_E \lambda_G t \cdot 10^6)_j \tag{4.3}$$

式中　j——元件的致命故障类型序数，$j = 1，2，\cdots，n$；

　　　n——元件的致命故障类型个数；

　　　λ_G——元件的故障率；

　　　t——完成一次任务，元件运行时间（小时或周期）；

　　　k_A——运行强度修正系数。实际运行强度与实验室测定 λ_G 时运行强度之比；

　　　k_E——环境修正系数；

　　　α——致命故障类型所占的比率，即致命故障类型数目占全部故障类型数目的比率；

　　　β——发生故障时造成致命影响的概率，其值见表 4.23。

表 4.23　发生故障时会造成致命影响的概率

影　响	发生概率 β	影　响	发生概率 β
实际损失	$\beta = 1.00$	可能损失	$0 < \beta < 1.00$
可预计损失	$0.10 \leq \beta < 1.00$	无影响	$\beta = 0$

致命度分析按表 4.24 进行。

表 4.24　致命度分析表

编序	致　命　故　障			致命度计算									
1	2	3	4	5	6	7	8	9	10	11	12	13	14
项目编号	故障类型	运行阶段	故障影响	项目数 n	k_A	k_E	λ_G	故障率数据来源	运转时间或周期	$nk_A k_E \lambda_G t$	α	β	C_r

2. 致命度分析应用实例

在对家用暖风系统进行故障类型和影响分析的基础上，进一步进行致命度分析。

本例对加热子系统中的元件做致命度分析。由于暖风系统设置在地下室内，环境温度也是 $-23℃$，同时还有相当浓度的粉尘，因此，环境条件修正系数 k_E 定为 0.94，强度修正系数 k_A 为 1.0。依据表 4.22，对其中故障等级为 Ⅰ 级的故障类型进行致命度分析，见表 4.25。

表 4.25　加热子系统致命度分析表

子系统	致命的故障				项目数 n	运行系数 k_A	环境系数 k_E	故障率 $\lambda_G/(10^6 h)^{-1}$	数据源	运行时间 t/h	可靠度指数 $nk_A k_E \lambda_G t$	故障类型比 α	影响概率 β	致命度指数 C_r
	元件名称	故障类型	阶段	影响										
	煤气管	裂纹泄漏	停运中	有损失	1	1	0.94	0.05	A	87.6	4.1172	0.01	0.01	0.00
		焊缝泄漏	停运中	有损失	4	1	0.94	0.05	A	87.6	16.4688	0.01	0.01	0.00
加热子系统	手动阀	打不开	起动时	起动缓慢	1	1	0.94	0.57	A	0.02	0.010716	0.01	0.01	0.00
		外泄	停运中	有损失	1	1	0.94	0.57	A	87.6	46.93608	0.01	0.01	0.00
	控制阀	控制口打不开	运行中	有损失	1	1	0.94	0.54	A	43.8	22.23288	0.4	1.0	8.89
		控制口关不严	运行中	有损失	1	1	0.94	0.54	A	43.8	22.23288	0.15	1.0	3.33
		外泄煤气	运行中	有损失	1	1	0.94	0.54	A	43.8	22.23288	0.03	1.0	0.00
		安全口打不开	起动时	起动缓慢	1	1	0.94	0.54	A	0.02	0.010152	0.25	1.0	0.00
		不能继续开	停运中	有损失	1	1	0.94	0.54	A	43.8	22.23288	0.4	1.0	8.89
	火嘴	瓦斯泄漏	停运中	有损失	1	1	0.94	0.64	A	43.8	26.35008	0.01	1.0	0.26

4.4.6 故障类型和影响分析的特点及适用条件

1. 故障类型和影响分析的特点

故障类型和影响分析法的特点是从元件、器件的故障开始，逐步分析其影响及应采取的对策。在 FMEA 中不直接确定人的影响因素，但人的误操作影响通常作为一个设备故障类型表示出来。

1）优点。故障类型和影响分析法容易掌握，针对性、实用性强，分析系统完整，并可定量分析（致命度分析）。

2）缺点。所有的 FMEA 评价人员都应对设备功能及故障模式熟悉，并了解这些故障模式如何影响系统或装置的其他部分。此方法需要具有专业背景的人进行评价。

2. 故障类型和影响分析的适用条件

故障类型和影响分析方法适用于从系统到元器件之间任一层次的分析，通常用于分析较低层次的危险。主要用在产品或系统的设计和研发阶段，尤其在详细设计阶段。在实践中，常与其他方法结合起来用在事故调查分析阶段。目前，在核电站、化工、机械、电子及仪表工业中都广泛使用了这种方法。

4.5 危险与可操作性研究

4.5.1 危险与可操作性研究的概念及术语

1. 危险与可操作性研究的概念

危险性与可操作性研究（Hazard and Operability Study，HAZOP），也称为可操作性研究（Operability Study，OS），是英国帝国化学公司（ICI）开发的系统安全分析方法，特别适用于连续的化工过程，以及类似化学工业系统的系统安全分析。

该法于 1974 年开始在英国帝国化学公司采用，主要用于化工系统的设计和定型阶段发现潜在危险性和操作难点，以便考虑控制和防范措施。后来，应用范围逐渐扩大，从化工扩展到机械、仓储、运输等系统；也从大型连续生产到小型间断反应、从设计定型阶段到操作规程的审查阶段等领域获得应用。

危险性与可操作性研究是一种对工艺过程中的危险因素实行严格审查和控制的技术。它是通过关键词和标准格式寻找工艺偏差，以辨识系统存在的危险因素，并根据其可能造成的影响大小确定防止危险发展为事故的对策。

其中，"可操作性研究"的含义就是"对危险性的严格检查"，其主要考虑是"工艺流程的状态参数（温度、压力、流量等）一旦与设计规定的条件发生偏离，就会发生问题或出现危险"。开发这种方法是为了揭示系统可能出现的故障、干扰、偏差等情况，列出危险因素的清单，估计其影响，提出相应对策。

进行危险与可操作性研究，所采用的是不同专业领域专家的"头脑风暴"法，由多个相关人员组成的小组来完成。这种分析方法的目的是激发工程设备的设计人员、安全专业人员和操作工人的想象力，使他们能够辨识设备的潜在危险性，以采取措施，排除影响系统正常运行和人身安全的隐患。

2. 危险与可操作性研究的术语

进行危险与可操作性研究时，应全面地、系统地审查工艺过程，不放过任何可能偏离设计意图的情况，分析其产生原因及其后果，以便有的放矢地采取控制措施。

危险与可操作性研究中，常用的术语如下：

（1）意图（Intention）：工艺某一部分完成的功能。

（2）偏离（Deviation，偏差）：与设计意图的情况不一致，在分析中运用关键词系统地审查工艺参数来发现偏离。

（3）原因：偏离通常是物的故障、人的失误、意外的工艺状态（如成分的变化）或外界破坏等原因引起的。

（4）后果：偏离设计意图所造成的后果（如有毒物质泄漏等）。

（5）工艺参数：生产工艺的物理或化学特性。一般性能如反应、混合、成分、浓度、黏度、pH 值等，特殊性能如温度、压力、相态、流量等。

（6）关键词（Guide Words，引导词）：在危险辨识过程中，为了启发人的思维，对设计意图定性或定量描述的简单词语。

危险与可操作性研究的关键词有 7 个：否（没有，No），多（过大，较大，More），少（过小，较小，Less），而且（多余，以及，也，又，as Well as），部分（局部，Part of），相反（反向，Reverse），其他（异常，Other than）。各关键词的含义见表 4.26。

在安全实践中，危险与可操作性研究已形成多种应用类型，如过程 HAZOP（Process HAZOP，主要用于分析工厂或工艺过程）、程序 HAZOP（Procedure HAZOP，主要用于分析操作程序）、人 HAZOP（Human HAZOP，主要用于分析人的差错）等。不同应用类型中，应结合系统的具体情况和实际需要，对关键词做出合理的解释和定义。

表 4.26　关键词

关键词	意　义	解　释
否	对规定功能完全否定	完全没发挥规定功能，什么都没发生
多	数量增加	（1）指数量的多或少，如数量、流量、温度、压力、时间（过早、过晚、过长、过短、过大、过小、过高、过低）； （2）指性质，如酸性、碱性、黏性； （3）指功能，如加热、反应程度
少	数量减少	
而且	质的增加	达到规定功能，另有其他事件发生。如（1）增加过程，如输送时产生静电；（2）比应有的组分多，如附加相、蒸气、固态物质、杂质、空气、水、酸、锈蚀物
部分	质的减少	仅实现部分功能，有的功能未实现，如（1）多步化学反应没完全实现；（2）物料混合物中某种物料少或完全没有；（3）缺少某种元件或不起作用
相反	逻辑上与规定功能相反	对于过程：（1）反向流动；（2）逆反应（分解与化合）；（3）程序颠倒。对于物料：用催化剂还是抑制剂
其他	其他运行状况	（1）其他物料、其他状态（原料、中间产物、催化剂，聚集状态）； （2）其他运行状态（开停车、维修、保养、试运、低负荷、过负荷）； （3）其他过程（不希望的化学反应、分解、聚合）； （4）不适宜的运动过程； （5）不希望的物理过程（加热、冷却、相位变化、沉淀）
	其他地方	在别的地方

4.5.2　危险与可操作性研究的程序与格式

1. 危险与可操作研究的处理方式

当某个工艺参数偏离了设计意图时，则会使系统的运行状态发生变化，甚至造成故障或事故。

HAZOP 分析过程中，由关键词与工艺参数结合分析，找出与意图的偏离，即

关键词 + 工艺参数→偏离

由关键词与工艺参数相结合设想偏离的示例见表 4.27。

表 4.27　应用关键词与工艺参数结合设想偏离

关 键 词	+	工 艺 参 数	=	偏 离
没有	+	流量	=	没流量
较多	+	压力	=	压力升高
又	+	一种相态	=	两种相态
异常	+	运行	=	维修

2. 危险与可操作性研究分析步骤

（1）建立研究组，明确任务，了解研究对象。先建立一个有各方面专家参加的研究组，并配备一名有经验的课题负责人。同时，要明确研究组的任务，是解决系统安全问题，还是产品质量、环境影响问题。然后，对研究对象进行详细了解和说明。

（2）将研究对象划分成若干适当的部分，明确其应有功能，说明其理想的运行过程和运行状态。

（3）通过系统地应用预先给定的关键词（见表 4.26）寻找与应有功能不相符合的偏差，并写出造成偏差的可能原因。

（4）从这些可能的原因中圈定实际存在的原因。即从假设的原因确定实际可能发生的原因。

（5）对有重要影响的实际存在的原因提出有效对策。

（6）编制危险与可操作性研究表格。在上述分析的基础上，编制出完整的危险与可操作性研究表格。

由上述可知，危险与可操作性研究总的程序是：从系统某一部分的一个规定功能开始，先后使用 7 个关键词，一个关键词讨论完了要及时总结，然后进入下一个关键词；7 个关键词讨论完了进入下一个规定功能，全部规定功能讨论完了进入下一部分，直至整个系统审查完毕。其过程如图 4.3 所示。

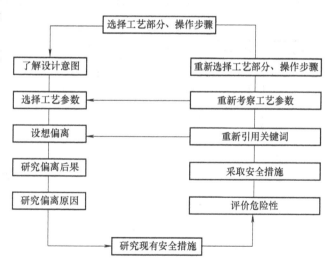

图 4.3　危险与可操作性研究程序

3. 危险与可操作性研究表格

危险与可操作性研究的结果一般用表格体现，HAZOP 表格的常用格式见表 4.28。

表 4.28　危险与可操作性研究分析表格的常用格式

关 键 词	偏 差	可能的原因	后 果	安全措施（对策）

4.5.3 危险与可操作性研究应用实例

本实例以废气洗涤系统为例介绍危险与可操作性研究的应用。

某废气洗涤系统如图 4.4 所示。该系统中，废气中主要危险有害气体包括 HCl 气体和 CO 气体。其洗涤流程如下：为了稀释废气中的 CO 气体和 HCl 气体的浓度，在洗涤废气之前先向废气中通入一定量的氮气，然后再进行洗涤。首先，进入 NaOH 溶液反应器，会吸收空气中氧气进来，跟 CO 起反应燃烧，然后，产生 CO_2 排放到大气中。

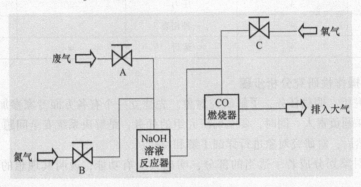

图 4.4 废气洗涤系统

采用危险与可操作性研究方法，对该系统中氮气流量进行危险与可操作性研究。即以氮气"流量"为工艺参数，与各关键词相结合开展研究，其结果见表 4.29。

表 4.29 废气洗涤系统氮气流量危险与可操作性研究

关键词	偏差	原 因	后 果	措 施
多	氮气流量偏高	① 人为设定失误，通入过量氮气； ② 阀门 B 失效，阀门开度过大	造成废气进料稀释过低，造成氮气浪费	① 安装备用控制阀； ② 在氮气管线上设流量指示和压力指示计
少/没有	氮气流量偏低或没有	① 人为设定失误，通入过少氮气； ② 阀门 B 失效，阀门开度过小； ③ 氮气来源的不足； ④ 管道破损泄漏	严重时不能将废气中的 CO 含量降至爆炸下限以下，可能引发火灾爆炸事故； 在设备内部可能留有有害气体，对作业和维修人员造成损害	① 安装备用控制阀； ② 在氮气管线上设流量指示和压力指示计； ③ NaOH 溶液反应器出口设低流量指示警报器； ④ CO 氧化反应器设温度警报和连锁系统； ⑤ 维修人员在维修过程中必须使用呼吸防护器具
部分	只有一部分氮气	同"氮气流量偏低"	同"氮气流量偏低"	同"氮气流量偏低"
相反	氮气反向流动	① 氧气源失效导致反向流动； ② 由于背压而倒流	CO 燃烧不正常，有可能引起反应失控	① 在管线上安装止逆阀； ② 安装高温报警器，以警告操作者
其他	除氮气外的其他物质	① 大气被污染； ② 同 NaOH 或 CO、氧气反应	洗涤能力下降，污染大气，甚至反应失控引发爆炸	① 确保氮气来源可靠； ② 安装止逆阀； ③ 安装高温报警器

4.5.4 危险与可操作性研究的特点与适用条件

1. 危险与可操作性研究的特点

危险可操作性研究分析法由中间状态参数的偏差开始，分别找出原因，判明后果，属于从中间到两头分析评价的特有方法。

（1）优点。通过可操作性研究的分析，能够探明装置及过程存在的危险，根据危险带来的后果明确系统中的主要危险，并能分析出危险对系统的影响。

该方法简便易行，在进行可操作性研究过程中，背景各异的专家一起工作，在创造性、系统性和风格上互相影响和启发，比独立工作更为有效。

分析人员对于单元中的工艺过程及设备状况需要深入了解，对于单元中的危险及应采取的措施要有透彻的认识，因此，可操作性研究还被认为是对工人培训的有效方法。

（2）缺点。有局限性，一般在化工工艺和装置评价中使用；只能定性，不能定量；评价结果受到评价人员知识和经验的影响较大。

2. 危险与可操作性研究的适用条件

危险与可操作性研究主要应用于连续的化工生产工艺过程。在连续过程中管道内物料工艺参数的变化反映了各单元设备的状况，因此，在连续过程中分析的对象确定为管道；当对方法进行改进后，能应用于间歇化工生产工艺过程的危险性分析，此时分析的对象不再是管道，而是主体设备。

危险与可操作性研究也有其他应用类型：过程 HAZOP、程序 HAZOP 和人 HAZOP 等，见前文所述。

危险与可操作性研究适用于设计阶段和现有的生产装置的安全评价。对现有生产装置使用该方法分析时，应吸收熟悉该生产装置的有操作经验和管理经验的人员参加。

4.6 作业危害分析

作业危害分析是美国等国家中广为应用的分析方法，许多石油和天然气企业采用了这一方法。美国职业健康安全管理局（OSHA）于 1998 年、2002 年先后出版了专门介绍作业危害分析的书，并两次进行了修订；加拿大职业健康中心曾对这种方法做了较为详细的阐述。

4.6.1 作业危害分析的概念与作用

作业危害分析（Job Hazard Analysis，JHA）又称为作业安全分析（Job Safety Analysis，JSA）、作业危害分解（Job Hazard Breakdown），是对作业活动的每一步骤进行分析，从而辨识其潜在的危害并制定安全措施，提供适当的个体防护装置，以防止事故发生、防止人员受到伤害。此方法是一种定性风险分析方法，主要用于涉及手工操作的各种作业。

作业危害分析将作业活动划分为若干步骤，对每一步骤进行分析，从而辨识潜在的危害并制定安全措施。作业危害分析有助于将认可的职业安全健康原则在特定作业中贯彻实施。这种方法的基点在于职业安全健康是任何作业活动的一个有机组成部分，而不能单独剥离出来。

所谓的"作业"（有时也称"任务"），是指特定的工作安排，如"操作研磨机""使用高压水灭火器"等。"作业"的概念不宜过大，如"大修机器"，也不能过细，如"接高压水龙头"。

开展作业危害分析，能够辨识原来未知的危害，增加职业安全健康方面的知识，促进操作人员与管理者之间的信息交流，有助于得到更为合理的安全操作规程。作业危害分析的结果可作为操作人员的培训资料，并为不经常进行该项作业的人员提供指导；还可作为职业安全健康检查的标准，并协助进行事故调查。

4.6.2　作业危害分析程序

作业危害分析按如下 5 个步骤进行。

1. 确定（或选择）待分析的作业

理想情况下，所有的作业都要进行作业危害分析。实际工作中，首先要确保对关键性的作业实施分析。确定分析作业时，优先考虑以下作业活动：

（1）事故频率和后果。频繁发生事故或不经常发生但可导致灾难性后果的。

（2）严重的职业伤害或职业病。后果严重、危险的作业条件或经常暴露在有害物质中。

（3）新增加的作业。由于经验缺乏，明显存在危害或危害难以预料。

（4）变更的作业。可能会由于作业程序的变化而带来新的危险。

（5）不经常进行的作业。由于从事不熟悉的作业而可能有较高的风险。

2. 将作业划分为若干步骤

选定作业活动之后，要将其划分为若干步骤。每一个步骤都应是作业活动的一部分。按照顺序在分析表中记录每一步骤，明确说明它是什么具体操作。

划分的步骤不能太笼统，否则会遗漏一些步骤以及与之相关的危害；步骤划分也不宜太细，以免出现许多的步骤。根据经验，一项作业活动的步骤一般不超过 10 项。如果作业活动划分的步骤实在太多，可先将该作业活动分为两个部分，分别进行危害分析。此处的要点是要保持各个步骤正确的顺序。顺序改变后的步骤在危害分析时可能不会被发现有些潜在的危害，也可能增加一些实际并不存在的危害。

划分作业步骤之前，应仔细观察操作人员的操作过程。观察人通常是操作人员的直接管理者，被观察的操作人员应该有工作经验并熟悉整个作业工艺。观察应当在正常的时间和工作状态下进行。例如，某项作业活动是夜间进行的，就应在夜间进行观察。

3. 辨识每一步骤的潜在危害

根据对作业活动的观察、掌握的事故（伤害）资料以及经验，依次对每一步骤的潜在危害进行辨识。辨识的危害列入分析表中。

为了辨识危害，需要对作业活动做进一步的观察和分析。辨识危害应该思考的问题是：可能发生的故障或错误是什么，其后果如何，事故是怎样发生的，其他的影响因素有哪些，发生的可能性有多大等。

4. 确定预防对策

危害辨识以后，需要制定消除或控制危害的对策。确定对策时，应该从工程控制、管理措施和个体防护 3 个方面加以考虑。具体对策依次为：

（1）消除危害。消除危害是最有效的措施，有关这方面的技术包括改变工艺路线、修改现行工艺、以危害较小的物质替代、改善环境（通风）、完善或改换设备及工具等。

（2）控制危害。当危害不能消除时，采取隔离、机器防护、工作鞋等措施控制危害。

（3）修改作业程序。完善危险操作步骤的操作规程、改变操作步骤的顺序以及增加一些操作程序（如锁定能源措施）。

（4）减少暴露。这是没有其他解决办法时的一种选择。减少暴露的一种办法是减少在危害环境中暴露的时间，如完善设备以减少维修时间、佩戴合适的个体防护器材等。为了减少事故的后果，应设置一些应急设备，如洗眼器等。

确定的对策要填入分析表中。对策的描述应具体，说明应采取何种做法以及怎样做，避免过于原则地描述，如"小心""仔细操作"等。

5. 信息传递

作业危害分析是消除和控制危害的一种行之有效的方法，因此，应当将作业危害分析的结果传递到所有从事该作业的人员。

4.6.3 作业危害分析应用实例

化学品储罐主要用于存放酸碱、醇、气体、液体等提炼的化学物质，在工业生产过程中使用非常广泛。储罐清理要按相应的操作规程，指派安全主管在现场指挥监督作业，操作人员需持证上岗。此实例就是对储罐清理进行作业危险分析。

作业活动为：从顶部人孔进入储罐，清理化学物质储罐的内表面。

运用作业危害分析方法，将该作业活动划分为 9 个步骤并逐一进行分析，分析结果列于表 4.30。

表 4.30 作业危害分析

步　骤	危害辨识	对　策
1. 确定罐内的物质种类，确定在罐内的作业及存在的危险	爆炸性气体； 氧含量不足； 化学物质暴露—气体、粉尘、蒸气（刺激性、毒性）； 液体（刺激性、毒性、腐蚀、过热）； 运动的部件/设备	根据标准制定有限空间进入规程； 取得有安全、维修和监护人员签字的作业许可证； 具备资格的人员对气体检测； 通风至氧含量为 19.5% ~23.5%，并且任一可燃气体的含量低于其爆炸下限的 10%。可采用蒸汽熏蒸、水洗排水，然后通风的方法； 提供合适的呼吸器材； 提供保护头、眼、身体和脚的防护服； 参照有关规范提供安全带和救生索； 如果有可能，清理罐体外部
2. 选择和培训操作者	操作人员呼吸系统或心脏有疾患，或有其他身体缺陷； 没有培训操作人员——操作失误	工业卫生医师（美国）或安全员检查，能适应于该项工作； 培训操作人员； 按照有关规范，对作业进行预演
3. 设置检修用设备	软管、绳索、器具——脱落的危险； 电气设施——电压过高、导线裸露； 电动机未锁定并未做出标记	按照位置，顺序地设置软、绳索、管线及器材以确保安全； 设置接地故障断路器； 如果有搅拌电机，加以锁定并做出标记
4. 在罐内安放梯子	梯子滑倒	将梯子牢固地固定在人孔顶部或其他固定部件上
5. 准备入罐	罐内有气体或液体	通过现有的管道清空储罐； 审查应急预案； 打开储罐； 工业卫生专家或安全专家检查现场； 罐体接管法兰处设置盲板（隔离）； 具备资格的人员检测罐内气体（经常检测）
6. 罐入口处安放设备	脱落或倒下	使用机械操作设备； 罐顶作业处设置防护护栏

（续）

步　骤	危害辨识	对　策
7. 入罐	从梯子上滑脱； 暴露于危险的作业环境中	按有关标准，配备个体防护器具； 外部监护人员观察、指导入罐作业人员，在紧急情况下能将操作人员自罐内营救出来
8. 清洗储罐	发生化学反应，生成烟雾或散发空气污染物	为所有操作人员和监护人员提供防护服及器具； 提供罐内照明； 提供排气设备； 向罐内补充空气； 随时检测罐内空气； 轮换操作人员或保证一定时间的休息； 如果需要，提供通信工具以便于得到帮助； 提供 2 人作为后备救援，以应付紧急情况
9. 清理	使用工（器）具而引起伤害	预先演习； 使用运料设备

4.6.4　作业危害分析的特点及适用条件

1. 作业危害分析的特点

作业危害分析能够辨识原来未知的危害，增加职业安全健康方面的知识，促进操作人员与管理者之间的信息交流，有助于得到更为合理的安全操作规程。作业危害分析的结果可作为操作人员的培训资料，可为不经常进行该项作业的人员提供指导，可作为职业安全健康检查的标准，还可协助进行事故调查。

2. 作业危害分析的适用条件

作业危害分析是一种定性风险分析方法，主要用于涉及手工操作的各种作业。许多石油和天然气企业采用了这一方法。

4.7　蝶形图分析

4.7.1　蝶形图分析法的概念

蝶形图分析法（Bow Tie Analysis）是一种图解分析方法，用来描绘并分析某个风险从原因到结果的路径，分析的重点是原因与风险之间，以及风险与结果之间的障碍。

蝶形图分析事项的起因由它的结代表。可以将蝶形图视为分析事项起因的故障树以及分析结果的事件树两种分析观点的统一体。在构建蝶形图时，应该从故障树和事件树分析的思路入手；但是，蝶形图大多是在头脑风暴式的讨论会上直接绘制出来的。

4.7.2　蝶形图分析步骤

（1）识别需要分析的具体风险，并将其作为蝶形图的中心结。

（2）列出造成结果的原因。

（3）识别由风险源到事故的传导机制。

（4）在蝶形图左手侧的每个原因与结果之间画线，识别那些可能造成风险升级的因素并将这些因素纳入图表中。

（5）如果有些因素会导致风险升级，要把风险升级的障碍表示出来，即将"升级控制措施"用条形框表示。

（6）在蝶形图的右手侧，识别风险不同的潜在结果，并以风险为中心，向各潜在结果处绘制出放射性线条。

（7）将结果的障碍绘制成横穿放射性线条的条形框，及用条形框代表那些结果"控制措施"。

（8）支持控制的管理职能（如培训和检查）应表示在蝶形图中，并与各自对应的控制措施相联系。

蝶形图输出结果是一个简单的图表，可明确说明主要的故障路径、预防或减缓不良结果或刺激，以及促进期望结果的现有障碍。主要通过条目列出，并辅以蝶形图不良结果的分布图，如图4.5所示。

4.7.3 蝶形图分析应用实例

某输气管道地下储气库站储有大量天然气，同时还有大量带电、高压设备在同一空间内同时运行，如果操作稍有不慎，就有可能发生重大事故。现采用蝶形图分析法对该储气站进行安全评价，以找到可能导致事故的原因，为事故预防提供科学合理有效的指导方案。蝶形图分析结果如图4.6所示，图中各符号（即控制措施）的含义见表4.31。

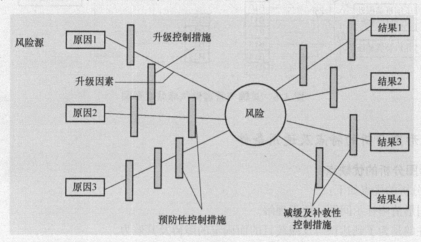

图 4.5 不良结果的蝶形图

表 4.31 结果图各符号（控制措施）含义

符号	含　义	符号	含　义
B1	压力容器按规定设置安全阀	B13	设置油过滤器和油压报警装置
B2	放空竖管位于生产区最下频率风向的上风侧	B14	井口流程采用节流不加热注甲醇工艺
B3	放空竖管位于生产区场外地势较高处	B15	严格规范操作程序
B4	设施清水管线和污水池，污物密闭排入污水池内	B16	健全操作规程
B5	现场配备消防器材	B17	按规定配备劳动防护用品
B6	按规范设置隔离屏蔽装置	B18	加强职工安全教育
B7	严格"电气安全操作规程"，健全工作票制度	B19	健全安全制度
B8	确保氮气密封室压力调节器动作灵敏	B20	设置易燃易爆气体浓度监测装置
B9	确保压缩机各段压力表准确可靠	B21	操作区严禁明火
B10	设置自动控制系数	B22	完善继电、过电压保护及接地装置
B11	设低流量连锁装置	B23	配备漏电保护设施
B12	控制油温		

通过蝶形图分析可以看出：该输气管道储气库站可能发生火灾、爆炸及中毒窒息、触电等各类事故，为从根本上形成风险与结果之间的障碍，需要从各类安全装置的设置，以及操作规程和各类保护措施等多个方面着手，安排控制措施。通过各障碍事件的完成，可以有效截止各类风险的传导，从而起到从根源上消除隐患、控制风险的作用。

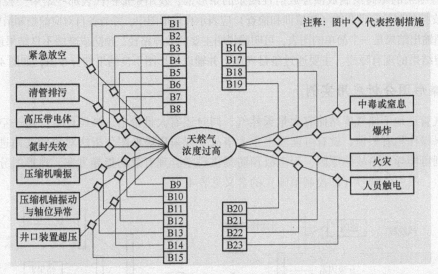

图4.6 某输气管道储气库站蝶形图

4.7.4 蝶形图分析的特点及适用条件

1. 蝶形图分析的优缺点

蝶形图分析的优点如下：

1）用图形清晰标示问题，便于理解。

2）关注的是为了到达预防及减缓目的而确定的障碍及其效力。

3）可用于期望结果。

4）使用时不需要较高的专业知识水平。

蝶形图分析的缺点如下：

1）无法描述当多种原因同时发生并产生结果时的情形。

2）可能会过于简化复杂情况，尤其是在试图量化的时候。

2. 蝶形图分析的适用条件

蝶形图分析被用来显示风险的一系列可能的原因和后果。如果实际情况无法保证正确进行事故树分析或是更重视确保每个故障路径都有一个障碍或控制，那么就可以使用蝶形图分析；当导致故障的路径清晰而独立时，蝶形图分析就非常有用。

本 章 小 结

本章详细介绍了各类定性安全评价方法的原理、思路、方法步骤及适用条件，均给出了应用实例；重点介绍了检查表式安全评价法及其相关问题的解决方法。

通过本章学习，应透彻理解检查表式安全评价法的设计及应用，掌握各种定性安全评价方法的方法步骤，并能熟练地应用它们进行定性安全评价工作。

思考与练习题

1. 何为定性安全评价？可以采取哪些方法进行定性安全评价？

2. 安全检查表的基本格式如何？为提高安全检查表的应用效果，可做哪些改进？

3. 安全检查表有哪些优点？如何将安全检查表与其他安全评价方法结合应用？

4. 检查表式安全评价法分为哪几种方法？简述各种方法的基本思路，以及方法设计中的基础工作。

5. 检查表式安全评价法在做量化处理时，其计分方式划分为哪几种方法？说明它们的特点和选择原则。

6. PHA 中，如何辨识危险因素？如何划分危险等级？

7. 规范的预先危险性分析表格式如何？

8. 根据预先危险性分析表，举例说明危险因素是怎样形成的？它又是怎样发展为事故的？

9. 简述故障假设分析法的定义、特点及适用范围。

10. 说明故障假设/检查表分析法的方法步骤、特点及适用条件。

11. 什么是故障、故障类型、故障类型和影响分析？

12. FMEA 中，如何划分故障等级？与 PHA 中的危险等级有何区别？

13. 试述 FMEA 的分析步骤。规范的故障类型和影响分析表的格式如何？

14. 什么是致命度分析、故障类型影响和致命度分析？如何进行致命度分析？

15. 危险与可操作性研究中，其分析、处理方式和研究步骤如何？

16. 危险与可操作性研究的关键词有哪些？说明它们的意义和在不同应用中的变化。

17. 试述作业危害分析的概念、作用及分析程序。

18. 简述蝶形图分析的作用与步骤，分析它与 FTA 的区别。

19. 编制安全检查表：

（1）歌舞厅防火安全检查表；学生宿舍防火安全检查表。

（2）煤矿主要通风机安全检查表。

（3）小型加油站安全检查表。

20. 根据以往学过的专业知识或自己的实际经验，进行某一系统（特种设备安装、关键设施拆除、敏感部位检修等）的预先危险性分析。

21. 对房间电气照明系统（大型游乐设施运行、高层建筑乘人电梯、核电站水冷装置等）进行故障类型和影响分析。

22. 结合实例对某一系统（化工反应装置、工厂原料输送系统、矿山采运系统等）进行危险与可操作性研究。

第5章

定量安全评价方法

学习目标

1. 学习、熟悉本章介绍的各种定量安全评价方法的设计思路和方法步骤。

2. 熟练应用道化学公司火灾、爆炸指数评价法开展安全评价工作；熟练应用作业条件危险性评价法、化工企业六阶段安全评价法、风险矩阵法开展安全评价工作。

3. 熟悉重大危险源评价的两种方法，并能予以应用。

4. 了解保护层分析法、模糊数学综合评判法、人员可靠性分析法的原理、评价程序和特点，并能加以应用。

如第2章所述，定量安全评价方法可划分为多种类型。本章介绍除概率风险评价法之外的常用定量安全评价方法。

5.1 火灾、爆炸指数评价法

5.1.1 道化学公司火灾、爆炸指数评价法概述

1. 道化学公司火灾爆炸指数评价法简况

美国道化学公司火灾、爆炸指数评价法，用于对化工工艺过程及其生产装置的火灾、爆炸危险性做出评价，并提出相应的安全措施。它以物质系数为基础，再考虑工艺过程中其他因素（如操作方式、工艺条件、设备状况、物料处理、安全装置情况等）的影响，来计算每个单元的危险度数值，最后按数值大小划分危险度级别。

道化学公司火灾、爆炸指数评价法开创了化工生产危险度定量评价的历史。1964 年公布第 1 版，提出了以物质指数为基础的危险评价方法；1966 年，进一步提出了火灾、爆炸指数的概念；1972 年，提出了代表物质潜在能量的物质系数，结合物质的特定危险值、工艺过程及特殊工艺的危险值，计算出系统的火灾、爆炸指数，以评价该系统火灾、爆炸危险程度的方法（即第 3 版）；1976 年发表了第 4 版，1980 年发表了第 5 版，1987 年发表了第 6 版；在对第六版进行了修改并给出了美国消防协会（NFPA）的最新物质系数后，于 1993 年推出了最新的第 7 版，以物质的潜在能量和现行安全措施为依据，定量地对工艺装置及所含物料的实际潜在火灾、爆炸和反应危险性进行分析评价，更臻完善、更趋成熟。其目的是：

1）量化潜在火灾、爆炸和反应性事故的预期损失。

2）确定可能引起事故发生或使事故扩大的装置。

3）向有关部门通报潜在的火灾、爆炸危险性。

4）使有关人员及工程技术人员了解各工艺系统可能造成的损失，以此确定减轻事故严重性和总损失的有效、经济的途径。

2. 道化学公司火灾、爆炸指数评价法的评价程序

道化学公司火灾、爆炸指数评价法的评价程序如图 5.1 所示。

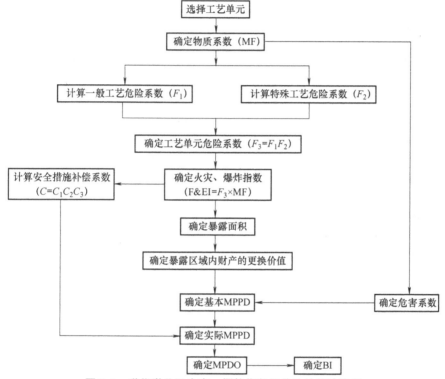

图 5.1　道化学公司火灾、爆炸指数评价法的评价程序

（1）确定单元。

（2）求取单元内的物质系数 MF。

（3）按单元的工艺条件，将采用适当的危险系数，得出一般工艺危险系数和"特殊工艺危险系数"。

（4）用一般工艺危险系数和特殊工艺危险系数相乘求出工艺单元危险系数。

（5）将工艺单元危险系数与物质系数相乘，求出火灾、爆炸指数（F&EI）。

（6）根据火灾、爆炸指数得到单元的暴露区域半径，并计算暴露面积。

（7）查出单元暴露区域内的所有设备的更换价值，确定危害系数，求出基本最大可能财产损失 MPPD。

（8）计算安全措施补偿系数。

（9）应用安全措施补偿系数乘以基本最大可能财产损失 MPPD，确定实际最大可能财产损失 MPPD。

（10）根据实际最大可能财产损失，确定最大可能工作日损失 MPDO。

（11）用 MPDO 确定停产损失 BI（按美元计算）。

3. 道化学公司火灾、爆炸指数评价法的资料准备

道化学公司火灾、爆炸指数评价法的资料包括以下几方面：

1）完整的工厂设计方案；工艺流程图。

2）火灾、爆炸指数计算表（表5.1）。

3）安全措施补偿系数表（表5.2）。

4）工艺单元危险分析汇总表（表5.3）。

5）生产单元风险分析汇总表（表5.4）。

表5.1 火灾、爆炸指数（F&EI）表

地区/国家：		部门：		场所：		日期：	
位置：		生产单元：			工艺单元：		
评价人：		审定人（负责人）：			建筑物：		
检查人（管理部）：		检查人（技术中心）：			检查人（安全和损失预防）：		
工艺设备中的物料：							
操作状态：设计-开车-正常操作-停车					确定MF的物质：		
操作温度：			物质系数：				
1. 一般工艺危险			危险系数范围		采用危险系数		
基本系数			1.00		1.00		
A. 放热化学反应			0.30 ~ 1.25				
B. 吸热反应			0.20 ~ 0.40				
C. 物料处理与输送			0.25 ~ 1.05				
D. 密闭式或室内工艺单元			0.25 ~ 0.90				
E. 通道			0.20 ~ 0.35				
F. 排放和泄漏控制			0.20 ~ 0.50				
一般工艺危险系数（F_1）							
2. 特殊工艺危险							
基本系数			1.00		1.00		
A. 毒性物质			0.20 ~ 0.80				
B. 负压（<500mmHg）			0.50				
C. 接近易燃范围的操作：							
惰性化——未惰性化——							
（1）罐装易燃液体			0.50				
（2）过程失常或吹扫故障			0.30				
（3）一直在燃烧范围内			0.80				
D. 粉尘爆炸			0.25 ~ 2.00				
E. 压力：操作压力（kPa，绝对）释放压力（kPa，绝对）							
F. 低温			0.20 ~ 0.30				
G. 易燃及不稳定物质量（kg），物质燃烧热 H_c（J/kg）							
（1）工艺中的液体及气体							
（2）储存中的液体及气体							
（3）储存中的可燃固体及工艺中的粉尘							
H. 腐蚀与磨损			0.10 ~ 0.75				
I. 泄漏-接头和填料			0.10 ~ 1.50				
J. 使用明火设备							
K. 热油、热交换系统			0.15 ~ 1.15				
L. 传动设备			0.50				
特殊工艺危险系数（F_2）							
工艺单元危险系数（$F_3 = F_1 F_2$）							
火灾、爆炸指数（F&EI = F_3MF）							

注：无危险时系数用0.00。

表 5.2 安全措施补偿系数表

项　目	补偿系数范围	采用补偿系数[①]	项　目	补偿系数范围	采用补偿系数
1. 工艺控制			c. 排放系统	0.91 ~ 0.97	
a. 应急电源	0.98		d. 连锁装置	0.98	
b. 冷却装置	0.97 ~ 0.99		物质隔离安全补偿系数 C_2[②]		
c. 抑爆装置	0.84 ~ 0.98		3. 防火设施		
d. 紧急切断装置	0.96 ~ 0.99		a. 泄漏检验装置	0.94 ~ 0.98	
e. 计算机控制	0.93 ~ 0.99		b. 钢结构	0.95 ~ 0.98	
f. 惰性气体保护	0.94 ~ 0.96		c. 消防水供应系统	0.94 ~ 0.97	
g. 操作规程/程序	0.91 ~ 0.99		d. 特殊灭火系统	0.91	
h. 化学活泼性物质检查	0.91 ~ 0.98		e. 洒水灭火系统	0.74 ~ 0.97	
i. 其他工艺危险分析	0.91 ~ 0.98		f. 水幕	0.97 ~ 0.98	
工艺控制安全补偿系数 C_1[②]			g. 泡沫灭火装置	0.92 ~ 0.97	
2. 物质隔离			h. 手提式灭火器和喷水枪	0.93 ~ 0.98	
a. 遥控阀	0.96 ~ 0.98		i. 电缆防护	0.94 ~ 0.98	
b. 卸料/排空装置	0.96 ~ 0.98		防火设施安全补偿系数 C_3[②]		

注：安全措施补偿系数 = $C_1 C_2 C_3$。
① 无安全补偿系数时，填入 1.00。
② 是所采用的各项补偿系数之积。

表 5.3 工艺单元危险分析汇总表

序　号	内　容	工艺单元
1	火灾、爆炸指数（F&EI）	
2	危险等级	
3	暴露区域半径	m
4	暴露区域面积	m²
5	暴露区域内财产价值	
6	危害系数	
7	基本最大可能财产损失（基本 MPPD）	
8	安全措施补偿系数	
9	实际最大可能财产损失（实际 MPPD）	
10	最大可能工作日损失（MPDO）	d
11	停产损失（BI）	

表 5.4 生产单元危险分析汇总表

地区/国家：		部门：		场所：		
位置：		生产单元：		操作类型：		
评价人：		生产单元总替换价值：		日期：		
工艺单元主要物质	物质系数	火灾爆炸指数 F&EI	影响区内财产价值	基本 MPPD	实际 MPPD	最大可能工作日损失 MPDO	停产损失 BI

5.1.2 道化学公司火灾、爆炸指数评价法的评价计算过程

5.1.2.1 选择工艺单元

进行危险指数评价的第一步是确定评价单元，单元是装置的一个独立部分，与其他部分保持一定的距离，或用防火墙、防火堤等与其他部分隔开。

1. 相关定义

工艺单元——工艺装置的任一单元。

生产单元——包括化学工艺、机械加工、仓库、包装线等在内的整个生产设施。

恰当工艺单元——在计算火灾、爆炸指数时，只评价从预防损失角度考虑对工艺有影响的工艺单元，简称工艺单元。

2. 恰当工艺单元的选择

（1）选择恰当工艺单元的重要参数有6个：潜在化学能（物质系数）；工艺单元中危险物质的数量；资金密度（每平方米美元数）；操作压力和操作温度；导致火灾、爆炸事故的历史资料；对装置起关键作用的单元。一般来说，参数值越大，该工艺单元就越需要评价。

（2）选择恰当工艺单元时，还应注意以下几个要点：

1）由于火灾、爆炸指数体系是假定工艺单元中所处理的易燃、可燃或化学活性物质的最低量为2268kg或2.27m³，因此，若单元内物料量较少，则评价结果就有可能被夸大。一般所处理的易燃、可燃或化学活性物质的量至少为454kg或0.454m³，评价结果才有意义。

2）当设备串联布置且相互间未有效隔离，要仔细考虑如何划分单元。

3）要仔细考虑操作状态（如开车、正常生产、停车、装料、卸料、填加触媒等）及操作时间，对F&EI有影响的异常状况，判别选择一个操作阶段还是几个阶段来确定重大危险。

5.1.2.2　确定物质系数（MF）

物质系数是表述物质在燃烧或其他化学反应引起的火灾、爆炸时释放能量大小的内在特性，是一个最基础的数值。物质系数是由美国消防协会（NFPA）规定的N_F、N_R（分别代表物质的燃烧性和化学活性）决定的。物质系数和特性表中提供了大量的化学物质系数，它能用于大多数场合。

1. 表外物质系数

在求取物质系数和特性表未列出的物质、混合物或化合物的物质系数时，必须确定其可燃性等级（N_F）或可燃性粉尘等级（S_t），即首先确定表5.5左栏中的参数。液体和气体的N_F由闪点求得，粉尘或尘雾的S_t值由粉尘爆炸试验确定，可燃固体的N_F值则依其性质不同在表5.5左栏中分类标示。

表5.5　物质系数取值表

液体、气体的易燃性或可燃性	NFPA325M 或 49	反应性或不稳定性				
		$N_R=0$	$N_R=1$	$N_R=2$	$N_R=3$	$N_R=4$
不燃物	$N_F=0$	1	14	24	29	40
F. P. >93.3℃	$N_F=1$	4	14	24	29	40
37.8℃＜F. P. ＜93.3℃	$N_F=2$	10	14	24	29	40
22.8℃＜F. P. ＜37.8℃ 或 F. P. ＜22.8℃并且 B. P. ＜37.8℃	$N_F=3$	16	16	24	29	40
F. P. ＜22.8℃并且 B. P. ＜37.8℃	$N_F=4$	21	21	24	29	40
可燃性粉尘或烟雾						
S_t-1（K_{st}≤200bar·m/s）		16	16	24	29	40
S_t-2（K_{st}＜201~300bar·m/s）		21	21	24	29	40
S_t-3（K_{st}＞300bar·m/s）		24	24	24	29	40
可燃性固体						
厚度大于40mm 紧密的	$N_F=1$	4	14	24	29	40
厚度小于40mm 疏松的	$N_F=2$	10	14	24	29	40
泡沫材料、纤维、粉尘物等	$N_F=3$	16	16	24	29	40

注：1. F. P. 为闭杯闪点。

2. B. P. 为标准温度和压力下的沸点。

3. 1bar = 10⁵Pa。

物质、混合物或化合物的反应性等级 N_R 根据其在环境温度条件下的不稳定性（或与水反应的剧烈程度），按 NFPA704 确定。

$N_R = 0$，在燃烧条件下仍保持稳定的物质，通常包括以下物质：

1）不与水反应的物质。

2）在温度 >300℃ 时用差热扫描量热计（DSC）测量显示温升的物质。

3）用 DSC 试验时，在温度 ≤500℃ 时不显示温升的物质。

$N_R = 1$：稳定，但在加温加压条件下成为不稳定的物质，一般包括如下物质：

1）接触空气、受光照射或受潮时发生变化或分解的物质。

2）在 >150～300℃ 时显示温升的物质。

$N_R = 2$：在加温加压条件下发生剧烈化学变化的物质：

1）用 DSC 做试验，在温度 ≤150℃ 时显示温升的物质。

2）与水剧烈反应或与水形成潜在爆炸性混合物的物质。

$N_R = 3$：本身能发生爆炸分解或爆炸反应，但需要强引发源或引发前必须在密闭状态下加热的物质：

1）加温加热时对热机械冲击敏感的物质。

2）加温加热时或密闭，即与水发生爆炸反应的物质。

$N_R = 4$：在常温常压下易于引爆分解或发生爆炸反应的物质。

若该物质为氧化剂，则 N_R 再加 1（但不超过 4）；对冲击敏感性物质，N_R 为 3 或 4；如得出的 N_R 值与物质的特性不相符，则应补做化学品反应性试验。

2. 混合物

工艺单元内混合物物质应按"在实际操作过程中所存在的最危险物质"原则来确定。发生剧烈反应的物质，如氢气和氯气在人工条件下混合、反应，反应持续而快速，生成物为非燃烧性、稳定的产物，则其物质系数应根据初始混合状态来确定。

混合溶剂或含有反应性物质溶剂的物质系数，可通过反应性化学试验数据求得；若无法取得时，则应取组分中最大的 MF 作为混合物 MF 的近似值（最大组分浓度 ≥5%）。

对由可燃粉尘和易燃气体在空气中能形成爆炸性的混合物，其物质系数必须用反应性化学品试验数据来确定。

3. 烟雾

易燃或可燃液体的微粒悬浮于空气中能形成易燃的混合物，在远远低于其闪点的温度下，能像易燃蒸气与空气混合物那样具有爆炸性。防止烟雾爆炸的最佳措施是避免烟雾的形成，特别是不要在封闭的工艺单元内使可燃液体形成烟雾。如果会形成烟雾，则需将物质系数提高 1 级。

4. 物质系数的温度修正

如果物质闪点小于 60℃ 或反应活性温度低于 60℃，则该物质系数不需要修正；若工艺单元温度超过 60℃，则对 MF 应做修正，见表 5.6。

表 5.6　物质温度系数修正表

MF 温度修正	N_F	S_t	N_R	备　注
a. 填入 N_F（粉尘为 S_t）、N_R				若工艺单元是反应器，则不必考虑温度修正
b. 若温度 <60℃，则转至"e"项				
c. 若温度高于闪点，或 >60℃，则在 N_F 栏内填"1"				
d. 若温度大于放热起始温度或自燃点，则在 N_R 栏内填"1"				
e. 各竖行数字相加，当总数 ≥5 时，填"4"				
f. 用"e"栏数和表 5.5 确定 MF				

5.1.2.3 工艺单元危险系数（F_3）

工艺单元危险系数（F_3）包括一般工艺危险系数（F_1）和特殊工艺危险系数（F_2），对每项系数都要进行恰当地评价。

1. 一般工艺危险性

一般工艺危险是确定事故损害大小的主要因素，共有 6 项。根据实际情况，并不是每项系数都采用，各项系数的具体取值见以下介绍。

（1）放热化学反应。若所分析的工艺单元有化学反应过程，则选取此项危险系数，所评价物质的反应性危险已经为物质系数所包括。

1）轻微放热反应的危险系数为 0.3，包括加氢、水合、异构化、磺化、中和等反应。

2）中等放热反应系数为 0.5，包括：

① 烷基化——引入烷基形成各种有机化合物的反应。

② 酯化——有机酸和醇生成酯的反应。

③ 加成——不饱和碳氢化合物和无机酸的反应，无机酸为强酸时系数增加到 0.75。

④ 氧化——物质在氧中燃烧生成 CO_2、H_2O 的反应，或者在控制条件下物质与氧反应不生成 CO_2、H_2O 的反应，对于燃烧过程及使用氯酸盐、硝酸、次氯酸、次氯酸盐类强氧化剂时，系数增加到 1.00。

⑤ 聚合——将分子连接成链状物或其他大分子的反应。

⑥ 缩合——两个或多个有机化合物分子连接在一起形成较大分子的化合物，并放出 H_2O 和 HCl 的反应。

3）剧烈反应——指一旦反应失控有严重火灾、爆炸危险的反应，如卤化反应，取 1.00。

4）特别剧烈的反应，系数取 1.25，指相当危险的放热反应。

（2）吸热反应。反应器中所发生的任何吸热反应，系数均取 0.25。

1）煅烧——加热物质除去结合水或易挥发性物质的过程，系数取为 0.40。

2）电解——用电流离解离子的过程，系数为 0.20。

3）热解或裂化——在高温、高压和触媒作用下，将大分子裂解成小分子的过程，当用电加热或高温气体间接加热时，系数为 0.20；直接火加热时，系数为 0.4。

（3）物料处理与输送。用于评价工艺单元在处理、输送和储存物料时潜在的火灾危险性。

1）所有 I 类易燃或液化石油气类的物料在连接或未连接的管线上装卸时的系数为 0.5。

2）采用人工加料，且空气可随时加料进入离心机、间歇式反应器、间歇式混料器设备内，并且能引起燃烧或发生反应的危险，不论是否采用惰性气体置换，系数均取 0.5。

3）可燃性物质存放于库房或露天时的系数为：

① 对 $N_F = 3$ 或 $N_F = 4$ 的易燃液体或气体，系数取 0.85，包括桶装、罐装、可移动挠性容器和气溶胶罐装。

② 表 5.5 中所列 $N_F = 3$ 的可燃固体，系数取 0.5。

③ 表 5.5 中所列 $N_F = 2$ 的可燃性固体，系数取 0.4。

④ 闭杯闪点大于 37.8℃ 并低于 60℃ 的可燃性液体，系数取 0.25。

若上述物质存放于货架上且未安设洒水装置时，系数要加 0.20，此处考虑的范围不适合于一般储存容器。

（4）封闭单元或室内单元。封闭区域定义为有顶且三面或多面有墙壁的区域，或无顶但四周有墙封闭的区域。封闭单元或室内单元系数选取原则如下：

1) 粉尘过滤器或捕集器安置在封闭区域内时, 系数取 0.50。

2) 在封闭区域内, 在闪点以上处理易燃液体时, 系数取 0.3; 如果处理易燃液体量 > 4540kg, 系数取 0.45。

3) 在封闭区域内, 在沸点以上处理液化石油气或任何易燃液体量时, 系数取 0.6; 若易燃液体的量大于 4540kg, 则系数取 0.90。

4) 若已安装了合理的通风装置时, 1)、3) 两项系数减 50%。

(5) 通道。生产装置周围必须有紧急救援车辆的通道, "最低要求"是至少在两个方向上设有通道, 选取封闭区域内主要工艺单元的危险系数时要格外注意。

1) 至少有一条通道必须是通向公路的, 火灾时消防道路可以看作是第二条通道, 设有监控水枪并处于待用状态。

2) 整个操作区面积大于 925m², 且通道不符合要求时, 系数为 0.35。

3) 整个库区面积大于 2315m², 且通道不符合要求时, 系数为 0.35。

4) 面积小于上述数值时, 要分析它对通道的要求。如果通道不符合要求, 影响消防时, 系数取 0.20。

(6) 排放和泄漏控制。此内容是针对大量易燃、可燃液体溢出危及周围设备的情况; 该项系数仅适用于工艺单元内物料闪点小于 60℃或操作温度大于其闪点的场合。为了评价排放和泄漏控制是否合理, 必须估算易燃、可燃物总量以及消防水能否在事故发生时得到及时排放。

1) 排放量按以下原则确定:

① 对工艺和储存设备, 取单元中最大储罐的储量加上第二大储罐 10% 的储量。

② 采用 30min 的消防水量。

2) 排放和泄漏控制系数选取的原则:

① 设有堤坝防止泄漏液流入其他区域, 但堤坝内所有设备露天放置时, 系数取 0.5。

② 单元周围为一可排放泄漏液的平坦地, 一旦失火, 会引起火灾, 系数为 0.5。

③ 单元的三面有堤坝, 能将泄漏液引至蓄液池的地沟, 并满足以下条件, 不取系数: 蓄液池或地沟的地面斜度土质地面不得小于 2%, 硬质地面不得小于 1%; 蓄液池或地沟的最外缘与设备之间的距离至少小于 15m, 如果没有防火墙, 可以减少其距离; 蓄液池的储液能力至少等于 1) 中①与②之和。

④ 如蓄液池或地沟处设有公用工程管线或管线的距离不符合要求, 系数取 0.5。

2. 特殊工艺危险性

特殊工艺危险是影响事故发生概率的主要因素, 特定的工艺条件是导致火灾、爆炸事故发生的主要原因。特殊工艺危险有下列 12 项。

(1) 毒性物质。毒性物质能够扰乱人们机体的正常反应, 因而降低了人们在事故中制定对策和减轻伤害的能力。毒性物质的危险系数为 $0.2N_H$, 对于混合物, 取其最高的 N_H 值。N_H 是美国消防协会在 NFPA704 中定义的物质毒性系数, 其值在 NFPA 325 M 或 NFPA49 中已列出。物质系数和特性表中给出了许多物质的 N_H 值; 对于新物质, 可请工业卫生专家帮助确定。

NFPA704 对物质的 N_H 分类为:

$N_H = 0$, 火灾时除一般可燃物的危险外, 短期接触没有其他危险的物质。

$N_H = 1$, 短期接触可引起刺激, 致人轻微伤害的物质, 包括要求使用适当的空气净化呼吸器的物质。

$N_H = 2$, 高浓度或短期接触可致人暂时失去能力或残留伤害的物质, 包括要求使用单独供给空气的呼吸器的物质。

$N_H=3$，短期接触可致人严重的暂时或残留伤害的物质，包括要求全身防护的物质；

$N_H=4$，短暂接触也能致人死亡或严重伤害的物质。

（2）负压操作。本项内容适用于空气泄入系统会引起危险的场合。当空气与湿度敏感性物质或氧敏感性物质接触时可能引起危险，在易燃混合物中引入空气也会导致危险。该系数只用于绝对压力小于 500mmHg（66661Pa）的情况，系数为 0.50。

如果采用了该系数，就不再采用下面"燃烧范围内或其附近的操作"和"释放压力"中的系数，以免重复。大多数气体操作、一些压缩过程和少许蒸馏操作都属于本项内容。

（3）燃烧范围或其附近的操作。某些操作导致空气引入并夹带进入系统，空气的进入会形成易燃混合物，进而导致危险。

1）$N_F=3$ 或 $N_F=4$ 的易燃液体储罐，在储罐泵出物料或者突然冷却时可能吸入空气，系数取 0.50。打开放气阀或在负压操作中未采用惰性气体保护时，系数为 0.50。储存有可燃液体，其温度在闭杯闪点以上且无惰性气体保护时，系数也为 0.50。如果使用了惰性化的密闭蒸气回收系统，且能保证其气密性则不用选取系数。

2）只有当仪表或装置失灵时，工艺设备或储罐才处于燃烧范围内或其附近，系数为 0.30。任何靠惰性气体吹扫，使其处于燃烧范围之外的操作，系数为 0.30，该系数也适用于装载可燃物的船舶和槽车。若已按"负压操作"选取系数，此处不再选取。

3）由于惰性气体吹扫系统不实用或者未采取惰性气体吹扫，使操作总是处于燃烧范围内或其附近时，系数为 0.80。

（4）粉尘爆炸。本项系数将用于含有粉尘处理的单元，如粉体输送、混合粉碎和包装等。除非粉尘爆炸试验已经证明没有粉尘爆炸危险，否则都要考虑粉尘系数。所有粉尘都有一定的粒径分布范围。为了确定系数，采用 10% 粒径，即在这个粒径处有 90% 粗粒子，其余 10% 为细粒子。根据表 5.7 确定合理的系数。

表 5.7　粉尘爆炸危险系数确定表

粉尘爆炸危险系数		
粉尘粒径/μm	泰勒筛/网目	系　数
>175	60 ~ 80	0.25
>150 ~ 175	>80 ~ 100	0.50
>100 ~ 150	>100 ~ 150	0.75
>75 ~ 100	>150 ~ 200	1.25
<75	>200	2.00

注：在惰性气体气氛中操作时，表中系数减半。

（5）释放压力。操作压力高于大气压时，由于高压可能会引起高速率的泄漏，所以要采用危险系数；是否采用系数，取决于单元中的某些导致易燃物料泄漏的构件是否会发生故障。

操作压力（表压）的计算公式为：

$$表压 = 绝对压力 - 大气压 \tag{5.1}$$

当操作压力小于 6895kPa 时，由图 5.2 查得危险系数值，或通过下式计算得到：

$$y = 0.16109 + 1.61503(x/1000) - 1.42879(x/1000)^2 + 0.5172(x/1000)^3 \tag{5.2}$$

式中　y——危险系数；

　　　x——操作压力（bf/in²），系按照式（5.1）确定的表压。单位换算为：

$$1bf/in^2 = 6894.76Pa$$

用图 5.2 中的曲线能直接确定闪点低于 60℃ 的易燃可燃液体的危险系数。对其他物质，可先由图 5.2 中曲线查出初始系数值，再用下列方法加以修正：

1）焦油、沥青、重润滑油和柏油等高黏性物质，用初始系数乘以 0.7 作为危险系数。

2）单独使用压缩气体或利用气体使易燃液体压力增至 103kPa（表压）以上时，用初始系数值乘以 1.2 作为危险系数。

3）液化的易燃气体（包括所有在其沸点以上储存的易燃物料），用初始系数值乘以 1.3 作为危险系数。

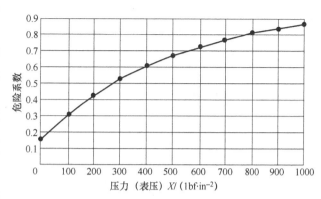

注：$1bf \cdot in^{-2} = 6894.76Pa$

图 5.2　易燃、可燃液体的压力危险系数

表 5.8 可确定压力大于 6895kPa（表压）时的易燃、可燃液体的压力危险系数。

表 5.8　易燃、可燃液体的压力危险系数

压力（表压）/kPa	危 险 系 数	压力（表压）/kPa	危 险 系 数
6895	0.86	17238	0.98
10343	0.92	20685～68950	1.00
13790	0.96	＞68950	1.50

（6）低温。本项主要考虑碳钢或其他金属在其展延或脆化转变温度以下时可能存在的脆性问题；如经过认真评价，确认在正常操作和异常情况下均不会低于转变温度，则不用系数。低温系数给定原则为：

1）采用碳钢结构的工艺装置，操作温度等于或低于转变温度时，系数取 0.30。如果没有转变温度数据，则可假定转变温度为 10℃。

2）装置为碳钢以外的其他材质，操作温度等于或低于转变温度时，系数取 0.20。切记，如果材质适于最低可能的操作温度，则不用给系数。

（7）易燃和不稳定物质的数量。易燃和不稳定物质数量主要讨论单元中易燃物和不稳定物质的数量与危险性的关系，分为三种类型，用各自的系数曲线分别评价。对每个单元而言，只能选取一个系数，其依据是已确定为单元物质系数代表的物质。

1）工艺过程中的液体或气体。该系数主要考虑可能泄漏并引起火灾危险的物质数量，或因暴露在火中可能导致化学反应事故的物质数量。它应用于任何工艺操作，包括用泵向储罐送料的操作。该系数适用于下列已确定作为单元物质系数代表的物质：

① 易燃液体和闪点低于 60℃ 的可燃液体。

② 易燃气体。

③ 液化易燃气。

④ 闭杯闪点大于 60℃ 的可燃液体，且操作温度高于其闪点时。

⑤ 化学活性物质，不论其可燃性大小（$N_R = 2$、3 或 4）。

确定该项系数时，首先要估算工艺中的物质数量（kg），指在 10min 内从单元中或相连的管道中可能泄漏出来的可燃物的量。在判断可能有多少物质泄漏时要借助于一般常识。经验表明，取工艺单元中的物料量和相连单元中的最大物料量两者中的较大值作为可能泄漏量是合理的。

在火灾、爆炸指数计算表（表 5-1）的特殊工艺危险的"G"栏有关空格中填写易燃或不稳定物质的合适数量。

由图 5.3 工艺单元能量值查得所对应的危险系数。总能量值与曲线的相交点代表系数值。该曲线中总能量值 X 与系数 Y 的曲线方程为：

$$\lg Y = 0.17179 + 0.42988(\lg X) - 0.37244(\lg X)^2 + 0.17712(\lg X)^3 - 0.029984(\lg X)^4 \quad (5.3)$$

式中，X 的单位应为英热单位 $\times 10^9$，英热是英国热力单位，简记作 Btu。

1Btu = 1055.05585J ≈ 1.06kJ。

使用图 5.3 时，将求出的工艺过程中的可燃或不稳定物料总量乘以燃烧热 H_c（J/kg），得到总热量（J）。燃烧热 H_c 可以从附表或化学反应试验数据中查得。

对于 $N_R = 2$ 或 N_R 值更大的不稳定物质，其 H_c 值可取 6 倍于分解热或燃烧热中的较大值。分解热也可从化学反应试验数据中查得。

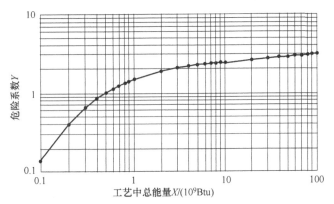

注：1Btu=1.055×10³J

图 5.3　工艺中的液体和气体的危险系数

在火灾、爆炸指数计算表（表 5-1）的特殊工艺危险 "G" 栏有关空格处填入燃烧热 H_c（J/kg）值。

2）储存中的液体或气体（工艺操作场所之外）。操作场所之外储存的易燃和可燃液体、气体或液化气的危险系数比 "工艺中的" 要小，这是因为它不包含工艺过程，工艺过程有产生事故的可能。本项包括桶或储罐中的原料、罐区中的物料，以及可移动式容器和桶中的物料。

对单个储存容器可用总能量值（储存物料量乘以燃烧热而得）查图 5.4 确定其危险系数；对于若干个可移动容器，用所有容器中的物料总能量查图 5.4 确定系数。对于不稳定的物质，取最大分解热或燃烧热的 6 倍作为 H_c（燃烧热值）。

如果单元中的物质有几种，则查图 5.4 时，要找出总能量与每种物质对应的曲线中最高的一条曲线的交点，然后再查出与交点对应的系数值，即为所求系数。

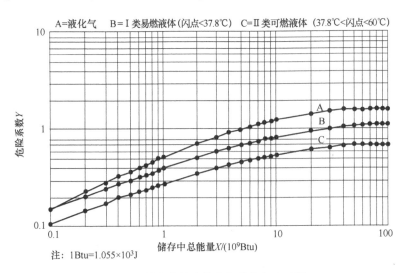

注：1Btu=1.055×10³J

图 5.4　储存中的液体和气体的危险系数

图 5.4 中曲线 A、B 和 C 的总能量值（X）与系数（Y）的对应方程分别为：

曲线 A：
$$\lg Y = -0.289069 + 0.472171(\lg X) - 0.074585(\lg X)^2 - 0.018641(\lg X)^3 \tag{5.4}$$

曲线 B：
$$\lg Y = -0.403115 + 0.378703(\lg X) - 0.046402(\lg X)^2 - 0.015379(\lg X)^3 \tag{5.5}$$

曲线 C：
$$\lg Y = -0.558394 + 0.363321(\lg X) - 0.057296(\lg X)^2 - 0.010759(\lg X)^3 \tag{5.6}$$

以上各式中，X 的单位为 "英热单位 $\times 10^9$"。

[例 5-1]　若有 3 个容器，分别储存有 340100kg 苯乙烯、336516kg 二乙基苯和 272100kg 丙烯腈，求物料的危险系数。

其总能量计算如下：

340100kg 苯乙烯 $\times 40.5 \times 10^6$ J/kg $= 13.8 \times 10^{12}$ J

336516kg 乙基苯 $\times 41.9 \times 10^6$ J/kg $= 14.1 \times 10^{12}$ J

272100kg 丙烯腈 $\times 31.9 \times 10^6$ J/kg $= 8.7 \times 10^{12}$ J

总能量 $= 36.6 \times 10^{12}$ J

根据物质种类确定曲线：苯乙烯为 I 类易燃液体（图 5.4 曲线 B），丙烯腈为 I 类易燃液体（图 5.4 曲线 B），二乙基苯为 II 类可燃液体（图 5.4 曲线 C）。查图 5.4，总能量与各物质对应的最高曲线是曲线 B，其对应的系数是 1.00。

3）储存中的可燃固体和工艺中的粉尘。本项包括了储存中的固体和工艺单元中的粉尘的量系数，涉及的固体或粉尘就是确定物质系数的那些基本物质。根据物质密度、点火难易程度以及维持燃烧的能力来确定系数，如图 5.5 所示。

用储存固体总量（kg）或工艺单元中粉尘总量（kg），由图 5.5 查取系数。图 5.5 中 lb/ft³ 与 "t/m³" 的换算关系如下：$1\text{t/m}^3 = 62.427973725314\text{lb/ft}^3$，则 $1\text{lb/ft}^3 = 16.02\text{kg/m}^3$。因此，根据物质的松密度是否小于 1lb/ft³，即 160.2kg/m^3，确定选用曲线 A 或曲线 B。

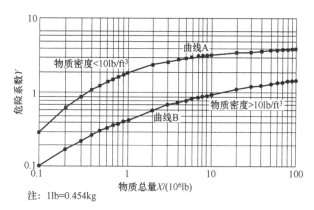

注：1lb=0.454kg

图 5.5　储存中的可燃固体、工艺中的粉尘的危险系数

松密度是指包括颗粒内外孔及颗粒间空隙的松散颗粒堆积体的平均密度。

对于 $N_R = 2$ 或更高的不稳定物质，用单元中物质实际质量的 6 倍，查曲线 A 来确定系数（参见 [例 5-2]）。

图 5.5 中曲线 A、B 的方程式分别为：

曲线 A：
$$\lg Y = 0.280423 + 0.464559(\lg X) - 0.28291(\lg X)^2 + 0.066218(\lg X)^3 \tag{5.7}$$

曲线 B：
$$\lg Y = -0.358311 + 0.459926(\lg X) - 0.141022(\lg X)^2 + 0.02276(\lg X)^3 \tag{5.8}$$

以上两式中，X 的单位为 lb $\times 10^6$，lb 是英国和美国的质量单位 "磅" 的简写，

$$1\text{lb} = 0.454\text{kg}$$

[**例 5-2**]   一座仓库，不计通道时面积为 $1860m^2$，货物堆放高度为 4.57m，即容积为 $8500m^3$。

若储存物品（苯乙烯桶装的多孔泡沫材料和纸板箱）的平均密度为 $35.2kg/m^3$，则总质量为：

$$35.2kg/m^3 \times 8500m^3 = 299200kg$$

因平均密度 $<160.2kg/m^3$，故查曲线 A，得其量系数为 1.54。

假如在此场所存放的货物是平均密度为 $449kg/m^3$ 的袋装聚乙烯颗粒或甲基纤维素粉末，则总质量为：

$$449kg/m^3 \times 8500m^3 = 3816500kg$$

因平均密度 $>160.2kg/m^3$，故用曲线 B 查得量系数为 0.92。

（8）腐蚀。虽然正规的设计留有腐蚀和侵蚀余量，但腐蚀或侵蚀问题仍可能在某些工艺中发生。此处的腐蚀速率被认为是外部腐蚀速率和内部腐蚀速率之和。切不可忽视工艺物流中少量腐蚀可能产生的影响，它可能比正常的内部腐蚀和由于油漆破坏造成的外部腐蚀强得多，砖的多孔性和塑料衬里的缺陷都可能加速腐蚀。腐蚀系数按以下规定选取：①腐蚀速率（包括点腐蚀和局部腐蚀）$<0.127mm/a$，系为 0.10；②腐蚀速率 $>0.127mm/a$，且 $<0.254mm/a$，系数为 0.20；③腐蚀速率 $>0.254mm/a$，系数为 0.50；④如果应力腐蚀裂纹有扩大的危险，系数为 0.75，这一般是氯气长期作用的结果；⑤要求用防腐衬里时，系数为 0.20。但如果衬里仅仅是为了防止产品污染，则不取系数。

（9）泄漏——连接头和填料处。垫片、接头或轴的密封处及填料处可能是易燃、可燃物质的泄漏源，尤其是在热和压力周期性变化的场所，应该按工艺设计情况和采用的物质选取系数。具体按下列原则选取泄漏系数：①泵和压盖密封处可能产生轻微泄漏时，系数为 0.10；②泵、压缩机和法兰连接处产生正常的一般泄漏时，系数为 0.30；③承受热和压力周期性变化的场合，系数为 0.30；④如果工艺单元的物料是有渗透性或磨蚀性的浆液，则可能引起密封失效，或者工艺单元使用转动轴封或填料函时，系数为 0.40；⑤单元中有玻璃视镜、波纹管或膨胀节时，系数为 1.50。

（10）明火设备的使用。当易燃液体、蒸气或可燃性粉尘泄漏时，工艺中明火设备的存在额外增加了引燃的可能性。此时应分为两种情况选取系数：一是明火设备设置在评价单元中；二是明火设备附近有各种工艺单元。从评价单元可能发生泄漏点到明火设备的空气进口的距离就是图 5.6 中要采取的距离，单位用 ft 表示。

图 5.6 中曲线 A-1 用于：①确定物质系数的物质可能在其闪点以上泄漏的任何工艺单元；②确定物质系数的物质是可燃性粉尘的任何工艺单元。

图中曲线 A-2 用于：确定物质系数的物质可能在其沸点以上泄漏的任何工艺单元。

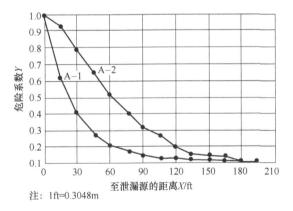

图 5.6   明火设备的危险系数

系数确定的方法：按照图 5.6 用潜在泄漏到明火设备空气进口的距离与相对应曲线（A-1 或 A-2）的交点即可得到系数值。

曲线 A-1、A-2 中，可能的泄漏源距离（X）与系数（Y）对应的方程为：

曲线 A-1：

$$\lg Y = -3.3243\frac{X}{210} + 3.75127\left(\frac{X}{210}\right)^2 - 1.42523\left(\frac{X}{210}\right)^3 \tag{5.9}$$

曲线 A-2：

$$\lg Y = -0.3745\left(\frac{X}{210}\right) - 2.70212\left(\frac{X}{210}\right)^2 + 2.09171\left(\frac{X}{210}\right)^3 \tag{5.10}$$

以上两式中，X 的单位为 ft。

如果明火设备本身就是评价工艺单元，则到潜在泄漏源的距离为 0；如果明火设备加热易燃或可燃物质，则即使物质的温度不高于其闪点，危险系数也取 1.00。

明火设备的使用系数不适用于明火炉。本项所涉及的任何其他情况，包括所处理的物质低于其闪点都不用取危险系数。

如果明火设备在工艺单元内，并且单元中选作物质系数的物质的泄漏温度可能高于闪点，则不管距离多少，危险系数至少取 0.10。

对于带有"压力燃烧器"的明火设备，若空气进气孔为 3m 或更大且不靠近排放口之类的潜在的泄漏源，危险系数取标准燃烧器所确定系数 50%；但是，当明火加热器本身就是评价单元时，则危险系数不能乘以 50%。

（11）热油交换系统。大多数交换介质可燃且操作温度经常在闪点或沸点之上，因此增加了危险性。此项危险系数是根据热交换介质的使用温度和数量来确定的。热交换介质为不可燃物或虽为可燃物但使用温度总是低于闪点时，不用考虑这个危险系数，但应对生成油雾的可能性加以考虑。

按照表 5.9 确定热油交换系统的危险系数时，其油量可取下列两者中较小者：油管破裂后 15min 的泄漏量；热油循环系统中的总油量。

表 5.9　热油交换系统的危险系数

油量/m³	系　数	
	大 于 闪 点	等于或大于沸点
<18.9	0.15	0.25
18.9～37.9	0.30	0.45
37.9～94.6	0.50	0.75
>94.6	0.75	1.15

热交换系统中储备的油量不计入，除非它在大部分时间里与单元保持着联系。

此处建议，计算热油循环系统的火灾、爆炸指数时，应包含运行状态下的油罐（不是油储罐）、泵、输油管及回流油管。根据经验，这样做的结果会使火灾、爆炸指数较大。热油循环系统作为评价热油系统时，则按"明火设备的使用"的规定选取系数。

（12）转动设备。单元内大容量的转动设备会带来危险，虽然还没有确定一个公式来表征各种类型和尺寸转动设备的危险性，但统计资料表明，超过一定规格的泵和压缩机很可能引起事故。

评价单元中使用或评价单元本身是以下转动设备的，可选取系数 0.5：大于 600 马力（1 马力 = 735.5W）的压缩机，大于 75 马力的泵，发生故障后因混合不均、冷却不足或终止等原因引起反应温度升高的搅拌器和循环泵；其他曾发生过事故的大型高速转动设备，如离心机等。

评价了所有的特殊工艺危险之后，计算基本系数与所涉及的特殊工艺危险系数的总和，并将它填入火灾、爆炸指数计算表中的"特殊工艺危险系数（F_2）"的栏中。

3. 工艺单元危险系数

一般工艺危险系数的计算：

$$一般工艺危险系数(F_1) = 基本系数 + 所有选取的一般工艺危险系数之和 \quad (5.11)$$

特殊工艺危险系数的计算：

$$特殊工艺危险系数(F_2) = 基本系数 + 所有选取的特殊工艺危险系数之和 \quad (5.12)$$

工艺单元危险系数的计算：

$$工艺单元危险系数(F_3) = 一般工艺危险系数(F_1) \times 特殊工艺危险系数(F_2) \quad (5.13)$$

F_3 值范围为 $1 \sim 8$。若计算出的 $F_3 > 8$，取 $F_3 = 8$。

5.1.2.4 计算火灾、爆炸指数（F&EI）

火灾、爆炸指数用来估计生产过程中的事故可能造成的破坏。各种危险因素，如反应类型、操作温度、压力和可燃物的数量等，表征了事故发生概率、可燃物的潜能以及由工艺控制故障、设备故障、振动或应力疲劳等导致的潜能释放的大小。

按直接原因，易燃物泄漏并点燃后引起的火灾或燃料混合物爆炸的破坏类型有：冲击波或燃爆；初始泄漏引起的火灾；容器爆炸引起对管道与设备的撞击；引起二次事故——其他可燃物的能量释放。

随着单元系数和物质系数的增大，二次事故变得更加严重。

火灾、爆炸指数由下式计算：

$$火灾、爆炸指数(F\&EI) = 单元危险系数(F_3) \times 物质系数(MF) \quad (5.14)$$

计算（F&EI）时，一次只分析、评价一种危险，使分析结果与特定的最危险状况（如开车、正常操作、停车）相对应。

按照 F&EI 数值划分危险等级，见表 5.10，可使人们对火灾、爆炸的严重程度有一个相对的认识。

表 5.10 F&EI 值及危险等级

F&EI 值	1 ~ 60	61 ~ 96	97 ~ 127	128 ~ 158	>158
危险等级	最轻	较轻	中等	很大	非常大

F&EI 被汇总记入火灾、爆炸指数计算表中。

5.1.2.5 安全措施补偿系数

1. 安全措施补偿系数计算程序

建造任何一个化工装置（或化工厂）时，应该考虑一些基本设计要点，要符合各种规范、规章的要求，还要实施相关安全措施。

实施安全措施，则能降低事故的发生概率和危害。安全措施可分为工艺控制、物质隔离、防火措施三类，其补偿系数分别为 C_1、C_2、C_3。

安全措施补偿系数按下列程序进行计算，并汇总于安全措施补偿系数表中：

1）直接把合适的系数填入该安全措施的右边。

2）没有采取的安全措施，系数记为 1。

3）每一类安全措施的补偿系数是该类别中所有选取系数的乘积。

4）$C_1 C_2 C_3$ 计算便得到总补偿系数。

5）将补偿系数填入工艺单元危险分析汇总表（表 5.3）中。

选择的安全措施应能切实地减少或控制评价单元的危险，提高安全可靠性，最终结果是确定损失减少的金额或使最大可能财产损失降到更为实际的程度。

2. 工艺控制补偿系数（C_1）

（1）应急电源——0.98。本补偿系数适应于基本设施（仪表电源、控制仪表、搅拌器和泵等）具有应急电源且能从正常状态自动切换到应急状态。只有当应急电源与评价单元事故的控制有关时才考虑这个系数。例如，在某一反应过程中维持正常搅拌是避免失控反应的重要手段，若为搅拌器配备应急电源就有明显的保护功能，因此应予以补偿。

（2）冷却——0.97、0.99。如果冷却系数难保证在出现故障时维持正常的冷却10min以上，则补偿系数为0.99；如果有备用冷却系统，冷却能力为正常需要量的1.5倍且至少维持10min，则系数为0.97。

（3）抑爆——0.84、0.98。粉体设备或蒸气处理设备上安有抑爆装置或设备本身有抑爆作用时，系数为0.84；采用防爆膜或泄爆口防止设备发生意外时，系数为0.98。只有那些在突然超压（如燃爆）时能防止设备或建筑物遭受破坏的释放装置才能给予补偿系数，对于那些在所有压力窗口器上都配备的安全阀、储罐的紧急排放口之类常规超压释放装置则不考虑补偿系数。

（4）紧急停车装置——0.96、0.98、0.99。情况出现异常时能紧急停车并转换到备用系统，补偿系数为0.98；重要的转动设备如压缩机、透平机和鼓风机等装有振动测定仪时，若振动仅只能报警，系数为0.99；若振动仪能使设备自动停车，系数为0.96。

（5）计算机控制——0.93、0.97、0.99。设置了在线计算机以帮助操作者，但它不直接控制关键设备或经常不用计算机操作时，系数为0.99。具有失效保护功能的计算机直接控制工艺操作时，系数为0.97。采用下列三项措施之一者，系数为0.93：①关键现场数据输入的冗余技术；②关键输入的异常中止功能；③备用的控制系统。

（6）惰性气体保护——0.94、0.96。盛装易燃气体的设备有连续的惰性气体保护时，系数为0.96；如果惰性气体系统有足够的容量并自动吹扫整个单元时，系数为0.94。但是，惰性吹扫系统必须人工启动或控制时，不取系数。

（7）操作指南或操作规程——0.91~0.99。正确的操作指南、完整的操作规程是保证正常作业的重要因素。下面列出最重要的条款并规定分值：开车为0.5；正常停车为0.5；正常操作条件为0.5；低负荷操作条件为0.5；备用装置启动条件（单元循环或全回流）为0.5；超负荷操作条件为1.0；短时间停车后再开车规程为1.0；检修后的重新开车为1.0；检修程序（批准手续、清除污物、隔离、系统清扫）为1.5；紧急停车为1.5；设备、管线的更换和增加为2.0；发生故障时的应急方案为3.0。

将已经具备的操作规程各项的分值相加作为下式中的X，并按下式计算补偿系数：

$$1.0 - \frac{X}{150} \tag{5.15}$$

如果上面列出的操作规程均已具备，则补偿系数为：

$$1.0 - \frac{13.5}{150} = 0.91$$

此外，也可以根据操作规程的完善程度，在0.91~0.99的范围内确定补偿系数。

（8）活性化学物质检查——0.91、0.98。用活性化学物质大纲检查现行工艺和新工艺（包括工艺条件的改变、化学物质的储存和处理等），是一项重要的安全措施。如果按大纲进行检查是整个操作的一部分，系数为0.91；如果只是在需要时才进行检查，系数为0.98。采用此项补偿系数的最低要求是至少每年操作人员应获得1份应用于本职工作的活性化学物质指南，如不能定期地提供则不能选取补偿系数。

（9）其他工艺过程危险分析——0.91~0.98。几种其他的工艺过程危险分析工具也可用来评价火灾、爆炸危险。这些方法是：定量风险评价（QRA），详尽的后果分析，事故树分析（FTA），危险和可操作性研究（HAZOP），故障类型和影响分析（FMEA），环境、健康、安全和损失预防审查，故障假设分析，检查表评价，以及工艺、物质等变更的审查管理。相应的补偿系数如下：①定量风险评价为0.91；②详尽的后果分析为0.93；③事故树分析（FTA）为0.93；④危险和可操作性研究（HAZOP）为0.94；⑤故障类型和影响分析（FMEA）为0.94；⑥环境、健康、安全和损失预防审查为0.96；⑦故障假设分析为0.96；⑧检查表评价为0.98；⑨工艺、物质等变更的审查管理为0.98。

定期开展上面所列的任一危险分析时，均可按规定取相应的补偿系数。如果只是在必要时才进行一些危险分析，可仔细斟酌后取较高一些的补偿系数。

3. 物质隔离补偿系数（C_2）

（1）远距离控制阀——0.96、0.98。如果单元备有遥控的切断阀以便在紧急情况下迅速地将储罐、容器及主要输送管线隔离，则系数为0.98；如果阀门至少每年更换一次，则系数为0.96。

（2）备用泄料装置——0.96、0.98。如果备用储槽能安全地（有适当的冷却和通风）直接接受单元内的物料时，补偿系数为0.98；如果备用储槽安置在单元外，则系数为0.96；对于应急通风系统，如果应急通风管能将气体、蒸气排放至火炬系统或密闭的受槽，系数为0.96；与火炬系统或受槽连接的正常排气系统的补偿系数为0.98。

（3）排放系统——0.91、0.95、0.97。为了自生产和储存单元中移走大量的泄漏物，地面斜度至少要保持2%（硬质地面1%），以便使泄漏物流至尺寸合适的排放沟。排放沟应能容纳最大储罐内所有的物料再加上第二大储罐10%的物料，以及消防水1h的喷洒量。满足上述条件时，补偿系数为0.91。只要排放设施完善，能把储罐和设备下以及附近的泄漏物排净，就可采用补偿系数0.91。如果排放装置能汇集大量泄漏物料，但只能处理少量物料（约为最大储罐容量的一半）时，系数为0.97；许多排放装置能处理中等数量的物料时，则系数为0.95。

（4）连锁装置——0.98。装有连锁系统以避免出现错误的物料流向以及由此而引起的不需要的反应时，系数为0.98。此系数也能适用于符合标准的燃烧器。

4. 防火措施补偿系数（C_3）

（1）泄漏检测装置——0.94、0.98。安装了可燃气体检测器，但只能报警和确定危险范围时，系数为0.98；若它既能报警又能在达到燃烧下限之前使保护系统动作，系数为0.94。

（2）钢质结构——0.95、0.97、0.98。防火涂层应达到的耐火时间取决于可燃物的数量及排放装置的设计情况。如果采用防火涂层，则所有的承重钢结构都要涂覆，且涂覆高度至少为5m，这时取补偿系数为0.98；涂覆高度大于5m而小于10m时，系数为0.97；如果有必要，涂覆高度大于10m时，系数为0.95。防火涂层必须及时维护，否则不能取补偿系数。钢筋混凝土结构采用和防火涂层一样的系数。另外的防火措施是单独安装大容量水喷洒系统来冷却钢结构，这时取补偿系数为0.98，而不是按照"喷洒系统"的规定来取。

（3）消防水供应——0.94、0.97。消防水压力为690kPa（表压）或更高时，补偿系数为0.94；压力低于690kPa（表压）时系数为0.97。工厂消防水的供应要保证按计算的最大需水量连续供应4h。对危险不大的装置，供水时间少于4h可能是合适的。满足上述条件的话，补偿系数为0.97。

（4）特殊系统——0.910。特殊系统包括二氧化碳、卤代烷灭火及烟火探测器、防爆墙或防爆小屋等。由于对环境存在潜在的危害，不推荐安装新的卤代烷灭火设施。特殊系统的补偿系数为0.910。地上储罐如果设计成夹层壁结构，当内壁发生泄漏时外壁能承受所有的负荷，此时采用0.91的补偿系数。

（5）喷洒系统——0.74～0.97。洒水灭火系统的补偿系数为0.97。室内生产区和仓库使用的湿管、干管喷洒灭火系统的补偿系数按表5.11选取。

表5.11　室内生产区和仓库使用的湿管、干管喷洒灭火系统的补偿系数

危　险　等　级	设计参数/L·min^{-1}·m^{-2}	补　偿　系　数	
		湿　　管	干　　管
低危险	6.11～8.15	0.87	0.87
中等危险	8.56～13.6	0.81	0.84
非常危险	>14.3	0.74	0.81

（6）水幕——0.97、0.98。在点火源和可能泄漏的气体之间设置自动喷水幕，可以有效地减少点燃可燃气体的危险。为保证良好的效果，水幕到泄漏源之间的距离至少要为23m，以便有充裕的时间检测并自动启动水幕。最大高度为5m的单排喷嘴，补偿系数为0.98；在第一层喷嘴之上2m内设置第二层喷嘴的双排喷嘴，其补偿系数为0.97。

（7）泡沫装置——0.92～0.97。如果设置了远距离手动控制的将泡沫注入标准喷洒系统的装置，补偿系数为0.94，这个系数是对喷洒灭火系统补偿系数的补充；全自动泡沫喷射系统的补偿系数为0.92，所谓全自动意味着当检测到着火后泡沫阀自动地开启。为保护浮顶罐的密封圈设置的手动泡沫灭火系统的补偿系数为0.97，当采用火焰探测器控制泡沫系统时，补偿系数为0.94。锥形顶罐配备有地下泡沫系统和泡沫室时，补偿系数为0.95；可燃液体储罐的外壁配有泡沫灭火系统时，如为手动其补偿系数为0.97，如为自动控制则系数为0.94。

（8）手提式灭火器或水枪——0.93～0.980。如果配备了与火灾危险相适应的手提式或移动式灭火器，补偿系数为0.98。如果安装了水枪，补偿系数为0.97；如果能在安全地点远距离控制它，则系数为0.95；带有泡沫喷射能力的水枪，其补偿系数为0.93。

（9）电缆保护——0.94、0.98。仪表和电缆支架均为火灾时非常容易遭受损坏的部位。如采用带有喷水装置，其下有14～16号钢板金属罩加以保护时，系数为0.98；如金属罩上涂以耐火涂料以取代喷水装置时，其系数也是0.98。若电缆管埋在地下的电缆沟内（不管沟内是否干燥），补偿系数为0.94。

5.1.2.6　计算暴露半径和暴露区域

1. 暴露半径

暴露半径表明了生产单元危险区域的平面分布，是一个以工艺设备的关键部位为中心，以暴露半径为半径的圆。若评价的对象是一个小设备，则以该设备的中心为圆心，以暴露半径画圆；若设备较大，则应从设备表面向外量取暴露半径。暴露区域的中心常常是泄漏点，经常发生泄漏的点则是排气口、膨胀节和连接处等部位。暴露半径 R 按下式计算，单位为 ft 或 m（1ft=0.3048m）。

$$R = F\&EI \times 0.84(ft)$$
$$R = F\&EI \times 0.256(m)$$

（5.16）

2. 暴露区域面积

暴露半径决定了暴露区域的大小，按下式计算暴露区域的面积（ft^2 或 m^2）：

$$暴露区域面积 = \pi R^2$$

（5.17）

暴露区域面积的数值填入工艺单元危险分析汇总表的第4行。

暴露区域意味着其内的设备将会暴露在本单元发生的火灾或爆炸环境中。为了评价这些设备遭受的损坏，要考虑实际影响的体积。该体积是一个围绕着工艺单元的圆柱体的体积，其面积是暴露区域，高度相当于暴露半径。有时用球体的体积来表示也是合理的。该体积表征了发生火灾、

爆炸事故时生产单元所承受风险的范围。

如果暴露区域内有建筑物，但该建筑物的墙耐火或防爆或两者兼而有之，那么此时该建筑物没有危险因素而不应计入暴露区域内；如果暴露区域内设有防火墙或防爆墙，则墙后的面积也不算作暴露面积。另外还要考虑：

（1）包含评价单元的单层建筑物的全部面积可以看作是暴露区域，除非它用耐火墙分隔成几个独立的部分。如果有爆炸危险，即使各部分用防火墙隔开，整个建筑面积都要看成是暴露区域。

（2）防爆墙可以看作是暴露区域的界限。

5.1.2.7 暴露区域财产价值

暴露区域内财产价值可由区域内含有的财产（包括在存物料）的更换价值来确定：

$$更换价值 = 原来成本 \times 0.82 \times 增长系数 \tag{5.18}$$

式中，0.82 是考虑了场地平整、道路、地下管线、地基等在事故发生时不会遭到损失或无需更换的系数；增长系数则由工程预算专家确定。

更换价值可按以下几种方法计算：

（1）采用暴露区域内设备的更换价值。

（2）用现行的工程成本来估算暴露区域内所有财产的更换价值（地基和其他一些不会遭受损失的项目除外）。

（3）从整个装置的更换价值推算每平方米的设备费，再乘上暴露区域的面积，即为更换价值。对老厂最适用，但其精确度差。

计算暴露区域内财产的更换价值时，需计算在存物料及设备的价值。储罐的物料量可按其容量的80%计算；塔器、泵、反应器等计算在存量或与之相连的物料储罐物料量，也可用15min流量或其有效容积计。

物料的价值要根据制造成本、可销售产品的销售价及废料的损失等来确定，要将暴露区内的所有物料包括在内。

计算时，不重复计算两个暴露区域相重叠的部分。

5.1.2.8 危害系数的确定

危害系数也叫破坏系数，是由工艺单元危险系数（F_3）和物质系数（MF）按图5.7来确定的，它代表了单元中物料泄漏或反应能量释放所引起的火灾、爆炸事故的综合效应。危害系数填入工艺单元危险分析汇总表（表5.3）。

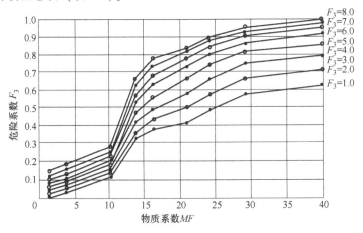

图5.7 危害系数计算图

5.1.2.9　计算基本最大可能财产损失（Base MPPD）

$$基本最大可能财产损失 = 暴露区域的更换价值 \times 危害系数 \tag{5.19}$$

基本最大可能财产损失是假定没有任何一种安全措施来降低损失。确定了暴露区域、暴露区域内财产和危害系数之后，则可计算按理论推断的暴露面积（实质上是暴露体积）内有关设备价值的数据。暴露面积代表了基本最大可能财产损失，是根据多年来开展损失预防积累的数据而确定的。基本最大可能财产损失填入工艺单元危险分析汇总表（表5.3）和生产单元危险分析汇总表（表5.4）中。

5.1.2.10　实际最大可能财产损失（Actual MPPD）

$$实际最大可能财产损失 = 基本最大可能财产损失 \times 安全措施补偿系数 \tag{5.20}$$

实际最大可能财产损失表示，在采取适当的（但不完全理想）防护措施后事故造成的财产损失。如果这些防护装置出现故障，其损失值应接近于基本最大可能财产损失。实际最大可能财产损失填入工艺单元危险分析总表（表5.3）的和生产单元危险分析汇总表（表5.4）相应的栏目中。

5.1.2.11　最大可能工作日损失（MPDO）

估算最大可能工作日损失是评价停产损失（BI）必须经过的一个步骤。

为了求得 MPDO，必须首先确定 MPPD，然后按图5.8查取 MPDO。得到的 MPDO 值填入工艺单元危险分析汇总表（表5.3）及生产单元危险分析汇总表（表5.4）。

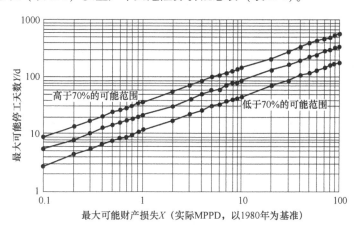

图5.8　最大可能停工天数（MPDO）计算图

图5.8表明了 MPDO 与实际 MPPD 之间的关系。一般情况下，可直接从中间那条线读出 MPDO 的值。需要注意的是，在确定 MPDO 时应做恰当的判断；如果不能做出精确判断，则 MPDO 的值可能在70%左右波动。

有时，MPDO 值会与一般情况不尽符合。例如，压缩机的关键部件可能有备品，备用泵和整流器也有储备，这种情况下利用图5.8中70%可能范围最下面的线来查取 MPDO 是合理的；反之，部件采购困难或单机系统时，一般就要利用图5.8中上面的线来确定 MPDO。另外，专门的火灾、爆炸后果分析可用来代替图5.8以确定 MPDO。

图5.8中，MPPD（X）与停工日 MPDO（Y）之间的方程式具体如下：

上限70%的斜线：

$$\lg Y = 1.550233 + 0.598416\lg X \tag{5.21}$$

正常值的斜线：

$$\lg Y = 1.325132 + 0.592471 \lg X \tag{5.22}$$

下限 70% 的斜线：

$$\lg Y = 1.045515 + 0.610426 \lg X \tag{5.23}$$

5.1.2.12 停产损失（BI）

按美元计，停产损失 BI 按下式计算：

$$BI = (MPDO/30) \times VPM \times 0.7 \tag{5.24}$$

式中　VPM——每月产值；

　　　0.7——考虑固定成本和利润的系数。

停产损失 BI 填入工艺单元危险分析汇总表（表 5.3）和生产单元危险分析汇总表（表 5.4）中。

5.1.2.13　关于最大可能财产损失、停产损失和工厂平面布置的讨论

1. 可以接受的最大可能财产损失和停产的风险值

可以接受的最大可能财产损失和停产的风险值取决于不同类型的工厂，应该与类似的工厂进行比较，一个新装置的损失风险预测值应不超过有同样技术的、相同规模的类似工厂；或采用工厂（生产单元）更换价值的 10% 作为可以接受的最大可能财产损失。

此外，要与市场情况相联系。若许多厂生产同一品种，则其停产损失就小；若被破坏的工厂是某一产品唯一生产厂家，则其潜在损失就很大。

若发生重大财产损失事故涉及的是关键单元且恢复时间长，则停产损失就大。

2. 不可接受的最大可能财产损失的处理

若最大可能财产损失是不可接受的，处理方法如下：

（1）预评价在重大建设项目的设计阶段进行，这就提供了一个采取措施以减少 MPDO 的良好机会。其最有效的办法是改变平面布置，增大间距，减少暴露区域内的总投资，减少在存物料量等，采取消除或减少危险的预防措施；而采取安全措施应放在第二位。

（2）对于正在生产的装置，则应将重点放在增加安全措施，因为改变平面布置或减少物料在存量较难做到。

3. F&EI 分析与平面布置

F&EI 分析要求工艺单元和重要建筑物、设备之间有合适距离，F&EI 越大，装置之间间距就越大，因此要求设备与建筑物的安全、易于维修、方便操作、成本和效益兼顾。若分析结果不能接受，则应增大间距或采取更先进的工程措施，并估算其后果。

5.1.3　道化学公司方法的特点与适用范围

美国道化学公司自 1964 年开发第 1 版火灾、爆炸指数评价法以来，历经 29 年，不断地进行了补充、修改、完善，1993 年推出了第 7 版，是一种比较成熟、可靠的方法，且由于其方法独特、有效、容易掌握，曾在 20 世纪 70 年代衍生发展出日本的六阶段安全评价法、英国的蒙德火灾、爆炸、毒性指标法等。

道化学公司火灾、爆炸指数评价法能定量地对工艺过程、生产装置及所含物料的实际潜在火灾、爆炸和反应性危险逐步推算并进行客观评价，并能提供评价火灾、爆炸总体危险性的关键数据，能很好地剖析生产单元的潜在危险，并提出相应的安全措施。但该方法大量使用图表，涉及大量参数的选取，且参数取值范围较宽，容易因人而异，因而影响了评价的准确性。

道化学公司火灾、爆炸指数评价法适用于生产、储存和处理具有易燃、易爆、有化学活性或有毒物质的工艺过程及其他有关工艺系统。

5.1.4 道化学公司火灾、爆炸指数评价法应用实例

本实例是用道化学公司火灾、爆炸指数评价法对环氧乙烷制造厂进行安全评价。

1. 概述

某环氧乙烷制造厂，采用乙烯氧气直接氧化制环氧乙烷装置生产环氧乙烷产品。环氧乙烷的闪点为 -17.7℃，沸点为 10.73℃，爆炸极限为 3.0% ~100%，在常温常压下是无色易燃的气体，与空气形成爆炸性混合物，并且环氧乙烷会发生聚合放热反应，自动加速导致气化，产生爆炸性分解。

2. 评价、计算过程

(1) 计算火灾、爆炸指数 (F&EI)。

1) 环氧乙烷的物质系数 MF = 26。

2) 一般工艺危险系数 (F_1)

反应是放热反应，所以危险系数取 1.00。物料处理与输送储存的是 N_R = 4 的环氧乙烷液体，危险系数取 0.85。在厂房内进行环氧乙烷的制造，危险系数取 0.25。排放和泄漏控制，虽然厂房周围设有堤坝，但环氧乙烷的排放和泄漏都可能给装置和人员造成很大的危害，危险系数取 0.5。一般工艺危险系数 F_1 按照下式求取：

$$F_1 = 基本系数 + 放热化学反应 + 物料处理与输送 + 室内工艺单元 + 排放和泄漏控制$$

$$= 1.00 + 1.00 + 0.85 + 0.25 + 0.5 = 3.60$$

3) 特殊工艺危险系数 (F_2)。环氧乙烷为高毒性物质，危险系数取 0.4。其在燃烧范围内或附近常温常压下是无色易燃的气体，能与空气形成爆炸性混合物，危险系数取 0.5。压力释放操作压力为 0.25MPa，危险系数取 0.22。泵机械密封处有轻微泄漏，危险系数取 0.1。储罐有轻微腐蚀现象，危险系数取 0.1。特殊工艺危险系数 F_2 按照下式求取：

$$F_2 = 基本系数 + 毒性物质 + 接近易燃范围操作 + 压力 + 泄漏 + 腐蚀$$

$$= 1.00 + 0.4 + 0.5 + 0.22 + 0.1 + 0.1 = 2.32$$

4) 环氧乙烷厂房的工艺单元危险系数 F_3

$$F_3 = F_1 F_2 = 3.60 \times 2.32 = 8.352$$

因 F_3 取值范围为 1 ~ 8，取 F_3 = 8。

5) 确定火灾、爆炸指数 (F&EI)。火灾、爆炸指数 F&EI 是单元危险系数 F_3 和物质系数 MF 的乘积，即：

$$F\&EI = F_3 \times MF = 8 \times 26 = 208$$

查 F&EI 值及危险等级表 (表 5.10) 可知，危险等级是"非常大"。

(2) 安全措施补偿系数 C。

1) 工艺控制安全补偿系数 C_1。在厂房中设置了应急电源，补偿系数取 0.98。在生产工具装置中有冷却装置，补偿系数取 0.98。设置了紧急切断装置，补偿系数取 0.97。工艺控制安全补偿系数 C_1 按照下式求取：

$$C_1 = 0.98 \times 0.98 \times 0.97 = 0.93$$

2) 物质隔离安全补偿系数 C_2。排放系统如发生泄漏，厂房外部设置废水池足以容纳泄漏物料及消防水，且能迅速排尽，则补偿系数取 0.91。物质隔离补偿系数 C_2 取 0.91。

3) 防火设施安全补偿系数 C_3。泄漏检测装置共安装了 8 台可燃性气体检测仪，可报警并连锁打开喷淋系统，补偿系数取 0.94。钢质结构采用防火涂层，且保温材料也选用耐火材料，补偿系数取 0.98。消防水供应系统消防水压均为 1.2MPa，补偿系数取 0.94。消防器材料配有手提式灭火

器、两门消防水炮以及多个消防水栓，补偿系数取0.95。防火设施安全补偿系数 C_3 按照下式求取：

$$C_3 = 0.94 \times 0.98 \times 0.94 \times 0.95 = 0.82$$

所以安全措施补偿系数为：

$$C = C_1 C_2 C_3 = 0.93 \times 0.91 \times 0.82 = 0.69$$

（3）确定暴露区域内的财产价值。

1）确定暴露半径及暴露区域面积。

$$R = F\&EI \times 0.84ft = 208 \times 0.84ft = 174.72ft = 53.3m$$

$$暴露区域面积 = \pi R^2 = 8290.4m^2$$

2）确定暴露区域内的财产价值。该厂环氧乙烷生产设备及厂房建造费用约为0.05亿元（人民币，下同），厂房内所存物料以及其他辅助设备价值为0.10亿元；根据专家统计，增长系数为1.16。由此可得：

$$更换价值 = (0.05 + 0.10) \times 0.82 \times 1.16 \ 亿元 = 0.14 \ 亿元$$

（4）基本最大可能财产损失（基本 MPPD）。

1）确定危害系数。由工艺单元危险系数 F_3 和物质系数 MF 查图确定，危害系数为0.91。

2）基本最大可能财产损失（基本 MPPD）

$$基本最大可能财产损失 = 更换价值 \times 危害系数 = 0.14 \times 0.91 \ 亿元 = 0.13 \ 亿元$$

（5）实际最大可能财产损失（实际 MPPD）。

$$实际最大可能财产损失 = 基本最大可能财产损失 \times 安全措施补偿系数$$
$$= 0.13 \times 0.69 \ 亿元 = 0.0897 \ 亿元$$

（6）最大可能工作日损失（MPDO）与停产损失（BI）。

1）最大可能工作日损失（MPDO）。环氧乙烷厂房的设备均可由国内制造，但重新设计、制造、土建、安装到投入使用等一系列工作都需要一定时间。初步估计损失时间是180天。

2）停产损失（BI）。

$$BI = \frac{MPDO}{30} \times VPM \times 0.70 = \frac{180}{30} \times 0.037 \times 0.70 \ 亿元 = 0.1554 \ 亿元$$

其中，每月产值 VPM 为0.037亿元。

（7）火灾爆炸事故所引起的总损失。总损失包括实际最大可能财产损失和实际停产损失，共为0.2451亿元。

（8）评价结论。根据上述分析，环氧乙烷生产装置在本质上是危险的。尽管采取了多种形式的安全措施，但环氧乙烷生产厂房的危险等级依然很高，一旦发生火灾爆炸事故，其造成的损失和影响都是巨大的。通过评价，需要对存在的问题要有针对性地提出对策措施，确定重点管理的范围与对象，以预防事故的发生。

（9）安全措施建议（略）。

5.1.5　火灾、爆炸危险评价的蒙德法

美国道化学公司方法推出以后，各国竞相研究，在其基础上提出了一些不同的评价方法，尤以英国ICI公司的蒙德法最具特色。蒙德法根据化学工业的特点，扩充了毒性指标，并对所采取的安全措施引进了补偿系数的概念，把这种方法向前推进了一大步。

1974年英国帝国公司（ICI）蒙德（MOND）部在现有装置及计划建设装置的危险性研究中，认为美国道化学公司方法在工程设计的初步阶段，对装置潜在的危险性评价是相当有意义的。其中最重要的有两个方面：

（1）引进了毒性的概念，将美国道化学公司的"火灾、爆炸指数"扩展到物质、毒性在内的"火灾、爆炸、毒性指标"的初期评价，使表示装置潜在危险性的初期评价更加切合实际。

（2）发展了某些补偿系数（系数都小于1），进行装置现实危险性再评价，即采取措施加以补偿后的最终评价，从而使安全评价较为恰当，使定量化更具有实用意义。

5.2　化工企业六阶段安全评价法

5.2.1　化工企业六阶段安全评价法概述

1976年，日本劳动省颁布了《化工厂安全评价指南》，提出了六阶段安全评价法。化工企业六阶段安全评价法是一种综合型的安全评价方法，其中既有定性的安全评价方法，又有定量的安全评价方法，考虑较为周到。

化工企业六阶段安全评价法中综合应用了定性评价（安全检查表）、定量危险性评价、按事故信息评价和系统安全评价（事故树分析、事件树分析）等评价方法，分为六个阶段采取逐步深入、定性和定量结合、层层筛选的方式对危险进行识别、分析和评价，并采取措施修改设计，消除危险。

5.2.2　化工企业六阶段安全评价法的评价程序

化工企业六阶段安全评价法的评价内容及程序如图5.9所示。六阶段的具体内容如下。

1. 第一阶段：资料准备

这一阶段主要是搜集资料、熟悉政策和了解情况。所要收集的资料包括：建厂条件（如地理环境，气象及周边关系图）、工厂总体布置、工艺流程及设备配置；原材料、产品及中间产品的物理、化学性质；材料、产品的运输和储存方式；安全装置的类别和位置，人员配备、操作方式及组织机构等；所要熟悉的政策包括有关法令、规程标准及操作指南；同时，要了解人、物、环境和管理等情况，为进一步的评价工作开展做好准备。

2. 第二阶段：定性评价

定性评价主要是用安全检查表进行检查和粗略评价。主要针对厂址选择、工艺流程布置、设备选择、建构物、原材料、中间体、产品、输送储存系统、消防设施及事故预防计划等方面用安全检查表进行检查。

3. 第三阶段：定量评价

进行定量评价时，首先将系统分

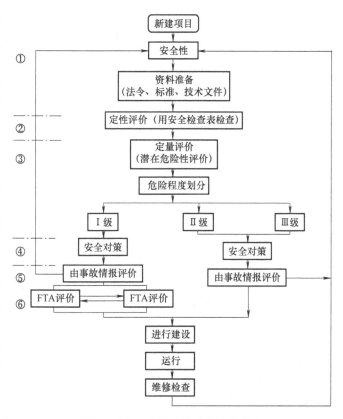

图 5.9　化工企业六阶段安全评价法

为若干子系统及单元。对于每个单元，按物质、容量、温度、压力和操作 5 个项目进行检查和评定，每一项又分为 A、B、C、D 共 4 个类别，分别表示 10 分、5 分、2 分、0 分。然后，按照单元的总危险分数，确定该单元的危险程度。

物质、容量、温度、压力和操作 5 个项目的评分标准见表 5.12。计算单元的总危险分数时，采用加法评分法，即将上述 5 个项目的分数之和作为单元的总危险分数 W_d：

$$W_d = 物质分 + 容量分 + 温度分 + 压力分 + 操作分 \tag{5.25}$$

表 5.12　日本化工企业六阶段评价法定量评价标准

项目＼分数	A 10	B 5	C 2	D 0
物质	①劳动安全卫生法实施令附表（以下简称令附表）中的爆炸性物质；②令附表中的发火性物质金属锂、金属钠以及黄磷；③令附表里可燃性气体中 0.2MPa 以上的乙炔；④与①～③同样危险程度的物质，如烷基铝	①令附表中发火性物质的硫化磷和赤磷；②令附表中氧化性物质的氯酸盐、过氯酸盐、无机过氧化物；③令附表中引火性物质中闪点小于 - 30℃者；④令附表中可燃气体；⑤具有①～④同样危险性的物质	①令附表中发火性物质中的赛璐珞类、电石、磷化钙、镁、铝粉；②令附表中引火性物质闪点在 - 30 ～ 30℃者；③具有和①、②同样危险程度的物质	
	所谓物质，指原材料、中间体或生成物中危险度最大的物质。如果使用的物质为爆炸下限之下不满 10% 的微量，可以不考虑			
容量　气体	>1000m³	500 ～ 1000m³	100 ～ 500m³	<100m³
容量　液体	>100m³	50 ～ 100m³	10 ～ 50m³	<10m³
	对于充满了触媒的反应装置，容量指除去触媒层的空间体积，对于气液混合系的反应装置，按照其反应时的形态，精制装置按精制形态选择上述规定，没有化学反应精制装置和储藏装置的，降一级进行评价			
温度	在 1000℃以上使用，其使用温度在燃点以上	①在 1000℃以上使用，但使用温度在燃点以下；②在 250℃以上，不到 1000℃时使用，其使用温度在燃点以上	①在 250℃以上，不到 1000℃时使用，其使用温度在燃点以下；②在 250℃使用，但使用温度在燃点以上	使用温度不到 250℃且未达燃点
压力	100MPa 以上	20 ～ 100MPa	1 ～ 20MPa	<1MPa
操作	在爆炸范围附近操作	①$Q_r/c_p\rho V^*$ 值为 400℃/min 以上的操作；②运转条件从一般的条件有 25% 变化成①的状态进行的操作；③单批式操作系统中进入空气等不纯物质时可能发生危险的操作；④使用粉状或雾状物能够发生粉尘爆炸的操作；⑤具有与①～④相同危险程度的操作	①$Q_r/c_p\rho V^*$ 值为 4 ～ 400℃/min 的操作；②运转条件从通常的条件有 25% 变化到①的状态上的操作；③为单批式，但已开始用机械进行的程序操作；④精制操作中伴随有化学反应的操作；⑤具有与①～④相同危险程度的操作	①$Q_r/c_p\rho V^*$ 值不到 4℃/min 的操作；②运转条件从通常的条件有 25% 变化到①的状态上的操作；③反应器中有 70% 以上是水的操作；④精制或储存操作中不伴随有化学反应的操作；⑤①～④之外，不属于 A、B、C 的操作

注：化学反应强度 $Q = Q_r/c_p\rho V$（℃/min）。式中，Q_r 为反应发热速度（kJ/mol）；c_p 为反应物质比热容，（kJ/(kg·K)）；ρ 为单元内物质的密度（kg/m³）；V 为装置容积，（m³）。

计算出单元危险分数 W_d 后，再根据其数值大小，将单元的危险程度划分为三个等级，见

表 5.13。

表 5.13　危险程度

危险程度	Ⅰ	Ⅱ	Ⅲ
危险分数 W_d	>16	11～15	1～10
危险等级	高	中等	低

4. 第四阶段：安全对策

评出危险性等级之后，就要在设备、组织管理等方面采取相应的措施：

（1）按评价等级采取的安全措施。

（2）管理措施。主要包括：

1）人员配备。以技术、经验和知识等为基础，编成小组，合理进行人员配备。

2）教育培训。主要的教育培训科目有：危险物品及化学反应的有关知识，化工设备的构造及使用方法的有关知识，化工设备操作及维修方法的有关知识、操作规程、事故案例、有关法令。

3）维修。须按照规定定期维修，并做相应的记录和保存，对以前的维修记录或操作时的事故记录也要充分利用。

5. 第五阶段：用事故情报进行再评价

第四阶段以后，再根据设计内容参照过去同类设备和装置的事故情报进行再评价，如果有应改进之处再参照前四阶段重复进行讨论。对于危险程度为Ⅱ和Ⅲ的装置，在以上的评价完成后，即可进行装置和工厂的建设。

6. 第六阶段：用 FTA 及 ETA 进行再评价

对于危险程度为Ⅰ级的项目，用事故树分析和事件树分析进行再评价。通过评价，如果发现有不完善之处，要对设计进行修改，然后才能进行项目建设。

5.2.3　化工企业六阶段安全评价法应用实例

大连港原油库区位于大连市大孤山半岛端部东侧鲇鱼湾新港的大连港油品码头公司，距大连经济技术开发区约 10km。

大连港原油库区占地南北方向约 1200m，东西方向约 1000m，目前共有 5 个原油罐区已经投用，分别为桃园罐区、海滨罐区、南海罐区、沙坨子罐区和 7～8 号罐组，共拥有原油储罐 43 座，储存能力 450 万 m^3，罐区配套建有污水处理、消防、供热、供汽、供水、供电、通信等辅助生产系统。

下面以桃园罐区为例运用化工企业六阶段安全评价法进行评价。

1. 第一阶段：资料准备

（1）罐区情况。桃园原油罐区依山而建，位于创业路两侧，路东为 7～8 号原油罐组，东南侧为八三输油站和总变电所，西侧为大连石化公司储库原油罐区，北侧坡下为大连港集装箱场站，如图 5.10 所示。桃园罐区共建有 5 座 10 万 m^3，储存能力为 50 万 m^3，罐区东侧设有值班室、泡沫站、变电所，罐区北侧防火外侧架设大连西太平洋石化公司输油管线。罐区周围建有围墙，防火堤高度随地势变化而变化，罐组内防火堤高度相同。罐区内消防道路宽 5m。

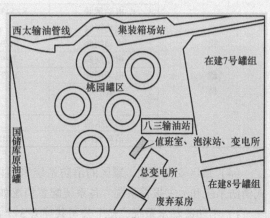

图 5.10　桃园罐区平面布置图

（2）罐区周边情况。大连港原油库区位于大连大孤山半岛化工区，其北侧为大连港大窑湾港区各集装箱场站，西侧为国家石油储备库原油罐区和中联油原油罐区，南侧为中石油大连天然液化气码头（LNG），西南侧距 1.5 km 处为大连港矿石码头公司，东侧沿海，分布了油品码头公司各码头泊位。

库区周边分布着多个企业的大型原油储罐群、液体化工品储罐群以及液化天然气（LNG）储罐等。大连港原油库区所属区域的危险物质存储量非常大，且与周边其他相邻企业较近，布局集中，极易产生事故连锁破坏效应。

（3）罐区的主要设备设施。具体如下。

1）主要设备型号：桃园罐区储罐型号为 $10 \times 10^4 \, m^3$ 浮顶储罐，其技术数据见表 5.14。

表 5.14　储罐技术数据表

储罐技术数据	$10 \times 10^4 \, m^3$ 浮顶储罐
储罐内径/mm	80000
罐壁高度/mm	21800
1-9 圈壁厚/mm	32、27、22、19、15、12、12、12、12
最高液位/mm	20200
金属质量/10^3kg	2000
充水质量/10^8kg	1.015
设计温度/℃	-10 ~ 70
最大收发油量/（m^3/h）	8000
腐蚀余量/mm	2
设计风压/Pa	650
日最大降雨/mm	186.4

2）库区所属储罐基本情况见表 5.15。

表 5.15　大连港原油库区桃园罐区情况

罐区名称	设计库容/$10^4 m^3$	储罐数量/座	储罐规格/$10^4 m^3$	小计/$10^4 m^3$
桃园罐区	50	5	10	50

3）罐区主要设备设施情况见表 5.16。

表 5.16　罐区主要设备设施

罐　区	名　称	型　号	规　格	数　量
桃园罐区	Plenty 搅拌器		45kW	10 台
	电动闸阀	KZ543WPF-16C	DN700　PN1.6	10 台
	电动蝶阀	Vanessa	DN700　PN1.6	23 台
	电动闸阀	BZ942h-25	DN700　PN1.6	4 台
	电动闸阀	BZ942h-25	DN500　PN1.6	7 台
	电动闸阀	KZ9B43WF	DN700　PN1.6	1 台
	泡沫泵		7.2/（L/s）	2 台
	泡沫罐		16.5/m^3	1 座
	消防水池		3000/m^3	1 座
	消防阀门	SGD9B43H	DN300　PN1.6	19 台

（4）罐区安全管理。罐区的消防系统采用以下方式：消防冷却水系统、泡沫灭火系统、移动式消防系统和火灾报警系统。各系统配置情况如下：

1）消防冷却水系统。整个公司共建有 3 个消防泵房，其中为桃园罐区提供消防供水的为 1 号消防泵房，位于成品油码头作业区，建有4000 m³消防水池。消防管网沿罐区和码头栈桥布置，在罐区周围布置消防栓。冷却方式采用固定式水冷却系统。

2）泡沫灭火系统。整个原油库区设置6个泡沫站，同时建有泡沫混合液管网，沿罐区周围布置固定式泡沫灭火系统，配有固定消防栓，其中桃园罐区泡沫站的具体供给情况见表5.17。

表5.17 具体供给情况表

罐区	泡沫站名称	位 置	设 备	备 注
桃园罐区	2号泡沫站	桃园罐区东侧	1座卧式泡沫液罐，泡沫比例混合装置2套（1用1备）	泡沫混合液的供给能力为436m³/h，由1号消防泵站引出的1条 DN350 管道供给

3）移动式消防系统。陆地移动式消防系统主要指位于库区内的变电所、值班室、中控室等配置的干粉灭火器和二氧化碳灭火器，用于扑灭油品的初期火灾和电器设备火灾。

① 消防站：新港消防站共13辆消防年，包括1辆干粉泡沫联用车、2辆泡沫消防车、1辆消防车、1辆水罐车、2辆大力直臂云梯举高消防车等，车载泡沫共21m³、干粉1m³，消防人员总数80人，最大执勤能力40人。

② 站内设有专用报警通信设施，可提供7辆消防车和30名消防人员救援力，能够满足接到火灾报警后5min内到达火场的要求。

③ 协防力量（略）。

4）火灾报警系统。在原油库区内泵房、油罐及阀组处设置有可燃气体探测器，并设置火灾报警按钮；在控制室、罐区防火堤外均设置手动火灾报警按钮；储罐火灾探测还通过在油浮顶的密封圈外设有感温电缆；为防止误操作，在控制室的控制台上设有紧急停止按钮。

5）消防系统安全检查情况：根据《海港总体设计规范》（JTS 165—2013）及《装卸油品码头防火设计规范》（JTJ 237—1999）、《石油库设计规范》（GB 50074—2014）等相关标准，结合危险货物港口作业的实际情况，运用安全检查表（SCL）对库区消防系统进行检查，检查结果见表5.18。

（5）自然条件。

1）气温。年平均气温：10.5℃；年极端最高气温：35.3℃；年极端最低气温：-21.1℃；最高月平均气温：23.9℃；最低月平均气温：-4.9℃；最热月平均相对湿度：83%；最冷月平均相对湿度：58%。

2）风况。本地区受季风影响，夏季多南风，冬季多偏北风。冬季平均风速为5.8m/s，主导风向为北；夏季平均风速为4.3m/s，主导风向为东南，六级以上大风（以北向为主）占8.4%。据多年台风资料统计，对大连海区影响较大的台风平均约2年出现一次，多出现在6~9月。

3）降水量，（略）。

4）雾，（略）。

5）雷暴。地区全年平均雷暴日22.2天，年最多雷暴日38天。

6）湿度，（略）。

7）降雪，（略）。

8）地震基本烈度（略）。

（6）原油的危险性分析。易燃性；易爆性；易蒸发性；易泄漏、扩散性；易积聚性；易产生静电的危险性；受热易膨胀性；毒性；杂质的危害；发生沸溢或喷溅危险性。

（7）原油事故特性分析。原油（包括其伴生物质，如轻烃、闪蒸气等）泄漏与扩散、火灾爆炸事故是相互联系的。原油一旦泄漏，必然会造成原油的扩散，甚至火灾爆炸事故的发生；反过来，火灾爆炸事故所产生的破坏力，在特定条件下，又会引起发新的泄漏事故，形成恶性循环。

2. 第二阶段：定性评价

定性评价主要针对厂址选择、工艺流程布置、设备选择、建构物、原材料、中间体、产品、输送储存系统、消防设施及事故预防计划等方面用安全检查表进行检查。其中，总平面布置安全检查表见表5.18。

表 5.18 库区总平面布置检查表

序号	检查项目及内容	依据标准	检查结果说明	检查结果
1	石油库的总容量、等级划分	GB 50074—2014 3.0.1	本库区为一级石油库	合格
2	石油库内生产性建筑物和构筑物的耐火等级	GB 50074—2014 3.0.3	满足规范要求	合格
3	石油库的库址应具备良好的地质条件，不得选择在土崩、断层、滑坡、沼泽、流沙及泥石流的地区和地下矿藏开采后有可能塌陷的地区	GB 50074—2014 4.0.3	本库区场地为开山爆破的碎石土不加选择地直接抛填而成，场地稳定未见不良地质现象	合格
4	一级石油的库址，不得选在地震基本烈度为9度以上的地区	GB 50074—2014 4.0.4	本库区地震基本烈度为7度	合格
5	当库址选定在海岛、沿海地段或潮汐作用明显的河口段时，库区场地的最低设计标高，应高于计算水位1m及以上	GB 50074—2014 4.0.5	场地最低设计标高为7m，设计水位为4.06m	合格
6	石油库的库址应具备满足生产、消防、生活所需的水源和电源的条件，还应具备排水的条件	GB 50074—2014 4.0.6	港区辅助设施齐全	合格
7	石油库区内的设施宜分区布置	GB 50074—2014 5.0.1	作业区均分区布置	合格
8	石油库内建筑物、构筑物之间的防火距离	GB 50074—2014 5.0.3	见罐区竣工平面图	合格
9	行政管理区宜设围墙（栅）与其他各区隔开，并应设单独对外的出入口	GB 50074—2014 5.0.8	行政管理区单独设置	合格
10	油罐区应设环形消防道路	GB 50074—2014 5.0.9	部分油罐区消防道路不能构成环形	不合格
11	油罐中心与最近的消防道路之间的距离，不应大于80m；相邻油罐组防火堤外堤角线之间应留有宽度不小于7m的消防通道	GB 50074—2014 5.0.9	相邻油罐组防火堤外堤角线之间的距离最小为11m	合格
12	消防道路与防火堤外堤角线之间的距离，不应小于3m	GB 50074—2014 5.0.9	>3m	合格
13	一级石油库的油罐区和装卸区消防道路的路面宽度不应小于6m	GB 50074—2014 5.0.9	桃园罐区消防道路宽5m	部分不合格
14	一级石油库的油罐区消防道路和转变半径不宜小于12m	GB 50074—2014 5.0.9	桃园罐区满足要求	合格
15	一级石油库通向公路的车辆出入口不宜少于2处	GB 50074—2014 5.0.10	2处，且处于不同方位	合格
16	石油库应设高度不低于2.5m的非燃烧材料的实体围墙	GB 50074—2014 5.0.11	部分区域没有建实体围墙	部分不合格

（续）

序号	检查项目及内容	依据标准	检查结果说明	检查结果
17	石油库区应进行绿化，除行政管理区外，不应种植油性大的树种。防火堤内严禁植树，但在气温适宜地区可铺设高度不超过 0.15m 的四季常绿草皮。消防道路与防火堤之间，不宜种树。石油库内绿化，不应妨碍消防操作	GB 50074—2014 5.0.12	防火堤内均为水泥地面，罐组内无绿化，但桃园罐区外侧杂草及树木多	不合格
18	甲、乙类油品码头前沿线与陆上储油罐的防火间距不应小于 50m	JTJ 237—1999 4.2.6	码头距现有储油罐的防火间距均大于 50m	合格

（1）总平面布置安全检查结论：

1）桃园罐区防火堤上人行梯设置少，防火堤外侧距离路面过高，且消防通道距离防火堤较远。桃园罐区消防通道宽度小于 6m，且消防道路的坡度大。

2）桃园罐区外侧杂草及树木多。

3）部分库区围墙设置不满足高度不小于 2.5m 实体围墙的规范要求。

（2）周边环境安全检查结论：

大连港原油库区西侧为中联油和国储库的原油储罐，原油储罐地势均高于本库区，其一旦发生严重泄漏事故，油品可顺势流淌至本库区。应采取隔离或导流的措施，防止原油罐区发生泄漏事故而殃及大连港原油库区。

（3）储运工艺安全检查结论：

1）库区原油管理安全流速不大于 4.5m/s。

2）在浮顶罐进口管的罐内部分采用分散管，使其流速不大于 1m/s，以防止油品进入储罐时流速过大吹翻浮盘。

3）每个储罐的进罐管线上均设置了紧急切断阀，以便于在发生火灾等事故状态下迅速切断油源，该切断阀可在中控室遥控操作。

4）库区储罐安装有液位计、温度计、压力表、可燃气体报警仪等检测设备，并具有超限报警功能，满足安全预防要求。

5）桃园罐区防火堤高度不符合安全设计要求，高度超高，一旦发生火情，对消防车救援造成一定难度。

（4）常规设备安全检查结论：

1）油罐设有盘梯，罐顶设罐顶平台，且盘梯和罐顶平台上设置栏杆，高度符合要求，可防止发生高处坠落事故。

2）各罐区油罐编号明确、清晰，有利于罐区管理。

3）输油管线在罐区联箱处标明编号，便于油运操作管理；但在罐区与码头之间连接段无明显标志，不利于辨识。

4）储罐的上罐盘梯处、罐区入口台阶设有消除人体静电的装置。

5）罐组内有良好的排水设施，且地面平整。

6）罐区内各主要路口、中控室设有电视监控系统，可实现对整个港区和储罐浮船顶部的安全监控，有利于油运生产作业安全监护和港口设施保安工作的开展。

7）罐区设有管线跨路桥涵，一旦发生原油泄漏事故，原油就会顺桥涵顺流而下，形成流淌火，造成火灾蔓延。

8）罐区内没有明显的人员撤离指引标志。

3. 第三阶段：定量评价

桃园罐区储存的危险化学品为原油，属易燃液体，23℃ ≤ 闪点 < 61℃，单罐容量为 $10 \times 10^4 \mathrm{m}^3$，压力为 28490.87kg/m²，根据表 5.12 可查得物质分、容量分、温度分、压力分和操作分分别为 2、10、0、10、2，根据式（5.25）可得总危险分数为：

$$W_d = 物质分 + 容量分 + 温度分 + 压力分 + 操作分$$
$$= 2 + 10 + 0 + 10 + 2 = 24$$

查危险等级表 5.13，其危险等级为 I 级。

4. 第四阶段：安全对策

（1）安全制度完善。公司制定了各项安全生产管理规章制度，现有的安全管理制度和操作规程较为完善，但对以下制度应继续完善（略）。

（2）人员素质培养提高。应加大对员工安全教育，提高员工安全意识，加强员工专业技术培训，提高员工操作水平，增强员工职业道德素质和业务素质。

5. 第五阶段：用事故情报进行再评价

中联油保税油库和国储库的原油罐区海拔均高于大连港原油库区，一旦发生严重泄漏事故，油品可顺势流淌到其相邻的桃园罐区或南海罐区，大连"7·16"火灾爆炸事故就是由于保税油库发生火灾爆炸而形成流淌火殃及南海罐区。因此，必须采取隔离或导流的措施，防止泄漏事故殃及周边。

根据大连"7·16"火灾爆炸事故的经验教训，工艺阀门应增加应急电源接口，在紧急情况下可利用应急发电机紧急关闭储罐根部阀门，防止油品泄漏。

6. 第六阶段：用 FTA 及 ETA 进行再评价

由于危险程度为 I 级，需要用事故树分析和事件树分析进行再评价。

（1）事故树编制。对原油储罐火灾爆炸事故进行事故树分析，如图 5.11 所示。事故树中的字母符号及含义见表 5.19。

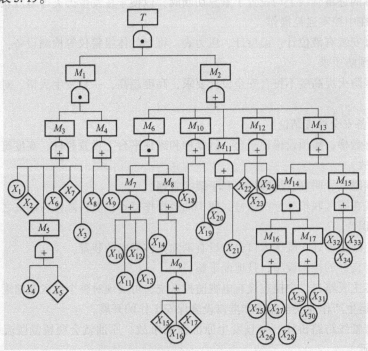

图 5.11　原油储罐火灾爆炸事故树

表 5.19　事故树中事件名称列表

事 件 符 号	事 件 名 称	事 件 符 号	事 件 名 称
T	火灾爆炸事故	X_9	天气因素
M_1	达到可燃浓度	X_{10}	直击雷
M_2	点火源	X_{11}	感应雷
M_3	原油泄漏	X_{12}	球形雷
M_4	储罐区通风不良	X_{13}	雷电波入侵
M_5	注满油溢出	X_{14}	未安装防雷设施
M_6	雷击火花	X_{15}	设计缺陷
M_7	雷击	X_{16}	接地电阻超标
M_8	避雷器未起作用	X_{17}	防雷设施损坏
M_9	避雷器故障	X_{18}	电气设备不防爆
M_{10}	电火花	X_{19}	防爆电气损坏
M_{11}	自燃	X_{20}	散热不良
M_{12}	明火	X_{21}	产生 FeS 自然物质
M_{13}	静电火花	X_{22}	违章动火
M_{14}	储罐静电	X_{23}	人员吸烟
M_{15}	人体静电	X_{24}	过往车辆发动起火
M_{16}	静电累积	X_{25}	流速过快
M_{17}	接地不良	X_{26}	管道内壁粗糙
X_1	管线、阀口或法兰故障	X_{27}	原油冲击管壁
X_2	底部腐蚀	X_{28}	飞溅油与空气摩擦
X_3	油品输出故障	X_{29}	未设置防静电装置
X_4	液位报警器故障	X_{30}	接地电阻不符合要求
X_5	切断装置未动作	X_{31}	接地线损坏
X_6	人的误操作	X_{32}	化纤品与人体摩擦
X_7	搅拌器故障	X_{33}	鞋与地面摩擦
X_8	罐区选址不当	X_{34}	人接近高压带电体

（2）事故树分析。

1）最小径集。绘制事故树的成功树，通过成功树求出该事故树有 6 个最小径集：

$$P_1 = \{X_8, X_9\};$$

$$P_2 = \{X_1, X_2, X_3, X_4, X_5, X_6, X_7\};$$

$$P_3 = \{X_{10}, X_{11}, X_{12}, X_{13}, X_{18}, X_{19}, X_{20}, X_{21}, X_{22}, X_{23}, X_{24}, X_{25}, X_{26}, X_{27}, X_{28}, X_{32}, X_{33}, X_{34}\};$$

$$P_4 = \{X_{14}, X_{15}, X_{16}, X_{17}, X_{18}, X_{19}, X_{20}, X_{21}, X_{22}, X_{23}, X_{24}, X_{25}, X_{26}, X_{27}, X_{28}, X_{32}, X_{33}, X_{34}\};$$

$$P_5 = \{X_{10}, X_{11}, X_{12}, X_{13}, X_{18}, X_{19}, X_{20}, X_{21}, X_{22}, X_{23}, X_{29}, X_{30}, X_{31}, X_{32}, X_{33}, X_{34}\};$$

$$P_6 = \{X_{14}, X_{15}, X_{16}, X_{17}, X_{18}, X_{19}, X_{20}, X_{22}, X_{23}, X_{24}, X_{29}, X_{30}, X_{31}, X_{32}, X_{33}, X_{34}\}。$$

2）结构重要度分析。根据最小径集，判断出各个基本事件的结构重要度顺序为：

$I_\phi(8) = I_\phi(9) > I_\phi(1) = I_\phi(2) = I_\phi(3) = I_\phi(4) = I_\phi(5) = I_\phi(6) = I_\phi(7) > I_\phi(18) = I_\phi(19) = I_\phi(20) = I_\phi(21) = I_\phi(22) = I_\phi(23) = I_\phi(24) = I_\phi(32) = I_\phi(33) = I_\phi(34) > I_\phi(29) = I_\phi(30) = I_\phi(31) > I_\phi(10) = I_\phi(11) = I_\phi(12) = I_\phi(13) = I_\phi(14) = I_\phi(15) = I_\phi(16) = I_\phi(17) > I_\phi(25) = I_\phi(26) = I_\phi(27) = I_\phi(28)$

通过以上计算可得出：结构重要度中形成爆炸性混合气体的因素最重要，之后是造成泄漏的基本事件，最后是点火源基本事件。由此可得到预防原油储罐火灾爆炸的控制措施：首先，原油泄漏后要及时采取措施处理，防止形成爆炸性混合气体；其次，要定期检查储罐的罐体、阀门、输气管线及附属设施，防止原油泄漏；最后，要严格控制引火源，加强日常管理等。

（3）事件树分析。设定初始事件为汽油储罐内油品连续泄漏到大气，考虑储罐泄漏后是否成功检测并堵漏，是否形成蒸气云、点火、泡沫灭火系统起动等，构建事件树如图5.12所示。

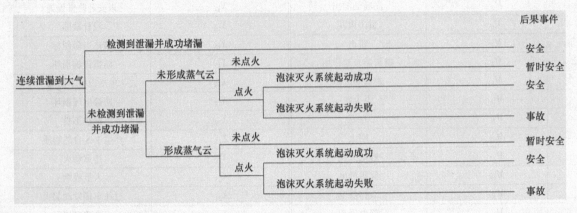

图5.12 原油储罐火灾事故事件树分析

通过图5.12事件树分析可知，要预防火灾事故发生，首先要避免原油泄漏，其次要设置可靠的检查设备和应急堵漏装置，而且要设置应急灭火系统。

（4）事故隐患整改措施。

1）桃园罐区外侧有高压输电线，尽管高压输电线与罐区距离满足规范要求，但一旦发生倒杆、断线或导线打火等意外事故，也有可能引燃泄漏的可燃气体，建议采取必要防护措施。

2）防火堤内侧均没有涂防火涂料，应及时进行整改。

3）罐区的防火堤均采用毛石结构，易发生渗漏，在日常管理中应经常检查防火堤的有效性，或在防火堤外侧增加隔离土，以进一步防止油品渗漏。

4）罐区外侧杂草及树木多，应尽快清理杂草，平整场地。

5）储罐标识不明，各输油管道及工艺管道未做标识，罐区内没有人员撤离指引标志。应按《安全标志及其使用导则》（GB 2894—2008）的要求，设置各类安全警示标志标识，及时增加标志和指引图。

6）库区没有设置事故池，应选择合适地点设置事故池。

7）严格执行门卫制度，对出入罐区的人员、车辆要严格按章检查，尤其是火源管理，严禁吸烟和携带火种进入储罐区域、防火堤内等。

8）对外来施工人员，在施工前应按公司规定进行安全教育和应急培训，施工过程中应配备专职安全监管人员，严禁非作业人员和车辆进入罐区。

9）应定期组织应急救援演练和消防演练，保证每年应急预案的演练不少于两次，并做好相应的演练记录，及时总结演练中存在的问题和不足，更新相关内容，保持应急预案的持续改进。

10）应定期组织对相关作业人员的有关安全作业知识培训，学习国家有关法律、法规、规章，以及安全知识、专业技术、职业卫生防护和应急救援知识，应组织新员工参加经交通运输部或其授权机构组织的考核。考核合格取得上岗资格证后方可上岗作业。

11）在进行油运作业前24小时，应制订作业计划，并传达到作业岗位。业务部在布置生产任务时，应同时向岗位人员阐明危险货物的理化特性、危险危害特性、安全措施、应急措施，交代应注意的安全事项。各倒班生产岗位应按规定进行交接班，并组织开好班前会、船前会。

12）桃园罐区防火堤上人行梯设置少，防火堤外侧距离路面过高，且消防通道距离防火堤较远。罐区消防通道宽度小于6m，且坡度较大。应增设防火堤人行梯；拓宽消防通道，将道路削平，降坡度或及时清理积雪，防止冬季消防车打滑；同时在防火堤外增设固定式消防炮。

（5）应急救援措施。包括：应急救援资源配备，应急救援通信保障，应急预案的完善与演练，应急救援人员的培训。

5.2.4 化工企业六阶段安全评价法的特点与适用范围

日本劳动省化工企业六阶段安全评价法集中了定性评价和定量评价的双重内容，先从安全检查表入手，再分别应用定量评价、类比评价、FTA、ETA反复评价，根据各种条件评价出表示危险性大小的分数（以及概率值），然后根据总的危险分数采取相应的安全对策，是一个考虑比较周到的安全评价方法。该方法准确性高，但工作量大。

化工企业六阶段安全评价法主要应用于化工产品的制造和储存。除了在化工厂实施外，还可扩大到其他行业。

5.3 重大危险源评价法

5.3.1 重大危险源评价概述

《危险化学品重大危险源辨识》（GB 18218—2009）中规定，重大危险源是指长期地或临时地生产、加工、搬运、使用或储存危险物质，且危险物质的数量等于或超过临界量的单元。单元指一个（套）生产装置、设施或场所，或同属一个工厂的且边缘距离小于500m的几个（套）生产装置、设施或场所。

《危险化学品重大危险源辨识》规定了辨识危险化学品重大危险源的依据和方法，主要适用于危险化学品的生产、使用、储存和经营等各企业或组织。在安全评价过程中，评价人员可以根据评价实际工作要求的需要对企业辨识出的重大危险源用易燃、易爆、有毒重大危险源评价法对重大危险源进行量化的评价。

易燃、易爆、有毒重大危险源评价法是"八五"国家科技攻关专题（易燃、易爆、有毒重大危险源辨识评价技术研究）提出的分析评价方法，是在大量重大火灾、爆炸、毒物泄漏中毒事故资料的统计分析基础上，从物质危险性、工艺危险性入手，分析重大事故发生的原因和条件，评价事故的影响范围、伤亡人数和经济损失，提出应采取的预防和控制措施。

5.3.2 据《危险化学品重大危险源辨识》评价重大危险源

1. 危险化学品临界量的确定方法

根据《危险化学品重大危险源辨识》的附表1（见表5.20）和附表2（见表5.21）确定危险化学品的临界量。在附表1范围内的危险化学品，其临界量按附表1确定；未在附表1范围内的危险化学品，依据其危险性，按附表2确定临界量；若一种危险化学品具有多种危险性，则按其中最低的临界量确定。

表 5.20　危险化学品名称及其临界量（节选）

序　号	类　别	危险化学品名称和说明	临界量/t
1	爆炸品	叠氮化钡	0.5
2		叠氮化铅	0.5
3		雷酸汞	0.5
4		三硝基苯甲醚	5
5		三硝基甲苯	5
6	易燃气体	丁二烯	5
7		二甲醚	50
8		甲烷，天然气	50
9		氯乙烯	50
10		液化石油气（含丙烷，丁烷及其混合物）	50
11	毒性气体	环氧乙烷	10
12		甲醛（含量>90%）	5
13		磷化氢	1
14		氯	5
15		煤气（CO、CO 和 H_2、CH_4 的混合物等）	20

表 5.21　未在 GB 18218 附表 1 中列举的危险化学品类别及其临界量

类　别	危险性分类及说明	临界量/t
爆炸品	1.1A 项爆炸品	1
	除 1.1A 以外的其他项 1.1 项爆炸品	10
	除 1.1 项以外的其他爆炸品	50
气体	易燃气体：危险性属于 2.2 项非易燃无毒气体且次要危险性为 3 类的气体	10
	剧毒气体：危险性属于 2.3 项且急性毒性为类别 1 的毒性气体	200
	有毒气体：危险性属于 2.3 项的其他毒性气体	5
易燃液体	极易燃液体：沸点≤35℃且闪点<0℃的液体；或保存温度一直在其沸点以上的易燃液体	50
	高度易燃液体：闪点 23℃的液体（不包括极易燃液体）；液态退敏爆炸品	10
	易燃液体：23℃≤闪点<61℃的液体	1000
易燃固体	危险性属于 4.1 项且包装为 I 类的物质	5000
易于自燃的物质	危险性属于 4.2 项且包装为 I 或 II 类的物质	200
遇水放出易燃气体的物质	危险性属于 4.3 项且包装为 I 或 II 类的物质	200
氧化性物质	危险性属于 5.1 项且包装为 I 类的物质	50
	危险性属于 5.1 项且包装为 II 或 III 类的物质	200
有机过氧化物	危险性属于 5.2 项的物质	50
毒性物质	危险性属于 6.1 项且急性毒性为类别 1 的物质	50
	危险性属于 6.1 项且急性毒性为类别 2 的物质	500

注：以上危险化学品危险性类别（如 1.1A 项）及包装类别（如 4.1 项）依据《危险货物品名表》（GB 12268—2012）确定，急性毒性类别（如 6.1 项）依据《化学品分类和标签规范第 18 部分：急性毒性》（GB 30000.18—2013）确定。

2. 危险化学品重大危险源的判定

按照规定，同属一个生产经营单位的且边缘距离小于 500m 的几个（套）生产装置、设施或场所，应该作为一个评价单元。

若评价单元内存在的危险化学品为单一品种，则该危险化学品的数量即为单元内危险化学品的总量。若该总量等于或超过相应的临界量，则定为危险化学品重大危险源。

$$\frac{q}{Q} \geq 1 \qquad (5.26)$$

式中　q——该危险化学品实际存在量（t）；

　　　Q——该危险化学品的临界量（t）。

评价单元内存在多品种危险化学品，按以下公式计算，若结果不小于1，则定位为危险化学品重大危险源。

$$\frac{q_1}{Q_1} + \frac{q_2}{Q_2} + \cdots + \frac{q_n}{Q_n} \geq 1 \qquad (5.27)$$

式中　$q_1, q_2, \cdots, q_n$——每种危险化学品实际存在量（t）；

　　　$Q_1, Q_2, \cdots, Q_n$——与各危险化学品相对应的临界量（t）。

3. 《危险化学品重大危险源辨识》评价方法的适用条件

根据《危险化学品重大危险源辨识》标准的要求，重大危险源评价法适用于各类安全评价及安全评价过程中对重大污染源的评价。该方法能较准确地评价出系统内危险物质、工艺过程的危险程度、危险性等级，计算事故后果的严重程度（危险区域范围、人员伤亡和经济损失），主要用于处理火灾、爆炸、毒性物质的储存场所或工艺过程的评价；用于危险化学品的生产、使用、储存和经营等各企业或组织的评价，进而确定重大危险源的等级。该标准不适用于以下方面：

1）核设施和加工放射性物质的工厂，但这些设施和工厂中处理非放射性物质的部门除外。

2）军事设施。

3）采矿业，但涉及危险化学品的加工工艺及储存活动除外。

4）危险化学品的运输。

5）海上石油天然气开采活动。

5.3.3　易燃、易爆、有毒重大危险源评价法简介

1. 易燃、易爆、有毒重大危险源评价方法

易燃、易爆、有毒重大危险源评价方法分为固有危险性评价与现实危险性评价。后者是在前者的基础上考虑各种危险性的控制因素，反映了人对控制事故发生和事故后果扩大的主观能动作用。固有危险性评价主要反映物质的固有特性、危险物质生产过程的特点和危险单元内、外部环境状况。它分为事故的易发性评价和严重度评价。事故易发性取决于危险物质事故易发性和工艺过程危险性。

重大危险源评价法的评价内容及步骤如图5.13所示。

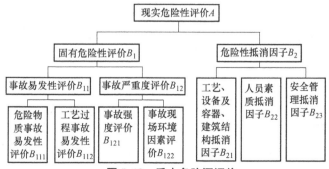

图5.13　重大危险源评价

评价数学模型如下：

$$A = \left\{ \sum_{i=1}^{n} \sum_{j=1}^{m} (B_{111})_i W_{ij} (B_{112})_j \right\} B_{12} \prod_{k=1}^{3} (1 - B_{2k}) \tag{5.28}$$

式中　A——危险性等级；

$(B_{111})_i$——第 i 种物质危险性的评价值；

$(B_{112})_j$——第 j 种工艺危险性的评价值；

W_{ij}——第 j 种工艺与第 i 种物质危险性的相关系数；

B_{12}——事故严重度评价值；

B_{21}——工艺、设备、容器、建筑结构抵消因子；

B_{22}——人员素质抵消因子；

B_{23}——安全管理抵消因子。

限于篇幅，本书不再介绍该方法的详细评价及计算过程。

2. 方法特点及适用条件

易燃、易爆、有毒重大危险源评价法主要用于对重大危险源的评价，能较准确地评价出系统内危险物质和工艺过程的危险程度、危险性等级，较准确地计算出事故后果的严重程度。

该方法计算量大，计算过程复杂，尤其在事故严重度计算时需要应用事故后果模型，模型中参数的选取具有一定的主观性，因此在使用此方法时，应结合危险源的实际情况进行选取，尽量避免人的主观性带来的偏差。

5.4　风险矩阵法

5.4.1　风险矩阵法的概念

风险矩阵法是一种通过定义后果和可能性的范围，对风险进行展示和排序的工具。风险矩阵法由美国空军电子系统中心（Electronic Systems Center，ESC）的采办工程小组于 1995 年 4 月提出。风险矩阵法是将决定危险事件的风险的两种因素，即危险事件的严重性和危险事件发生的可能性，按其特点相对地划分为等级，形成一种风险评价矩阵，并赋以一定的加权值定性衡量风险的大小。

5.4.2　风险矩阵法的方法步骤

（1）分析由系统、子系统或设备的故障、环境条件、设计缺陷、操作规程不当、人为差错引起的有害后果，将这些后果的严重程度相对地、定性地分为若干等级，称为危险事件的严重性分级。通常将严重性等级分为 4 级，见表 5.22。

表 5.22　危险事件的严重性等级

严重性等级	等级说明	事故后果说明
Ⅰ	灾难	人员死亡或系统报废
Ⅱ	严重	人员严重受伤、严重职业病或系统严重损伤
Ⅲ	轻度	人员轻度受伤、轻度职业病或系统轻度损坏
Ⅳ	轻微	人员伤害程度和系统损坏程度都轻于Ⅲ级

（2）把上述危险事件发生的可能性根据其出现的频繁程度相对地定性为若干级，称为危险事件的可能性等级。通常将可能性等级划分为 5 级，见表 5.23。

表 5.23 危险事件的可能性等级

可能性等级	说 明	单个项目具体发生情况	总体发生情况
A	频繁	频繁发生	连续发生
B	很可能	在寿命期内会出现若干次	频繁发生
C	有时	在寿命期内有时可能发生	发生若干次
D	极少	在寿命期内不易发生，但有可能发生	不易发生，但有理由可预期发生
E	不可能	极不易发生，以至于可以认为不会发生	不易发生

（3）将上述危险严重性和可能性等级编制成矩阵，并分别给以定性的加权指数，即形成风险矩阵，见表 5.24。

表 5.24 风险矩阵

严重性等级 可能性等级	Ⅰ（灾难）	Ⅱ（严重）	Ⅲ（轻度）	Ⅳ（轻微）
A（频繁）	1	2	7	13
B（很有可能）	2	5	9	16
C（有时）	4	6	11	18
D（极少）	8	10	14	19
E（不可能）	12	15	17	20

矩阵中的加权指数称为风险评价指数，指数 1~20 是根据危险事件可能性和严重性水平综合确定的。通常将最高风险指数定为 1，对应于危险事件是频繁发生的并具有灾难性的后果；最低风险指数 20，则对应于危险事件几乎不可能发生而且后果是轻微的。中间的各个数值，则分别表达了不同的风险大小。

此处风险评价指数的具体数字是为了便于区别各种风险的档次。实际安全评价工作中，需要根据具体评价对象确定风险评价指数。

（4）根据矩阵中的指数确定不同类别的决策结果，确定风险等级，见表 5.25。

表 5.25 风险等级

风险值（风险指数）	1~5	6~9	10~17	18~20
风险等级	1	2	3	4

（5）根据风险等级确定相应的风险控制措施。一般来说 1 级为不可接受的风险；2 级为不希望有的风险；3 级为需要采取控制措施才能接受的风险；4 级为可接受的风险，需要引起注意。评价人员可以结合企业实际情况，综合考虑风险等级。

5.4.3 风险矩阵法应用实例

针对某油田油气集输站运用风险矩阵法进行安全评价，评价结果见表 5.26。

表 5.26 某油田油气集输站风险评价表

序号	工序/区域	危险描述	发生频次	严重程度	风 险 值	风险等级
1	长输管线	输油管线泄漏火灾爆炸	B	Ⅰ	2	1
2	管线中间站	阀门泄漏火灾爆炸	B	Ⅱ	5	2
3	配电站	触电	C	Ⅱ	6	2

（续）

序号	工序/区域	危险描述	发生频次	严重程度	风 险 值	风险等级
4	管线中间站	阀门泄漏油气中毒	B	I	2	1
5	管线中间站	高处坠落	D	II	10	3
6	管线中间站	工具坠落物体打击	C	III	11	3
7	长输管线	坍塌	C	I	4	1
...						

5.4.4 风险矩阵分析法特点及适用条件

1. 风险矩阵分析法的应用特点

风险矩阵分析法的优点：操作简单方便，能初步估算出危险事件的风险指数，并能进行风险分级。

风险矩阵分析法的缺点：风险评估指数通常是主观确定的，造成风险等级的确定也具有一定的主观性，也就影响了风险等级的准确性。

2. 风险矩阵分析法应用范围

风险矩阵法在安全评价中经常使用。

风险矩阵法经常和预先危险性分析、故障类型及影响性分析、LEC法等评价方法结合使用。

3. 风险矩阵分析法注意事项

本节风险矩阵（表5.24）中1～20数字等级划分只是一种常用划分方式，风险等级划分标准（表5.25）也只是与之相适应的风险等级划分标准。实际工作中，风险的严重程度划分、风险事件发生的可能性划分及风险等级划分均有不同的方式不同的和等级标准，需要根据评价对象具体情况及安全评价工作的实际需要灵活应用。

5.5 作业条件危险性评价法

作业条件危险性评价法用于评价具有潜在危险性环境中作业时的危险性大小，其基础方法是LEC评价法。

5.5.1 LEC评价法

1. LEC评价法简介

在某种环境条件下进行作业时，总是具有一定程度的潜在危险。美国学者K.J格雷厄姆（Kennth J. Graham）和G.F金尼（Gilbert F. Kinney）认为，影响危险性的主要因素有三个：发生事故或危险事件的可能性，暴露于危险环境中的时间，发生事故后可能产生的后果。因此，某种作业条件的危险性D可用下式计算：

$$D = LEC \tag{5.29}$$

式中　D——作业条件的危险性分数值；

　　　L——事故或危险事件发生的可能性分数值；

　　　E——暴露于危险环境中的时间长短的分数值；

　　　C——事故或危险事件后果的分数值。

事故或危险事件发生的可能性大小差别是很大的。这种评价方法中，将实际不可能发生的情况作为评分的参考点，规定其可能性分数值为0.1；将完全出乎预料而不可预测，但有极小可能性的情况定为1，将完全可以预料到的情况定为10，并规定了其他各种情况的可能性分数值，见表5.27。

表 5.27　事故或危险事件发生的可能性分数值

事故或危险事件发生的可能性	分　数　值
完全会被预料到	10
相当可能	6
不经常	3
完全意外、极少可能	1
可以设想，但绝少可能	0.5
极不可能	0.2
实际上不可能	0.1

暴露于危险环境中的时间越长，受到伤害的可能性越大，即危险性越大。这种评价法规定，连续暴露于危险环境中的分数值为10，每年仅出现几次时的分数值为1。并以这两种情况作为参考点，规定了其他各种情况的暴露分数值，见表5.28。

表 5.28　暴露于危险环境中的分数值

暴露于危险环境的情况	分　数　值
连续暴露于潜在危险环境	10
逐日在工作时间内暴露	6
每周一次或偶然地暴露	3
每月暴露一次	2
每年几次出现在潜在环境	1
非常罕见地暴露	0.5

事故或危险性事件后果的分数值规定为1~100。将需要救护的轻微伤害事故的分数值定为1，造成多人死亡的事故的分数值定为100，并以它们作为参考点，规定了其他各种情况的分数值，见表5.29。

表 5.29　事故后果分数值

可 能 结 果	分　数　值
大灾难，许多人死亡	100
灾难，数人死亡	40
非常严重，一人死亡	15
严重，严重伤害	7
重大，致残	3
引人注目，需要救护	1

根据式（5.29）计算危险分数后，按表5.30确定危险等级。这里，危险等级的划分标准是根据经验确定的。

表 5.30　危险等级

危 险 分 数	危 险 等 级	危 险 对 策
>320	极其危险	停产整改
160~320	高度危险	立即整改
70~159	显著危险	及时整改
20~69	可能危险	需要整改
<20	稍有危险	一般可接受，但亦应该注意防止

2. LEC 评价法应用实例

在重庆某厂，某冲床操作工由于急于完成任务，不用镊子夹持坯料，将手伸入危险区送料。快下班时，由于疲倦，手脚失调，以致误踩脚踏板，造成左手食指、中指末节被冲压掉。用 LEC 评价方法评价该冲床操作工人的危险性。

操作这种冲床时，有时会发生压断手指或整个手掌的事故，属于"不经常、但可能"发生，故 $L=3$；工人每天都在这种环境中操作，故 $E=6$；可能的事故后果处于"致残"和"严重伤害"之间，故取 $C=5$。所以，危险分数为：

$$D = LEC = 3 \times 6 \times 5 = 90$$

由表 5.30 知，此作业条件的危险等级为"显著危险"，需要及时采取措施解决。为了使用方便，制作了图 5.14 所示的计算用图（即诺模图）。根据此图，可很简单地求出某一作业条件的危险程度。例如，应用此图评价上例操作冲床的危险性，可得出与计算相同的结果（图 5.14）。

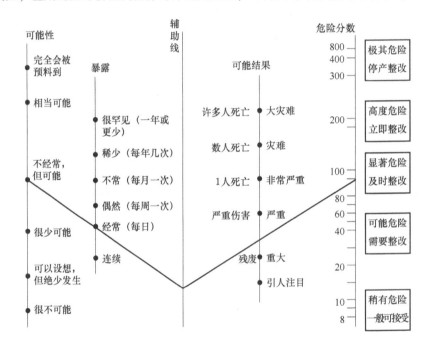

图 5.14　作业条件危险评价图

5.5.2　MES 评价法

1. MES 评价法简介

MES 评价法是对 LEC 评价法的改进。此方法中，作业条件的危险性用符号 R 表示。MES 评价法的思路为：人们常常用特定危害事件发生的可能性 L 和后果 S 的乘积反映风险程度 R 的大小，即 $R=LS$。人身伤害事故发生的可能性主要取决于人体暴露于危险环境的频繁程度，即时间 E 和控制措施的状态 M。所以，作业条件的危险性可用下式计算：

$$R = MES \tag{5.30}$$

式中　R——作业条件的危险性分数值；

　　　M——控制措施的分数值；

E——暴露于危险环境中的时间长短的分数值；

S——事故或危险事件后果的分数值。

评价事故发生的可能性 L 时，要评价控制措施的状态 M 和人体暴露的时间 E。控制措施的状态 M 评分见表 5.31。

表 5.31 控制措施的状态表

分　数　值	控制措施的状态
5	无控制措施
3	有减轻后果的应急措施，包括警报系统
1	有预防措施（如机器防护装置等），必须保证有效

人体暴露的时间 E 的评分标准与 LEC 法相同，见表 5.28。

事故可能后果 S 的评分见表 5.32。

表 5.32 事故的可能后果表

分数值	事故的可能后果			
	伤　害	职业相关病症	设备、财产损失	环 境 影 响
10	有多人死亡		>1 亿元	有重大环境影响的不可控排放
8	有 1 人死亡	职业病② （多人）	1000 万~1 亿元	有中等环境影响的不可控排放
4	永久失能①	职业病（1 人）	100 万~1000 万元	有较轻环境影响的不可控排放
2	需医院治疗，缺工	职业性多发病	10 万~100 万元	有局部环境影响的可控排放
1	轻微，仅需急救	职业因素引起的身体不适	<10 万元	无环境影响

① 永久失能：某肢体残缺或虽未残缺但功能完全丧失。

② 职业病：按《职业病防治法》的规定分类。

我国职业病防治机构将职业性多发病定义如下：凡是职业性有害因素直接或间接地构成该病病因之一的非特异性疾病均属于职业性多发病（也称工作有关疾病、职业性相关疾病）。如疲劳、矿工中的消化性溃疡、建筑工中的肌肉骨骼疾病（如腰背痛）等，其病症与多种非职业性因素有关，职业性有害因素不是唯一的病因，但能促使潜在的疾病显露或加重已有疾病的病症。通过改善工作条件，所患疾病得以控制或缓解。

与职业性多发病不同，职业病的病因是单一的因素——不良工作条件。

MES 评价法中作业条件的危险性 R 的确定如下：

对于人身伤害事故，$R = LS = MES$，风险程度划分见表 5.33。

表 5.33 人身伤害事故风险程度表

$R = LS = MES$	风险程度（等级）
>180	一级
90~150	二级
50~80	三级
20~48	四级
<18	五级

对于单纯财产损失事故，由于所指的财产是与特定的风险联系在一起的，因此，不必考虑暴露问题，只考虑控制措施的状态 M。所以，$R = MS$，风险程度可查表 5.34。

2. MES 评价法应用实例

本例的条件及事故情况与上面介绍的 LEC 方法应用实例相同，下面试用 MES 评价法评价该冲床操作工人的危险性。

表 5.34　单纯财产损失事故风险程度表

R = MS	风险程度（等级）
30 ~ 50	一级
20 ~ 24	二级
8 ~ 12	三级
4 ~ 6	四级
≤3	五级

由于工人在操作中没有控制措施，则 $M = 5$。

工人每天都在这种环境中操作，则 $E = 6$。

可能的事故后果处于"缺工"和"永久失能"之间，则 $S = 3$。

$$危险性 = MES = 5 \times 6 \times 3 = 90$$

由于只有人身伤害，根据表 5.33 人身伤害事故风险程度表，危险等级为二级。

5.5.3　方法特点与适用条件

LEC 法只能对一般作业条件的危险进行评价，它强调的是操作人员在具有潜在危险性的环境下作业的危险性；MES 法作为 LEC 的改进方法，考虑了安全补偿系数——控制措施对事故发生的抑制作用。因此，MES 法能够更为客观地评价生产作业的危险性。

作业条件危险性评价法评价人们在某种具有潜在危险的作业环境中进行作业的危险程度，方法简单易行，危险程度的级别划分比较清楚、醒目。但是，由于它主要是根据经验来确定 3 个因素的分数值及划定危险程度等级，因此具有一定的局限性；而且它是一种作业条件的局部评价，故不能普遍应用于整体、系统的完整评价。

5.6　保护层分析法

5.6.1　保护层分析的概念与用途

保护层分析（Layer of Protection Analysis，LOPA）方法是一种半定量的工艺危害分析方法，指对降低不期望事件频率或后果严重性的独立保护层的有效性进行评估的一种过程方法或系统。

通过保护层分析，可以发现可行方案，如增设其他保护层、改变工艺等，从而选择最经济有效的降低危险性的措施。

根据 GB/T 32857—2016《保护层分析（LOPA）应用指南》，相关术语及其定义介绍如下。

保护层（Layer of Protect）：用来防止不期望事件的发生或降低不期望事件后果严重性从而降低过程风险的设备、设施或方案。

独立保护层（Independent Protection Layer，IPL）：一种设备、系统或行动，有效地防止场景向不期望的后果发展，它与场景的初始事件或其他保护层的行动无关。独立性表示保护层的执行能力不会受初始事件或其他保护层失效的影响。

要求时危险失效概率（Probability of Dangerous Failure on Demand，PFD）：当受保护设备或保护设备控制系统发生要求时，执行规定安全功能的独立保护层的安全不可用性。

场景（Scenario）：可能导致不期望后果的一种事件或事件序列。

初始事件（Initial Event）：产生导致不期望后果场景的事件。

频率（Frequency）：一个事件单位时间内发生的次数。

使能事件或使能条件（Enable Event/Enable Condition）：导致场景发生的必要条件或事件，但不会直接导致场景发生。

后果（Consequence）：某一特定事件的结果。通常包括人员伤亡、财产损失、环境污染、声誉影响等。

LOPA 分析提供了识别场景风险的方法，并且将其与可容许风险比较，以确定现有安全措施是否合适，是否需要增加新的安全措施；可以了解不同独立保护层在降低风险过程中的贡献，并可选择更加经济合理的保护措施来降低风险。该方法通常采用表格的形式记录评估的过程，记录过程符合通常的思维习惯，文件易读易用。

5.6.2　保护层分析的基本程序和应用时机

1. 基本程序

保护层分析的目的是在定性危险分析的基础上，进一步对具体场景的风险进行相对量化（准确到数量级）的研究，包括对场景的准确表述及识别已有的独立保护层，从而判定该场景发生时系统所处的风险水平是否达到可容许风险标准的要求，并根据需要增加适当的保护层，以将风险降低至可容许风险标准所要求的水平。

保护层分析的过程包括：场景识别与筛选、后果及严重性评估、初始事件描述及频率确认、独立保护层识别及 PFD 的确认、场景导致预期后果的频率计算、风险评估与建议。

2. 应用时机

LOPA 一般用于如下场景：

1）场景过于复杂，不能采用完全定性的方法作出合理的风险判断。

2）场景后果过于严重而不能只依靠定性方法进行风险判断。

LOPA 也用于以下几种场景：确定安全仪表功能的安全完整性等级；识别过程中安全关键设备；识别操作人员关键安全行为和关键安全响应；确定场景的风险等级以及场景中各种保护层降低的风险水平；其他适用 LOPA 的场景等（如设计方案分析和事故调查）。

5.6.3　分析过程

5.6.3.1　场景识别与筛选

1. 场景应满足的基本要求

（1）每个场景应至少包括两个要素：一是引起一连串事件的初始事件；二是该事件继续发展所导致的后果。

（2）每个场景应有唯一的初始事件及其对应后果。

（3）除了初始事件和后果外，一个场景还可能包括使能事件或使能条件，防护措施失效。

（4）如果使用人员死亡、商业或环境损害作业后果，则场景还可能包括下列部分或全部因素，或条件修正因子：可燃物质被引燃的可能性；人员出现在事件影响区域的概率；火灾、爆炸或有毒物质释放的暴露致死率（在场人员逃离的可能性）；其他可能的修正因子。

2. 场景信息来源

场景识别信息通常来源于对工艺系统所做的安全评价，如 HAZOP 分析所识别的存在较大风险的场景。HAZOP 中可导出的用于 LOPA 分析的数据见表 5.35。

表 5. 35 从 HAZOP 导出可用于 LOPA 的数据

LOPA 要求的信息	HAZOP 所导出的信息
场景背景与描述	偏差
初始事件	引起偏差的原因
后果描述	偏差导致的后果
独立保护层	现有的安全措施

注: 1. HAZOP 所导出的信息在用于 LOPA 分析时应再次判断。例如: HAZOP 分析中的现有安全措施并不都是独立保护层。

2. 来自 HAZOP 分析的建议安全措施是否可作为独立保护层, 也可在 LOPA 分析时再次判断。

值得一提的是, HAZOP 分析过程中所提出的现有安全措施可能是不完整的, 在开展 LOPA 分析时, 需要重新仔细检查是否遗漏了现有的措施, 被遗漏的这些安全措施可能是独立保护层。

用于 LOPA 场景识别的信息来源还包括生产运行问题 (包括意外行为或正常范围之外的操作条件等)、变更、事故事件及安全仪表功能审查。

3. 场景筛选与开发

对场景进行详细分析与记录, 记录表格示例见表 5. 36。

表 5. 36 LOPA 分析记录表 (示例)

场景编号:		设备编号:	场景名称:	
日期:		场景背景与描述:	概率	频率/年
后果描述/分类				
可容许风险 (分类/频率)		不可接受 (大于)		
		可以接受 (小于或等于)		
初始事件 (一般给出频率)				
使能事件或使能条件				
条件修正 (如果适用)		点火概率		
		影响区域内人员存在概率		
		致死概率		
		其他		
减缓前的后果频率				
独立保护层				
基本过程控制系统				
人为缓解				
安全仪表功能				
压力缓解设备				
其他保护层 (应判别)				
其他保护措施 (非独立保护层)				
所有独立保护层总 PFD				
减缓后的后果频率				
是否满足可容许风险? (是/否)				
满足可容许风险需要采取的行动:				
备注				
参考资料 (PHA 报告、P&ID 等)				
LOPA 分析人员:				

对在记录过程中发现的，或独立保护层和初始事件频率评估中发现的新的场景，可能需要筛选开发新的场景，作为另一起 LOPA 分析的对象。

5.6.3.2 后果严重性评估

在 LOPA 分析开始前，应确定场景后果的严重程度：

1）宜采用定性或定量的方法对场景后果的严重性进行评估。

2）典型的后果各类包括：人员伤亡、财产损失、环境污染、声誉影响等。

3）后果严重性评估方法包括：释放规模、特征评估；简化的伤害、致死评估；需要进行频率校正的简化伤害、致死评估；详细的伤害、致死规模等。

4）后果严重性评估分级应与可容许风险分级相一致。

考虑后果分析的详细程度，可按照影响对象分为：人员伤亡；财产损失；环境污染；声誉影响等。

后果评估可采用不同的方法进行。按照其量化程度，这些方法包括：释放规模、特征评估；简化的伤害、致死评估；需要进行频率校正的简化伤害、致死评估；详细的伤害、致死评估。

表 5.37 给出了简化的化学物质释放后果分级示例，表 5.38 和表 5.39 分别给出了简化的伤害致死后果分级示例及简化的经济损失后果分析示例。注意这 3 个表中的后果分级示例仅用于理解后续案例，不可供实际工程直接使用。

表 5.37　简化的化学物质释放后果分级（示例）

释放物特性	释放规模					
	0.5~5kg	5~50kg	50~500kg	500~5000kg	5000~50000kg	>50000kg
剧毒，温度>B.P	等级3	等级4	等级5	等级5	等级5	等级5
剧毒，温度<B.P 或高毒性，温度>B.P	等级2	等级3	等级4	等级5	等级5	等级5
高毒性，温度<B.P 或易燃，温度>B.P	等级2	等级2	等级3	等级4	等级5	等级5
易燃，温度<B.P	等级1	等级2	等级2	等级3	等级4	等级5
可燃液体	等级1	等级1	等级1	等级2	等级2	等级3

注：1. B.P 表示常压沸点。

2. 在很难定量评估人员伤亡数量和伤亡严重程度时，帮助小组做出更准确的相对风险判断。

表 5.38　简化的伤害致死后果分级（示例）

后果特征	等级1	等级2	等级3	等级4	等级5	等级6
人员伤害/致死	人员受伤但歇工不足 1 个工作日	无重伤及死亡歇工 1 个工作日及以上	1~2人重伤	1~2人死亡或 3~9人重伤	3~9人死亡或 10人及以上重伤	10人及以上死亡

表 5.39　简化的经济损失后果分级（示例）

后果特征	等级 1	等级 2	等级 3	等级 4	等级 5	等级 6
经济损失	直接经济损失 2 万元以下，并未构成公司级事故的非计划停工事故或总损失（直接加上间接）为以上直接损失值的 10 倍	直接经济损失 2 万元以上，10 万元以下或总损失（直接加上间接）为以上直接损失值的 10 倍	直接经济损失 10 万元及以上，50 万元以下；或造成 3 套及以上生产装置停产，影响日产量 50% 及以上或总损失（直接加上间接）为以上直接损失值的 10 倍	直接经济损失 50 万元及以上，10 万元以下或总损失（直接加上间接）为以上直接损失值的 10 倍	直接经济损失 100 万元及以上，500 万元以下或总损失（直接加上间接）为以上直接损失值的 10 倍	直接经济损失 500 万元及以上或总损失（直接加上间接）为以上直接损失值的 10 倍

5.6.3.3　初始事件确认

1. 初始事件类型

初始事件一般包括外部事件、设备故障和人的失效，分类见表 5.40。

表 5.40　初始事件类型

类别	外部事件	设备故障	人的失效
分类	a）地震、海啸、龙卷风、飓风、洪水、泥石流和滑坡等自然灾害 b）空难 c）临近工厂的重大事故 d）破坏或恐怖活动 e）雷击和外部火灾 f）其他外部事件	a）控制系统失效 1）元件失效 2）软件失效 3）控制支持系统失效（如电力系统、仪表空气系统） b）控制系统失效 1）磨损、疲劳或腐蚀造成的容器或管道失效 2）设计、技术规程或制造/制作缺陷造成的容器或管道失效 3）超压造成的容器或管道失效（如热膨胀、清管/吹扫）或低压失效（如真空） 4）振动导致的失效（如转动设备） 5）维护/维修不完善（包括使用不合适的替代材料）造成的失效 6）高温或低温，以及脆性断裂引起的失效 7）湍流或水击引起的失效 8）内部爆炸、分解或其他失效反应造成的失效 9）其他机械系统故障 c）公用工程故障 d）其他故障	对给出的条件或其他提示未能正确观察和响应 a）未能按正确的顺序执行任务步骤 b）未能按操作规程进行操作（如误开/误关） c）维护失误 d）其他行为失效

2. 初始事件确定原则

1）审查场景中所有的原因，以确定该初始事件为有效初始事件。

2）应确认已辨识出所有的潜在初始事件，并确保无遗漏。

3）应将每个原因细分为独立的初始事件（如"冷却失效"可细分为冷却剂泵故障、电力故障或控制回路失效），以便于识别独立保护层。

4）在识别潜在初始事件时，应确保已经识别和审查所有的操作模式（如正常运行、开车、停车、设备停电）和设备状态（如待机、维护）下的初始事件。

5）当人的失效作为初始事件时，应制定人员失误概率评估的统一规则并在分析时严格执行。

6）以下事件不宜作为初始事件：操作人员培训不完善；测试或检查不完善；保护装置不可用；其他类似事件。

5.6.3.4　独立保护层评估

1. 典型的保护层

一个典型的化工过程包含各种独立的或非独立的保护层，典型的保护层示例见表5.41。该表介绍独立保护层的确定，包括独立保护层的描述及作业独立保护层的要求。

表 5.41　典型的保护层

保 护 层	描 述	说 明
采用本质安全设计	从根本上消除或减少工艺系统存在的危害	企业可根据具体场景需要，确定是否将其作为 IPL
基本过程控制系统（BPCS）	BPCS 是执行持续监测和控制日常生产过程的控制系统。BPCS 中的控制回路通过响应过程或操作人员的输入信号，产出输出信息，使过程以期望的方式运行。该控制回路正常运行时能避免特定危险事件的发生。该控制回路的故障不会作为起因引起特定危险事件的发生。一个 BPCS 控制回路由传感器、控制器和最终元件组成	BPCS 控制回路作为 IPL，可能包括以下两种形式： a）连续控制行动：保持过程参数维持在规定的正常范围以内，防止初始事件发生 b）逻辑行动：状态控制器（逻辑解算器或控制继电器）采取自动行动来跟踪过程，而不是试图使过程返回到正常操作范围内。行动将导致停车，使过程处于安全状态
关键报警和人员干预	关键报警和人员响应是操作人员或其他工作人员对报警响应，或在系统常规检查后，采取的防止不良后果的行动	通常认为人员响应的可靠性较低，应慎重考虑人员行动作为独立保护层的有效性。关键报警应有充分的人员响应时间
安全仪表系统（SIS）	安全仪表功能（SIF）针对特定危险事件通过检测超限等异常条件，控制过程进入功能安全状态。一个 SIF 由传感器、逻辑解算器和最终元件组成，具有一定的 SIL	SIF 在功能上独立于 BPCS
物理保护（释放措施）	提供超压保护，防止容器的灾难性破裂	包括安全阀、爆破片等，其有效性受服役条件的影响较大
释放后物理保护（防火堤、隔堤）	释放后保护设施是指危险物质释放后，用来降低事故后果（如大面积泄漏扩散、受保护设备和建筑物的冲击波破坏、容器或管道火灾暴露失效、火焰或爆轰波穿过管道系统等）的保护设施	
工厂和周围社区的应急响应	在初始释放之后被激活，其整体有效性受多种因素影响	

2. 独立保护层的确定原则

并不是所有的保护层都可作为独立保护层。设备、系统或行动需满足以下条件才能作为独立保护层：

（1）有效性。按照设计的功能发挥作用，应有效地防止后果发生；应能检测到响应的条件；在有效的时间内应能及时响应；在可用的时间内应有足够的能力采取所要求的行动。

（2）独立性。独立于初始事件和任何其他已经被认为是同一场景的独立保护层的构成元件；应独立于初始事件的发生及其后果；应独立于同一场景中的其他独立保护层；应考虑共因失效或共模失效的影响。

（3）可审查性。对于阻止后果的有效性和PFD应以某种方式（通过记录、审查、测试等）进行验证。审查程序应确认如果独立保护层按照设计发生作用，它将有效地阻止后果；审查应确认独立保护层的设计、安装、功能测试和维护系统的合适性，以取得独立保护层特定的 PFD；功能测试应确认独立保护层所有的构成元件（传感器、逻辑解算器、最终元件等）运行良好，满足

LOPA 的使用要求；审查过程应记录发现的独立保护层条件、上次审查以来的任何修改以及跟踪所要求的任何改进措施的执行情况。

3. 独立保护层的确定

根据上述原则来确定防护措施是否是独立保护层。过程工业典型独立保护层的确定示例见表 5.42。

表 5.42　独立保护层的确定

保 护 层	描 述	作业独立保护层的要求
工艺设计	从根本上消除或减少工艺系统存在的危害	当本质安全设计用来消除；当考虑本质安全设计在运行和维护过程中的失效时，在某些场景中，可将其作为一种 IPL
基本过程控制系统（BPCS）	BPCS 是执行持续监测和控制日常生产过程的控制系统。BPCS 中的控制回路通过响应过程或操作人员的输入信号，产生输出信息，使过程以期望的方式运行。该控制回路正常运行时能避免特定危险事件的发生，该控制回路的故障不会作为起因引起特定的危险事件的发生。一个 BPCS 控制回路由传感器、控制器和最终元件组成	如果 BPCS 控制回路的正常操作满足以下要求，则可作为独立保护层：BPCS 控制回路应与安全仪表系统（SIS）功能 SIF 安全回路在物理上分离，包括传感器、控制器和最终元件；该控制回路正常运行时能避免特点危险事件的发生；该控制回路的故障不会作为起因引起特定危险事件的发生。BPCS 控制回路是一个相对较弱的独立保护层，内在测试能力有限，防止未授权变更内部程序逻辑的安全性有限。如果考虑多个独立保护层的话，应有更全面的信息来支撑，具体评估方法见表 5.39
关键报警和人员干预	关键报警和人员响应是操作人员或其他工作人员对报警响应，或在系统常规检查后，采取的防止不良后果的行动	当报警或观测触发的操作人员行动满足以下要求，确保行动的有效性时，则可作为独立保护层：操作人员应能够得到采取行动的指示或报警，这种指示或报警应始终对操作人员可用；操作人员应训练有素，能够完成特定报警所触发的操作任务；任务应具有单一性和可操作性，不宜要求操作人员执行 IPL 要求的行动时间同时执行其他任务；操作人员应有足够的响应时间；操作人员的工作量及其身体条件合适等
安全仪表系统（SIS）	安全仪表功能（SIF）针对特定危险事件通过检测超限等异常条件，控制过程进入功能安全状态。一个 SIF 由传感器、逻辑解算器和最终元件组成，具有一定的 SIL	SIF 在功能上独立于 BPCS，是一种独立保护层；安全仪表功能 SIF 的规格、设计、调试、检验、维护和测试都应按《过程工业领域安全仪表系统的功能安全》（GB/T 21109—2007）的有关规定执行；SIF 的风险削减性能由其 PFD 所确定，每个 SIF 的 PFD 基于传感器、逻辑解算器和最终元件的数量和类型，以及系统元件定期功能测试的时间间隔
物理保护（释放措施）	提供超压保护，防止容器的灾难性破裂	如果这类设备（安全阀、爆破片等）的设计、维护和尺寸合适，则可作为独立保护层，它们能够提供较高程度的超压保护；但是，如果这类设备的设计或者检查和维护工作质量较差，则这类设备的有效性可能受到服役时污垢或腐蚀的影响
释放后物理保护（防火堤、隔堤）	释放后保护设施是指危险物质释放后，用来降低事故后果（如大面积泄漏扩散、受保护设备）	为独立保护层，这些独立保护层是被动的保护设备，如果设计和维护正确，这些独立保护层可提供较高等级的保护
厂区的应急响应	在初始释放之后被激活，其整体有效性受多种因素影响	厂区的应急响应（消防队、人工喷水系统、工厂撤离等措施）通常不作为独立保护层，因为它们是在初始释放后被激活，并且有太多因素影响了它们在减缓场景方面的整体有效性。当考虑它作为独立保护层时，应提供足够证据证明其有效性
工厂和周围社区的应急响应	在初始释放之后被激活，其整体有效性受多种因素影响	周围社区的应急响应（社区撤离和避难所等）通常不作为独立保护层，因为它们是在初始释放之后被激活，并且有太多因素影响了它们在减缓场景方面的整体有效性。当考虑它作为独立保护层时，应提供足够证据证明其有效性

以下防护措施不宜作为独立保护层：

1）培训和取证。在确定操作人员行动的 PFD 时，需要考虑这些因素，但是它们本身不是独立保护层。

2）程序。在确定操作人员行动的 PFD 时，需要考虑这些因素，但是它们本身不是独立保护层。

3）正常的测试和检测。正常的测试和检测将影响某些独立保护层的 PFD，延长测试和检测周期可能增加独立保护层的 PFD。

4）维护。维护活动将影响某些独立保护层的 PFD。

5）通信。作为一种基础假设，假设工厂内具有良好的通信。差的通信将影响某些独立保护层的 PFD。

6）标识。标识自身不是独立保护层。标识可能不清晰、模糊、容易被忽略等。标识可能影响某些独立保护层的 PFD。

4. 独立保护层 PFD 的确定原则

1）独立保护层的 PFD 为系统要求独立保护层起作用时该独立保护层不能完成所要求的任务的概率。

2）如果安装的独立保护层处于"恶劣"环境与条件（如易污染或易腐蚀环境中），则应考虑使用更高的 PFD 值。

3）表 5.43 提供了过程工业典型独立保护层的 PFD 值，实际 LOPA 应用过程中，PFD 的值的确定应参照企业标准或行业标准，经分析小组共同确认或进行适当的计算以确认 PFD 取值的合适性，并将其作为 LOPA 分析中的统一规则严格执行。

表 5.43　典型独立保护层 PFD 值

独立保护层的 PFD 范围独立保护层		说　明	PFD（来自文献和工业数据）
"本质安全"设计		如果正确地设计，将大大地降低相关场景后果的频率	$1 \times 10^{-6} \sim 1 \times 10^{-1}$
基本过程控制系统（BPCS）		如果与初始事件无关，BPCS 中的控制回路可确认为一种独立保护层	$1 \times 10^{-2} \sim 1 \times 10^{-1}$（IEC 规定 $1 \times 10^{-1} \sim 1$）
关键报警和人员干预	人员行动，有 10min 的响应时间	简单的、记录良好的行动，行动要求具有清晰可靠的指示	$1 \times 10^{-1} \sim 1$
	人员对 BPCS 指示或报警的响应，有 40min 的响应时间	简单的、记录良好的行动，行动要求具有清晰可靠的指示	1×10^{-1}
	人员行动，有 40min 的响应时间	简单的、记录良好的行动，行动要求具有清晰可靠的指示	$1 \times 10^{-2} \sim 1 \times 10^{-1}$
安全仪表系统（SIS）	SIL 1	典型组成：单个传感器 + 单个逻辑解算器 + 单个最终原件	$1 \times 10^{-2} \sim 1 \times 10^{-1}$
	SIL 2	典型组成：多个传感器 + 多个通道逻辑解算器 + 多个最终原件	$1 \times 10^{-3} \sim 1 \times 10^{-2}$
	SIL 3	典型组成：多个传感器 + 多个通道逻辑解算器 + 多个最终原件	$1 \times 10^{-4} \sim 1 \times 10^{-3}$
物理保护（释放措施）	安全阀	防止系统超压。其有效性对服役条件比较敏感	$1 \times 10^{-5} \sim 1 \times 10^{-1}$
	爆破片	防止系统超压。其有效性对服役条件比较敏感	$1 \times 10^{-5} \sim 1 \times 10^{-1}$
释放后物理保护	防火堤	降低储罐溢流、破裂、泄漏等严重后果（大面积扩散）的频率	$1 \times 10^{-3} \sim 1 \times 10^{-2}$
	地下排污系统	降低储罐溢流、破裂、泄漏等严重后果（大面积扩散）的频率	$1 \times 10^{-3} \sim 1 \times 10^{-2}$
	开式通风口	防止超压	$1 \times 10^{-3} \sim 1 \times 10^{-2}$
	耐火材料	减少热输入率，为降压/消防等提供额外的响应时间	$1 \times 10^{-3} \sim 1 \times 10^{-2}$
	防爆墙/舱	通过限制冲击波，保护设备/建筑物等，降低爆炸重大后果的频率	$1 \times 10^{-3} \sim 1 \times 10^{-2}$

5.6.3.5 场景频率的计算

场景频率的计算内容有：

（1）此处仅规定单一场景的频率计算，多个场景频率求和不在本节的规定范围内。

（2）单一场景后果的频率为初始事件发生频率乘以所有独立保护层要求时危险失效概率，场景后果的频率可能需要使用下面的两种系数进行修正：

1）假如场景的发生需要使能事件或使能条件时，需要乘以使能事件或使能条件的发生概率。

2）假如需要计算危险物质释放后的后续后果发生频率时，需要乘以条件修正因子，常见的条件修正因子如下：可燃物质点火概率；人员出现在事件影响区域的概率；火灾、爆炸或有毒物质释放的暴露致死率；其他。

（3）场景频率计算分为低要求模式后果频率计算和高要求模式后果频率计算。低要求模式的后果发生频率按下式计算：

$$f_i^C = f_i^I P_i^E P_i^C \prod_{j=1}^J \text{PFD}_{ij} \tag{5.31}$$

式中　f_i^C——初始事件 i 造成后果 C 的频率（次/年）；

f_i^I——初始事件 i 的发生频率（次/年）；

P_i^E——使能事件或使能条件发生的概率，假如没有使能事件或使能条件，则取 1；

P_i^C——条件修正因子，假如没有任何条件修正，则取 1；

PFD_{ij}——初始事件 i 中第 j 个阻止后果 C 的独立保护层要求时危险失效概率。

（4）高要求模式下后果发生频率的计算参见《保护层分析（LOPA）应用指南》（GB/T 32857—2016）的附录 D。

5.6.3.6 风险的评估与建议

（1）此处只研究单一场景的风险评估。

（2）各公司应制定适合自己企业的单一场景风险可容许标准。常见的风险评估分析方法有矩阵法、数值风险法（每个场景最大容许风险）、独立保护层（IPL）信用值法。矩阵法示例见表 5.44，数值风险法示例见表 5.45 ~ 表 5.47。

表 5.44　具有不同行动要求的风险矩阵（示例）

后果频率	后果等级				
	等级 1	等级 2	等级 3	等级 4	等级 5
$10^0 \sim 10^{-1}$	可选择（评估方案）	可选择（评估方案）	采取行动（通知公司）	立即采取行动（通知公司）	立即采取行动（通知公司）
$10^{-1} \sim 10^{-2}$	可选择（评估方案）	可选择（评估方案）	可选择（评估方案）	采取行动（通知公司）	立即采取行动（通知公司）
$10^{-2} \sim 10^{-3}$	无需采取行动	无需采取行动	可选择（评估方案）	采取行动（通知公司）	采取行动（通知公司）
$10^{-3} \sim 10^{-4}$	无需采取行动	无需采取行动	可选择（评估方案）	可选择（评估方案）	采取行动（通知公司）
$10^{-4} \sim 10^{-5}$	无需采取行动	无需采取行动	无需采取行动	可选择（评估方案）	可选择（评估方案）
$10^{-5} \sim 10^{-6}$	无需采取行动	无需采取行动	无需采取行动	无需采取行动	可选择（评估方案）
$10^{-6} \sim 10^{-7}$	无需采取行动	无需采取行动	无需采取行动	无需采取行动	无需采取行动

表 5.45　数值分析法——安全与健康相关事件的可容许风险（示例）

严重程度	安全与健康相关的后果	可接受频率/(次/年)
5 级，灾难性的	大范围的人员死亡、重大区域影响	1×10^{-6}
4 级，严重的	人员死亡，大范围的人员受伤和严重健康影响，大的社区影响	1×10^{-5}
3 级，较大的	严重受伤和中等健康损害，永久伤残，大范围的人员轻微伤，小范围的社区影响	1×10^{-4}
2 级，较小的	轻微受伤或轻微的健康影响，药物治疗，超标暴露	1×10^{-2}
1 级，微小的	没有人员受伤或健康影响，包括简单的药物处理	1×10^{-1}

表 5.46　数值分析法——环境相关事件的可容许风险（示例）

严重程度	环境相关的后果	可接受频率/(次/年)
5 级，灾难性的	超过 10m³ 溢油的环境污染，不可复原的环境影响	1×10^{-5}
4 级，严重的	在 1~10m³ 之间的溢油，灾难性的环境影响	1×10^{-4}
3 级，较大的	在 0.1~1m³ 之间的溢油，严重的环境影响，大范围的损害	1×10^{-3}
2 级，较小的	在 0.01~0.1m³ 之间的溢油，较小的环境影响，暂时的和短暂的	1×10^{-2}
1 级，微小的	小于 0.01m³ 溢油	1×10^{-1}

表 5.47　数值风险法——财产相关事件的可容许风险（示例）

严重程度	财产相关的后果	可接受频率/(次/年)
5 级，灾难性的	超过 1000 万元直接经济损失，长时间生产中断	1×10^{-4}
4 级，严重的	在 100 万~1000 万元之间的直接财产损失，生产中断	1×10^{-3}
3 级，较大的	在 10 万~100 万元之间的直接财产损失	1×10^{-2}
2 级，较小的	在 1 万~10 万元之间的直接财产损失	1×10^{-1}
1 级，微小的	小于 1 万元的直接财产损失	1

（3）通过后果及严重性评估与场景频率计算，得出选定场景的后果等级以及后果发生概率，可以与风险矩阵进行比较，或者与相关事件的可接受频率比较。

（4）根据风险比较结果：计算风险小于场景可容许风险，继续下一场景的 LOPA 分析；计算风险大于场景可容许风险，LOPA 分析小组应建议满足可容许风险标准所需采取的措施，并确定拟采取措施的 PFD，以将风险降低到可容许风险之下。

5.6.4　LOPA 分析应用实例

本例为聚氯乙烯（PVC）的间歇聚合操作 LOPA 分析。

1. 问题描述

以图 5.15 中的 P&ID 图（工艺管道和仪表流程图）为基础进行 LOPA 分析。该工艺为由氯乙烯单体（VCM）转化为聚氯乙烯（PVC）的间歇聚合操作。通过同一喷嘴将水、液态 VCM、引发剂和添加剂加入到带搅拌的夹套反应器中。加料喷嘴还与紧急排气阀（PSV）相连。中止液可通过同一喷嘴加入。

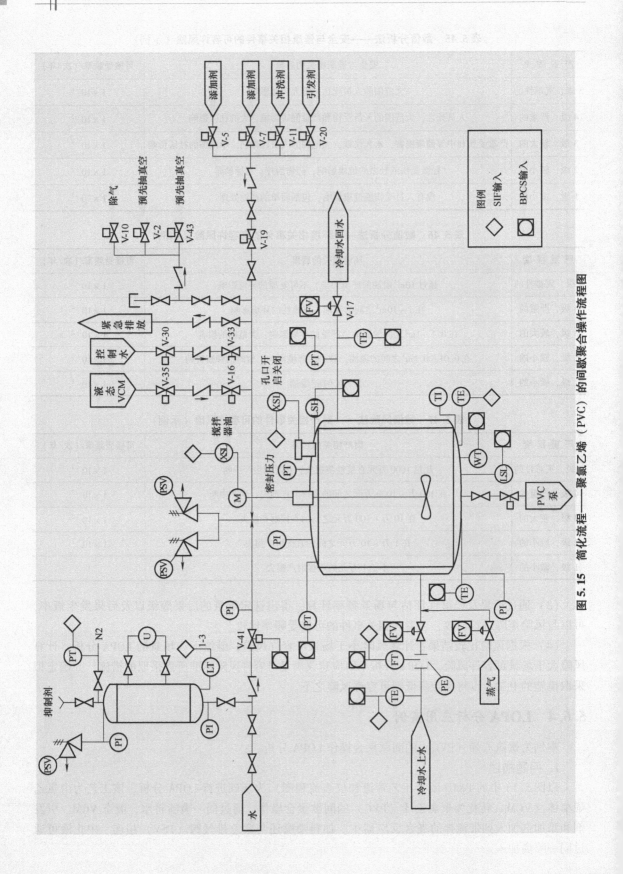

图 5.15 简化流程——聚氯乙烯（PVC）的间歇聚合操作流程图

在表 5.48 中列出了所要分析的 2 个场景。

表 5.48 安全自动化场景案例

场 景	场 景 描 述
场景 1	冷却水故障，反应失控，可能导致反应器超压、泄漏、破裂及人员伤亡
场景 2	搅拌器电机驱动器故障，反应失控，可能导致反应器超压、泄漏、破裂及人员伤亡

2. 问题讨论

使用风险矩阵后果等级和可容许风险，根据场景的顺序进行 LOPA 分析。

（1）可容许风险。评估改造措施时，风险矩阵更加灵活。对于表 5.44 等级 5 的后果，事件频率大于 1×10^{-4}／年即无法接受，应采取行动对其进行改正。事件频率等于或小于 1×10^{-6}／年为可接受，无需采取行动。介于两者之间的场景则依成本、可行性等允许有一定的灵活性。通用原则为，风险矩阵法要求一个新装置要达到最严格的可容许风险，而对处于灰色安全地带的现役装置，则须进行成本效益分析。

（2）使能事件或使能条件。对于间歇反应器如果其在使用中，或初始事件发生，而导致了飞温超压的后果。LOPA 方法假定上述两个条件同时存在的可能性为 0.5。

（3）条件修正因子。在某些使用火灾或死亡频率作为可容许风险的方法中，用条件修正因子对初始事件进行修正从而获得其频率。

（4）独立保护层 IPL。独立保护层具有有效性、独立性和可审查性。

3. 分析

表 5.49 与表 5.50 包括了针对表 5.48 列出的 2 个场景的 LOPA 总结表。

表 5.49 场景 1 分析案例

场景编号：1	设备编号：	场景名称：冷却水故障，反应失控，可能导致反应器超压、泄漏、破裂及人员伤亡。假定有搅拌	
日期：	场景背景与描述：	概率	频率／年
后果描述／分类	反应器失控和可能导致反应器超压、泄漏、破裂及人员伤亡；后果等级 5		
可容许风险 （分类／频率）	不可接受（大于）		1×10^{-4}
	可以接受（小于或等于）		1×10^{-6}
初始事件（频率）	冷却水故障停		1×10^{-1}
使能事件或 使能条件	反应器处于因冷却失效而出现失控反应条件下的概率（以年为基础）	0.5 （每个反应器）	
条件修正 （如果适用）	点火概率	N/A[①]	
	影响区域内人员存在概率	N/A	
	致死概率	N/A	
	其他	N/A	
减缓前的后果频率			5×10^{-2}
独立保护层			
BPCS 报警和人为动作	当反应器温度高报时，添加中止液	1×10^{-1}	
泄压阀	对系统进行改进	1×10^{-2}	
SIF（要求 PFD = 1×10^{-3}） （对于反应器是部分 SIS）	SIF 打开放空阀	1×10^{-3}	
其他保护措施 （非独立保护层）	操作员行动（同一操作员的其他操作步骤不独立于报警和人为动作）。紧急冷却水系统（汽轮机）。未记为 IPL，因为有太多共同因素（管道、阀门、护套等）都可能已启动了初始冷却水故障		

（续）

所有独立保护层总 PFD	1×10^{-6}	
减缓后的后果频率		5×10^{-8}
是否满足可容许风险？（是/否）	是，但应增加 SIF（安全仪表功能）系统	
满足可容许风险需要采取的行动：	在反应器上安装 SIS。SIF 的最低 PFD 为 1×10^{-3}，为高温打开放空阀；每个放空阀有独立进出管线，每个 PSV 安装独立的泄压管线以最大限度地减少堵塞；考虑 N_2 吹扫所有的放空阀和 PSV	
备注	确保操作员对高温报警的反应速度及应对符合 IPL 的要求，确保 RV 的设计、安装和维修，符合要求 PFD $= 1 \times 10^{-2}$。若有更高的安全要求，则考虑提高放空阀 SIF 的 PFD	

①N/A 表示不适用。

表 5.50　场景 2 分析案例

场景编号：2	设备编号：	场景名称：搅拌器电动机故障，反应失控、可能导致反应器超压、泄漏、破裂及人员伤亡	
日期：	场景背景与描述：	概率	频率/年
后果描述/分类	反应器失控和可能导致反应器超压、泄漏、破裂及人员伤亡；后果等级 5		
可容许风险（分类/频率）	不可接受（大于）		1×10^{-4}
	可以接受（小于或等于）		1×10^{-6}
初始事件（频率）	出现搅拌器电机故障的频率		1×10^{-1}
使能事件或使能条件	反应器处于因冷却失效而出现失控反应条件下的概率（以年为基础）	0.5（每个反应器）	
条件修正（如果适用）	点火概率	N/A	
	影响区域内人员存在概率	N/A	
	致死概率	N/A	
	其他	N/A	
减缓前的后果频率			5×10^{-2}
独立保护层			
泄压阀	要修改系统	1×10^{-2}	
SIF（要求 PFD $= 1 \times 10^{-3}$）（对于反应器是部分 SIS）	SIF 打开放空阀	1×10^{-3}	
其他保护措施（非独立保护层）	操作员干预（保护反应器和注中止液的操作步骤非常复杂）。紧急冷却水系统（停电时搅拌器停止，使得冷却无效）		
所有独立保护层总 PFD	1×10^{-5}		
减缓后的后果频率			5×10^{-7}
是否满足可容许风险？（是/否）	是，但应增加 SIF（安全仪表功能）系统		
满足可容许风险需要采取的行动：	在反应器上安装 SIS。SIF 的最低 PFD 为 1×10^{-3}，为高温打开放空阀；每个放空阀有独立进出管线，每个 PSV 安装独立的泄压管线，以最大限度地减少堵塞；考虑 N_2 吹扫所有的放空阀和 PSV		
备注	确保操作员对高温报警的反应速度及应对符合 IPL 的要求，确保 RV 的设计、安装和维修，符合要求 PFD $= 1 \times 10^{-2}$。若有更高的安全要求，则考虑提高放空阀 SIF 的 PFD		

5.6.5　保护层分析的特点及适用条件

保护层分析方法的优点是：

（1）与定性分析相比较，LOPA 分析可以提供相对量化的风险决策依据，避免主观因素对风险控制决策的影响。

（2）虽然没有定量风险分析那么精确，但其过程简便。在定量分析工作之前，可以应用 LOPA 分析方法对风险相对较高的场景进行筛选，从而提高整个风险分析的工作的效率，降低分析工作的成本。

保护层分析方法的不足为：与定性分析方法相比较，它每次只是针对一起特定的场景进行分析，不能反映各种场景之间相互影响。此外，初始事件的发生频率及独立保护层的要求时危险失效率等数据对 LOPA 分析的结果有很大的影响，需要付出很多努力和积累才能获取这些数据。

这种半定量的安全评价方法可以减少定性评价方法的主观性，且较完全的定量评价方法容易实行，在安全评价中被越来越广泛地应用。

5.7　模糊综合评价法

5.7.1　模糊综合评价法概述

模糊理论起源于 1965 年美国加利福尼亚大学控制论专家扎德（L. A. Zadeh）教授在《Information and Control》杂志上的一篇文章 "Fuzzy Sets"。模糊数学自 1976 年传入我国后，在我国得到了迅速发展，现在它的应用已遍及各个行业。

由于安全与危险都是相对模糊的概念，在很多情况下都有不可量化的确切指标，这就需要将诸多模糊的概念定量化、数字化。在此情况下，应用模糊数学将是一个较好的选择方案之一。

现实社会中，综合评价问题是多因素、多层次决策过程中所遇到的一个带有普遍意义的问题。模糊综合评价作为模糊数学的一种具体应用方法已获得广泛应用。由于在进行系统安全评价时，使用的评语常带有模糊性，所以宜采用模糊综合评价方法。

5.7.2　模糊综合评价原理及评价模型

1. 模糊综合评价基本原理

模糊综合评价是应用模糊关系合成的原理，从多个因素对被评判事物隶属度等级状况进行综合评判的一种方法。模糊综合评价包括以下 6 个基本要素。

（1）评判因素论域 U。U 代表综合评判中各评判因素所组成的集合。

（2）评语等级论域 V。V 代表综合评判中，评语所组成的集合。它实质是对被评事物变化区间的一个划分，如安全技术中 "三同时" 落实的情况可分为优、良、中、差 4 个等级，这里，优、良、中、差就是综合评判中对 "三同时" 落实情况的评语。

（3）模糊关系矩阵 $\underset{\sim}{R}$。$\underset{\sim}{R}$ 是单因素评价的结果，即单因素评价矩阵。模糊综合评判所综合的对象正是 $\underset{\sim}{R}$。

（4）评判因素权向量 $\underset{\sim}{A}$。$\underset{\sim}{A}$ 代表评判因素在被评对象中的相对重要程度，它在综合评判中用来对 $\underset{\sim}{R}$ 做加权处理。

（5）合成算子。合成算子指合成 $\underset{\sim}{A}$ 与 $\underset{\sim}{R}$ 所用的计算方法，也就是合成方法。

（6）评判结果向量 $\underline{B}$。它是对每个被评判对象综合状况分等级的程度描述。

2. 一级综合评价模型

（1）建立因素集。因素就是评价对象的各种属性或性能，在不同场合，也称为参数指标或质量指标，它们综合地反映出对象的质量。人们就是根据这些因素进行评价的。所谓因素集，就是影响评价对象的各种因素组成的一个普通集合，即 $U = \{u_1, u_2, \cdots, u_n\}$。这些因素通常都具有不同程度的模糊性，但也可以是非模糊的。各因素与因素集的关系，或者 u_1 属于 U，或者 u_i 不属于 U，二者必居其一。因此，因素集本身是一个普通集合。

（2）建立评价集。评价集，又称备择集，是评价者对评价对象可能做出的各种总的评价结果所组成的集合，即 $V = \{v_1, v_2, \cdots, v_m\}$。各元素 v_i 代表各种可能的总评价结果。模糊综合评价的目的，就是在综合考虑所有影响因素的基础上，从评价集中得出一最佳的评价结果。

显然，v_i 与 V 的关系也是普通集合关系，因此，评价集也是一个普通集合。

（3）计算权重。在因素集中，各因素的重要程度是不一样的。为了反映各因素的重要程度，对各个因素 u_i 应赋予一相应的权数 $a_i(i = 1, 2, \cdots, n)$。由各权数所组成的向量 $\underline{A} = (a_1, a_2, \cdots, a_n)$ 称为因素权重集，简称权重集。

通常各权数 a_i 应满足归一性和非负性条件，即：

$$\sum_{i=1}^{n} a_i = 1 \quad (a_i \geq 0)$$

各种权数一般由人们根据实际问题的需要主观确定，没有统一、严格的方法。常用方法有统计实验法、分析推理法、专家评分法、层次分析法和熵权法等。

（4）单因素模糊评价。单独从一个元素出发进行评价，以确定评价对象对评价集元素的隶属度便称为单元素模糊评价。

单元素模糊评价，即建立一个从 U 到 $F(V)$ 的模糊映射：

$$f: U \rightarrow F(V), \forall u_i \in U, u_i \mapsto \underline{f}(u_i) = \frac{r_{i1}}{v_1} + \frac{r_{i2}}{v_2} + \cdots + \frac{r_{im}}{v_m}$$

式中　$r_{ij} \rightarrow u_i$ 属于 u_j 的隶属度。

由 $\underline{f}(u_i)$ 可得到单因素评价集 $\underline{R}_i = (r_{i1}, r_{i2}, \cdots, r_{im})$。

以单因素评价集为行组成的矩阵称为单因素评价矩阵。该矩阵为一模糊矩阵。

$$\underline{R} = \begin{pmatrix} r_{11} & r_{12} & \cdots & r_{1m} \\ r_{21} & r_{22} & \cdots & r_{2m} \\ \vdots & \vdots & & \vdots \\ r_{n1} & r_{n2} & \cdots & r_{nm} \end{pmatrix}$$

（5）模糊综合评价。单因素模糊评价仅反映了一个因素对评价对象的影响，这显然是不够的；综合考虑所有因素的影响，便是模糊综合评价。

由单因素评价矩阵可以看出：$\underline{R}$ 的第 i 行反映了第 i 个因素影响评价对象取评价集中各个因素的程度；$\underline{R}$ 的第 j 列反映了所有因素影响评价对象取第 j 个评价元素的程度。如果对各因素作用以相应的权数 a_i，便能合理地反映所有因素的综合影响。因此，模糊综合评价可以表示为：

$$\underline{B} = \underline{A} \cdot \underline{R} = (a_1, a_2, \cdots, a_n) \begin{pmatrix} r_{11} & r_{12} & \cdots & r_{1m} \\ r_{21} & r_{22} & \cdots & r_{2m} \\ \vdots & \vdots & & \vdots \\ r_{n1} & r_{n2} & \cdots & r_{nm} \end{pmatrix} = (b_1, b_2, \cdots, b_m) \tag{5.32}$$

式中，b_j 称为模糊综合评价指标，简称评价指标。其含义为：综合考虑所有因素的影响时，评价对象对评价集中第 j 个元素的隶属度。

3. 多级综合评价模型

将因素集 U 按属性的类型划分成 s 个子集，记作 U_1，U_2，…，U_s，根据问题的需要，每一个子集还可以进一步划分。对每一个子集 U_i，按一级评价模型进行评价。将每一个 U_i 作为一个因素，用 $\underset{\sim}{B}_i$ 作为它的单因素评价集，又可构成评价矩阵：

$$\underset{\sim}{R} = \begin{pmatrix} \underset{\sim}{B}_1 \\ \underset{\sim}{B}_2 \\ \vdots \\ \underset{\sim}{B}_s \end{pmatrix}$$

于是有第二级综合评价：

$$\underset{\sim}{B} = \underset{\sim}{A} \cdot \underset{\sim}{R} \tag{5.33}$$

5.7.3　模糊综合评价应用实例

本例应用模糊综合评价法对某矿带式运输系统的安全性进行评价。该矿带式运输系统的人、机、环境各因素的原始数据见表 5.51 ~ 表 5.53。

表 5.51　人的因素原始数据

平均年龄/a	平均工龄/a	平均受教育年限/a	平均专业培训时间/d
29.4	9.06	9.75	89

表 5.52　机的因素的原始数据

完好率（%）	待修率（%）	故障率（%）
92.01	2.30	0.162

表 5.53　环境因素的原始数据

温度/℃	湿度（%）	照度/lx	噪声/dB（A）
22.4	92.4	119	78

1. 建立因素集

影响胶带运输系统安全性的因素很多，从人—机—环境系统工程的角度可以分为人、机、环境三大因素，及因素集 $U = \{U_1, U_2, U_3\}$，此为第一层次的因素。影响人、机、环境的因素为第二层次的因素。影响人的因素很多，主要考虑人的生理、基本素质、技术熟练程度等，因此选取平均年龄 u_{11}、平均工龄 u_{12}、平均受教育年限 u_{13} 和平均专业培训时间 u_{14}，即 $U_1 = \{u_{11}, u_{12}, u_{13}, u_{14}\}$；影响机的因素选取完好率 u_{21}、待修率 u_{22} 和故障率 u_{23}，即 $U_2 = \{u_{21}, u_{22}, u_{23}\}$；影响环境的因素选取温度 u_{31}、湿度 u_{32}、照度 u_{33} 和噪声 u_{34}，即 $U_3 = \{u_{31}, u_{32}, u_{33}, u_{34}\}$。

2. 建立评价集

对运输系统的安全性进行综合评价，就是要指出该系统的安全状况如何，即好、一般、差。故评价集为：$V = \{好, 一般, 差\} = \{v_1, v_2, v_3\}$。

3. 建立权重集

此处权重的确定采用层次分析法。第一层次因素的权重集为 $\underset{\sim}{A} = (0.65, 0.25, 0.10)$；第二层次中人的因素的权重集为 $A_1 = (0.10, 0.25, 0.37, 0.28)$，机的因素的权重集为 $A_2 = (0.35, 0.20, 0.45)$，环境因素的权重集为 $A_3 = (0.24, 0.20, 0.26, 0.30)$。

4. 单因素模糊评价

单因素模糊评价，就是建立从 U_i 到 $F(V)$ 的模糊映射，即建立 U_i 中的每个因素对评价集 V 的隶属函数，以确定其隶属于每个评价元素的隶属度。根据人、机、环境方面的分析和常用的模糊分布，建立各因素对评价集的隶属函数。将胶带运输的各影响因素的数据带入对应的隶属函数，计算出其对评价元素的隶属度，组成该因素的单因素评价集。各因素的单因素评价集构成单因素评价矩阵，分别为：

$$R_1 = \begin{pmatrix} 0.83 & 0.73 & 0.02 \\ 0.91 & 0.88 & 0.10 \\ 0.98 & 0.87 & 0.18 \\ 0.89 & 0.76 & 0.20 \end{pmatrix} \quad R_2 = \begin{pmatrix} 0.81 & 0.63 & 0.20 \\ 0.89 & 0.29 & 0.23 \\ 0.96 & 0.08 & 0.04 \end{pmatrix} \quad R_3 = \begin{pmatrix} 0.88 & 0.80 & 0.52 \\ 0.19 & 0.38 & 1.00 \\ 0.85 & 0.67 & 0.48 \\ 0.55 & 0.88 & 0.68 \end{pmatrix}$$

5. 一级模糊综合评价

由前面确定出的单因素评价矩阵 R_1 和权重集 A_1，根据式（5.32），可得出人的模糊综合评价为：

$$B_1 = A_1 \cdot R_1 = (0.1 \quad 0.25 \quad 0.37 \quad 0.28) \begin{pmatrix} 0.83 & 0.73 & 0.02 \\ 0.91 & 0.88 & 0.10 \\ 0.98 & 0.87 & 0.18 \\ 0.89 & 0.76 & 0.20 \end{pmatrix} = (0.92 \quad 0.83 \quad 0.15)$$

同理，可计算出机、环的模糊综合评价为

$$B_2 = A_2 \cdot R_2 = (0.89 \quad 0.32 \quad 0.14)$$
$$B_3 = A_3 \cdot R_3 = (0.64 \quad 0.71 \quad 0.65)$$

6. 二级模糊综合评价

将人、机、环境看作单一因素，人、机、环境的一级评价结果可视为单因素评价集，组成二级模糊综合评价的单因素评价矩阵：

$$R = \begin{pmatrix} B_1 \\ B_2 \\ B_3 \end{pmatrix} = \begin{pmatrix} 0.92 & 0.83 & 0.15 \\ 0.89 & 0.32 & 0.14 \\ 0.64 & 0.71 & 0.65 \end{pmatrix}$$

由单因素评价矩阵 R 和权重集 A，根据式（5.33），可得出二级模糊综合评价为：

$$B = A \cdot R = (0.65 \quad 0.25 \quad 0.1) \begin{pmatrix} 0.92 & 0.83 & 0.15 \\ 0.89 & 0.32 & 0.14 \\ 0.64 & 0.71 & 0.65 \end{pmatrix} = (0.89 \quad 0.69 \quad 0.20)$$

根据最大隶属原则，带式运输系统的安全性模糊综合评价结果为：安全性较好。

5.7.4 模糊综合评价法的特点及适用条件

1. 模糊综合评价法的优点

（1）模糊综合评价结果本身是一个向量，而不是一个单点值，并且这个向量是一个模糊子集，较为准确地刻画了对象本身的模糊状况，提供的评价信息比其他方法全面。

（2）模糊综合评价从层次角度分析复杂对象，有利于最大限度地客观描述被评价对象。

（3）模糊综合评价中的权数是从评价者的角度认定各评价因素重要程度而确定的。根据评价者的着眼点不同，可以改变评价因素的权数，定权方法的适用性较强。

2. 模糊数学综合评价法的局限性

（1）模糊综合评价过程中，不能解决评价因素间的相关性所造成的评价信息重复的问题。因此，在进行模糊综合评价前，因素的预选和删除十分重要，需要尽量把相关程度较大的因素删除，以保证评价结果的准确性。

（2）在模糊综合评价中，各指标的权重是由人为打分给出的。这种方式具有较大的灵活性，但人的主观性较大，与客观实际可能会有一定的偏差。

3. 模糊综合评价法适用范围

模糊综合评价方法适用性强，既可用于主观因素的综合评价，又可以用于客观因素的综合评价。在实际生活中，"亦此亦彼"的模糊现象大量存在，所以模糊综合评价的应用范围很广，特别是在主观因素的综合评价中，使用模糊综合评价可以发挥模糊数学的优势，评价效果优于其他方法。在安全评价工作中，模糊综合评价法既可以用于系统的整体安全评价，也可以用于局部安全评价。

5.8　人员可靠性分析法

5.8.1　人员可靠性分析概述

1. 人员可靠性分析的概念

人员可靠性分析（Human Reliability Analysis，HRA）是以分析、预测和减少与防止人误为研究核心，对人的可靠性进行定性与定量分析和评价的新兴学科。HRA 可作为一种方法，用来对人机系统中人的可能性失误对系统正常功能的影响做出评价。因此，它也可视为一种预测性和追溯性的工具，用于系统的设计、改进或再改进，以便将重要的人员失误概率减少到系统可接受的最小限度。

2. HRA 分析方法简介

HRA 分析方法包括：人员失误概率预测技术（Technique for Human Error Rate Prediction，THERP）、ASEP HRA 方法、人的认知可靠性模型（Human Cognitive Reliability，HCR）、成功似然指数法（Success Likelihood Index Methodology，SLIM）、认知可靠性和失误分析方法（Cognitive Reliability and Error Analysis Method，CREAM）等。HRA 分析方法的简要介绍见表 5.54。

表 5.54　HRA 方法汇总

序号	名　称	介　绍
1	THERP 方法	THERP 分析方法主要是利用人因事件树对人因事件中涉及的所有人员行为按事件发展的过程进行分析，并在事件树中确定失效途径后进行定量的计算。适合于对动作的可靠性分析，而对认知、诊断的可靠性分析很粗略
2	ASEP HRA 方法	1. 是 THERP 的简化方法，使用简便，得到的结果较为保守，适合于筛选分析 2. 有清晰的实施步骤，利于人员进行方法应用
3	HCR 方法	基于认知心理学理论建立，研究人在操作产品的动态认知过程，其中包含了探查、诊断、决策意向的行为，探究人的失误机理
4	SLIM 方法	是一种专家判断的定量化分析方法，其核心思想是人无法完成某一任务的概率，是一系列行为形成因子的函数
5	CREAM 方法	通过对任务环境进行分析从而直接确定人为差错发生概率，可进行追溯分析，也可以进行定量化预测分析

5.8.2 人员失误概率预测技术

5.8.2.1 人员失误概率及其影响分析

如前所述，一般用人员失误发生概率来定量地描述人员从事某项活动时发生人为失误的难易程度。与物的故障概率相类似，人员失误概率可以广义地表达为：

$$E(t) = 1 - e^{-\int_0^t h(t)dt} \tag{5.34}$$

式中　$E(t)$——任意时刻的人员失误概率；

　　　$h(t)$——失误率函数，表明人员从事该项活动到 t 时刻时单位时间内发生失误的比率。

人与物不同，物发生故障后将一直处于故障状态，除非有人修理，不会自行恢复到正常状态；人发生失误后可能自己发现失误并予以改正，即具有纠错能力。

关于人员失误的定量问题，人们已经研究、开发出了许多种人员失误概率预测模型。例如，在 1985 年汉纳曼（G. W. Hannaman）就曾经介绍过 16 种人员失误定量模型。在众多的人员失误定量模型中，最著名的是 1962 年由斯温（Swain）等人开发的人员失误率预测技术。在核电站概率危险性评价中应用该技术成功地预测了人员失误概率，并被应用于其他领域的人员失误概率预测中。人员失误发生概率与人完成某项操作任务时的复杂程度和时间因素等有关。在工业生产中，人员的工作任务可分成以下五类：

（1）简单任务。由一些需要稍加决策的顺序操作组成的操作即可完成的任务，如打开手动阀等。

（2）复杂任务。已经明确规定的且需要决策的一系列操作任务，一些问题需要操作者处理，如进行事故诊断、异常诊断等。

（3）要求警觉的任务。一些发现信号或警报工作的任务，要求操作者对信号或警报保持警觉。从事这种工作时影响人失误概率的主要因素包括等待时间长度，注意集中程度，信号种类和频率，发现信号或警报后必须采取的行动的类型等。

（4）检验任务。操作者必须做出决策的监视与检验多变量工艺过程。完成检验任务过程中，操作者必须防止扰动引起严重故障。

（5）应急任务。异常出现时或事故发生时操作者面临的任务。任务的内容可能在很大的范围内变化，可能是条件反射式的反应，也可能需要寻找新的解决办法。当异常后果十分严重时，操作者可能面临严重危险而心理高度紧张，失误发生概率会迅速增大。

5.8.2.2 人员失误定量模型

下面对井口教授（Prof. Inkuchi）模型进行介绍。井口教授模型适用于操作机械设备的人员失误概率预测，其将人员操作机械的可靠度视为接受信息可靠度、判断可靠度和执行可靠度的乘积：

$$R_0 = R_1 R_2 R_3 \tag{5.35}$$

式中　R_1——接受信息可靠度；

　　　R_2——判断可靠度；

　　　R_3——执行操作可靠度。

这样得到的可靠度 R_0 为基本可靠度，考虑具体操作条件，还需要乘以一系列的修正系数，得到实际的操作可靠度：

$$R = 1 - k_1 k_2 k_3 k_4 k_5 (1 - R_0) \tag{5.36}$$

由此得出人员失误概率为：

$$E = k_1 k_2 k_3 k_4 k_5 (1 - R_0) \tag{5.37}$$

式中　E——人员失误发生概率；

　　　k_1——作业时间系数；

　　　k_2——操作频率系数；

　　　k_3——危险程度系数；

　　　k_4——生理、心理条件系数；

　　　k_5——环境条件系数。

表 5.55 列出了人员操作基本可靠度数值；表 5.56 列出了各种修正系数的数值范围。

表 5.55　人员操作基本可靠度

类　别	内　容	R_1	R_2	R_3
简单	变量不超过几个人机学考虑全面	0.9995 ~ 0.9999	0.9990	0.9995 ~ 0.9999
一般	变量不超过 10 个	0.9990 ~ 0.9995	0.9995	0.9990 ~ 0.9995
复杂	变量超过 10 个人机学考虑不全面	0.9900 ~ 0.9990	0.9900	0.9900 ~ 0.9990

表 5.56　人员操作可靠度修正系数

符　号	项　目	内　容	系 数 的 值
k_1	作业时间	有充足的多余时间	1.0
		没有充足的多余时间	1.0 ~ 3.0
		完全没有多余时间	3.0 ~ 10.0
k_2	操作频度	频率适当	1.0
		连续操作	1.0 ~ 3.0
		很少操作	3.0 ~ 10.0
k_3	危险程度	即使误操作也安全	1.0
		误操作危险性大	1.0 ~ 3.0
		误操作有重大事故危险	3.0 ~ 10.0
k_4	心理、生理状态	教育训练、健康、疲劳、动机等 综合状态良好	1.0
		综合状态不好	1.0 ~ 3.0
		综合状态很差	3.0 ~ 10.0
k_5	环境条件	综合条件良好	1.0
		综合条件不好	1.0 ~ 3.0
		综合条件很差	3.0 ~ 10.0

5.8.2.3　人员失误概率预测技术

人员失误概率预测技术（THERP）是一种应用广泛的人的可靠性分析方法。此项技术最早发展于 20 世纪 50 年代武器系统的任务分析，并在核电站风险分析中得到大量应用。THERP 方法中包含了 HRA 事件树、人的绩效形成因子（PSF）、动作相关性分析等方面，并采用主要由专家判断提供的人误数据库进行定量化计算。在分析人的认知诊断的可靠性时，此方法提供了基于时间相关曲线的粗略分析。用 THERP 方法完成人误概率定量化计算包括四个阶段：系统熟悉阶段，定性分析阶段，定量分析阶段，结果应用阶段。下面对前三个阶段进行简要介绍。

1. 系统熟悉阶段

前三个步骤是进行人的可靠性分析时的预备阶段，是熟悉事件、收集资料以及考察访谈的阶段，在这一阶段的任务是：

1) 了解存在于事件树和故障树中有关的人误事件。

2) 了解与基本事件有关的人员任务。

3) 了解人员操作的边界条件，包括行政管理系统、任务的时间要求、人员职责、技术要求、报警症状、恢复因子等。

2. 定性分析阶段

（1）任务分析。任务分析是建立 HRA 事件树的基础，THERP 方法用 HRA 事件树（HRA—ET）对人误进行描述和分析。要进行详细的任务分析，找出人机系统相互作用的界面，判断人在完成任务时所产生的失误类别，必须清楚地了解人员每项任务的内容并将它分解为相应的一系列连贯的动作或子任务序列。对于分解得到的每项子任务必须了解以下几点：动作对象，即实施的设备或仪表；动作类型，即要求操作人员的动作；可能潜在的人误；控制器、显示器的位置等。

（2）建造 HRA 事件树的一般原则。HRA 事件树与一般系统可靠性分析事件树有相似之处。它们包括：事件树建造、简化事件树和序列定量化等几方面的任务。HRA 事件树是在人员任务分析的基础上，以事件树的形式描述人员所要完成的某项任务，并按时间顺序分析人在其中的各项行为与活动的过程。HRA 事件树是二叉事件树，即两状态的事件树。用HRA 事件树进行人误分析时，每一个分支节点上都存在着失败或者成功的两种可能性。图 5.16 给出了一个简单的 HRA 事件树。

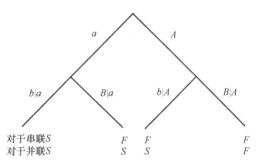

图 5.16　串联和并联系统的 HRA 事件树

由系统的任务分析表明：假定人的任务包括子任务 A 和子任务 B，人成功完成任务的准则是子任务为串联的或并联的。对于串联任务，要求人同时成功地完成两项子任务 A 和 B，系统方能成功；而对于并联任务，只要有一项子任务成功完成，系统就会成功。

建立 HRA 事件树应按照系统要求对任务先后次序进行分解，事件树的每一次分叉表示该系统在完成任务的过程中必须进行的各项子任务。

建造 HRA 事件树的一般原则如下：

1) 用大写字母表示某子任务失败，同时代表它失败的概率；用相应的小写字母表示该子任务成功和它的成功概率。字母应分别标记在任务分叉点上的右侧（失败）和左侧（成功）。

2) 位于 HRA 事件树各系列末尾的字母 S 和 F 分别表示人员完成任务的成功或失败。如对于图中的串联任务关系的 HRA 事件树情况，存在一个任务成功分支序列和 3 个失败分支序列。

3) HRA 事件树的每个节点上有两个分支，左侧的分支表示成功，右侧的分支表示失败。

4) 对于极小概率的分支事件可以从事件树中删去，即事件树可以"剪枝"和简化。

（3）HRA 事件树的定量评价。可按如下方法进行定量评价：

1) 如果任务是串联型的，即要求人同时成功地完成两项任务后，系统任务才完成，那么人完成任务的成功概率或失败概率分别为：

$$P(S) = a(b|a) \tag{5.38}$$

$$P(F) = 1 - a(b|a) = a(B|a) + A(b|A) + A(B|A)$$

2) 如果任务是并联型的，只要人完成了两项任务中的任何一项任务，系统就成功。在这种情况下，人完成任务的成功概率或失败概率分别为：

$$P(S) = 1 - A(B|A) = a(b|a) + a(B|a) + A(b|A) \tag{5.39}$$
$$P(F) = A(B|A)$$

其中，a 为任务 A 成功完成的概率；A 为任务 A 不能完成的概率（失败概率）；$b|a$ 为在完成任务 A 的条件下（给定 a）任务 B 成功完成的概率；$B|a$ 为在完成任务 A 的条件下（给定 a）不能完成任务 B 的概率；$b|A$ 为在不能完成任务 A 的情况下（给定 A）成功完成任务 B 的概率；$B|A$ 为在完成任务 A 的情况下（给定 A）不能完成任务 B 的概率；$P(S)$ 为人员完成任务的成功概率；$P(F)$ 为人员未能完成任务的失败概率。

各项子任务的概率数据可通过有关的数据库或专家判断给出。为了更深入地掌握有关 THERP 的技术，先对 THERP 的分析程序进行讨论，最后进行实例说明。

3. 定量分析阶段

（1）HRA 事件树中人误概率的选取与估计。HRA 事件树中各个分支的人误概率是条件概率。不采用条件概率，即假定各个子任务独立，就会低估人误概率取值，定量化分析就会出现错误。

在应用 THERP 方法时，需要区分四种类型的失误概率，它们是：名义人误概率（Normal Human Error Probability，NHEP）、基本人误概率（BHEP）、条件人误概率（CHEP）和联合人误概率（JHEP）。

1）名义人误概率：指没有考虑特定 PSF 情况下的"通常"人误概率。

2）基本人误概率：指人在完成一项相对孤立封闭且不受其他任务影响的任务时产生的人误概率。BHEP 与 NHEP 的区别是它考虑了特定 PSF 的影响。如果该任务是一个系列任务中的第一项，那么可以完全符合这种定义；如果该任务不是首项任务而且它的输出结果可能要依赖于其他任务的输出结果，那么 BHEP 将是在假设没有其他任务涉及的理想情况下估算的人误概率值。

3）条件人误概率：指在一项任务成功或失败的情况下完成某项具体任务时的人误概率。如果不论另一项任务成败与否，该项任务的 CHEP 是相同的，那么这两项任务就称为互不相关的（independent）；反之，则称为相关的（dependent）。

4）联合人误概率：指在正确完成所有任务已取得最终期望目标过程中的总体失误率，它是建立在 BHEP 和 CHEP 两者基础上的概率联合值。

（2）绩效形成因子与任务相关性修正。在 HRA 事件树中，人误概率由于人员和环境的不同存在着很大差别。因此，HRA 事件树中子任务的实际概率 HEP，都必须经过绩效形成因子 PSF 的修正。一般来说可用以下通式表示：

$$\text{BHEP} = \text{HEP} \cdot \text{PSF}_1 \cdot \text{PSF}_2 \cdots \cdots \tag{5.40}$$

绩效形成因子一般包括内在的影响与外界的影响两方面。在 THERP 方法中主要以压力或应激（Stress）来反应绩效形成因子的影响。表 5.57 是一组经典的 PSF 参考值。

表 5.57　各种应激条件下的 PSF 值

应 激 水 平	应激 PSF 修正值	不确定范围
有经验的操纵员		
较低应激条件	2 BHEP	2 倍
最佳应激条件	1 BHEP	1 倍
中等偏高应激条件 1. 一步一步操作任务 2. 动态操作任务	 2 BHEP 5 BHEP	 2 倍 5 倍
极高应激条件	HEP = 0.25	0.05 ~ 1
新手操纵员		
较佳应激条件	2 BHEP	2 倍

（续）

应激水平	应激 PSF 修正值	不确定范围
最佳应激条件 1. 一步一步操作任务 2. 动态操作任务	1 BHEP 2 BHEP	1 倍 2 倍
中等偏高应激条件 1. 一步一步操作任务 2. 动态操作任务	4 BHEP 10 BHEP	4 倍 10 倍
极高应激条件	HEP = 0.5	0.1 ~ 1

HRA 事件树中所应用的人误概率是条件概率。假定任务 B 是在子任务 A 后的一项子任务。任务 B 的无条件失败概率为 BHEP（指单独执行任务 B 的失败概率），那么在给定 A 失败后的条件下，任务 B 的条件失败概率，按以下 5 种不同的相依性计算：

1）全相关（CD），$B = 1$。

2）高相关（HD），$B = (1 + \text{BHEP})/2$。

3）中相关（MD），$B = (1 + 6\text{BHEP})/7$。

4）低相关（LD），$B = (1 + 19\text{BHEP})/20$。

5）零相关（ZD），$B = \text{BHEP}$。

（3）讨论恢复因子的影响。纠正措施往往针对某些占主导地位的序列进行。考虑这些序列中人员可能采取的纠正措施，或者可能的一些恢复因子的作用，例如系统中报警器的作用、班组人员巡查等，从而细化分析人误。

5.8.3　THERP 法人员可靠性分析应用实例

本例是用 THERP 法进行人员失误概率预测的实例。某工人的任务是用 3 台检测仪器监测蒸汽装置的压力是否正常。当工人监视 3 台检测仪器都发生失误时，则会发生漏报型监测失误。

该项操作可分解成以下 4 项单元操作：①安装检测仪器；②监视检测仪器 1；③监视检测仪器 2；④监视检测仪器 3。

由上述说明可知，3 台检测仪器是或逻辑关系连接，即只要能正确监视 1 台个或 1 台以上检测仪器，不是对 3 台检测仪器都监视失误时，即可成功完成工作。假设安装检测仪器失误的概率为 0.01，安装失误的结果导致检测仪器不能正常工作，即硬件故障，按其严重程度分为小毛病和大问题两种，其发生概率各占 0.5。工人监视每台检测仪器失误的概率是 0.01；监视 3 台检测仪器都失误的概率是 $(0.01)^3 = 10^{-6}$，可以忽略。

假设工人安装检测仪器 1 不能发现小毛病，则概率 $B = 1.0$。当工人监视检测仪器 2 时，可能发现安装方面的小毛病，发现安装小毛病的概率 $c = 0.9$。如果在监视前两台检测仪器时没有发现安装方面的小毛病，则认为也不会发现检测仪器 3 在安装方面的小毛病，这种失误概率为 $D = 1.0$。节点 F_1 表示相继监视 3 台检测仪器失误。

如果安装检测仪器发生了大问题，则工人在监视检测仪器 1 时就会发现，发现安装方面的大问题的概率 $b' = 0.9$。由于工人很可能发现安装错误并加以纠正，所以可能至少正确地监视 1 台检测仪器，节点 S_3 表示这一成功事件。即使工人在监视检测仪器 1 时没有发现安装方面的大问题，那么在监视检测仪器 2 时也会发现。设节点 S_4 代表这一成功事件，成功的概率 $c' = 0.99$。如果在监视前两台检测仪器时没有发现安装方面的大问题，可以认为在监视第 3 台时也不会发现，失误概

率为 $D'=1.0$。节点 F_2 代表相继监视 3 台检测仪器都失误的事件。

由上述分析和该例实际情况,画出其事件树,如图 5.17 所示。图中,字母 S 和 F 分别代表整个操作任务的成功与失误;小写字母及其组合(如 $P(a)$)代表单元操作成功和相应的成功概率,大写字母及其组合则代表相应单元操作失误和它的概率。

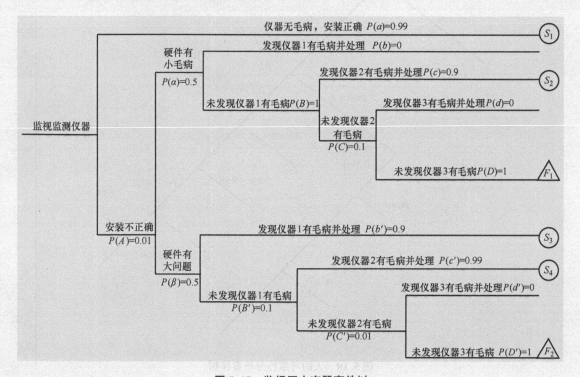

图 5.17 监视压力容器事件树

各成功节点(S_i)和失误节点(F_i)的概率为:

$$P(S_1) = 0.99$$
$$P(S_2) = 0.01 \times 0.5 \times 1.0 \times 0.9 = 0.0045$$
$$P(S_3) = 0.01 \times 0.5 \times 1.0 \times 0.9 = 0.0045$$
$$P(S_4) = 0.01 \times 0.5 \times 0.1 \times 0.99 = 0.000495$$
$$P(F_1) = 0.01 \times 0.5 \times 1.0 \times 0.1 \times 1.0 = 0.0005$$
$$P(F_2) = 0.01 \times 0.5 \times 0.1 \times 0.01 \times 1.0 = 0.000005$$

所以,发生监测操作失误的概率为:

$$E = P(F_1) + P(F_2) = 0.0005 + 0.000005 = 0.000505$$

或者,由成功节点求出不发生监测失误的概率为:

$$P(S) = P(S_1) + P(S_2) + P(S_3) + P(S_4)$$
$$= 0.99 + 0.0045 + 0.0045 + 0.000495$$
$$= 0.999495$$

由此可得,发生监测操作失误的概率为:

$$E = 1 - P(S) = 1 - 0.999495 = 0.000505$$

以上是用读者熟悉的事件树分析法求解人失误概率。THERP 法的应用中，经常建立如图 5.18 所示的人可靠性分析事件树，并通过它进行计算。

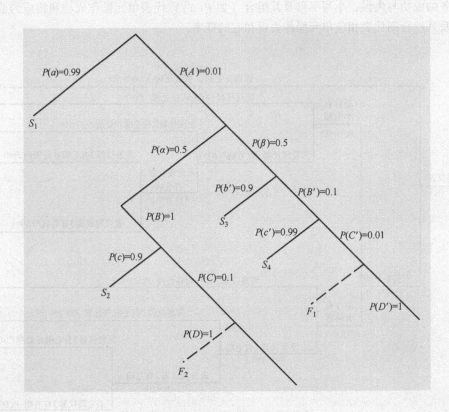

图 5.18　人的可靠性分析事件树

5.8.4　人员可靠性分析方法的特点及适用条件

人员可靠性分析法是以人因工程、系统分析、认知科学、概率统计、行为科学等诸多学科为理论基础，以对人的可靠性进行定性与定量分析和评价为中心内容，以分析、预测、减少与预防人的失误为研究目标。

迄今为止，HRA 已有数十种方法，这些方法对 HRA 的发展和应用起了良好的推动作用，但也存在不足：使用 HRA 事件树的两分法逻辑（成功与失败）不能真实、全面地描述人的行为现象；缺乏充分的数据；多依赖专家判断；HRA 方法的正确性与准确性难以验证；HRA 方法缺乏心理学基础；缺乏对重要的行为形成因子的恰当考虑和处理。

THERP 特别适合于预测运转、检测盒维修操作人员的失误概率。

本 章 小 结

本章系统介绍了除概率风险评价法之外的常用定量安全评价方法：道化学公司火灾、爆炸指数评价法，化工企业六阶段安全评价法，重大危险源评价法，风险矩阵法，作业条件危险性评价法，保护层分析法，模糊综合评价法，以及人员可靠性分析法。每种方法均从产生背景、基本原理、评价方法步骤、特点和适用条件等方面加以介绍，并通过实例说明其具体应用。

思考与练习题

1. 火灾、爆炸指数评价法主要有哪几种？试述每种方法的分析步骤、特点和适用范围。

2. 试述化工企业六阶段安全评价法的方法步骤。

3. 简述作业条件危险性评价的方法步骤。

4. 分析 LEC 评价法、MES 评价法的异同点。

5. 简述重大危险源评价的优缺点、适用范围和评价程序。

6. 模糊综合评价的步骤及评价内容是什么？

7. 试述保护层分析法的优点与局限性；阐述独立保护层的含义。

8. 汽油属于轻组分油，轻组分油具有易燃、易爆、易挥发、易泄漏、毒性等危险特性。某加油站的油罐区设置了 4 个容积均为 5m³ 的埋地油罐（每罐汽油质量为 3650kg，每罐柴油质量为 4200kg），其中 2 个为汽油罐，2 个为柴油罐，即最大的汽油储量为 10 m³，柴油储量为 10 m³，属三级加油站。该站采用油气回收系统，油罐内气相空气进入量很少，油罐内气相空间氧含量低于 10%，油气浓度超过爆炸范围，没有爆炸危险，柴油储罐储存温度低于柴油闪点，没有爆炸危险。汽油和柴油储罐常压操作，埋地汽油和柴油罐采用加强级防腐，腐蚀速率可能大于 0.127mm/年，但小于 0.254mm/年，汽油的泄漏温度高于其闪点，柴油的泄漏温度低于其闪点。加油站有完整的操作规程，对所经营的危险品的性质和工艺过程有一定的了解，并按有关设计规范和管理规定采取相应的安全措施，加油站没有隔离安全措施，配备有手提式或移动式干粉灭火器、灭火毯、灭火沙，电缆埋在地下。通过现场实地测量，该加油站油罐区与相邻小区间的距离 10.7m，符合《汽油加油站气站设计与施工规范》GB 50156—2012 要求。此外，该加油站系有资质的单位设计和施工的，手续齐全，装设了油气回收系统，防雷、防静电设施完善，且做到定期检查，结果符合要求；消防器材配备规范齐全完好有效，有健全组织机构，并配备有专职的安全生产管理人员，且该站主要负责人和安全生产管理人员均持有相应的资质证书，所有从业人员均经过培训考核合格后，持证上岗，编制有健全的岗位责任制、安全管理制度和操作规程，编制有事故应急预案，并能定期进行救援演练。假设加油站的价值为 8 万元（人民币，下同），2 个汽油罐的价值为 6.2 万元，2 个柴油罐的价值为 5.81 万元；增长系数为 1.16；2 个汽油罐每月产值为 0.35 万元，2 个柴油罐每月产值为 0.28 万元；估计损失时间是 30 天。试采用道化学火灾、爆炸指数评价法，对该站的火灾、爆炸危险性进行定量评价。

9. 已知某工厂工人进行冲床操作时可能会发生冲手事故，已知冲床无红外线光电等保护装置，而且既未设计使用安全模，也无钩、夹等辅助工具。采用 LEC 评价法评价事故的危险性。

10. 某装置分析工人现场采样作业时，因设备取样口布置不当或操作不慎，可能被射出物流溅伤、灼伤或吸入，引起人员伤害事故。采用 LEC 评价法评价事故的危险性。

11. 请以某成品油输油站中的风险"给油泵入口压力超低"为例，进行 LOPA 分析，其风险与场景分析见表 5.58。

表 5.58　风险及对应场景分析表

风险 1-给油泵入口压力超低	
场景 1	上游管线异常截断（储罐阀组区阀门误关断和管线堵塞）导致给油泵入口压力超低，给油泵抽空气蚀，设备损坏
场景 2	罐液位过低导致给油泵入口压力超低，给油泵抽空气蚀，设备损坏
场景 3	给油泵入口阀误关断或故障，导致给油泵入口压力超低，给油泵抽空气蚀，设备损坏
场景 4	给油泵入口过滤器堵塞导致给油泵入口压力超低，给油泵抽空气蚀，设备损坏

12. 尾矿库是一种人造的具有高势能的泥石流，我国 90% 以上的尾矿坝，都采用上游法堆积。这种坝的沉积密度低、浸润线偏高。试采用模糊综合评价法对某尾矿库的运行情况进行安全评价。

13. 阐述风险矩阵法的分析步骤。

14. 人员可靠性分析方法的特点及适用条件是什么？

15. 简述人员失误概率预测技术的分析过程。

第6章

概率风险评价法

学习目标

1. 理解概率风险评价法的概念，掌握其方法步骤，能熟练应用概率风险评价法进行定量安全评价工作。

2. 熟悉事故树分析的特点、基本概念和分析步骤，掌握事故树定性分析和定量分析方法，并能在安全评价工作中熟练应用。

3. 熟悉事件树分析的特点、基本概念、步骤和计算方法，掌握其适用条件、定性分析和定量分析方法。

4. 了解马尔科夫过程分析的概念、特点及步骤，掌握其应用。

5. 了解管理失误与风险树分析的概念、特点及步骤，掌握其应用。

本章详细介绍概率风险评价法的概念和方法步骤，以及事故树分析、事件树分析、马尔科夫过程分析、管理失误与风险树分析等常用概率风险评价方法。

6.1　概率风险评价法概述

6.1.1　概率风险评价的概念与思路

1. 概率风险评价的概念

如第2章所述，概率风险评价（Probabilistic Risk Assessment，PRA）是对系统进行定量分析，计算和预测事故发生概率，做出定量评价结果的方法，即概率风险评价是以事故发生概率为基础进行的系统危险性评价方法。该方法主要采用事故树分析、事件树分析等方法计算出事故的发生概率，进而计算出风险率，并和社会允许的风险率数值（即安全指标）进行比较，从而评价系统的实际危险性，明确其是否可以被接受。

2. 概率风险评价的应用

由于概率风险评价法比较复杂，计算工作量大，需耗费大量人力、物力和时间，所以更多地应用于那些不允许发生事故的系统、安全性受到世人瞩目的系统、会造成多人死亡的系统以及严重污染环境的系统。自20世纪60年代末概率风险评价法问世以来，其主要应用于以下三个方面：

1）提供某种技术的危险分析情况，用于制定政策、答复公众咨询、评价环境影响等。

2）提供危险定量分析值及减小危险的措施，帮助建立有关法律的操作程序。

3）在工厂设计、运行质量管理、改造及维修时提出安全改进措施。

6.1.2 概率风险评价的程序与应用实例

6.1.2.1 概率风险评价的程序步骤

概率风险评价程序如图 6.1 所示。整个评价过程包括了系统内危险的辨识、计算事故发生的概率、推算事故后果、计算风险率、与安全指标相比较等一系列的工作。

概率风险评价的具体步骤如下：

（1）危险辨识与事故发生概率的计算。首先辨识系统危险，然后应用合理、有效方法准确计算出系统中的事故发生概率 P，计算方法可采用事故树分析、事件树分析等定量安全评价方法。

（2）推算事故后果 C，计算风险率 R。应用后果分析方法等推测重大危险导致事故后果的严重程度 C，然后根据风险率计算公式［式(2.2)］：$R = PC$，计算系统的实际风险率 R。

（3）安全指标的比较与确认。将计算得出的实际风险率和安全指标（即社会允许的风险率数值）进行比较，判断系统的实际危险性程度，确认风险是否可以被接受。

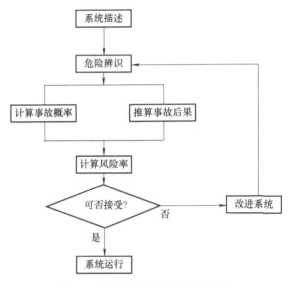

图 6.1 概率风险评价的程序步骤

（4）风险的管理与控制。通过比较，如果实际风险率低于安全指标，就认为系统是安全的，该风险是可以接受的，评价工作也就可以结束；否则，如果风险率高于安全指标，则认为系统不安全，必须采取有效措施，降低系统的风险率，再进行评价。这样反复进行，直到风险率低于安全指标为止。

实际应用中，可分别以 3 种风险率单位进行安全评价，即以单位时间死亡率进行评价、以单位时间损失工作日进行评价和以单位时间损失价值进行评价，下面通过实例予以介绍。

6.1.2.2 概率风险评价应用实例

1. 以单位时间死亡率进行评价

定量评价系统的安全性是比较困难的，原因是收集积累各子系统的事故发生频率的数据不充分，同时在估算因事故造成的经济损失和人员伤亡时也往往受评价者的主观意志所影响。目前，国际上经常采用单位时间死亡率来进行系统安全性的评价，其主要原因是：①保障人身安全是安全工作的根本任务；②"死亡"的统计数据最为可靠。

例如，以美国交通事故情况，对其做出安全评价：如前所述（见第 2 章），美国汽车交通事故的风险率为 2.5×10^{-4} 死亡/（人·年），这个数值意味着，一个 10 万人的集体每年有 25 人因车祸而死亡的风险，或 4000 人的集体每年有 1 人死亡，或每人每年有 0.00025 因车祸而死亡的可能性。但是，为了享受小汽车带来的物质文明，就必须承担这样的风险率。

要降低这个风险率数值当然可以，但要花很多钱去改善交通设施和汽车性能。因此，没人愿意花更多的钱去改变这种状况，也没人因害怕这种风险而放弃使用小汽车。这就是说，在实际生活中，没有人由于害怕承担这样的风险而放弃使用小汽车。所以，这个风险率数值就可以作为使用小汽车的一个社会公认的安全指标。从这个意义上讲，美国汽车交通事故的风险率未超出安全指标，因此是可以接受的。

2. 以单位时间损失工作日进行评价

[**例 6-1**] 压力机系统概率风险评价。设有一如图 6.2 所示的压力机系统，压力机上有一个手动开关 K_1，操作者通过开关 K_1 操纵控制阀 KV 使压杆上下运动。当压杆提上时，用手向压模之间送料。如果压力机发生故障或操作失误，就会发生轧手事故。假设该系统的负伤安全指标为 8×10^{-4} 损失工日/接触小时，下面对其进行安全评价。

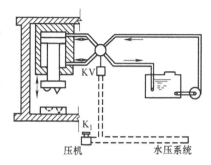

图 6.2 压力机系统示意图

（1）计算压力机轧手事故的发生概率。此例用事故树分析法计算事故的发生概率。画出轧手事故的事故树，如图 6.3 所示。这里，我们认为压杆下降完全是由于控制阀 KV 处于下降位置造成的（不考虑其他故障因素），所以二者是等同的，其间不需经过逻辑门连接。

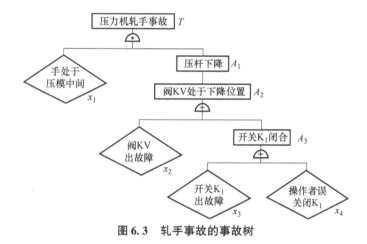

图 6.3 轧手事故的事故树

按照图 6.3，列出事故树的结构式为：

$$T = x_1 A_1 = x_1 A_2 = x_1 (x_2 + A_3)$$
$$= x_1 (x_2 + x_3 + x_4)$$
$$= x_1 x_2 + x_1 x_3 + x_1 x_4$$

根据系统的运行状况并参照各元件的故障率数值，设定各基本事件的发生概率为：$q_1 = 0.5$（送料时间占手工作时间的一半）；$q_2 = 10^{-7}$（参照元件的故障率，下同）；$q_3 = 10^{-7}$；$q_4 = 10^{-3}$。

根据各基本事件的概率，按照事故树的结构式，用近似算法求出顶上事件的发生概率为：

$$q_T \approx q_1 q_2 + q_1 q_3 + q_1 q_4$$
$$= 0.5 \times 10^{-7} + 0.5 \times 10^{-7} + 0.5 \times 10^{-3}$$
$$\approx 5 \times 10^{-4}$$

（2）计算系统的风险率。按照《企业职工伤亡事故分类》（GB 6441—1986）规定，压断掌骨、使手完全失去机能（腕部截肢）的损失工作日为 1300 日。根据顶上事件的发生概率及损失工作日数，可以算出系统的风险率 R 为：

$$R = q_T \times 1300 = (5 \times 10^{-4} \times 1300) \text{损失工日/接触小时} = 0.65 \text{损失工日/接触小时}$$

（3）比较与评价。根据以上计算，每接触压力机 1 小时，就要承担 0.65 损失工日的风险，远远大于安全指标 8×10^{-4} 损失工日/接触小时。所以，这个系统是不安全的，这样大的风险率是不可接受的。

（4）采取措施降低事故风险率。由于系统处于危险状态，所以应该采取措施提高系统的可靠性，降低事故风险率。例如，可以在基本元件上串联一个元件，即增加一个冗余件来提高操作的可靠性。本例中，在原来的开关 K_1 上串接另一个开关 K_2，如图 6.4 所示。

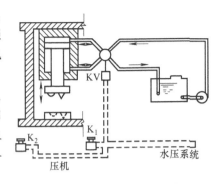

图 6.4　改进的压力机系统

根据图 6.4，画出改进后的系统中压力机轧手事故的事故树，如图 6.5 所示。

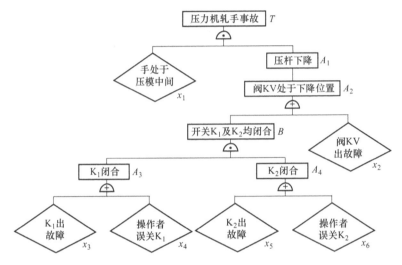

图 6.5　改进后压力机轧手事故的事故树

改进后的事故树的结构式为：

$$T = x_1 A_1 = x_1 A_2 = x_1 (B + x_2) = x_1 (A_3 A_4 + x_2)$$
$$= x_1 [(x_3 + x_4)(x_5 + x_6) + x_2]$$
$$= x_1 x_2 + x_1 x_3 x_5 + x_1 x_3 x_6 + x_1 x_4 x_5 + x_1 x_4 x_6$$

基本事件 x_1、x_2、x_3、x_4 的概率与前文相同，x_5、x_6 的概率设为：$q_5 = 10^{-7}$，$q_6 = 10^{-3}$，求出顶上事件的发生概率为：

$$T \approx q_1 q_2 + q_1 q_3 q_5 + q_1 q_3 q_6 + q_1 q_4 q_5 + q_1 q_4 q_6$$
$$= 0.5 \times 10^{-7} + 0.5 \times 10^{-7} \times 10^{-7} + 0.5 \times 10^{-7} \times 10^{-3} + 0.5 \times 10^{-3} \times 10^{-7} + 0.5 \times 10^{-3} \times 10^{-3}$$
$$\approx 5.5 \times 10^{-7}$$

则风险率为：

$$R = q_T \times 1300 = (5.5 \times 10^{-7} \times 1300) \text{损失工日/接触小时} = 7.15 \times 10^{-4} \text{损失工日/接触小时}$$

这一风险率数值小于安全指标。所以，经过改进后的系统是安全的。安全评价工作到此结束。

3. 以单位时间损失价值进行评价

以单位时间内经济损失价值的风险率进行安全评价，是全面评价系统安全性的方法，它既考虑事故发生可能造成的经济损失，又把人员伤亡损失折合成经济损失，统一计算事故造成的总损失。在计算出系统发生事故概率（或频率）的情况下，就可计算出以单位时间内的经济损失金额作为系统的风险率，以此来评价系统的安全性和考察安全投资的合理性。

一般地说，事故的经济损失越大，其允许发生的概率越小；事故的经济损失越小，允许发生的概率越大，这个允许范围就是安全范围。两者的关系以及安全范围如图 6.6 所示。事故经济损失与其发生概率的关系之所以并非直线关系，主要是人们对损失严重事故的恐惧心理所致，如对核事故就是如此。所以，对核设施的要求就格外严格，对其允许的事故发生概率一般在 10^{-7}/年以下。

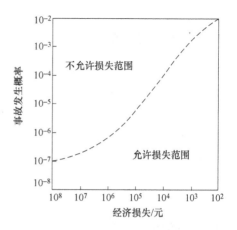

图 6.6　经济损失程度与事故发生概率的关系

评价结果如果超出安全范围，则系统必须调整，通过采取各种措施，使系统的风险率降低至安全目标值以下，以达到系统安全的目的。

6.1.3　危险化学品定量风险评价概述

国家安全生产监督管理总局 2013 年发布了《化工企业定量风险评价导则》（AQ/T 3046—2013），适用于化工企业的定量风险评价；其安全指标，则为《危险化学品生产、储存装置个人可接受风险标准和社会可接受风险标准（试行）》（见第 2 章）。通过安全评价，确定陆上危险化学品企业新建、改建、扩建和在役生产、储存装置的外部安全防护距离，确保防护目标承受的风险在可接受范围内。其方法步骤简述如下。

（1）定量风险评价。定量风险评价包括以下步骤：准备；资料数据收集；危险辨识；失效频率分析；失效后果分析；风险计算；风险评价；确定评价结论，编制风险评价报告。

《化工企业定量风险评价导则》（AQ/T 3046—2013）中规定了不同情况下的风险评价方法，通过计算火灾爆炸、中毒事故的死亡概率，进而计算个体风险和社会风险进行定量风险评价。目前，有多种定量风险评价软件可供应用，如 DNV 的 safety 软件，中国安全生产科学研究院、南京工业大学等机构开发的定量风险评价软件等。由于计算过程比较复杂，多数安全评价项目均使用风险计算软件进行计算和评价。

（2）确定外部安全防护距离。根据可接受风险标准，通过定量风险评价法得到生产、储存装置的个人可接受风险等值线及社会可接受风险图，以确定被评价装置与防护目标的外部安全防护距离。

6.1.4　概率风险评价方法的特点及问题分析

概率风险评价是一种通过大量事故资料统计分析和科学计算，得到准确结果的评价方法，是安全评价技术发展的重要领域和明确方向。但是，该方法存在的一些问题影响了它的应用。

概率风险评价方法要求对系统进行完整分析，且要求有充足的失效数据，因此它是一项复杂的技术性工作，要求系统分析的完整性、建模的准确性，以及参数估计的充分性和不同评价方法之间的差异性，限制了这种评价方法的应用。同时，概率风险评价方法的应用，需要建立相应的系统零部件和子系统事故发生频率（或故障率）的数据库系统，而目前我国故障率数据积累还不充分，其应用范围也受到很大限制。这些问题都是概率风险评价方法应用中需要解决的难点问题。

6.2　事故树分析

事故树分析也称为故障树分析，简称为 FTA（Fault Tree Analysis），是安全系统工程中最重要的分析方法，可以对各类事故进行分析、预测和评价，为安全管理提供科学的决策依据，具有重要的推广、应用价值。

事故分析法起源于美国贝尔电话研究所。1961 年华特逊（Watson）在研究民兵式导弹发射控制系统的安全性评价时首先提出了这种方法，后来波音公司对 FTA 进行了重要改革。20 世纪 60 年代后期，FTA 由航空航天工业发展到以原子能工业为中心的其他产业部门。目前，在各个行业、在系统安全分析和安全评价的许多领域都在应用这一方法。

6.2.1　事故树分析的概念与步骤

1. 事故树分析的概念

事故树，是从结果到原因描绘事故发生的有向逻辑树。逻辑树是用逻辑门连接的树图。

事故树分析，是一种逻辑分析工具，遵照逻辑学的演绎分析原则，即"从结果分析原因"的原则。事故树分析用于分析所有事故的现象、原因、结果事件及它们的组合，从而找到避免事故的措施。

2. 事故树分析的步骤

完整的事故树分析可以分为以下 4 个步骤。实际进行事故树分析时，分析人员可根据需要和可能，选择其中的几个步骤。

（1）编制事故树。为编制事故树，要全面了解所分析的对象系统的运行机制和事故情况，选定事故树分析的对象——顶上事件。然后，画出事故树图。

（2）事故树定性分析。包括：

1）化简事故树。

2）求事故树的最小割集和最小径集，也可只求出两者之一。

3）进行结构重要度分析。

4）定性分析的结论。

定性分析是事故树分析的核心内容。通过定性分析，可以明确该类事故的发生规律和特点，找出预防事故的各种可行方案，并了解各个基本事件的重要性程度，以便准确地选择并实施事故预防措施。

（3）事故树定量分析。包括：

1）确定各基本事件的发生概率。

2）计算顶上事件的发生概率。计算出顶上事件的发生概率后，应将计算结果与通过统计分析得出的事故发生概率进行比较。如果两者相差悬殊，则必须重新考虑事故树图是否正确，以及各基本事件的发生概率确定得是否合理等问题。

3）进行概率重要度分析和临界重要度分析。

（4）安全评价。根据事故发生的概率和事故严重度计算风险率数值，并与安全指标（即社会允许的风险率）进行比较，确定系统的风险率是否可被接受，即确定系统的安全状况是否达到要求。

事故树分析的 4 个步骤中，第 1 步编制事故树是分析正确与否的关键；第 2 步定性分析是事故树分析的核心；第 3 步定量分析是事故树分析的方向，即用数据准确地表示事故的危险程度；第 4

步安全评价是事故树分析的目的，可以对所分析事故的危险程度予以准确定量。

具体分析时，可以根据分析的目的、投入人力物力的多少、人的分析能力的高低，以及对基础数据的掌握程度等，分别进行到不同步骤。如果事故树规模很大，最好借助计算机进行分析。

6.2.2 事故树的编制方法

事故树编制是 FTA 中最基本、最关键的环节。编制工作一般应由系统设计人员、操作人员和可靠性分析人员组成的编制小组来完成，经过反复研究，不断深入，才能趋于完善。

6.2.2.1 事故树的编制过程

（1）确定所分析的系统。确定所分析的系统，即确定系统中所包含的内容及其边界范围，并要熟悉系统的整个情况，了解系统状态、工艺过程及各种参数，以及作业情况、环境状况等；要调查系统中发生的各类事故情况，广泛收集同类系统的事故资料，进行事故统计，设想给定系统可能要发生的事故。例如，如果分析建筑防火系统，需要确定是哪种类型的建筑（如普通民用建筑、高层民用建筑等），明确所分析建筑物的具体范围，熟悉它们的具体状况及其防火设备、设施的性能和参数，调查相应建筑物中的各类火灾事故，分析事故发生的规律。

（2）确定事故树的顶上事件。顶上事件即事故树分析的对象事件，也就是所要分析的事故。对于某一确定的系统而言，可能会发生多种事故，一般首先选择那些易于发生且后果严重的事故作为事故树分析的对象——顶上事件；根据事故预防工作的实际需要，也可选择其他事故进行事故树分析。

（3）调查与顶上事件有关的所有原因事件。原因事件包括与顶上事件有关的所有因素，可从4M 因素着手进行调查。例如，若顶上事件是建筑火灾事故，则建筑材料和建筑中的可燃物情况、防火设施和灭火器材情况、防灭火工作程序、现场人员和消防人员状况等都是与顶上事件有关的原因事件，都需要调查清楚。

（4）画出事故树。首先画出顶上事件，在它下面的一层并列写出其直接原因事件，并用逻辑门连接上、下两层事件；然后，再把构成第二层各事件的直接原因写在第三层上，并用适当的逻辑门连接起来……这样，层层向下，直到最基本的原因事件，就画出一个完整的事故树。最基本的原因事件称为基本事件，基本事件与顶上事件之间的各个事件称为中间事件。事故树的最下一层事件，也可能是省略事件或正常事件，它们也属于基本事件。

6.2.2.2 事故树的符号

事故树是用逻辑门连接的各种事件符号组成的，事故树的符号有事件符号、逻辑门符号和转移符号。其中，事件符号是树的节点，逻辑门是表示相关节点之间逻辑关系的符号，逻辑门与事件符号之间的连线是树的边。

《故障树名词术语和符号》（GB/T 4888—2009）中规定了事故树符号，可参考应用；下面介绍的符号是目前见诸各类文献的最常用形式，但与该推荐标准略有出入。

1. 事件符号

（1）矩形符号。矩形符号表示顶上事件或中间事件（图 6.7），即需要继续往下分析的原因事件。画事故树图时，将事件的具体内容简明扼要地写在矩形方框中。

（2）圆形符号。圆形符号表示基本原因事件（图 6.8），即最基本的、不能再向下分析的原因事件，基本事件可以是设备故障、人的失误或与事故有关的环境不良等。

（3）屋形符号。屋形符号表示正常事件（图 6.9），即系统在正常状态下发挥正常功能的事件。这是由于事故树分析是一种严密的逻辑分析，为了

顶上事件
中间事件

图 6.7 矩形符号

保持其逻辑的严密性，正常事件的参与往往是必需的。

（4）菱形符号。菱形符号可表示两种事件（图6.10），其一是表示省略事件，即没有必要详细分析或其原因尚不明确的事件；其二是表示二次事件，即不是本系统的事故原因事件，而是来自系统以外的原因事件。例如，在分析矿山井下火灾时，地面的火源（能引起井下火灾）就是二次事件。

| 图6.8 圆形符号 | 图6.9 屋形符号 | 图6.10 菱形符号 |

4种事件符号内都必须填写内容具体、概念清楚的事件内容。在具体进行事故树分析时，也可以根据实际需要选用其他的图形符号。

2. 逻辑门符号

逻辑门连接着上下两层事件，表明相连接的各事件间的逻辑关系。逻辑门的应用是画事故树画图的关键，只有正确地选择和使用逻辑门，才能保证事故树分析的正确性。

逻辑门的种类很多，其中最为基本、应用最多的有与门、或门、条件与门、条件或门和限制门。下面举例说明几种常用逻辑门的用法与作用。

（1）与门。与门符号如图6.11所示，只有当其下面的输入事件 B_1，B_2 同时发生时，上面的输出事件 A 才发生，两者缺一不可。它们的关系是逻辑积关系，即 $A = B_1 \cap B_2$，或记为 $A = B_1 \cdot B_2$；若有多个输入事件时也是如此，如 $A = B_1 \cdot B_2 \cdots B_n$。

例如，对于图6.12所示电路，若以"K_1断开"和"K_2断开"分别表示开关1和开关2为断开状态，则它们为基本原因事件，用圆形符号表示；电灯熄灭为事故树分析的结果事件，用矩形符号表示。那么，基本原因事件与其造成的结果事件的关系是逻辑"与"的关系，将其画成事故树，如图6.13所示。

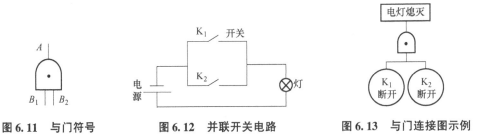

| 图6.11 与门符号 | 图6.12 并联开关电路 | 图6.13 与门连接图示例 |

需要说明的是，造成上层结果的下层原因事件必须是直接原因事件，而不应该是间接原因事件，以免造成分析的混乱或漏掉重要的原因事件。

（2）或门。或门如图6.14所示，输入事件 B_1、B_2 至少有一个发生，输出事件 A 就发生。它们的关系是逻辑和关系，即 $A = B_1 \cup B_2$ 或 $A = B_1 + B_2$。若有多个输入事件时也是如此。

例如，图6.15所示的串联开关电灯回路，只要开关 K_1、K_2 中任一个断开，电灯就会熄灭。所以，"电灯熄灭"和"K_1断开""K_2断开"的关系是逻辑和的关系，可用图6.16表示。

图6.14 或门符号

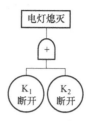

图 6.15 串联开关电路   图 6.16 或门连接示例 1

或门连接还有罗列输出事件形式的作用，这在画事故树时也是经常用到的。例如，锅炉爆炸事故有常压爆炸、超压爆炸和烧干锅突然加水爆炸，可用或门将它们连接起来，如图 6.17 所示，以便于分别进行分析。

（3）条件与门。条件与门如图 6.18 所示，必须在满足条件 α 的情况下，输入事件 B_1、B_2 同时发生，输出事件 A 才发生，否则就不发生。这里，α 指输出事件 A 发生的条件，而不是事件。它们的关系是逻辑积关系，即 $A = (B_1 \cap B_2) \cap \alpha$，或 $A = B_1 \cdot B_2 \cdot \alpha$。

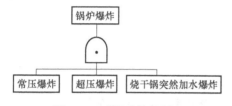

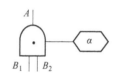

图 6.17 或门连接示例 2   图 6.18 条件与门符号

例如，某系统发生低压触电死亡事故的直接原因是："人体接触带电体""保护失效"和"抢救不力"。但这些直接原因事件同时发生也并不一定死亡，而最终取决于通过心脏的电流 I 与通电时间 t 的乘积 $It \geq 50\text{mA} \cdot \text{s}$，这一条件必须在条件与门的六边形符号内注明，如图 6.19 所示。

（4）条件或门。条件或门如图 6.20 所示，在满足条件 α

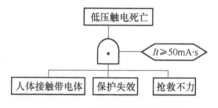

图 6.19 条件与门连接示例

的情况下，输入事件 B_1、B_2 至少一个发生，输出事件 A 就发生。输入事件 B_1、B_2 与输出事件之间是逻辑和的关系，输入事件与条件 α 则是逻辑积的关系。由此，它们的逻辑关系为 $A = (B_1 \cup B_2) \cap \alpha$ 或 $A = (B_1 + B_2) \cdot \alpha$。

例如，氧气瓶超压爆炸事故的原因事件是"在阳光下暴晒""接近热源"或"接触火源"，三个原因事件至少发生一个，又满足"瓶内压力超过钢瓶承受力"条件时，都能导致氧气瓶爆炸事故的发生。因此，它们之间应该采用条件或门连接，如图 6.21 所示。

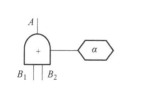

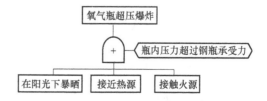

图 6.20 条件或门符号   图 6.21 条件或门连接示例

（5）限制门。限制门也称为禁门，如图 6.22 所示。它表示：当输入事件 B 发生时，如果满足条件 α，输出事件 A 就发生；否则，输出事件 A 就不发生。它们是逻辑积的关系，即 $A = B \cap \alpha$ 或

$A = B \cdot \alpha$。需要注意的是,限制门的输入事件只有一个,这与其他逻辑门是不同的。

例如,"滑落煤仓死亡"事故,其直接原因是"误坠煤仓",但能否造成死亡后果,则取决于"煤仓高度及仓内状况"条件,故用限制门连接,如图 6.23 所示。

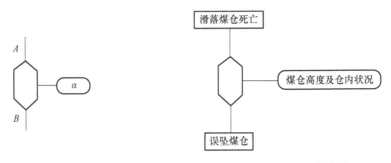

图 6.22 限制门符号   图 6.23 限制门连接图

上面介绍的 5 种逻辑门最为常用,应该熟练掌握。其中,又以与门、或门最为重要,其他逻辑门均是从这两个门派生出来。应该从明确逻辑关系和逻辑表达式入手,理解和掌握各个逻辑门的应用及其关系。

除上面介绍的 5 种逻辑门外,较为常见的还有"表决门""排斥或门"和"顺序与门",下面仅对表决门做一简单介绍。

(6) 表决门。表决门如图 6.24 所示,表示 n 个输入事件 B_1,B_2,$\cdots$,B_n 中,至少有 r 个发生时输出事件才发生的逻辑关系。这种情况在电气电子行业出现较多,其他行业不常出现。

可以看出,或门和与门都是表决门的特例:或门——$r = 1$ 的表决门;与门——$r = n$ 的表决门。

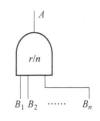

图 6.24 表决门符号

3. 转移符号

转移符号包括转入符号和转出符号,分别表示部分树的转入和转出。其作用有二:其一,当事故树规模很大,一张图不能绘出全部内容时,可应用转移符号,在另一张图上继续完成;其二,当事故树中多处包含同样的部分树时,为简化起见,可以用转入、转出符号标明。

1) 转入符号(图 6.25)表示需要继续完成的部分树由此转入。

2) 转出符号(图 6.26)表示尚未全部完成的事故树由此转出。

一般地,转出、转入符号的三角形内要对应标明数码或字符,以示呼应。

图 6.25 转入符号

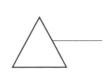

图 6.26 转出符号

6.2.2.3 事故树编制实例

事故树的编制方法一般分为两类,一类是人工编制,另一类是计算机辅助编制。因计算机辅助编制事故树尚不成熟,且目前的安全评价工作中主要由人工编制,此处只介绍人工编制事故树的方法。

1. 编制事故树的规则

事故树的编制过程是一个严密的逻辑推理过程，应遵循以下规则：

（1）顶上事件的确定应优先考虑风险大的事故事件。

（2）合理确定边界条件。明确规定所分析系统与其他系统的界面；需要时可做一些合理的假设。

（3）保持逻辑门的完整性，不允许门与门直接相连。事故树编制时应逐级进行，不允许跳跃；任何一个逻辑门的输出都必须有一个结果事件，不允许不经过结果事件而将门与门直接相连，否则，将很难保证逻辑关系的准确性。

（4）确切描述顶上事件。明确地给出顶上事件的定义，即确切地描述出事故的状态，及其什么时候在何种条件下发生。

（5）编制过程中及编成后，需及时进行合理的简化。

2. 人工编制事故树的方法

人工编制事故树的常用方法为演绎法，它是通过人的思考去分析顶上事件是怎样发生的，并根据其逻辑关系画出事故树。在演绎法编制时，首先确定系统的顶上事件，找出导致顶上事件发生的直接原因事件——各种可能原因或其组合，即中间事件（也可能是基本事件）。在顶上事件与其紧连的直接原因事件之间，根据其逻辑关系画上合适的逻辑门。然后再对每个中间事件进行类似的分析，找出其直接原因事件，逐级向下演绎，直到不能继续分析的基本事件为止。这样，就可画出完整的事故树。

编制出事故树后，要对其正确性进行全面检查，判断其逻辑关系是否正确。其正确与否的判别原则是：上一层事件为下一层事件的必然结果；下一层事件为上一层事件的充分条件。

3. 事故树编制示例

下面通过几个事故树编制的示例，进一步说明事故树编制的全过程。

[例6-2] 车床绞长发事故树。机械工厂中，由于车床旋转运动时将员工、特别是女工的长发绞进去，从而造成伤害的事故时有发生。所以，将这种事故作为顶上事件进行事故树分析。在对车床系统的运行和事故情况调查、了解清楚后，就可以按照演绎分析的原则进行分析，编制出车床绞长发事故的事故树。

首先确定，所分析的系统是机械工厂中的车床运行系统，包括车床及其旋转运动，以及操作车床的人及其工作行为，不包括系统之外的因素。

将顶上事件车床绞长发事故记入最上端的矩形符号内，这就是事故树的第一层。车床绞长发事故的直接原因事件是车床旋转和长发落下，将这两个原因事件记入第二层。其中，车床旋转是正常事件，用屋形符号表示；长发落下需继续向下分析，属于中间事件，记入矩形符号内。两者必须是同时发生才会导致顶上事件的发生，用与门将第一、第二层事件连接起来比较适宜；但是，第二层的两个原因事件要使顶上事件发生，还应满足长发接触旋转部位条件，所以，采用条件与门将第一、第二层事件连接起来，如图6.27的第一、二两层所示。

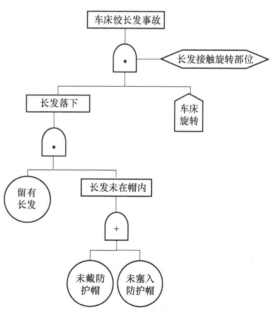

图6.27 车床绞长发事故树

再以第二层事件作为结果事件，找出它们的所有直接原因事件，记入第三层的相应事件符号内，并用适当的逻辑门将它们与第二层连接起来。第二层的车床旋转为正常事件，无需向下分析；长发落下为中间事件，则需继续向下分析。长发落下的直接原因事件为留有长发和长发未在帽内，将它们记入长发落下下方的第三层，并根据它们的逻辑关系用与门连接。留有长发是基本原因事件，用圆形符号；长发未在帽内是中间事件，用矩形符号，如图6.27的第二、三两层所示。

第三层中的留有长发是基本原因事件，不再向下分析；长发未在帽内的直接原因事件是未戴防护帽和未塞入帽内，写在事故树的第四层，并根据它们的逻辑关系用或门连接；两事件都是基本原因事件，都用圆形符号表示。至此，该事故树分析到了最基本的原因事件，也即完成了整个事故树的编制，如图6.27所示。

绘出事故树图后，还要按照上述原则进行全面的正确性检查，判断事故树编制得是否正确。

[例6-3]　从脚手架上坠落死亡事故树。建筑工地经常出现各类事故，从脚手架上坠落是施工现场发生较为频繁、后果严重的事故。下面编制从脚手架上坠落死亡事故树。

本例中，假设建筑施工不包括搭、拆脚手架，施工人员从脚手架坠落也不包括脚手架倒塌坠落。在明确所分析的系统，对施工现场、作业情况、机械设备、人员配备了解清楚以后，按照上述编制方法，编制出从脚手架上坠落死亡事故树，如图6.28所示。

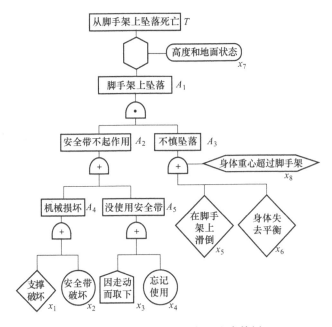

图6.28　从脚手架上坠落死亡事故树

事故树编制完成后，为了分析的方便，一般将各个事件标上字符符号。一般用 x_1，x_2，$\cdots$表示基本事件，用 T 表示顶上事件，用 A、B 等表示中间事件，如图6.28所示。

6.2.3　事故树定性分析

事故树的化简，以及求事故树的最小割集和最小径集，均需要用布尔代数知识。因此，先简单介绍布尔代数的有关内容。

6.2.3.1　布尔代数简介

布尔代数也叫逻辑代数，是一种逻辑运算方法，也可以说是集合论的一部分。布尔代数与其他数学分支的最主要区别在于，布尔代数所进行的运算是逻辑运算，布尔代数的数值只有 2 个：0 和 1。

在事故树分析中，所研究的事件也只有两种状态，即发生和不发生，而不存在中间状态。所以，可以借助布尔代数进行事故树分析。

1. 集合

我们把只有某种属性的事物的全体称为一个集合。例如，某一车间的全体工人构成一个集合；自然数中的全部偶数构成一个集合；各类煤矿事故也构成一个集合。集合中的每一个成员称为集合的元素。

具有某种共同属性的一切事物组成的集合，称为全集合，简称全集，用 Ω 表示；没有任何元素的集合称为空集，用 $\varnothing$ 表示。

若集合 A 的元素都是集合 B 的元素，则称 A 是 B 的子集。集合论中规定，空集 $\varnothing$ 是全集 Ω 的子集。

利用文氏图可以明确表示子集与全集的关系，如图 6.29 所示，整个矩形的面积表示全集 Ω，圆 A 表示 A 子集，圆 B 表示 B 子集，圆 C 表示 C 子集。可以看出，集合 B 又是集合 A 的子集。

全集 Ω 中不属于集合 A 的元素的全体构成集合 A 的补集，记为 A' 或 $\bar{A}$。图 6.30 中的阴影部分即是 A 的补集。在进行事故分析时，某事件不发生就是该事件发生的补集。

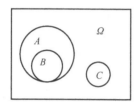

图 6.29　全集与子集

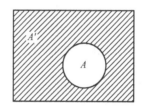

图 6.30　集合 A 的补集

如果一个子集合中的元素不被其他子集合所包含，则称为不相交的或相互排斥的子集合。图 6.29 中的 A 和 C 即为不相交的子集合。

2. 集合的运算

由集合 A 和集合 B 的所有元素组成的集合 C 称为集合 A 和集合 B 的并集，记为 $C = A \cup B$。符号 "$\cup$" 读作 "并" 或 "或"，也可写成 "$+$"，即也可以记为 $C = A + B$。

由 A、B 两个集合的一切相同元素所组成的新集合 C 称为 A、B 的交集，记为 $C = A \cap B$。符号 "$\cap$" 读作 "交" 或 "与"，也可以用 "$\cdot$" 表示，即也可记为 $C = A \cdot B$ 或 $C = AB$。

事故树中，或门的输出事件是所有输入事件的并集，与门的输出事件是所有输入事件的交集。这在前面已有介绍，不再赘述。

3. 布尔代数运算定律

下面对事故树分析涉及的有关布尔代数运算定律做简单介绍。布尔代数中，通常把全集 Ω 记作 "1"，空集 $\varnothing$ 记作 "0"。

1）结合律：

$$(A + B) + C = A + (B + C)$$
$$(A \cdot B) \cdot C = A \cdot (B \cdot C)$$

2）交换律：

$$A + B = B + A$$
$$A \cdot B = B \cdot A$$

3）分配律：

$$A \cdot (B+C) = (A \cdot B) + (A \cdot C)$$

$$A + (B \cdot C) = (A+B) \cdot (A+C)$$

布尔代数运算中的结合律和交换律，与普通代数中的相同；对于分配律 $A + (B \cdot C) = (A+B) \cdot (A+C)$，则需注意其与普通代数中的区别。

4）互补律：

$$A + A' = \Omega = 1$$

$$A \cdot A' = \varnothing = 0$$

5）对合律：

$$(A')' = A$$

互补律和对合律都可由集合的定义本身得到解释。

6）等幂律：

$$A + A = A$$

$$A \cdot A = A$$

用文氏图对等幂律做出直观证明，如图 6.31 所示。

7）吸收律：

$$A + A \cdot B = A$$

$$A \cdot (A+B) = A$$

它们也都可以用文氏图加以证明。

8）重叠律：

$$A + B = A + A'B = B + B'A$$

9）德·摩根律：

$$(A+B)' = A' \cdot B'$$

$$(A \cdot B)' = A' + B'$$

另外，根据全集的定义不难理解，下式是成立的：

$$1 + A = 1$$

采用布尔代数进行事故树分析时，这一公式也是经常用到的。

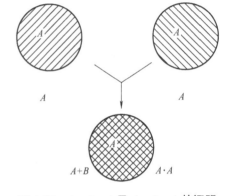

图 6.31 $A+A=A$ 及 $A \cdot A = A$ 的证明

4. 逻辑式

逻辑式及其整理、化简是用布尔代数法化简事故树和求最小割集、最小径集的基础。

仅用运算符" · "连接而成的逻辑式称为与逻辑式，如 A、AB'、ABC 等都是与逻辑式；由若干与逻辑式经过运行符" + "连接而成的逻辑式，如 $ABC + DE$、$A + BC$ 等，表示若干交集的并集，是事故树定性分析中经常应用的形式。事故树分析中，总是将其化为最简单的形式，即要求逻辑式中的项数最少，每一项（与逻辑式）中所含的元素最少。

用运算符" + "连接而成的逻辑式称为或逻辑式，由若干或逻辑式经过与运算符连接而成的逻辑式，如 $A+B+C$、$A(B+C)(C+D)$ 等，表示若干并集的交集，在事故树定性分析中也有应用。

6.2.3.2 事故树的化简

事故树编制完成后，一般要进行化简。

1. 事故树的结构式

无论是对事故树进行化简，还是对其进行定性、定量分析，都要列出事故树的结构式，即将事故树的逻辑关系用逻辑式表示。

例如，图6.32所示事故树，其结构式为：

$$T = A_1 \cdot A_2 = x_1 x_2 \cdot (x_1 + x_3)$$

2. 事故树的化简

对事故树进行化简，即利用布尔代数运算定律对事故树的结构式进行整理和化简。通过化简，可以去掉与顶上事件不相关的基本事件，并可以减少重复事件。根据化简结果，可以作出简化的、但与原事故树等效的事故树图，既便于定量运算，又使事故树更加清晰、明了。

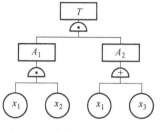

图6.32 事故树示意图（一）

［例6-4］ 对图6.32所示事故树进行化简。

根据上面写出的事故树结构式，对其化简如下：

$$
\begin{aligned}
T &= x_1 x_2 \cdot (x_1 + x_3) \\
&= x_1 x_2 \cdot x_1 + x_1 x_2 \cdot x_3 \quad &\text{（分配律）} \\
&= x_1 x_1 \cdot x_2 + x_1 x_2 x_3 \quad &\text{（交换律）} \\
&= x_1 \cdot x_2 + x_1 x_2 x_3 \quad &\text{（等幂律）} \\
&= x_1 x_2 \quad &\text{（吸收律）}
\end{aligned}
$$

图6.33 图6.32事故树的等效事故树

这样，就可做出图6.33所示的等效事故树，它由x_1和x_2两个基本事件组成，通过一个与门和顶上事件连接。这不但使原事故树大大简化，同时表明原事故树中的基本事件x_3与顶上事件是无关的。

以上通过实例介绍了事故树化简的方法步骤及其必要性。对于何种情况下需要进行事故树化简的问题，一般可按如下说明处理：

（1）如果事故树的不同位置存在有相同的基本事件，需要对事故树进行化简，然后才能对其进行定性、定量分析。

（2）一般事故树（不存在相同的基本事件）可以进行化简，也可以不化简。

6.2.3.3 最小割集和最小径集的概念与作用

1. 最小割集和最小径集的概念

一个事故树中，如果全部基本事件都发生，则顶上事件必然发生。但是，一般情况下，顶上事件的发生不一定需要全部基本事件发生，而只需要某些特定的基本事件同时发生即可。我们可以借助割集来研究这一问题。事故树分析中，能够导致顶上事件发生的基本事件的集合称为割集。也就是说，若一组基本事件同时发生就能造成顶上事件发生，则这组基本事件就称为割集。

在割集中，能够导致顶上事件发生的最小限度的基本事件集合称为最小割集。

若事故树中的全部基本事件都不发生，则顶上事件肯定不会发生。但是，一般情况下，某些特定的基本事件不发生，也可以使顶上事件不发生，这就是径集所要讨论的问题。事故树分析中，如果某些基本事件不发生，就能保证顶上事件不发生，则这些基本事件的集合就称为径集。

所谓最小径集，就是保证顶上事件不发生所需要的最小限度的径集。

由上可知，最小割集实际上是研究系统发生事故的规律和表现形式，而最小径集则是研究系统的正常运行至少需要哪些基本环节的正常工作来保证。

2. 最小割集和最小径集在事故树分析中的应用

（1）最小割集表示系统的危险性。由最小割集的定义可知，每个最小割集都是顶上事件发生的一种可能途径。事故树有几个最小割集，顶上事件的发生就有几种可能途径。所以，求出了最小割集，就掌握了所分析的事故（顶上事件）发生的各种可能途径；最小割集的数目越多，发生事故的可能性就越大，系统也就越危险。因此，最小割集是系统危险性的一种表示；如果某一最小割集中的基本事件同时发生，事故（顶上事件）就要发生。

最小割集还给事故预防工作指明了方向。从最小割集可以粗略地知道，事故最容易通过哪一个途径发生，则这一途径（最小割集）就是我们重点防范的对象。一般情况下，单事件的最小割集比两个事件的最小割集容易发生，两个事件的最小割集比三个事件的最小割集容易发生……我们可以遵循这一原则，安排事故预防措施，进行事故预防工作。

（2）最小径集表示系统的安全性。由最小径集的定义可知，每个最小径集都是防止顶上事件发生的一种可能途径，事故树有几个最小径集，就有几种控制事故（顶上事件）的途径。所以，求出了最小径集，就掌握了控制事故发生的各种可能途径；最小径集的数目越多，控制事故的途径就越多，系统也就越安全。因此，最小径集是系统安全性的一种表示：如果某一最小径集中的基本事件全部不发生，事故（顶上事件）就不会发生。

根据最小径集指出的方向，可以选择防止事故的最佳途径。通过对各个最小径集的比较分析，选择易于控制的最小径集，采取切实可行的安全技术措施，保证该最小径集内的各个基本事件全部不发生，就可以保证系统的安全。

6.2.3.4　最小割集的求算方法

求最小割集的方法，有布尔代数化简法、行列法、矩阵法，以及模拟法、素数法等，其中有一些是利用计算机求解的方法。从实用角度出发，本书主要介绍常用的布尔代数化简法和行列法。

1. 布尔代数化简法求最小割集

布尔代数化简法求取最小割集，是利用布尔代数运算定律化简事故树的结构式，求得最简单的若干交集的并集，则该最简单的表达式中的每一个交集就是一个最小割集；式中有几个交集，事故树就有几个最小割集。例如，若通过对某一事故树结构式的化简，求得最简单的若干交集的并集表达式为：

$$T = x_1 x_2 + x_2 x_3 x_4 + x_1 x_4$$

则该事故树有 3 个最小割集。最小割集 K_1 由 x_1、x_2 两个基本事件组成，K_2 由 x_2、x_3、x_4 组成，K_3 由 x_1、x_4 组成：

$$K_1 = \{x_1, x_2\}, \ K_2 = \{x_2, x_3, x_4\}, \ K_3 = \{x_1, x_4\}$$

用布尔代数化简法求取最小割集，通常分 4 个步骤进行：

第一步，写出事故树的结构式，即列出其布尔表达式。从事故树的顶上事件开始，逐层用下一层事件代替上一层事件，直至顶上事件被所有基本事件代替为止。

第二步，将事故树结构式整理为若干交集的并集表达式。

第三步，化简上述表达式为最简单的若干交集的并集。化简的普通方法是，对式中的各个交集进行比较，利用布尔代数运算定律（主要是等幂律和吸收律）进行化简，使之满足最简单若干交集的并集的条件。

第四步，根据最简单若干交集的并集表达式写出最小割集。

[**例6-5**]　如图 6.34 所示事故树，试用布尔代数化简法求出其全部最小割集。

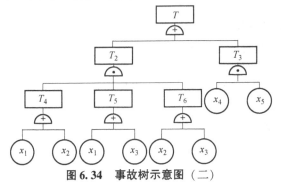

图 6.34　事故树示意图（二）

先写出事故树的结构式：

$$T = T_2 + T_3 = T_4 T_5 T_6 + x_4 x_5 = (x_1 + x_2)(x_1 + x_3)(x_2 + x_3) + x_4 x_5$$

再利用布尔代数运算定律，将上式化为最简单的若干交集的并集：

$$\begin{aligned}
T &= (x_1 + x_2)(x_1 + x_3)(x_2 + x_3) + x_4 x_5 \\
&= (x_1 x_1 + x_1 x_3 + x_2 x_1 + x_2 x_3)(x_2 + x_3) + x_4 x_5 \\
&= (x_1 + x_2 x_3)(x_2 + x_3) + x_4 x_5 \\
&= x_1 x_2 + x_1 x_3 + x_2 x_3 x_2 + x_2 x_3 x_3 + x_4 x_5 \\
&= x_1 x_2 + x_1 x_3 + x_2 x_3 + x_4 x_5
\end{aligned}$$

所以，该事故树的最小割集为 4 个，它们分别是：

$$K_1 = \{x_1, x_2\},\ K_2 = \{x_1, x_3\},\ K_3 = \{x_2, x_3\},\ K_4 = \{x_4, x_5\}$$

利用最小割集，可以绘出与原事故树等效的事故树图。因为任何一个最小割集都是顶上事件（事故）发生的一组基本条件，所以，用或门连接顶上事件和各个最小割集，用与门连接最小割集中的各个基本事件，就形成了与原事故树等效的事故树。例如，可利用上述 4 个最小割集，绘出图 6.34 事故树的等效图，如图 6.35 所示。

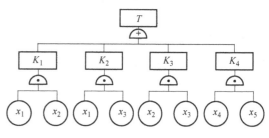

图 6.35　图 6.34 事故树的等效图

2. 行列法求最小割集

行列法又称下行法或富塞尔算法。该法根据逻辑门的不同，采用按行或按列排列的方法，找出事故树的最小割集，既可用于手工运算，又可编程序用计算机求解，故应用较广。

用行列法求取最小割集的具体做法是：从顶上事件开始，顺序用下一层事件代替上一层事件，把与门连接的事件横向写在一行内（即按行排列），或门连接的事件纵向写在若干行内（即按列排列），或门下有几个事件就写几行。这样，逐层向下，直至各个基本事件全部列出。最后列出的每一行基本事件集合，就是一个割集。在基本事件没有重复的情况下，所得到的割集就是最小割集；一般情况下，需要用布尔代数法、素数法等对各行进行化简，以求得最小割集。

［例 6-6］　用行列法求图 6.36 所示事故树的最小割集。

顶上事件 T 与第二层事件 x_1、A 用或门连接，故用 x_1、A 纵向列开来代替 T：

$$T \xrightarrow{\text{或门}} \begin{cases} x_1 \\ A \end{cases}$$

x_1 是基本事件，无需用其他事件代替；A 与其下一层事件 x_2、x_3 用与门连接，故用 x_2、x_3 横向排出来代替 A：

$$T \xrightarrow{\text{或门}} \begin{cases} x_1 \rightarrow x_1 \\ A \xrightarrow{\text{与门}} x_2 x_3 \end{cases}$$

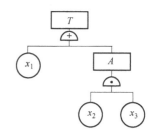

图 6.36　事故树示意图（三）

由于事故树中没有重复的基本事件，所以这样得到的两行就是事故树的 2 个最小割集：

$$K_1 = \{x_1\},\ K_2 = \{x_2, x_3\}$$

3. 求最小割集的其他方法

当割集的个数及割集中的基本事件个数较多时，直接用布尔代数运算定律化简的方法不但费时，而且效率低，所以常用素数法或分离重复事件法化简。

素数法也叫质数代表法，是用素数表示基本事件，用割集中基本事件对应素数的乘积表示割集，然后通过判断规则求出最小割集。此法可用计算机求解最小割集，即编制应用程序，用行列法求出割集，并进一步由素数法求得最小割集。下面介绍的矩阵法和模拟法也是用计算机求取最小割集的方法。

分离重复事件法的基本根据是，若事故树中无重复的基本事件，则求出的割集为最小割集。若事故树中有重复的基本事件，则不含重复基本事件的割集就是最小割集，仅对含有重复基本事件的割集化简即可。据此，可通过分离重复事件求出最小割集。

矩阵法与行列法相似，是行列法在计算机上的实现。为了能在计算机上实现，将行列代换过程用一个二维表——矩阵的变换来代替，其解题思路和步骤是：首先通过行列代换求出割集矩阵，然后利用素数法等求出最小割集。

模拟法即蒙特卡罗法（Monte Carlo Method），通过产生与事故树基本事件数相等的 n 个相互独立的随机数，并对其与基本事件触发和顶上事件发生的关系进行判断，从而求得最小割集。此方法虽用计算机完成，但往往需要几千次甚至数百万次试算，计算工作量很大。

6.2.3.5　最小径集的求算方法

求取最小径集的方法，有布尔代数化简法、成功树和行列法等多种方法。其中，最常用的是利用成功树求最小径集的方法，本书重点介绍这种方法。另外，布尔代数化简法也较常用，故也做一简单介绍。

1. 布尔代数化简法

用布尔代数化简法求最小径集，即用布尔代数运算定律对事故树的结构式进行化简，得到最简单的若干并集的交集，则该最简单表达式中的每一个并集就是一个最小径集，且式中的并集数就是事故树的最小径集数。具体解算方法见下面示例。

[例6-7]　用布尔代数化简法求图 6.37 所示事故树的最小径集。

写出该事故树的结构式，并对其进行化简，有：

$$T = x_1 A_1 = x_1 (A_2 + x_3) = x_1 (x_1 x_2 + x_3) = x_1 x_1 x_2 + x_1 x_3$$
$$= x_1 x_2 + x_1 x_3 = x_1 (x_2 + x_3)$$

所以，该事故树有 2 个最小径集。最小径集 P_1 由基本事件 x_1 组成，P_2 由 x_2、x_3 组成，即：

$$P_1 = \{x_1\}, P_2 = \{x_2, x_3\}$$

利用最小径集，也可以等效表示原事故树。其表示方法可由求最小径集用的事故树结构式看出，即用与门连接顶上事件和各个最小径集，最小径集中的各个基本事件用或门连接。例如，图 6.37 所示事故树可等效表示为图 6.38。

2. 利用成功树求最小径集

根据德·摩根律

$$(A + B)' = A' \cdot B', \quad (A \cdot B)' = A' + B'$$

事件或的补等于补事件的与，事件与的补等于补事件的或。根据这一规律，把事故树的事件发生用事件不发生代替，把与门用或门代替，或门用与门代替，得到与原事故树对偶的成功树，就可以利用成功树求出原事故树的最小径集。

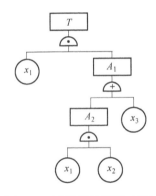

图 6.37　事故树示意图（四）

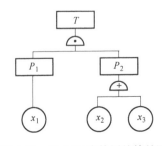

图 6.38　图 6.37 事故树的等效图

对于成功树，它的最小割集是使其顶上事件（原事故树顶上事件的补事件）发生的一种途径，即使原事故树顶上事件不发生的一种途径。所以，成功树的最小割集就是原事故树的最小径集。只要求出成功树的最小割集，也就求出了原事故树的最小径集。

利用成功树求最小径集，关健是熟练掌握各种逻辑门的变换情况，以便正确地作出成功树，逻辑门的变换遵从德·摩根律，其要点是将与逻辑关系和或逻辑关系互换，最基本的是与门和或门，其变换原则已如上述。另外，经常用到的还有条件与门、条件或门和限制门的变换。我们将各种逻辑门的变换情况集中列在表 6.1 中，以便于查阅。

表 6.1　逻辑门的变换方式

事故树中的逻辑门	成功树中变为	事故树中的逻辑门	成功树中变为
A · x_1 x_2	A' + x_1' x_2'	T + α x_1 x_2	T' · α' x_1' x_2'
A + x_1 x_2	A' · x_1' x_2'		
T · α x_1 x_2	T' + x_1' x_2' α'	T ⬡ α A	T' + A' α'

下面是用成功树求最小径集的示例。

[**例 6-8**]　以图 6.34 所示事故树为例，用成功树求最小径集。

首先，将事故树变为与之对偶的成功树，如图 6.39 所示。然后，用布尔代数化简法求成功树的最小割集：

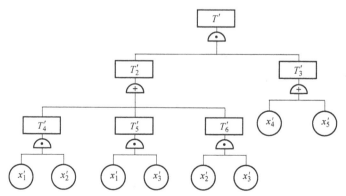

图 6.39　与图 6.34 事故树对偶的成功树

$$T' = T_2' T_3'$$
$$= (T_4' + T_5' + T_6{}')(x_4' + x_5')$$
$$= (x_1' x_2' + x_1' x_3' + x_2' x_3')(x_4' + x_5')$$
$$= x_1' x_2' x_4' + x_1' x_2' x_5' + x_1' x_3' x_4' + x_1' x_3' x_5' + x_2' x_3' x_4' + x_2' x_3' x_5'$$

所以，该成功树有 6 个最小割集，即原事故树有 6 个最小径集：

$$P_1 = \{x_1, x_2, x_4\}, \quad P_2 = \{x_1, x_2, x_5\}$$
$$P_3 = \{x_1, x_3, x_4\}, \quad P_4 = \{x_1, x_3, x_5\}$$
$$P_5 = \{x_2, x_3, x_4\}, \quad P_6 = \{x_2, x_3, x_5\}$$

6.2.3.6 结构重要度分析

结构重要度分析，就是从事故树结构上分析各个基本事件的重要性程度，即在不考虑各基本事件的发生概率，或者说认为各基本事件发生概率都相等的情况下，分析各基本事件对顶上事件的影响程度。因此，结构重要度分析是一种定性的重要度分析，是事故树定性分析的一个组成部分。

结构重要度分析的方法有两种。一种是求结构重要系数，根据系数大小排出各基本事件的结构重要度顺序，是精确的计算方法；另一种是利用最小割集或最小径集，判断结构重要系数的大小，并排出结构重要度顺序。第一种方法精确，但过于烦琐，当事故树规模较大时计算工作量很大；第二种方法虽精确度稍差，但比较简单，是具体工作中的常用方法，本书只介绍这种方法。

基本事件 x_i 的结构重要系数用 $I_\phi(i)$ 表示，指基本事件 x_i 的重要程度，或者说 x_i 对顶上事件的影响程度大小。

采用最小割集或最小径集进行结构重要度分析，主要依据如下 4 条原则来判断基本事件结构重要系数的大小，并排列出各基本事件的结构重要度顺序，而不求结构重要系数的精确值。

(1) 单事件最小割（径）集中的基本事件的结构重要系数最大。例如，若某事故树共有如下 3 个最小割集：

$$K_1 = \{x_1\}, \quad K_2 = \{x_2, x_3, x_4\}, \quad K_3 = \{x_5, x_6, x_7, x_8\}$$

由于最小割集 K_1 由单个基本事件 x_1 组成，所以 x_1 的结构重要系数最大，即：

$$I_\varphi(1) > I_\varphi(i) \quad i = 2, 3, \cdots, 8$$

(2) 仅在同一最小割（径）集中出现的所有基本事件的结构重要系数相等。

(3) 两个基本事件仅出现在基本事件个数相等的若干最小割（径）集中。在不同最小割（径）集中出现次数相等的各个基本事件，其结构重要系数相等；出现次数多的基本事件的结构重要系数大，出现次数少的结构重要系数小。

(4) 两个基本事件仅出现在基本事件个数不等的若干最小割（径）集中。这种情况下，基本事件结构重要系数大小的判定原则为：

1) 若它们重复在各最小割（径）集中出现的次数相等，则在少事件最小割（径）集中出现的基本事件的结构重要系数大。

2) 在少事件最小割（径）集中出现次数少的与多事件最小割（径）集中出现次数多的基本事件比较，一般前者的结构重要系数大于后者。此时，也可采用如下公式近似判断各基本事件的结构重要系数大小。

近似判别式 1：

$$I(j) = \sum_{x_j \in K_r} \frac{1}{2^{n_j - 1}} \tag{6.1}$$

式中 $I(j)$——基本事件 x_j 结构重要系数大小的近似判别值；

$x_j \in K_r$——基本事件 x_j 属于最小割集 K_r（或最小径集 P_r）；

　n_j——基本事件 x_j 所在的最小割（径）集中包含的基本事件个数。

近似判别式 2：

$$I(j) = \frac{1}{k} \sum_{i=1}^{k} \frac{1}{n_i} \quad (x_j \in K_i) \tag{6.2}$$

式中　k——最小割集（或最小径集）总数；

　$x_j \in K_i$——基本事件 x_j 属于最小割集 K_i（或最小径集 P_i）；

　n_i——最小割集 K_i（或最小径集 P_i）中包含的基本事件个数。

近似判别式 3：

$$I(j) = 1 - \prod_{x_j \in K_r} \left(1 - \frac{1}{2^{n_j-1}}\right) \tag{6.3}$$

[**例 6-9**]　某事故树共有如下 4 个最小径集，试对其进行结构重要度分析：

$$P_1 = \{x_1, x_2\}, \quad P_2 = \{x_1, x_3\}, \quad P_3 = \{x_4, x_5, x_6\}, \quad P_4 = \{x_4, x_5, x_7, x_8\}$$

由于基本事件 x_1 分别在两个基本事件的最小径集 P_1、P_2 中各出现 1 次（共 2 次），而 x_4 分别在 3 个基本事件的最小径集 P_3 和 4 个事件的最小径集 P_4 中各出现 1 次（共 2 次），根据第（4）条第 1）项原则判断，x_1 的结构重要系数大于 x_4 的结构重要系数，即

$$I_\varphi(1) > I_\varphi(4)$$

基本事件 x_2 只在 2 个基本事件的最小径集 P_1 中出现了 1 次，基本事件 x_4 分别在 3 个和 4 个事件的最小径集 P_3、P_4 中各出现了 1 次（共 2 次），根据第 4）条第（2）项原则判断，x_2 的结构重要系数可能大于 x_4 的结构重要系数。为更准确地分析，我们再根据近似判别式（6.1），计算它们的近似判别值：

$$I(2) = \sum_{x_j \in P_r} \frac{1}{2^{n_j-1}} = \frac{1}{2^{2-1}} = \frac{1}{2}$$

$$I(4) = \frac{1}{2^{3-1}} + \frac{1}{2^{4-1}} = \frac{3}{8}$$

$$I(2) > I(4)，所以 I_\varphi(2) > I_\varphi(4)$$

根据其他判别原则，不难判断其余各基本事件的结构重要度顺序。该事故树中全部基本事件的结构重要度顺序如下：

$$I_\varphi(1) > I_\varphi(2) = I_\varphi(3) > I_\varphi(4) = I_\varphi(5) > I_\varphi(6) > I_\varphi(7) = I_\varphi(8)$$

采用最小割集或最小径集进行结构重要度分析，需要注意如下几点：

（1）对于结构重要度分析来说，采用最小割集和最小径集的效果是相同的。因此，若事故树的最小割集和最小径集都求出来的话，可以用两种方法进行判断，以验证结果的正确性。

（2）采用上述 4 条原则判断基本事件结构重要系数大小时，必须从第一条到第四条顺序进行判断，而不能只采用其中的某一条或近似判别式。因近似判别式尚有不完善之处，不能完全据其进行判断。

（3）近似判别式的计算结果可能出现误差。一般说来，若最小割（径）集中的基本事件个数相同时，利用 3 个近似判别式均可得到正确的排序；若最小割（径）集中的基本事件个数相差较大时，式（6.1）和式（6.3）可以保证排列顺序的正确；若最小割（径）集中的基本事件个数仅相差 1 到 2 个时，式（6.2）和式（6.1）可能产生较大的误差。3 个近似判别式中，式（6.3）的判断精度最高。

6.2.4 事故树定量分析

事故树定量分析中，最主要工作是计算顶上事件的发生概率，并以顶上事件的发生概率为依据，综合考察事故的风险率，进行安全评价；定量分析还包括概率重要度分析和临界重要度分析。

6.2.4.1 概率简介

1. 概率论的有关概念

概率论是研究不确定现象的数学分支。在数学上，把预先不能确知结果的现象称为"随机现象"，这类事件称为"随机事件"，简称"事件"。

通俗的说，概率就是指某事件发生的可能性。必然发生的事件，其概率为1；不可能发生的事件，其概率为0，一般事件的概率则为0~1的某一数值。

例如，若煤巷中的某一掘进工作面瓦斯积聚，则在一定时间内，该工作面可能发生瓦斯爆炸，也可能不爆炸。用A表示 {瓦斯爆炸} 事件，其概率记为$P\{A\}$，则

$$0 < P\{A\} < 1$$

为了进行概率计算，首先应明确如下几个概念。

（1）和事件。由属于事件A或属于事件B的一切基本结果组成的事件，称为事件A与事件B的和事件，记为$A \cup B$或$A + B$。

事故树中，或门的输出事件就是各个输入事件的和事件。

（2）积事件。由事件A与事件B中公共的基本结果组成的事件称为事件A与事件B的积事件，记为$A \cap B$或AB。

（3）独立事件。对于任意两个事件A、B，如果满足

$$P\{AB\} = P\{A\}P\{B\}$$

则称事件A与事件B为相互独立事件。

A、B为相互独立事件，就是说事件A的发生与否和事件B的发生与否相互没有影响。所以，实际应用中，主要是根据两个事件的发生是否相互影响来判断两个事件是否独立。例如，建筑工地上脚手架防护栏腐烂事件和塔吊钢丝绳断裂事件互相没有影响，所以它们是相互独立事件。

（4）互不相容事件。若事件A与事件B没有公共的基本结果，就称事件A与事件B互不相容。否则，就称它们是相容事件。

A、B事件为互不相容事件，就是说它们不可能同时发生。即一个事件发生，另一个事件必然不发生。

（5）对立事件。对于事件A、B，如果有$A \cap B = \varnothing$，即A、B不能同时出现，$A \cup B = \Omega$，即A、B一定有一个要出现，则称A、B为互逆事件或对立事件，即$B = \bar{A}$；若把A看作一个集合时，$\bar{A}$就是A的补集。

2. 常用概率计算公式

（1）和事件概率。对于两个相互独立事件：

$$P\{A + B\} = P\{A\} + P\{B\} - P\{AB\} \tag{6.4}$$

或

$$P\{A + B\} = 1 - (1 - P\{A\})(1 - P\{B\}) \tag{6.5}$$

对于n个相互独立事件：

$$P\{A_1 + A_2 + \cdots A_n\} = 1 - (1 - P\{A_1\})(1 - P\{A_2\}) \cdots (1 - P\{A_n\}) \tag{6.6}$$

对于n个互不相容事件：

$$P\{A_1 + A_2 + \cdots + A_n\} = P(A_1) + P(A_2) + \cdots + P(A_n) \tag{6.7}$$

（2）积事件概率。对于n个相互独立事件：

$$P\{A_1 A_2 \cdots A_n\} = P\{A_1\} P\{A_2\} \cdots P\{A_n\} \tag{6.8}$$

n 个互不相容事件的概率积为 0。

在事故树分析中，我们遇到的大多数基本事件是相互独立的。所以，本节主要介绍相互独立的基本事件的概率。

（3）对立事件概率。对立事件的概率按下式计算：

$$P\{A\} = 1 - P\{\overline{A}\} \tag{6.9}$$

6.2.4.2　基本事件的发生概率

为了计算顶上事件的发生概率，首先必须确定各个基本事件的发生概率。所以，合理确定基本事件的发生概率，是事故树定量分析的基础工作，也是决定定量分析成败的关键工作。

基本事件的发生概率可分为两大类，一类是机械或设备的故障概率，另一类是人的失误概率。

1. 故障概率

机械或设备的单元（部件或元件）故障概率，可通过其故障率进行计算。故障率指单位时间（或周期）故障发生的概率，是元件平均故障间隔期的倒数，用 λ 表示。

$$\lambda = \frac{1}{\text{MTBF}} \tag{6.10}$$

式中　MTBF——单元平均故障间隔期，即从启动到发生故障的平均时间，也称为平均无故障时间。

MTBF 的数值一般由生产厂家给出，亦可通过实验室试验得出。

$$\text{MTBF} = \frac{\sum_{i=1}^{n} t_i}{n} \tag{6.11}$$

式中　t_i——元件 i 从运行到故障发生时所经历的时间；

n——试验元件的个数。

为准确开展事故树定量分析，科学地进行定量安全评价，应积累并建立故障率数据库，用计算机进行存储和检索。许多工业发达国家都建立了故障率数据库，我国也有少数行业开始进行建库工作，但数据还相当缺乏，还应进行长期的工作。

2. 人的失误概率

人的失误大致分为五种情况：

1）忘记做某项工作。

2）做错了某项工作。

3）采用了错误的工作步骤。

4）没有按规定完成某项工作。

5）没有在预定时间内完成某项工作。

对于人的失误概率，很多学者做过专门的研究。但是，由于人的失误因素十分复杂，人的情绪、经验、技术水平、生理状况和工作环境等都会影响到人的操作，从而造成操作失误。所以，要想恰如其分地确定人的失误概率是很困难的。目前还没有很好地确定人的失误概率的方法。

R. L. 布朗宁认为，人员进行重复操作动作时，失误率为 $10^{-2} \sim 10^{-3}$，推荐取 10^{-2}。人为失误的详细介绍见 5.8 节。

3. 主观概率法

如上所述，目前还没有能够精确确定基本事件概率值的有效方法，特别缺乏对人的失误概率进行有效评定的方法。在未有足够的统计、实验数据的情况下进行事故树分析，可以采用如下主观概率法，粗略确定基本事件的发生概率。

主观概率是人们根据自己的经验和知识，对某一事件发生的可能程度的一个主观估计数。例如，某矿安全管理人员估计，由于措施得力，明年重伤事故起数下降的概率为95%，这个95%就是一个主观概率。

6.2.4.3 顶上事件的发生概率

顶上事件的发生概率有多种计算方法，本书只介绍最常用的方法。需要说明的是，这里介绍的几种计算方法，都是以各个基本事件相互独立为基础的，如果基本事件不是相互独立事件，则不能直接应用这些方法。

顶上事件 T 的发生概率用 g 表示，即 $g = P(T)$。

1. 直接分步算法

直接分步算法适用于规模不大，又没有重复基本事件的事故树。其计算方法是：从底部的逻辑门连接的事件算起，逐次向上推移，直至计算出顶上事件 T 的发生概率。直接分步算法的规则如下，这些规则也是下面将要介绍的其他计算方法的基础。

（1）与门连接的事件，计算其概率积，即：

$$q_A = \prod_{i=1}^{n} q_i \tag{6.12}$$

式中　q_i——第 i 个基本事件的发生概率；

　　　q_A——与门事件的概率；

　　　n——输入事件数；

$\prod$——数学运算符号，求概率积，即 $\prod_{i=1}^{n} q_i = q_1 q_2 \cdots q_n$。

（2）或门连接的事件，计算其概率和，即：

$$q_0 = \coprod_{i=1}^{n} q_i = 1 - \prod_{i=1}^{n}(1 - q_i) \tag{6.13}$$

式中　q_0——或门事件的概率；

$\coprod$——数学运算符号，求概率和，即 $\coprod_{i=1}^{n} q_i = 1 - \prod_{i=1}^{n}(1 - q_i)$。

[**例 6-10**] 　用直接分步算法计算图 6.40 所示事故树顶上事件的发生概率。各基本事件下的数字即为其发生概率。

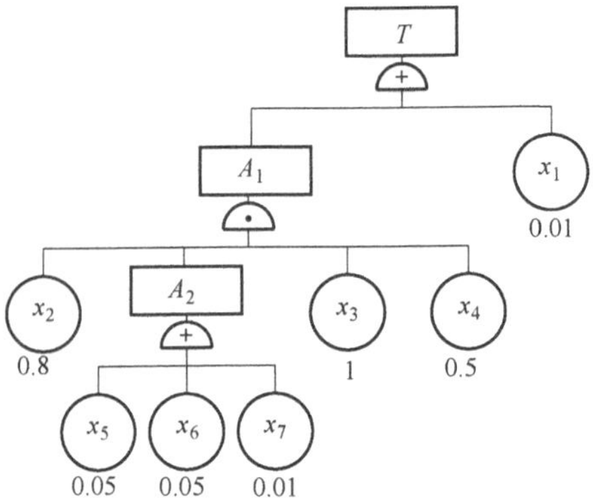

（1）第 1 步，求 A_2 概率。由于其为或门连接，根据式（6.13），有：

$$
\begin{aligned}
q_{A2} &= 1 - (1 - q_5)(1 - q_6)(1 - q_7) \\
&= 1 - (1 - 0.05)(1 - 0.05)(1 - 0.01) \\
&= 0.106525
\end{aligned}
$$

（2）第 2 步，求 A_1 概率。根据式（6.12），有：

$$q_{A1} = q_2 q_{A2} q_3 q_4 = 0.8 \times 0.106525 \times 1.0 \times 0.5 = 0.04261$$

图 6.40　事故树示意图（五）

（3）第 3 步，求顶上事件的发生概率：

$$g = q_T = 1 - (1 - q_{A1})(1 - q_1) = 1 - (1 - 0.04261)(1 - 0.01) = 0.05218$$

2. 用最小割集计算顶上事件发生概率

利用最小割集，可以画出原事故树的等效事故树，其结构形式是：顶上事件与各最小割集用或门连接，每个最小割集与其包含的基本事件用与门连接。根据最小割集等效表示原事故树的方式可知，如果各个最小割集间没有重复的基本事件，则可按照直接分步算法的原则，先计算各个最小割集内各基本事件的概率积，再计算各个最小割集的概率和，从而求出顶上事件的发生概率。因此，如果事故树的各个最小割集中彼此无重复事件，就可以按照下式计算顶上事件的发生概率：

$$g = \coprod_{r=1}^{k} \prod_{x_i \in K_r} q_i \tag{6.14}$$

式中 x_i ——第 i 个基本事件；

K_r ——第 r 个最小割集，即 r 是最小割集的序号；

k ——最小割集的个数；

$x_i \in K_r$ ——第 i 个基本事件属于第 r 个最小割集。

[**例 6-11**] 若某事故树有如下 3 个最小割集，求其顶上事件的发生概率。

$$K_1 = \{x_1, x_3\}, K_2 = \{x_2, x_4\}, K_3 = \{x_5, x_6\}$$

由式 (6.14)，其顶上事件的发生概率为

$$g = \coprod_{r=1}^{3} \prod_{x_i \in K_r} q_i$$

$$= 1 - \left(1 - \prod_{x_i \in K_1} q_i\right)\left(1 - \prod_{x_i \in K_2} q_i\right)\left(1 - \prod_{x_i \in K_3} q_i\right)$$

其中

$$\prod_{x_i \in K_1} q_i = q_1 q_3, \prod_{x_i \in K_2} q_i = q_2 q_4, \prod_{x_i \in K_3} q_i = q_5 q_6$$

所以

$$g = 1 - (1 - q_1 q_3)(1 - q_2 q_4)(1 - q_5 q_6)$$

如果各个最小割集中彼此有重复事件，则式 (6.14) 不成立。介绍如下。

某事故树有 3 个最小割集：$K_1 = \{x_1, x_3\}$，$K_2 = \{x_2, x_3\}$，$K_3 = \{x_2, x_4, x_5\}$

则其顶上事件的发生概率为各个最小割集的概率和为：

$$g = \coprod_{r=1}^{3} q_{K_r}$$

$$= 1 - (1 - q_{K_1})(1 - q_{K_2})(1 - q_{K_3})$$

$$= (q_{K_1} + q_{K_2} + q_{K_3}) - (q_{K_1} q_{K_2} + q_{K_1} q_{K_3} + q_{K_2} q_{K_3}) + q_{K_1} q_{K_2} q_{K_3}$$

式中的 $q_{K_1} q_{K_2}$ 是最小割集 K_1、K_2 的交集概率。

由于 $K_1 \cap K_2 = x_1 x_3 \cdot x_2 x_3$，而 $x_1 x_3 \cdot x_2 x_3 = x_1 x_2 x_3$，所以，

$$q_{K_1} q_{K_2} = q_1 q_2 q_3$$

同理

$$q_{K_1} q_{K_3} = q_1 q_2 q_3 q_4 q_5$$

$$q_{K_2} q_{K_3} = q_2 q_3 q_4 q_5$$

$$q_{K_1} q_{K_2} q_{K_3} = q_1 q_2 q_3 q_4 q_5$$

所以，顶上事件的发生概率为：

$$g = (q_1 q_3 + q_2 q_3 + q_2 q_4 q_5) - (q_1 q_2 q_3 + q_1 q_2 q_3 q_4 q_5 + q_2 q_3 q_4 q_5) + q_1 q_2 q_3 q_4 q_5$$

由此例可以看出，若事故树的各个最小割集中彼此有重复事件时，其顶上事件的发生概率可以用如下公式计算。这一公式可以通过理论推证求得。

$$g = \sum_{r=1}^{k} \prod_{x_i \in K_r} q_i - \sum_{1 \leqslant r < s \leqslant K, x_i \in K_r \cup K_s} \prod q_i + \cdots + (-1)^{k-1} \prod_{\substack{r=1 \\ x_i \in K_r}}^{k} q_i \qquad (6.15)$$

式中 r，s——最小割集的序号；

$x_i \in K_r \cup K_s$——第 i 个基本事件属于最小割集 K_r 和 K_s 的并集。即，或属于第 r 个最小割集，或属于第 s 个最小割集。

式（6.15）是式（6.14）的一般形式，即一般情况下均可用式（6.15）计算。

[例6-12] 某事故树有 3 个最小割集：$K_1 = \{x_1, x_3\}$，$K_2 = \{x_2, x_3\}$，$K_3 = \{x_3, x_4\}$，各基本事件的发生概率分别为：$q_1 = 0.01$，$q_2 = 0.02$，$q_3 = 0.03$，$q_4 = 0.04$，求其顶上事件的发生概率。

由于各个最小割集中彼此有重复事件，根据公式（6.15）计算顶上事件的发生概率：

$$g = (q_1 q_3 + q_2 q_3 + q_3 q_4) - (q_1 q_2 q_3 + q_1 q_3 q_4 + q_2 q_3 q_4) + q_1 q_2 q_3 q_4$$

$$= (0.01 \times 0.03 + 0.02 \times 0.03 + 0.03 \times 0.04) -$$

$$(0.01 \times 0.02 \times 0.03 + 0.01 \times 0.03 \times 0.04 - 0.02 \times 0.03 \times 0.04) +$$

$$0.01 \times 0.02 \times 0.03 \times 0.04$$

$$= 0.0021 - 0.000042 + 0.00000024$$

$$= 0.00205824$$

3. 用最小径集计算顶上事件发生概率

用最小径集画事故树的等效图时，其结构为：顶上事件与各个最小径集用与门连接，每个最小径集与其包含的各个基本事件用或门连接。因此，若各最小径集中彼此间没有重复的基本事件，则可根据前述原则先求最小径集内各基本事件的概率和，再求各最小径集的概率积，从而求出顶上事件的发生概率，即：

$$g = \prod_{r=1}^{p} \coprod_{x_i \in P_r} q_i \qquad (6.16)$$

式中 P_r——第 r 个最小径集，即 r 是最小径集的序号；

p——最小径集的个数。

[例6-13] 某事故树共有如下 3 个最小径集，求其顶上事件的发生概率。

$$P_1 = \{x_1, x_2\}, P_2 = \{x_3, x_4, x_7\}, P_3 = \{x_5, x_6\}。$$

根据式（6.16），其顶上事件的发生概率为：

$$g = \prod_{r=1}^{3} \coprod_{x_i \in P_r} q_i$$

$$= \coprod_{x_i \in P_1} q_i \cdot \coprod_{x_i \in P_2} q_i \cdot \coprod_{x_i \in P_3} q_i$$

$$= [1 - (1-q_1)(1-q_2)][1 - (1-q_3)(1-q_4)(1-q_7)][1 - (1-q_5)(1-q_6)]$$

如果事故树的各最小径集中彼此有重复事件，则式（6.16）不成立。这与最小割集中有重复事件时的情况相仿，读者可试着自己分析。

各最小径集彼此有重复事件时，须将式（6.16）展开，消去可能出现的重复因子。通过理论推证，可以用下式计算顶上事件的发生概率：

$$g = 1 - \sum_{r=1}^{p} \prod_{x_i \in P_r} (1 - q_i) + \sum_{1 \leqslant r < s \leqslant p} \prod_{x_i \in P_r \cup P_s} (1 - q_i) - \cdots + (-1)^p \prod_{\substack{r=1 \\ x_i \in P_r}}^{p} (1 - q_i) \qquad (6.17)$$

式中 r、s——最小径集的序号；

$x_i \in P_r \cup P_s$——第 i 个基本事件属于最小径集 P_r 和 P_s 的并集。

上述各个计算顶上事件发生概率的公式中，以式（6.15）和式（6.17）最为实用，式（6.14）和式（6.16）分别是它们的特例。另外应注意，根据最小割集计算顶上事件发生概率的两个公式，计算精度分别高于由最小径集计算顶上事件发生概率的两个公式。因此，实际应用中，应尽量采用最小割集计算顶上事件的发生概率。

4. 顶上事件发生概率的近似算法

对于大型事故树，可采用简便的近似算法来计算其顶上事件的发生概率，以便在获得满意计算精度的情况下，节省计算时间。顶上事件发生概率的近似算法有许多种，本书介绍几种常用的、有代表性的方法。

（1）以代数积代替概率积、代数和代替概率和的近似算法。也就是将事故树中逻辑门代表的逻辑运算看作是代数运算，即用代数的加、乘运算，近似计算其顶上事件的发生概率。

[**例6-14**] 用近似计算法求图 6.41 所示事故树顶上事件发生概率，并与精确计算值比较。各基本事件发生概率分别为 $q_1 = 0.01$，$q_2 = 0.02$，$q_3 = 0.03$，$q_4 = 0.04$。

① 顶上事件发生概率的近似计算。列出事故树结构式为：

$$T = x_1(x_2 + x_3 x_4)$$

按以代数积代替概率积、代数和代替概率和的原则，直接列出顶上事件发生概率的近似计算式并求得结果：

$$g \approx q_1(q_2 + q_3 q_4)$$
$$= 0.01 \times (0.02 + 0.03 \times 0.04) = 0.000212$$

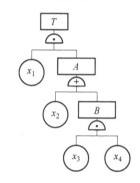

图 6.41　事故树示意图（六）

② 顶上事件发生概率的精确计算。由事故树的结构式，化简求得其 2 个最小割集为：

$$K_1 = \{x_1, x_2\}, K_2 = \{x_1, x_3, x_4\}$$

由式（6.15），顶上事件发生概率的精确计算结果为：

$$g = (q_1 q_2 + q_1 q_3 q_4) - q_1 q_2 q_3 q_4$$
$$= 0.01 \times 0.02 + 0.01 \times 0.03 \times 0.04 - 0.01 \times 0.02 \times 0.03 \times 0.04$$
$$= 0.00021176$$

③ 顶上事件发生概率近似计算的误差。顶上事件发生概率近似计算结果与其精确值的相对误差为：

$$\varepsilon = \frac{0.000212 - 0.00021176}{0.000212} = 0.001132 = 0.1132\%$$

可以看出，按照上述方法进行顶上事件发生概率的近似计算，其相对误差是相当小的。

（2）独立近似法。这种近似算法，是将各个最小割（径）集作为相互独立的事件对待。即，尽管各最小割（径）集中彼此有重复的基本事件，但仍将它们看作无重复事件，即按照无重复事件的情况，由式（6.14）或式（6.16）近似计算顶上事件的发生概率。

（3）最小割集逼近法。在式（6.15）中，设：

$$\sum_{r=1}^{k} \prod_{i_i \in K_r} q_i = F_1$$

$$\sum_{1 \leqslant r < s \leqslant k} \prod_{x_i \in K_r \cup K_s} q_i = F_2, \cdots, \prod_{\substack{k=1 \\ x_i \in K_r}}^{k} q_i = F_k$$

根据

$$g = F_1 - F_2 + F_3 - \cdots + (-1)^{k-1} F_k$$

得到用最小割集求顶事件发生概率的逼近公式，即：

$$\begin{cases} g \leqslant F_1 \\ g \geqslant F_1 - F_2 \\ g \leqslant F_1 - F_2 + F_3 \end{cases} \tag{6.18}$$

$$\cdots\cdots$$

式中的 F_1，$F_1 - F_2$，$F_1 - F_2 + F_3$，$\cdots$等，依此给出了顶上事件发生概率 g 的上限和下限，可根据需要求出任意精确度的概率上、下限。

与最小割集法相似，利用最小径集也可以求得顶事件发生概率的上、下限，即应用最小径集逼近法做近似计算。

6.2.4.4 概率重要度分析

为了考查基本事件概率的增减对顶上事件发生概率的影响程度，需要应用概率重要度分析。其方法是将顶上事件发生概率函数 g 对自变量 $q_i(i=1,2,\cdots,n)$ 求一次偏导，所得数值为该基本事件的概率重要系数：

$$I_g(i) = \frac{\partial g}{\partial q_i} \tag{6.19}$$

式中 $I_g(i)$ ——基本事件 x_i 的概率重要系数。

概率重要系数 $I_g(i)$ 也就是顶上事件发生概率对基本事件 x_i 发生概率的变化率，据此即可评定各基本事件的概率重要度。通过各基个事件概率重要系数的大小，就可以知道，降低哪个基本事件的发生概率，能够迅速、有效地降低顶上事件的发生概率。

[例6-15] 某事故树有 4 个最小割集：$K_1 = \{x_1, x_3\}$，$K_2 = \{x_1, x_5\}$，$K_3 = \{x_3, x_4\}$，$K_4 = \{x_2, x_4, x_5\}$。各基本事件发生概率分别为：$q_1 = 0.01$，$q_2 = 0.02$，$q_3 = 0.03$，$q_4 = 0.04$，$q_5 = 0.05$。试进行概率重要度分析。

由式 (6.15)，顶上事件发生概率函数 g 为：

$$g = (q_1 q_3 + q_1 q_5 + q_3 q_4 + q_2 q_4 q_5) -$$
$$(q_1 q_3 q_5 + q_1 q_3 q_4 + q_1 q_2 q_3 q_4 q_5 + q_1 q_3 q_4 q_5 + q_1 q_2 q_4 q_5 + q_2 q_3 q_4 q_5) +$$
$$(q_1 q_3 q_4 q_5 + q_1 q_2 q_3 q_4 q_5 + q_1 q_2 q_3 q_4 q_5 + q_1 q_2 q_3 q_4 q_5) - q_1 q_2 q_3 q_4 q_5$$

即：

$$g = q_1 q_3 + q_1 q_5 + q_3 q_4 + q_2 q_4 q_5 - q_1 q_3 q_5 - q_1 q_3 q_4 -$$
$$q_1 q_2 q_4 q_5 - q_2 q_3 q_4 q_5 + q_1 q_2 q_3 q_4 q_5$$

根据上式，即可由式 (6.19) 求出各基本事件的概率重要系数：

$$I_g(1) = \frac{\partial g}{\partial q_1} = q_3 + q_5 - q_3 q_5 - q_3 q_4 - q_2 q_4 q_5 + q_2 q_3 q_4 q_5 = 0.0773$$

$$I_g(2) = \frac{\partial g}{\partial q_2} = q_4 q_5 - q_1 q_4 q_5 - q_3 q_4 q_5 + q_1 q_3 q_4 q_5 = 0.0019$$

$$I_g(3) = \frac{\partial g}{\partial q_3} = q_1 + q_4 - q_1 q_5 - q_1 q_4 - q_2 q_4 q_5 + q_1 q_2 q_4 q_5 = 0.049$$

$$I_g(4) = \frac{\partial g}{\partial q_4} = q_3 + q_2 q_5 - q_1 q_3 - q_1 q_2 q_5 - q_2 q_3 q_5 + q_1 q_2 q_3 q_5 = 0.031$$

$$I_g(5) = \frac{\partial g}{\partial q_5} = q_1 + q_2 q_4 - q_1 q_3 - q_1 q_2 q_4 - q_2 q_3 q_4 + q_1 q_2 q_3 q_4 = 0.010$$

然后，根据概率重要系数的大小，排列出个基本事件的概率重要度顺序如下：

$$I_g(1) > I_g(3) > I_g(4) > I_g(5) > I_g(2)$$

由上述顺序可知，缩小基本事件 x_1 的发生概率能使顶上事件的发生概率下降速度较快，比以同样数值减少其他任何基本事件的发生概率效果都好。其次依次是 x_3、x_4、x_5，最不敏感的是 x_2。

6.2.4.5 临界重要度分析

当各个基本事件的发生概率不相等时，一般情况下，减少概率大的基本事件的概率比减少概率小的基本事件的概率容易，但概率重要度系数并未反映这一事实，因而它不能全面反映各基本事件在事故树中的重要程度。因此，讨论基本事件与顶上事件发生概率的相对变化率具有实际意义。

综合基本事件发生概率对顶上事件发生的影响程度和该基本事件发生概率的大小，以评价各基本事件的重要程度，即为临界重要度分析。其方法是求临界重要系数 $CI_g(i)$。$CI_g(i)$ 表示基本事件发生概率的变化率与顶上事件发生概率的变化率之比，即：

$$CI_g(i) = \frac{\frac{\Delta g}{g}}{\frac{\Delta q_i}{q_i}} \tag{6.20}$$

通过公式变换，也可由下式计算临界重要系数：

$$CI_g(i) = \frac{q_i}{g}I_g(i) \tag{6.21}$$

[例6-16] 按照 [例6-15] 的条件，进行临界重要度分析。

$$g = q_1q_3 + q_1q_5 + q_3q_4 + q_2q_4q_5 - q_1q_3q_5 - q_1q_3q_4 -$$
$$q_1q_2q_4q_5 - q_2q_3q_4q_5 + q_1q_2q_3q_4q_5$$

由 [例6-15] 求出：

$$g = 0.002011412$$

代入式 (6.21)，有：

$$CI_g(1) = \frac{q_1}{g}I_g(1) = \frac{0.01}{0.002011412} \times 0.0773 \approx 0.3843$$

同样，可求得其他各基本事件的临界重要系数为：

$$CI_g(2) \approx 0.0189, CI_g(3) \approx 0.7308, CI_g(4) \approx 0.6165, CI_g(5) \approx 0.2486$$

各基本事件的临界重要度顺序如下：

$$CI_g(3) > CI_g(4) > CI_g(1) > CI_g(5) > CI_g(2)$$

对照 [例6-15]，与概率重要度相比，基本事件 x_1 的重要性下降了，这是因为它的概率值最小；基本事件 x_3 的重要性提高了，这不仅是因为它对顶上事件发生概率影响较大，它本身的发生概率值也较 x_1 大。

综上所述，我们分别通过三种重要系数，进行了结构重要度分析、概率重要度分析和临界重要度分析，现对事故树分析的三种重要系数总结如下：

三种重要度系数中，结构重要系数是从事故树结构上反映基本事件的重要程度，可为改进系统的结构提供依据；概率重要度系数是反映基本事件发生概率的变化对顶上事件发生概率的影响，为降低基本事件发生概率对顶上事件发生概率的影响提供依据；临界重要度系数从敏感度和基本事件发生概率大小双重角度反映其对顶上事件发生概率的影响，为找出最重要事故影响因素和确定最佳防范措施提供依据。所以，临界重要系数反映的信息最为全面，其他两种重要系数都是从单一因素进行考察的。

　　事故预防工作中，可以按照基本事件重要系数的大小安排采取措施的顺序，也可以按照重要顺序编制安全检查表，以保证既有重点，又能达到全面安全检查的目的。

6.2.5　事故树分析应用实例

　　事故树分析法是安全评价最重要的方法之一，下面通过木工平刨伤手事故分析实例对事故树分析的应用进行全过程说明。

1. 木工平刨伤手事故树

　　木工平刨伤手事故是发生较为频繁的事故。通过对木工平刨伤手事故的原因进行深入分析，编制出事故树，如图 6.42 所示。

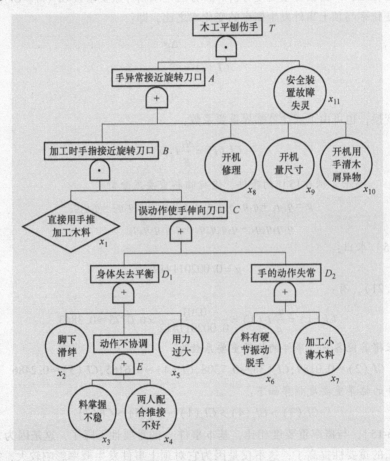

图 6.42　木工平刨伤手事故树图

2. 事故树定性分析

　　从图 6.42 事故树结构可以看出，此事故树或门多与门少，所以其最小割集比较多，最小径集的数目比较少。因此，从最小径集分析较为方便。

　　（1）求取最小径集。画出原事故树的成功树，如图 6.43 所示。写出成功树的结构式，并化简，求其最小割集：

$$T' = A' + x'_{11}$$
$$= B'x'_8 x'_9 x'_{10} + x'_{11}$$
$$= (x'_1 + C')x'_8 x'_9 x'_{10} + x'_{11}$$
$$= (x'_1 + D'_1 D'_2)x'_8 x'_9 x'_{10} + x'_{11}$$
$$= (x'_1 + x'_2 E' x'_5 x'_6 x'_7)x'_8 x'_9 x'_{10} + x'_{11}$$
$$= (x'_1 + x'_2 x'_3 x'_4 x'_5 x'_6 x'_7)x'_8 x'_9 x'_{10} + x'_{11}$$
$$= x'_1 x'_8 x'_9 x'_{10} + x'_2 x'_3 x'_4 x'_5 x'_6 x'_7 x'_8 x'_9 x'_{10} + x'_{11}$$

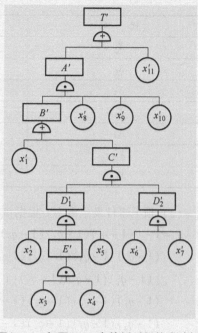

由上式得到事故树的最小径集为：

$$P_1 = \{x_1, x_8, x_9, x_{10}\}, P_2 = \{x_2, x_3, x_4, x_5, x_6, x_7, x_8, x_9, x_{10}\}, P_3 = \{x_{11}\}$$

（2）结构重要度分析。根据事故树的最小径集判定，由于 x_{11} 是单事件最小径集中的事件，所以 x_{11} 的结构重要系数最大；

由于 x_8，x_9，x_{10} 同时出现在最小径集 P_1，P_2 内，所以

$$I_\phi(8) = I_\phi(9) = I_\phi(10)$$

图6.43　与图6.42事故树对偶的成功树

因为 x_1 仅出现在最小径集 P_1 中，x_8，x_9 x_{10} 则出现在2个最小径集 P_1，P_2 内，所以

$$I_\phi(8) = I_\phi(9) = I_\phi(10) > I_\phi(1)$$

因为 x_2、x_3、x_4、x_5、x_6、x_7 仅在9个事件的最小径集 P_2 中出现1次，x_1 则在4个事件的最小径集 P_1 中出现1次，所以

$$I_\phi(1) > I_\phi(2) = I_\phi(3) = I_\phi(4) = I_\phi(5) = I_\phi(6) = I_\phi(7)$$

所以，各基本事件的结构重要度顺序为：

$$I_\phi(11) > I_\phi(8) = I_\phi(9) = I_\phi(10) > I_\phi(1) > I_\phi(2) = I_\phi(3) = I_\phi(4) = I_\phi(5) = I_\phi(6) = I_\phi(7)$$

结构重要度顺序说明：x_{11} 是最重要的基本事件，x_8，x_9 x_{10} 是第二位的，x_1 是第三位的，x_2、x_3、x_4、x_5、x_6、x_7 则是第四位的。也就是说，提高木工平刨安全性的根本出路在于安全装置。只要提高安全装置的可靠性，就能有效地提高平刨的安全性。其次，在开机时测量加工件、修理刨机和清理碎屑、杂物，是极其危险的。再次，直接用手推加工木料相当危险，一旦失手就可能接近旋转刀口。第四位的事件较多，又都是人的操作失误，往往是难以避免的，只有加强技术培训和安全教育才能有所减少。如果把人作为系统的一个元件来处理，则这个元件的可靠性最低。

3. 事故树定量分析

（1）基本事件发生概率估计值。我们通过主观概率法，确定各基本事件的发生概率。从理论上讲，事故发生概率应为任一瞬间发生的可能性，是一无量纲值。但从工程实践出发，许多文献皆采用计算频率的办法代替概率的计算，即计算单位时间事故发生的次数。按照这一考虑，给出每小时各基本事件发生可能性的估计值，作为各基本事件的发生概率，见表6.2。

表6.2　基本事件的发生概率

代　号	基 本 事 件	发生概率 q_i（1h）
X_1	直接用手推加工木料	0.1
X_2	脚下滑绊	5×10^{-3}
X_3	料掌握不稳	5×10^{-2}
X_4	二人配合推接不好	10^{-4}

（续）

代　号	基 本 事 件	发生概率 q_i（1h）
X_5	用力过大	10^{-3}
X_6	料有硬结震动脱手	10^{-5}
X_7	加工小薄木料	10^{-2}
X_8	开机修理	2.5×10^{-6}
X_9	开机量尺寸	10^{-5}
X_{10}	开机用手清木屑或异物	10^{-3}
X_{11}	安全装置故障失灵	4×10^{-4}

（2）顶上事件发生概率。根据该事故树的最小径集，由式（6.17）求顶上事件的发生概率：

$$g = 1 - [(1-q_1)(1-q_3)(1-q_9)(1-q_{10}) +$$
$$(1-q_2)(1-q_3)(1-q_4)(1-q_5)(1-q_6)(1-q_7)(1-q_8)(1-q_9)(1-q_{10}) + \quad (1-q_{11})] +$$
$$[(1-q_1)(1-q_2)(1-q_3)(1-q_4)(1-q_5)(1-q_6)(1-q_7)(1-q_8)(1-q_9)(1-q_{10}) +$$
$$(1-q_1)(1-q_8)(1-q_9)(1-q_{10})(1-q_{11}) +$$
$$(1-q_2)(1-q_3)(1-q_4)(1-q_5)(1-q_6)(1-q_7)(1-q_8)(1-q_9)(1-q_{10})(1-q_{11})] -$$
$$(1-q_1)(1-q_2)(1-q_3)(1-q_4)(1-q_5)(1-q_6)(1-q_7)(1-q_8)(1-q_9)(1-q_{10})(1-q_{11})$$
$$= 0.000003012/h$$

顶上事件的发生概率近似计算：将事故树中逻辑门代表的逻辑运算看作是代数运算，即用代数的加、乘运算，近似计算顶上事件的发生概率为：

$$g \approx q_{11}[q_8 + q_9 + q_{10} + q_1(q_2 + q_3 + q_4 + q_5 + q_6 + q_7)]$$
$$= 0.000003009/h$$

顶上事件的发生概率值说明，对于木工平刨加工系统，每工作小时发生刨手事故的可能性为0.000003012。因此，若工作 10^6 小时，则可能发生 3 次刨手事故。若每年工作时间以 2000 小时计，相当于每年 500 人中有 3 人刨手。这样的事故风险应该引起足够重视。

（3）概率重要度分析与临界重要度分析。按照顶上事件的发生概率近似计算式：

$$g \approx q_{11}[q_8 + q_9 + q_{10} + q_1(q_2 + q_3 + q_4 + q_5 + q_6 + q_7)]$$

由式（6.19）计算各基本事件的概率重要系数：

$$I_g(1) = \frac{\partial g}{\partial q_1} = q_{11}(q_2 + q_3 + q_4 + q_5 + q_6 + q_7) = 0.000026444$$

$$I_g(2) = \frac{\partial g}{\partial q_2} = q_1 q_{11} = 0.00004$$

$$I_g(3) = I_g(4) = I_g(5) = I_g(6) = I_g(7) = I_g(2) = 0.00004$$

$$I_g(8) = \frac{\partial g}{\partial q_8} = q_{11} = 0.0004$$

$$I_g(9) = I_g(10) = I_g(8) = 0.0004$$

$$I_g(11) = \frac{\partial g}{\partial q_{11}} = q_8 + q_9 + q_{10} + q_1(q_2 + q_3 + q_4 + q_5 + q_6 + q_7) = 0.00753$$

由式（6.21）计算临界重要系数：

$$CI_g(1) = \frac{q_1}{g}I_g(1) = \frac{0.1}{3.01 \times 10^{-6}} \times 2.64 \times 10^{-5}$$
$$= 0.88$$

$$CI_g(2) = \frac{q_2}{g}I_g(2) = \frac{5 \times 10^{-3}}{3.01 \times 10^{-6}} \times 4 \times 10^{-5}$$
$$= 6.64 \times 10^{-2}$$

同理，可计出其他基本事件的临界重要系数：

$CI_g(3) = 6.64 \times 10^{-1}$，$CI_g(4) = 1.33 \times 10^{-3}$，$CI_g(5) = 1.33 \times 10^{-2}$，$CI_g(6) = 1.33 \times 10^{-4}$，$CI_g(7) = 1.33 \times 10^{-1}$，$CI_g(8) = 3.32 \times 10^{-4}$，$CI_g(9) = 1.33 \times 10^{-3}$，$CI_g(10) = 1.33 \times 10^{-1}$，$CI_g(11) = 1$

所以，各基本事件的临界重要度顺序为：

$$CI_g(11) > CI_g(1) > CI_g(3) > CI_g(7) = CI_g(10) > CI_g(2) > CI_g(5)$$
$$> CI_g(4) = CI_g(9) > CI_g(8) > CI_g(6)$$

从这个排列顺序可以看出，基本事件 x_{11} 仍处于首要位置，但 x_8、x_9 变为次要位置，x_{10} 变为次重要位置；而 x_1 和 x_3 的位置显著提前了。这说明，要提高整个系统的安全性，减少 x_1 和 x_3 的发生概率是最容易做到的。如果不直接用于推加工木料，就不会发生操作上的失误（如基本事件 $x_2 \sim x_7$），就可大幅度降低事故发生概率。当然，在尚无实用的自动送料装置的情况下，加强技术培训和安全教育，也可适当减少操作失误的发生，进而降低事故发生概率。

4. 事故树分析结论

通过定性分析得出，木工平刨伤手事故树的最小割集为 9 个，最小径集为 3 个，即导致木工平刨伤手事故的可能途径有 9 个，说明该事故比较容易发生。为了防止事故的发生，应该控制所有 9 个最小割集；控制事故、使之不发生的途径有 3 个，只要能采取 3 个最小径集中的任何一种途径，均可避免事故的发生。因此，可以根据上述分析结论制定事故预防方案。

由最小径集和临界重要度、结构重要度分析结果可知，采取最小径集 P_3 的事故预防方案是最佳方案。只要加强日常维护和维修，保证安全装置的可靠性和有效性，避免其故障、失灵（x_{11}），即可避免木工平刨伤手事故。采取最小径集 P_1 或 P_2 的事故预防方案，也都是可行方案。同时，为了保险起见，往往同时采取几套事故预防方案。

6.2.6　事故树分析的特点及适用条件

1. 事故树分析的特点

事故树分析的主要优点如下：

1）能够较全面地分析导致事故的多种因素及其逻辑关系，并对它们做出简洁和形象的描述。

2）能够识别导致事故的设备故障与人为失误的组合，可为人们提供设法避免或减少导致事故基本原因的线索，从而降低事故发生的可能性。

3）便于查明系统内固有的或潜在的各种危险因素，为设计、施工和管理提供科学依据。

4）能够明确各方面的失误对系统的影响，并找出重点和关键，使作业人员全面了解和掌握各项防止、控制事故的要点。

5）可以对已发生事故的原因进行全面分析，以充分吸取事故教训，防止同类事故的再次发生。

6）便于进行逻辑运算，进行定性、定量分析与评价。

事故树分析的主要缺点为：

（1）事故树分析步骤较多，计算也较复杂，需要较长时间的训练才能掌握、应用。

（2）国内基础数据很少，进行事故树定量分析还需要做大量工作。

2. 事故树分析的适用条件

事故树分析应用广泛，非常适合于高度重复性系统，最适用于找出各种失效事件之间的关系，即寻找系统失效的可能方式；同时，该方法能进行深入的定性、定量分析，是严格、定量安全评价工作中应用的主要方法之一。

6.3 事件树分析

事件树分析（Event Tree Analysis，ETA）是运筹学中的决策树分析（Decision Tree Analysis，DTA）在可靠性工程和系统安全分析中的应用。

6.3.1 事件树分析的概念和原理

1. 事件树分析的概念

一起伤亡事故的发生，是许多事件按时间顺序相继出现、发展的结果。其中，一些事件的出现是以另一些事件首先发生为条件的。在事故发展的过程中出现的事件可能有两种情况，即事件出现或不出现；或者事件导致成功或导致失败。这样，每一事件的发展有两条可能途径。究竟事件按哪一条途径发展，具有一定的随机性，但最终总以事故发生或不发生为结果。显然，若能掌握可能导致事故发生的事件链条的时序与发展结果，无疑对事故的预测、预防与分析是极为有益的。

从事件的起始状态出发，按照事故的发展顺序，分成阶段，逐步进行分析，每一步都从成功（希望发生的事件）和失败（不希望发生的事件）两种可能后果考虑，并用上连线表示成功，下连线表示失败，直到最终结果。这样，就形成了一个水平放置的树形图，称为事件树，这种分析方法就称为事件树分析法。

应用事件树分析，可以定性地了解整个事故的动态变化过程，又可定量得出各阶段的概率，最终求得系统中各种状态的发生概率。

2. 事件树分析的基本原理

事件树分析是一种从原因到结果的过程分析，属于逻辑分析方法，遵照逻辑学的归纳分析原则。

事件树分析过程中，在相继出现的事件中，后一事件是在前一事件出现的情况下出现的。它与更前面的事件无关。后一事件选择某一种可能发展途径的概率是在前一事件做出某种选择的情况下的条件概率。

6.3.2 事件树分析步骤

事件树分析一般通过如下几个步骤进行。

（1）确定初始事件。初始事件的选定是事件树分析的重要一环，它是事件树中在一定条件下造成事故后果的最初原因事件，可以是系统故障、设备失效、人员误操作或工艺过程异常等。一般是选择分析人员最感兴趣的异常事件作为初始事件。在事件树分析的绝大多数应用中，初始事件是预想的。

（2）找出与初始事件相关的环节事件。所谓环节事件就是出现在初始事件后一系列可能造成事故后果的其他原因事件。

（3）画出事件树。把初始事件放在最左边，各种环节事件按顺序写在右面；从初始事件画一条水平线到第一个环节事件,在水平线末端画垂直线段,垂直线段上端表示成功,下端表示失败;再从垂直线两端分别向右画水平线到下个环节事件,同样用垂直线段表示成功和失败两种状态;依次类推,直到最后一个环节事件为止。如果其一个环节事件不需要往下分析,则水平线延伸下去不发生分支。如此便得到事件树。

(4)说明分析结果。在事件树最后面写明由初始事件引起的各种状态结果或事故后果。为清楚起见,经常对事件树的初始事件和各环节事件用不同字母加以标记。

(5)计算不同事故后果的发生概率。按照条件概率原理,由事件树计算出各种状态的概率,并根据需要计算某一事故后果的发生概率。

(6)安全评价。根据事故发生的概率和事故严重度,计算出风险率,并与安全指标进行比较,确定系统的安全状况。

6.3.3 事件树分析应用实例

本例介绍油库作业事故 ETA 分析及风险评价。

油库输油管线投用一段时间后,由于应力、腐蚀或材料、结构及焊接工艺等方面的缺陷,在使用过程中会逐渐产生穿孔、裂纹等,并因外界其他客观原因导致渗漏。在改造与建设进程中也会根据需要,动用电焊、气焊等进行动火补焊、碰接及改造。动火作业是一项技术性强、要求高、难度大、颇具危险性的作业,为了避免发生火灾、爆炸、人身伤亡以及其他作业事故,动火作业必须采取一系列严格有效的安全防护措施。

油库输油管线作业流程和作业要求如下:

1)在实施动火施工作业前,业务领导和工程技术人员要认真进行实地勘察,特别要注意分析天气、风向、温度对作业的影响。

2)要针对不同的作业现场和焊、割对象,配备符合一定条件和数量的消防设备和器材,由消防班担任动火作业的消防现场值班,消防车停在作业现场担任警戒,消防水带延伸至作业现场,随时做好灭火准备。

3)实施动火施工过程中应注意油气浓度不在爆炸范围值内,确认油气浓度在爆炸浓度下限 4% 以下后方可动火。

4)在清空的输油管线上动火,必须用隔离盲板断开与其他油罐(管)的连通,并进行清洗和通风。

5)使用电焊时,需断开待焊设备与其他储油容器、管道的金属连接。

6)在清空的储油容器、输油管线上动火作业完毕后还必须进行无损检测,如进行水(气)压试验或超声波探伤。对检查出的焊接缺陷,及时补焊。

油库输油管线动火作业存在较多风险。基于 ETA 对油库动火作业风险进行评估,有助于明确不同作业环节对作业后果的影响程度,从而能够迅速做出相应的应急响应,有效规避作业风险。

(1)事件树。根据作业流程和历史事故分析,构造油库管线动火作业事件树,如图 6.44 所示。

(2)概率的计算。假定各事件的发生是相互独立的,计算得出各分支链的后果事件概率,填入图 6.44 中。

(3)风险指数的确定。油库作业风险由后果事件发生的可能性(概率)和后果事件对业务影响的严重程度确定。通过分析不同作业产生的后果事件类型、影响范围和损失程度,将油库作业事故分为特大事故、重大事故、严重事故和一般事故四级,其严重等级由对应的危害指数直接体现(见表6.3)。

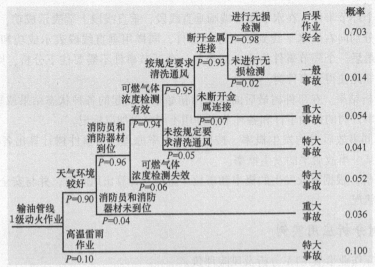

图 6.44　油库输油管线动火作业事件树

表 6.3　油库作业事故类型、危害指数和事故描述

事故类型	特大事故	重大事故	严重事故	一般事故
危害指数	100	80	50	30
事故描述	重大燃烧、爆炸，造成人员伤亡，或者损失特别严重、影响特别恶劣	着火爆炸，无人员伤亡，造成严重经济损失	严重跑油、冒油、漏油、混油，设施设备损坏，造成直接经济损失 10 万元以上，100 万元以下	轻度跑油、冒油、漏油、混油，设施设备损坏造成直接经济损失 1 万元以上，10 万元以下

对于事件树的某一状态、即某一独立事件序列 T，其风险指数由下式计算：

$$R = LP(T) \tag{6.22}$$

式中　L——发生事故或后果事件的危害指数，见表 6.3。

　　$P(T)$——事故或后果事件的发生概率。

根据后果事件类型和发生概率，按式（6.22）分别计算各后果事件的风险指数，从而明确风险等级，并发布风险警报，如图 6.45 所示。

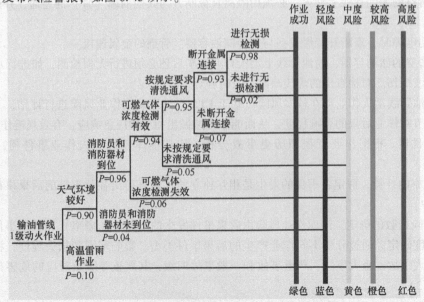

图 6.45　油库输油管线动火作业风险等级和风险警报

此例基于 ETA 对油库作业风险进行评价,对于贯彻落实油库管理各项规章制度,确保油库作业安全,有效防范事故发生,提高应急处置能力具有重要意义。

6.3.4 事件树分析的特点及适用条件

1. 事件树分析的特点

事件树分析具有以下优点:

1) 简单易懂,启发性强,能明确事故的发生、发展过程,指出如何控制事故的发生,便于进行安全教育。

2) 从宏观角度分析系统可能发生的事故,掌握系统中事故发生的规律;可以找出最严重的事故后果,为确定事故树的顶上事件提供参考依据。

3) 容易找出由不安全因素造成的后果,能直观指出消除事故的根本点,方便预防措施的制定。

4) 既可定性分析,也可以定量分析。

2. 事件树分析的适用条件

(1) 事件树分析的适用条件。一般说,事件树分析对任何系统均可使用,而尤其适用于多环节事件的事故分析。事件树分析是一种动态的宏观分析方法,可进行定性分析和定量分析,但不能分析细节、不能分析原因事件的平行发展,不适用于详细分析。

(2) 事件树分析注意事项。

1) 事件发展逻辑首尾要一贯、无矛盾,依据充分。

2) 对于某些含有两种以上状态的环节的系统,应尽量归纳为两种状态,以符合事件树分析的规律。

3) 有时,为了详细分析事故的规律和分析的方便,也可以将两态事件变为多态事件,但需保证多态事件状态之间是互相排斥的,使得把事件树的两分支变为多分支,但不改变事件树的分析结果。

6.4 马尔科夫过程分析

6.4.1 马尔科夫过程分析概述

马尔科夫过程分析法(Markov Process analysis)又称为马尔科夫转移矩阵法,是根据俄国数学家 A. 马尔科夫(A. Markov)的随机过程理论提出来的,指在马尔科夫过程的假设前提下,通过分析随机变量的现时变化情况来预测这些变量未来变化情况的一种预测方法。它将时间序列看作一个随机过程,通过对事物不同状态的初始概率和状态之间转移概率的研究,确定状态变化的趋势,以预测事物的未来。

若过程在事件 t_0 所处的状态为已知条件,过程在事件 $t(t>t_0)$ 所处的状态和过程在 t_0 事件之前的状态无关,这个特性称为无后效性。用分布函数来描述,就是如果对事件 t 的任意几个数值 $t_1 < t_2 < \cdots < t_n(n \geq 3)$,在条件 $X(t_i) = X_i$,$i = 1 = 1,2,\cdots,n-1$ 下,$X(t_n)$ 的分布函数恰好等于在条件 $X(t_{n-1}) = X_{n-1}$ 下 $X(t_{n-1})$ 的分布函数,即:

$$F(x_n;t_n|x_{n-1},x_{n-2},\cdots,x_1;t_{n-1},t_{n-2},\cdots,t_1) = F(x_n;t_n|x_{n-1};t_{n-1}) \quad (n = 3,4,\cdots) \quad (6.23)$$

则称 $X(t)$ 为马尔可夫过程,简称马氏过程。式(6.23)右端的条件分布函数则为马氏过程的转移概率。

如果条件概率密度 f 存在，那么式（6.23）等价于：

$$f(x_n;t_n|x_{n-1},x_{n-2},\cdots,x_1;t_{n-1},t_{n-2},\cdots,t_1)=f(x_n;t_n|x_{n-1};t_{n-1}) \quad (n=3,4,\cdots)$$

$X(t)$ 的 n 维概率密度为：

$$f_n(x_1,x_2,\cdots,x_n;t_1,t_2,\cdots,t_n)=f_1(x_1;t_1)\prod_{k=1}^{n-1}f(x_{k+1};t_{k+1}|x_k;t_k) \quad (n=1,2,\cdots)$$

当取 t_1 为初始时刻时，$f_1(x_1;t_1)$ 表示初始分布（密度），于是上式表明，马氏过程的统计特性完全由其初始分布（密度）和转移概率（密度）所确定。

6.4.2 马尔科夫过程分析的方法与程序

最简单的马氏过程是马氏链，即状态和时间参数都是离散的马氏过程。把发生状态转移的时刻记为 t_1，t_2，$\cdots$，t_n，$\cdots$，在 t_n 时发生的转移标为第 n 次转移；并假设在每一个时间 $t_n(n=1,2,\cdots)$，$X_n=X(t_n)$，所可能取的状态（即可能值）为 a_1，a_2，$\cdots$，a_n，这时相对于式（6.23）有：

$$P\{X_{n-1}=a_{in-1},\cdots,X_1=a_{i1}\}=P\{X_n=a_{in}|X_{n-1}=a_{in-1}\}$$

如果进一步假设"在 $X_{n-1}=a_i$ 的条件下，第 n 次转移出现 a_j，即 $X_n=a_j$ 成立的概率与 n 无关"，那我们可以把这个概率记为 P_{ij}，即：

$$P_{ij}=P\{X_n=a_j|X_{n-1}=a_i\} \quad (i,j=1,2,\cdots,N;n=1,2,\cdots)$$

并称它为马氏链的（一步）转移概率。转移概率具有如下的性质：

$$P_{ij}\geqslant 0 \quad (i,j=1,2,\cdots,N)$$

由转移概率 P_{ij} 构成的矩阵称为马氏链的转移概率矩阵，它决定了 X_1，X_2，$\cdots$ 状态转移过程的概率法则：

$$\prod=\begin{pmatrix} P_{11} & P_{12} & \cdots & P_{1N} \\ P_{21} & P_{22} & \cdots & P_{2N} \\ \vdots & \vdots & & \vdots \\ P_{N1} & P_{N2} & \cdots & P_{NN} \end{pmatrix}$$

例如，假设有一个盲人（或者一个随机点）在图 6.46 所示的线段上游走，其步长为 S，假定他只能停留在 $a_1=2S$，$a_2=S$，$a_3=0$，$a_4=-S$，$a_5=-2S$ 这 5 个点上，且只有在 $t=1$，2，$\cdots$ 时间发生游走。

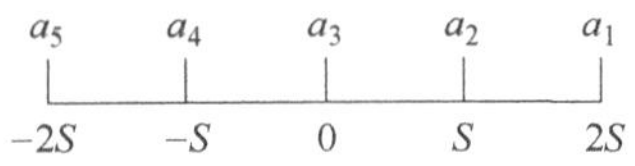

图 6.46 盲人行走线段

游走的概率法则为：如果他游走之前在 a_2、a_3、a_4 这几个点上，那么就分别以 $1/2$ 的概率向左或向右走动一步；如果游走前他在 a_1 点上，那么他就以概率 1 走动到点 a_2；如果游走前他在 a_5 点上，那么他就以概率 1 走动到 a_4 点。

以 $X_n=a_i$，$i=1$，2，3，4，5 表示盲人在时刻 $t=n$ 位于 a_i 处，则容易看出 X_1，X_2，$\cdots$ 是马氏链，而且游走的移动概率矩阵为：

$$\begin{pmatrix} 0 & 1 & 0 & 0 & 0 \\ 0.5 & 0 & 0.5 & 0 & 0 \\ 0 & 0.5 & 0 & 0.5 & 0 \\ 0 & 0 & 0.5 & 0 & 0.5 \\ 0 & 0 & 0 & 1 & 0 \end{pmatrix}$$

上述游走问题中，盲人不能越过 a_1、a_5 点，故称为一维不可越壁的随机游走，是一维随机游走的一种。改变游走的概率法则（即转移概率）就有不同类型的随机游走过程。

6.4.3 马尔科夫过程分析应用实例

本例以职工的健康状况预测为例介绍马尔科夫过程分析的应用。某单位对 1250 名接触硅尘人员进行健康检查时，发现职工的健康状况分布见表 6.4。

表 6.4 接触硅尘人员的健康状况分布

健康状况	健　　康	疑似硅沉着病	硅沉着病
代表符号	$s_1^{(0)}$	$s_2^{(0)}$	$s_3^{(0)}$
人数/人	1000	200	50

根据统计资料，一年后接触硅尘人员的健康变化规律为：健康人员继续保持健康者剩 70%，有 20% 的人变为疑似硅沉着病，10% 的人被定为硅沉着病；原有疑似硅沉着病者一般不可能恢复为健康者，仍保持原状者为 80%，有 20% 被正式定为硅沉着病；硅沉着病患者一般不可能恢复为健康或返回疑似硅沉着病。

下面采用马尔科夫预测法，预测下一年职工的健康状况。

健康人员继续保持健康者剩 70%，有 20% 变为疑似硅沉着病，10% 的人被定为硅沉着病，即 $p_{11} = 0.7$，$p_{12} = 0.2$，$p_{13} = 0.1$

原有疑似硅沉着病者一般不可能恢复为健康者，仍保持原状者为 80%，有 20% 被正式定为硅沉着病，即：

$$p_{21} = 0, \quad p_{22} = 0.8, \quad p_{23} = 0.2$$

硅沉着病患者一般不可能恢复为健康或返回疑似硅沉着病，即：

$$p_{31} = 0, \quad p_{32} = 0, \quad p_{33} = 1$$

状态转移矩阵为：

$$P = \begin{pmatrix} p_{11} & p_{12} & p_{13} \\ p_{21} & p_{22} & p_{23} \\ p_{31} & p_{32} & p_{33} \end{pmatrix}$$

预测一年后接触硅尘人员的健康状况为：

$$S^{(1)} = S^{(0)} P = \begin{pmatrix} s_1^{(0)} & s_2^{(0)} & s_3^{(0)} \end{pmatrix} \begin{pmatrix} p_{11} & p_{12} & p_{13} \\ p_{21} & p_{22} & p_{23} \\ p_{31} & p_{32} & p_{33} \end{pmatrix}$$

$$= \begin{pmatrix} 1000 & 200 & 50 \end{pmatrix} \begin{pmatrix} 0.7 & 0.2 & 0.1 \\ 0 & 0.8 & 0.2 \\ 0 & 0 & 1 \end{pmatrix} = \begin{pmatrix} 700 & 360 & 190 \end{pmatrix}$$

即一年后，仍然健康者为 700 人，疑似硅沉着病者 360 人，被定为硅沉着病者 190 人。预测表明，该单位硅沉着病发展速度很快，必须加强防尘工作和医疗卫生工作。

6.5 管理失误与风险树分析

6.5.1 管理失误与风险树分析概述

管理失误与风险树分析（Management Oversight and Risk Tree，MORT）也称为管理疏忽和危险

树分析。MORT 是 20 世纪 70 年代在 FTA 方法的基础上发展起来的，美国原子能署（IEC）的威廉 G. 约翰逊（William G. Johnson）研究并提出了这一方法。他以生产系统为对象，提出了以管理因素为主要矛盾的分析方法。

MORT 法与 FTA 法相比，它们的分析手段基本上相同，都是利用逻辑关系分析事故，利用树状图表示原因和结果，用布尔代数进行计算。但是，MORT 把重点放在管理缺陷上，而有大量事故原因集中在管理因素方面（据不同行业事故统计，有 60% ~ 90% 的事故原因集中在管理与人因方面），所以 MORT 发展十分迅速，已成为重要的系统安全分析方法之一。

6.5.2 管理失误与风险树分析的方法与程序

6.5.2.1 MORT 法的实质及处理方式

在现有的数十种系统安全分析方法中，只有 MORT 法把分析的重点放在管理缺陷方面。它认为事故的形成是由于缺乏屏障（防护），以及人、物位于能量通道上。因而，在事故分析中，该法认为需要进行屏障（防护）分析和能量转移分析。

MORT 法按一定顺序和逻辑方法分析安全管理系统的逻辑树（LT）。在 MORT 中分析的各种基本问题有 98 个。如果树中的某一部分被转移到不同位置继续分析时，MORT 分析中潜在因素总数可达 1500 个。这些潜在因素是伤亡事故最基本的原因和管理措施上的一些基本问题，因此，MORT 的分析结果常被用作安全管理中特殊的安全检查表。

MORT 是一种标准安全程序分析模式，它可用于：分析某类特殊的事故；评价安全管理措施；检索事故数据或安全报告。MORT 以上用途有助于企事业单位管理水平的提高。安全检查中查出的新事故隐患被记入 MORT 逻辑图中相应的位置；同时，通过安全整改措施，可以消去 MORT 中一些基本因素。在安全管理中，运用 MORT 可以降低事故风险，防止管理失误和差错；分析和评价事故风险对管理水平的影响；还可以对安全措施和风险控制方法实现最优化。

MORT 把事故定义为"一种可造成人员伤害和财产损害，或减缓进行中过程的不希望发生的能量转移"。在 MORT 分析中，一般认为事故的发生是由于缺少防护屏障和控制措施，这里的屏障不仅指物质的屏障，更重要的是，它包括了计划、操作和环境等方面的内容。

除系统安全分析中的一般概念外，MORT 还采用了一些新的概念，如屏障分析和能量转移等。MORT 分析把管理因素的水平划分为 5 个等级：优秀（Excellent）、优良（More than adequate）、良好（Adequate）、欠佳（Less than adequate，简称 LTA）、劣（Poor）。分析中把欠佳（LTA）作为判定管理漏洞的标准。

6.5.2.2 MORT 的分析过程

MORT 的分析过程，是从一般问题的分析入手，找出可能引起这些问题的基础原因，然后用各种标准对这些基础原因进行判断、评价。

一个系统要完成某项特定任务，那么系统的一些相应功能就必须发挥作用。而一种功能的完成要分若干步骤来进行。MORT 最后就是用判别标准对完成功能的每一个细小步骤进行判断，观察它们是否符合要求。MORT 的具体分析过程如图 6.47 所示。

MORT 为事故分析或安全系统

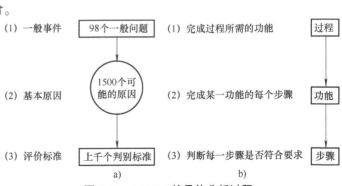

图 6.47 MORT 的具体分析过程

评价提供了相对简单的、关键的决策点，使分析人员和评价人员能抓住主要的差错、失误和缺陷。

6.5.2.3　MORT 的结构

MORT 是事先设计构造出来的一种系统化的逻辑树。要表达整个树的结构，需要用一些特定的符号，下面首先介绍 MORT 中的符号。

1. MORT 中使用的符号

在 MORT 中使用的符号和事故树中所使用的符号类似，但也有不同之处。在 FTA 中没有的，但在 MORT 中需用到的几个符号如下：

符合要求，不用分析的事件

正常事件

被认识或设想的危险

加剧问题的偶然事件

在调查中发现的应记录和改正的问题，但不是实际发生的事故的因素

2. MORT 的结构

MORT 是事先设计构造出来的一种系统化的逻辑树。这个逻辑树概括了系统中设备、工艺、操作和管理等各方面可能存在的全部危险。其基本结构如图 6.48 所示。

MORT 的顶端（*T*）。可以是严重的人身伤亡、财物损失、企业经营业绩下降或其他损失（如舆论、公众形象等），对不希望事件前景的估计可用虚线与顶上事件 *T* 并列。顶端的下部有 3 个主要分支。

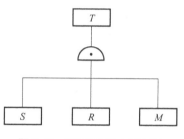

图 6.48　MORT 基本结构图

MORT 的左端（*S*），称为特殊管理因素分支，简称 *S* 分支。MORT 的中间端（*R*），称为估计风险分支，简称 *R* 分支。MORT 的右端（*M*），称为管理系统因素分支，简称 *M* 分支。

导致顶上事件发生有两个基本原因：管理疏忽和漏洞（*S/M*）及估计的风险（*R*）。主干图如图 6.49 所示。

包括失误和疏忽的主分支由与门连接着特殊管理因素（*S* 分支）和管理系统因素（*M* 分支）。它表示特殊管理因素发生异常情况（欠佳），再加上管理系统因素欠佳，就会导致失误和疏忽，从而演变成事故，并可能造成严重后果。

（1）*S* 分支。在 *S* 分支中，研究可能导致事故的各种管理疏忽遗漏。在特殊管理因素下面，是事故和事后处理欠佳两个事件。事后处理欠佳是指出现初始的事故后，防止事故扩大的一系列措施中存在的疏忽，如防火、急救、医疗等设施的不完善。事故的发生，是由于下面 3 个事件都发生而引起的：不希望的能量流动引起的偶然事件；屏蔽设施欠佳；人或物在能量通道上。

发生能量流动可能是由以下 6 个方面的基本问题引起的：

1）信息系统。设计人员得不到系统的规程标准或事故资料；监督人员得不到监测报告或得到内容是错误的报告。

2）设计计划。设计上有错误，计划不合理，或非正常操作产生不必要的困难。

3）准备程序。设备资料、生产过程没进行试运行；工人或监督人员未进行培训。

4）维护。无维修计划或不按计划执行。

5）现场监督。监督人员缺少训练；作业安全分析、作业结构和安全监测等计划不周密。

6）管理部门的支持。对监督人员的支持和帮助欠佳。

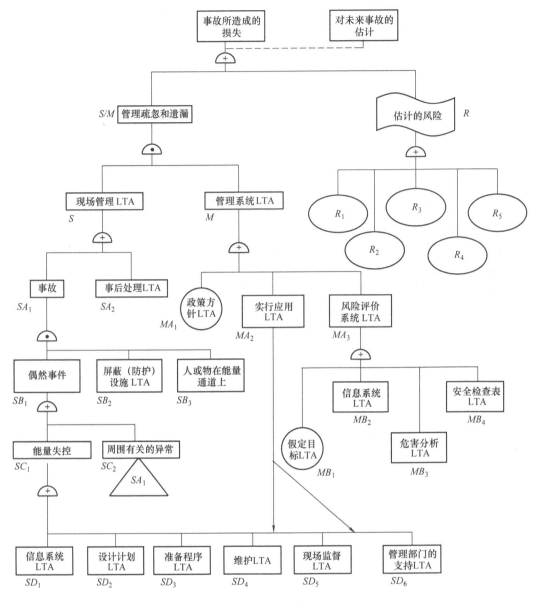

图 6.49　MORT 主干图

在 S 分支中，各因素的排列具有一定的规律性：在水平方向上由左至右表示时间上的从先到后；在纵向上，自上而下表示从近因到远因，可以概略地把这两个方向看作时间和过程的图。显然，为了较早地中断事故发展过程，在 S 分支的左下侧设置屏障是最佳的方案。此外，从树的结构上，可以从时间和因果两方面概略地观察事态的发展过程。

（2）R 分支。R 分支是估计的风险，是在一定的管理水平下经过分析后被接收了的风险，没有经过分析或未知的风险不能看作是估计的风险。它主要包括 3 种类型的风险：发生的频率和后果是可以被接受的；后果严重但无法消除的；因控制风险的代价太大而被接受的。

在 MORT 中，这一分支是可能导致危险的具体表现形式，如图 6.49 中的 R_1，R_2，…，R_5 等。所谓的可能导致的危险是指一些已知其存在，但还无有效措施足以控制其发生的危险。把这些危险因素列在树图里，有助于提醒人们注意，以便采取有效措施，减少其危险的发生。

（3）*M* 分支。*M* 分支罗列一般的管理因素，它们可能是明显的故障，也可能是管理系统缺陷，是直接或间接促进事故发生的一般管理系统问题。

在 *M* 分支中，有 3 个主要原因事件：

1）政策方针欠佳。其是可以用某个标准判断的基本原因。

2）政策方针实行应用欠佳。即责任不落实，管理机构不完善，实施效果不好。用虚线将实施同监督和中层管理连接起来，它相当于用实线连接起来的组织机构图。

3）风险评价系统欠佳。

这个原因事件一般由以下 4 个方面的原因引起的：

1）目标不连续，故无法知道实施效果是好还是欠佳，或不能估计风险下降过程的满意程度。

2）信息系统欠佳，不能为上层管理提供信息，不能为设计人员、计划人员和监督人员提供可靠的技术资料。

3）危险分析过程欠佳，首先是没进行危险辨识，其次是没进行定量分析。

4）安全程序审查欠佳。

MORT 再往下继续分析时，将各种原因的产生分成细小的若干步骤，直到最基础的原因，最后用各种标准进行判断。由于 MORT 包含大量的因素，结构非常复杂，画出其全貌需相当大的篇幅，故在这里仅对其中一些主要问题进行阐述。

S 分支是整个 MORT 分析中最重要的分析。按这个分支向下分析，涉及的主要问题如下：

1）SA_1 事故。当不希望发生的能量转移到达人或物时，则事故发生。

2）SA_2 事后处理欠佳原因事件。该事件出现在初始的事故之后，在能够缩小有害影响、防止事故扩大的措施中，如防止第二次事故，防火、急救、医疗设施及恢复等，每一项都可能欠佳。防止第二次事故，可提出下列问题："防止第二次事故的计划欠佳吗？""执行该计划欠佳吗？""对该计划执行的监督欠佳吗？"如果合适的话，对防火和急救行动可重复类似的问题。应急医疗设施欠佳，也可提出问题："急救安排是否欠佳？"

3）SB_1，偶然事件。这是一种不一定导致伤害或损害的不希望发生的能量转移。

4）SB_2 屏障（防护）欠佳。为防止能量转移而设置屏障。对于大能量应该尽早设置多重屏障，并保证其有效。针对每种能量转移，应该认真考虑隔离能量，设置保护人员和物的屏障。

5）SB_3 人或物在能量通道上。该项检查重点分析回避行为和职能方面的问题。

6）SC_1 能量失控。这是在偶然事件发生方面起决定性作用的能量，能量的形式和种类可能有许多种。许多事故发生是由不同的能量依次相互作用的结果，它说明设置中间屏障的重要性。在不同能量间设置中间屏障使人们有机会阻断事故发展的进程。在分析过程中，要充分注意多种能量相互作用的情况。

7）SC_2 周围有关的异常。如果存在多种异常情况，都要一一加以说明，下面的分析和左侧的内容相同，用转移符号 SA_1 表示重复。

再继续分析，则为 7 种管理因素的组合。

6.5.3　MORT 应用实例

空中交通管理系统 MORT 从管理系统因素出发，找出了空管所有与管理疏忽有关的因素。用 MORT 的理论、思想建立了一个动态理想的空管系统通用模型图。为简化分析，去掉 MORT 中的 *S* 分支和 *R* 分支，空管 MORT 主要从一般管理因素出发，考虑管理系统的缺陷，管理疏忽与失误为什么发生。根据空管的管理现状将 MORT 中的事件、事件之间的逻辑关系进行更改，使之与空管的作业系统相对应，如图 6.50 所示。

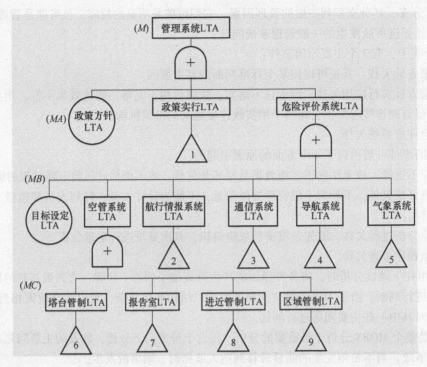

图 6.50　空管 MORT（M 因素）的主干结构图

（1）M 层为空管系统因素 LTA：为保证整个空管任务的完成，空管系统的工作正常吗？

（2）MA_1 为方针政策 LTA：是否制定了正确的安全管理方针？制定的安全管理方针是否适应空管的安全管理水平？是否为全体职工所了解？是否有书面的、范围足够广的方针、政策来说明可能遇到的问题？

（3）MA_2 为政策实行 LTA：是否制定了具体可行的安全管理方针、政策？在执行安全管理方针政策时如果遇到问题，这些问题是否反馈到了政策制定者的手里？执行过程是一个连续的、权衡的、用来纠正失效的过程吗？政策实施后，是否对其进行过研究和讨论？……对该事件做进一步分解的相关内容省略。

（4）MA_3 为危险评价系统 LTA：在空管各个环节是否对系统存在的危险进行了定性、定量分析，并做出了综合评价？是否根据当前的技术水平和经济条件对存在的问题提出了有效的安全措施？……

（5）MB_i 为空中交通管理系统各个环节 LTA：为保证空中交通管理任务的完成，各个环节系统的工作正常吗？本例选取 MB_4 通信系统 LTA 进行进一步分解，如图 6.51 所示。对 2、4、5 做进一步分解的相关内容省略。

（6）MC_i 为空中交通管制系统各个环节 LTA：为保证空中交通管制任务的完成，各个管制环节的工作正常吗？对 6、7、8、9 做进一步分解的相关内容也省略。

（7）MD_1 为目标设定 LTA：是否制定了各环节系统的安全生产目标？是否围绕安全生产总目标层层分解制定出各级分目标？分解后的各级分目标是否与总目标保持一致？是否定期检查目标的执行情况，及时解决了问题？

（8）MD_2 为技术信息系统 LTA，MD_4 为安全计划评价 LTA。进一步分解 10、11 的相关内容省略。

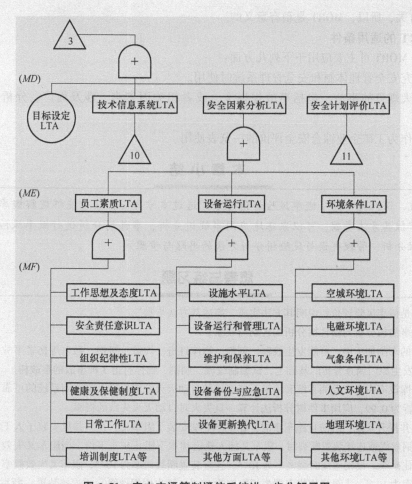

图 6.51 空中交通管制通信系统进一步分解子图

（9）MD_3 为安全影响因素分析 LTA：从人（ME_1）、机（ME_2）、环（ME_3）三个基础点分析影响安全的因素是否全面，是否合理充分。

（10）MF_j 为影响人、机、环的各个基本因素 LTA。例如，工作人员是否具有责任心和安全意识？岗位职责是否明确？班组组合是否合理？技术检查制度是否健全？能否严格把关？……

从 MORT 图中可以看出，每一层次欠佳的因素都是由其下一层次的一个或几个缺陷因素作用引起的，当使用空管 MORT 时，就可以从顶上事件（管理系统因素欠佳）开始，逐个因素地审查 MORT 图，找出影响上层事件欠佳的一个或几个缺陷因素，并将其记录下来，对照空管 MORT 的详细说明，查找缺陷原因，为其后的评价、控制缺陷因素提供依据和指导方法。

6.5.4 MORT 的特点及适用条件

1. MORT 的特点

管理失误与风险树分析不仅分析物和人的因素，还要分析意识等无形的因素，是一种管理手段和决策手段。

管理失误与风险树分析 MORT 在逻辑方面不如事故树分析 FTA 严谨，应用不大普遍，比 FTA 影响小；但是，与 FTA 相比，由于内容和目标不同，管理失误与风险树分析要显得复杂的多，更为重要的是，管理失误与风险树分析把分析的重点放在管理缺陷上，而任何事故的本质的原因都和管理缺陷有关，所以，MORT 是很有意义的。

2. MORT 的适用条件

据分析，MORT 可主要应用于下列几方面：

1）在研究安全管理体制和安全管理系统时使用。

2）分析大规模的事故，包括事故规模大，或者相关因素多、涉及面广、分析程度深的事故等。

3）可以作为工矿企业综合安全评价的一览表使用。

本 章 小 结

本章系统、深入地介绍了概率风险评价方法。通过本章学习，读者能够理解概率风险评价方法的概念，掌握其方法步骤，可以熟练地应用事故树分析、事件树分析进行概率风险评价，了解马尔科夫过程分析、管理失误与风险树分析方法的思路与步骤。

思考与练习题

1. 什么是概率风险评价？说明其方法实质，简述其方法步骤。

2. 简述事故树分析与事件树分析的区别与联系。

3. 车床的车削加工中，可能发生绞辗、刺割、物体打击、灼烫、扭伤、触电等伤害事故。在对车削加工及事故发生原因调查分析的基础上，试编制绞辗、刺割、物体打击 3 种事故的事故树。

4. 一仓库设有由火灾监测系统和喷淋系统组成的自动灭火系统。设火灾监测系统的可靠度和喷淋系统的可靠度皆为 0.99，应用事件树分析法计算一旦失火时自动灭火失败的概率。

5. 一斜井提升系统，为防止跑车事故，在矿车下端安装了阻车叉，在斜井里安装了人工起动的捞车器。当提升钢丝绳或连接装置断裂时，阻车叉插入轨道枕木下阻止矿车下滑。当阻车叉失效时，人员起动捞车器拦住矿车。设钢丝绳断裂概率为 10^{-4}，连接装置断裂概率为 10^{-6}，阻车叉失效概率为 10^{-3}，捞车器失效概率为 10^{-3}，人员操作捞车器失误概率为 10^{-2}。画出因钢丝绳（或连接装置）断裂引起跑车事故的事件树，计算跑车事故的发生概率。

6. 简述管理失误与风险树分析的特点及组成部分。其基本结构是什么？

7. 在管理失误与风险树分析中，把管理因素的水平划分为哪 5 个等级？把哪个等级作为判定失误的标准？

8. 图 6.2 所示压力机系统中，设其以经济价值表示的安全指标为 5×10^{-3} 元/接触小时；每发生一次轧手事故，因停工、处理事故造成的损失为 1000 元，受伤人员的休工工资、抚恤等共 44000 元。设基本事件的发生概率分别为：$q_1 = 0.5$，$q_2 = 10^{-7}$，$q_3 = 10^{-7}$，$q_4 = 10^{-3}$（q_2、q_3、q_4 均为 1/h），试对该系统进行安全评价。

9. 马尔科夫过程分析的方法与程序是什么？

10. 求图 6.52 所示事故树的最小割集和最小径集，并进行结构重要度分析。

11. 图 6.53 所示事故树中，各基本事件的发生概率分别为：

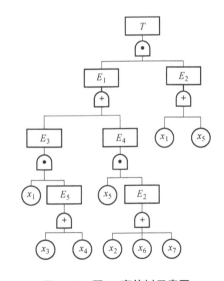

图 6.52　题 10 事故树示意图

$$q_1 = 0.04, q_2 = 0.05, q_3 = 0.03, q_4 = 0.01, q_5 = 0.02$$

请分别用最小割集法、最小径集法计算顶上事件的发生概率。

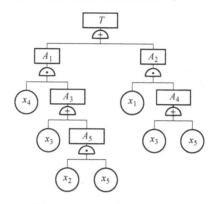

图 6.53 题 11 事故树示意图

第7章

安全对策措施

学习目标

1. 熟悉安全对策措施的内容及基本要求，掌握其制定原则。
2. 了解安全技术对策措施的总体内容，掌握其制定思路和原则。
3. 熟悉安全管理对策措施的主要内容及制定原则。
4. 熟悉事故应急预案的内容和类型，掌握其编写步骤。
5. 能对熟悉的行业制定合理、有效的安全对策措施。

7.1 安全对策措施概述

安全对策措施是为了实现安全生产、防止事故的发生或减少事故发生后的损失而采取的方法、手段和技术对策等的总称。在对项目或系统进行了定性、定量或综合安全评价之后，应针对评价找出的危险、有害因素及具体危险状况，制定合理的安全对策措施。因此，安全对策措施是安全评价工作的重要组成部分。

7.1.1 安全对策措施的内容及基本要求

安全对策措施主要包括安全技术对策措施、安全管理对策措施和事故应急预案。安全技术对策措施是从工程技术上采取对策，防止事故发生或减少事故造成的损失；安全管理对策措施是通过科学、有效的管理手段，防止发生事故和减轻事故的危害；事故应急预案则指万一发生事故，为迅速开展应急救援行动、有效降低事故损失而预先制订的行动方案。

安全评价过程中制定安全对策措施时的基本要求如下。

（1）安全对策措施应系统、全面，涵盖被评价单位的厂址选择、厂区平面布置、工艺流程、设备、消防设施、防雷设施、防静电设施、公用工程、安全预警装置和安全管理等方面。

（2）安全对策措施应按"轻、重、缓、急"划分为立即整改、限期整改、建议整改等几个等级，并应与被评价单位协商安排整改进度，使安全对策措施落到实处。

（3）在考虑、提出安全对策措施时，应符合被评价单位的实际情况，有针对性和实用性，主要包括如下几点：

1）能消除或减弱生产过程中产生的危险和危害。

2）处置危险和有害物，并降低到国家规定的限值内。

3）能预防生产装置失灵和操作失误产生的危险和危害。

4）能有效地预防重大事故和职业危害的发生。

5）发生意外事故时，能为遇险人员提供自救和互救条件。

7.1.2 制定安全对策措施的原则

在制定安全对策措施时，应遵循以下几条原则。

1. 按照安全技术措施的等级顺序制定

当安全技术措施与经济效益发生矛盾时，应优先考虑安全技术措施上的要求，并应按下列安全技术措施等级顺序选择安全技术措施。

（1）直接安全技术措施。生产设备本身应具有本质安全性能，不出现任何事故和危害。

（2）间接安全技术措施。若不能或不完全能实现直接安全技术措施时，必须为生产设备设计出一种或多种安全防护装置，最大限度地预防、控制事故或危害的发生。

（3）指示性安全技术措施。当间接安全技术措施也无法实现或实施时，必须采用安装检测报警装置、警示标志等措施，警告、提醒作业人员注意，以便采取相应的对策措施或紧急撤离危险场所。

（4）若间接、指示性安全技术措施仍然不能避免事故和危害的发生，则应采用制定安全操作规程、进行安全教育和培训以及发放个体防护用品等措施来预防或减弱系统的危险、危害程度。

根据安全技术措施等级顺序的要求，制定安全对策措施时应遵循如下具体原则：

（1）消除。通过合理的设计和科学的管理，尽可能从根本上消除危险、有害因素，如采用无害化工艺技术，生产中以无害物质代替有害物质，实现自动化作业，采用遥控技术等。

（2）预防。当消除危险、有害因素确有困难时，可采取预防性技术措施，预防危险、危害的发生，如使用安全阀、安全屏护、漏电保护装置、安全电压、熔断器、防爆膜、危害物质排放装置等。

（3）减弱。在无法消除危险、有害因素并且难以预防的情况下，可采取减少危险、危害的措施，如采用局部通风排毒装置，生产中以低毒性物质代替高毒性物质，采取降温措施，安装防雷装置、消除静电装置、减振装置、消声装置等。

（4）隔离。在无法消除、预防和减弱危险、有害因素的情况下，应将人员与危险、有害因素隔开，或将不能共存的物质分开，如采用遥控作业、安全罩、防护屏、隔离操作室、事故发生时的自救装置（如防护服、防毒面具）等。

（5）连锁。当操作者发生失误或设备运行一旦达到危险状态时，应通过连锁装置终止危险或危害的发生。

（6）警告。在易发生事故和危险性较大的地方，设置醒目的安全色或安全标志，必要时设置声、光或声光组合报警装置。

2. 安全对策措施应具有针对性、可操作性和经济合理性

（1）针对不同行业的特点和安全评价中提出的主要危险、有害因素及其后果，有针对性地提出安全对策措施。

（2）提出的安全对策措施是设计单位、建设单位、生产经营单位进行安全设计、生产、管理的重要依据，因而对策措施应在经济、技术以及时间上是可行的，是能够落实和实施的。此外，要尽可能具体指明对策措施所依据的法规、标准等。

（3）在采用先进技术的基础上，考虑到进一步发展的需要，以安全法规、标准和指标为依据，结合评价对象的经济、技术状况，使安全技术装备水平与工艺装备水平相适应，实现经济、技术与安全的合理统一。

3. 安全对策措施应符合国家标准和行业规定

安全对策措施应符合相关国家标准和行业安全设计规定的要求，在进行安全评价时，应严格按照相关标准和设计规定提出安全对策措施。

7.2 安全技术对策措施

安全技术措施是最为基本的安全对策措施，涉及内容很多，下面简要做一介绍。

7.2.1 厂址及厂区平面布局的对策措施

1. 项目选址

选址时，除考虑建设项目的经济性和技术合理性并满足工业布局和城市规划要求外，在安全方面应重点考虑地质、地形、水文、气象等自然条件对企业安全生产的影响和企业与周边区域的相互影响。

（1）自然条件影响。

1）不得在各类（风景、自然、历史文物古迹、水源等）保护区、有开采价值的矿藏区、各种地质灾害（滑坡、泥石流、溶洞、流沙等）直接危害地段、高放射本底区、采矿陷落区、淹没区、地震断层区、地震烈度高于九度地震区等区域建设。

2）依据地震、台风、洪水、雷击、地形和地质构造等自然条件资料，结合建设项目生产过程和特点，采取易地建设或采取可靠、有效的对策措施。例如，若工程或水文地质条件不完全满足工程建设需要时的补救措施，产生有毒气体的工厂不宜设在盆地窝风处等。

3）对产生和使用危险、危害性大的工业产品、原料、气体、烟雾、粉尘、噪声、振动和电离、非电离辐射的建设项目，必须依据国家有关法规、标准的要求，提出对策措施。例如，生产和使用氰化物的建设项目禁止建在水源的上游附近。

（2）与周边区域的相互影响。除环保、消防行政部门管理的范畴外，主要考虑风向和建设项目与周边区域在危险、危害性方面相互影响的程度，采取位置调整、安全距离和卫生防护距离等安全对策措施。

2. 厂区平面布置

在满足生产工艺流程、操作要求、使用功能需要和消防、环保要求的同时，主要从风向、安全（防火）距离、交通运输安全和各类作业、物料的危险、危害性出发，在平面布置方面采取对策措施。

（1）功能区分。将生产区、辅助生产区（含动力区、储运区等）、管理区和生活区按功能相对集中分别布置，布置时应考虑生产流程、生产特点和火灾爆炸危险性，结合周边地形、风向等条件，以减少危险、有害因素的交叉影响。管理区、生活区一般应布置在全年或夏季主导风向的上风侧或全年最小频率风向的下风侧。辅助生产设施的循环冷却水塔（池）不宜布置在变配电所、露天生产装置和铁路冬季主导风向的上风侧和怕受水雾影响设施全年主导风向的上风侧。

（2）厂内运输和装卸。厂内运输和装卸包括厂内铁路、道路、输送机通廊和码头等运输和装卸设施。应根据工艺流程、货运量、货物性质和消防等方面需要，选用适当运输和运输衔接方式，合理组织车流、物流、人流，保持运输畅通、运距最短、经济合理，避免迂回和平面交叉运输、道路与铁路平交和人车混流等。为保证运输、装卸作业安全，应从设计上对厂内道路（包括人行道）的布局、宽度、坡度、转弯（曲线）半径、净空高度、安全界线及安全视线、建筑物与道路间距和装卸（特别是危险品装卸）场所、堆场（仓库）布局等方面采取对策措施，并具体制定运输作业、装卸作业的安全对策措施。

根据满足工艺流程的需要和避免危险、有害因素交叉相互影响的原则，布置厂房内的生产装置、物料存放区和必要的运输、操作、安全、检修通道。

（3）危险设施、处理有害物质设施的布置。可能泄漏或散发易燃、易爆、腐蚀、有毒、有害介质（气体、液体、粉尘等）的生产、储存和装卸设施，如锅炉房、污水处理设施等，以及有害废弃物堆场等设施，应遵循以下原则进行布置。

1）应远离管理区、生活区、中央实（化）验室、仪表修理间，尽可能露天、半封闭布置；应布置在人员集中场所、控制室、变配电所和其他主要生产设备的全年或夏季主导风向的下风侧或全年最小频率风向的上风侧，并保持安全、卫生防护距离；储存、装卸区宜布置在厂区边缘地带。

2）有毒、有害物质的有关设施应布置在地势平坦、自然通风良好地段，不得布置在窝风低洼地段。

3）剧毒物品的有关设施应布置在远离人员集中场所的单独地段内，宜以围墙与其他设施隔开。

4）腐蚀性物质的有关设施应按地下水位和流向，布置在其他建筑物、构筑物和设备的下游。

5）易燃易爆区应与厂内外居住区、人员集中场所、主要人流出入口、铁路、道路干线和产生明火地点保持安全距离；易燃易爆物质仓储、装卸区宜布置在厂区边缘；可能泄漏、散发液化石油气及相对密度大于 0.7 的可燃气体和可燃蒸气的装置不宜毗邻生产控制室、变配电所布置；油、气储罐宜低位布置。

6）辐射源（装置）应设在僻静的区域，与居住区、人员集中场所，人流密集区和交通主干道、主要人行道保持安全距离。

（4）强噪声源、振动源的布置。具体如下。

1）噪声源应远离厂内外要求安静的区域，宜相对集中、低位布置；高噪声厂房与低噪声厂房应分开布置，其周围宜布置对噪声非敏感设施（如辅助车间、仓库、堆场等）和较高大、朝向有利于隔声的建（构）筑物作为缓冲带；交通干线应与管理区、生活区保持适当距离。

2）强振动源（包括锻锤、空压机、重型冲压设备等生产装置、发动机实验台和火车、重型汽车道路等）与管理、生活区和对其敏感的作业区（如实验室、超精加工、精密仪器等）之间，应按功能需要和精密仪器、设备的允许振动速度要求保持防振距离。

（5）建筑物自然通风及采光。为了满足采光、避免西晒和自然通风的需要，建筑物的采光应符合《建筑采光设计标准》（GB/T 50033—2001）和《工业企业设计卫生标准》（GBZ 1—2000）的要求，建筑物的朝向应根据当地纬度和夏季主导风向确定，一般夏季主导风向与建筑物长轴线垂直或夹角大于 45°。半封闭建筑物的开口方向，面向全年主导风向，其开口方向与主导风向的夹角不宜大于 45°。在丘陵、盆地和山区，则应综合考虑地形、纬度和风向来确定建筑物的朝向。建筑物的间距应满足采光、通风和消防要求。

（6）厂区平面布置的其他问题。应依据《工业企业总平面设计规范》（GB 50187—2012）、《厂矿道路设计规范》（GBJ 22—1987）、其他行业规范和单项规范的要求，采取平面布置的其他对策措施。

7.2.2 防火、防爆对策措施

理论上讲，使可燃物质不处于危险状态或消除一切着火源两项措施中，只要控制其一，就可以防止火灾和爆炸事故的发生。但在实践中，往往两方面措施同时应用，以提高生产过程的安全程度。另外，还应考虑其他辅助措施，以便在万一发生火灾爆炸事故时，减少危害的程度，将损失降到最低限度。具体应做到以下几点。

1. 防止可燃、可爆系统的形成

防止可燃物质、助燃物质（空气、强氧化剂）、引燃能源（明火、撞击、炽热物体、化学反应热等）同时存在；防止可燃物质、助燃物质混合形成的爆炸性混合物与引燃能源同时存在。

为防止可燃物与空气或其他氧化剂作用形成危险状态，在生产过程中，首先应加强对可燃物的管理和控制，利用不燃或难燃物料取代可燃物料，不使可燃物料泄漏和聚集形成爆炸性混合物；其次是防止空气和其他氧化性物质进入设备内，或防止泄漏的可燃物料与空气混合。具体可通过以下几项措施实现：

1）取代或控制用量，在生产过程中不用或少用可燃可爆物质。

2）加强密闭，防止易燃气体、蒸气和可燃性粉尘与空气形成爆炸性混合物。

3）通风排气，保证易燃、易爆、有毒物质在厂房生产环境中的浓度不超过危险浓度。

4）惰性化，即在可燃气体或蒸气与空气的混合气中充入惰性气体，消除其爆炸危险性并阻止火焰的传播。

2. 消除、控制引燃火源

为预防火灾及爆炸事故，对点火源进行控制是消除燃烧三要素同时存在的一个重要措施。引起火灾爆炸事故的火源主要有明火、高温表面、摩擦和撞击、绝热压缩、化学反应热、电气火花、静电火花、雷击和光热射线等，应采取严格的控制措施。

（1）尽量避免采用明火，避免可燃物接触高温表面。对于易燃液体的加热应尽量避免采用明火；如果必须采用明火，设备应严格密封，燃烧室应与设备分开建筑或隔离，并按防火规定留出防火间距。在使用油浴加热时，要有防止油蒸气起火的措施；在积存有可燃气体、蒸气的管沟、深坑、下水道及其附近，没有消除危险之前，不能有明火作业。应防止可燃物散落在高温表面上；可燃物的排放口应远离高温表面，如果接近，则应有隔热措施；高温物料的输送管线不应与可燃物、可燃建筑构件等接触。

（2）避免摩擦与撞击。摩擦与撞击时常成为引起火灾爆炸事故的原因。因此，在有火灾爆炸危险的场所，应尽量避免摩擦与撞击。

（3）防止电气火花。一般的电气设备很难完全避免电火花的产生，因此在火灾爆炸危险场所必须根据物质的危险特性正确选用合适的防爆电气设备；必须设置可靠的防雷设施；有静电积聚危险的生产装置和装卸作业应有控制流速、导除静电、静电消除器、添加防静电剂等有效的消除静电措施。

3. 有效控制和及时处理火灾隐患

应加强检查监督，及时发现、有效处理各种火灾隐患；在可燃气体、蒸气可能泄漏的区域设置检测报警仪，当可燃气体或液体万一发生泄漏时，检测报警仪可在设定的安全浓度范围内发生警报，提示操作人员及时处理泄漏点，消除或控制火灾隐患，避免发生火灾事故。

7.2.3 电气安全对策措施

1. 安全认证与备用电源

电气设备必须具有国家指定机构的安全认证标志。

对于停电会造成重大危险后果的场所，必须按规定配备自动切换的双回路供电电源或备用发电机组。

2. 防触电对策措施

为有效防止人体直接、间接和跨步电压触电（电击、电伤）事故，需采取以下措施：①接零、接地保护系统；②漏电保护；③绝缘；④电气隔离；⑤安全电压（或称安全特低电压）；⑥屏护和安全距离；⑦连锁保护；⑧其他对策措施。

3. 电器防火、防爆对策措施

（1）在爆炸危险环境中，应根据电气设备使用环境的等级、电气设备的种类和使用条件等选择电气设备。

（2）在爆炸危险环境中，电气线路安装位置、敷设方式、导体材质、连接方法等均应根据环境的危险等级来确定。

（3）电气防火防爆的基本措施有：①消除或减少爆炸性混合物；②隔离和保留间距；③消除引燃源；④爆炸危险环境接地和接零。

4. 防静电对策措施

为预防静电妨碍生产、影响产品质量、引起静电电击和火灾爆炸，从消除、减弱静电的产生和积累着手采取对策措施，具体措施有：①工艺控制；②泄漏；③中和；④屏蔽；⑤综合措施；⑥其他措施。

还应根据行业、专业有关静电标准（化工、石油、橡胶、静电喷漆等）的具体要求，采取其他所需对策措施。

5. 防雷对策措施

应当根据建筑物和构筑物、电力设备以及其他保护对象的类别和特征，分别对直击雷、雷电感应、雷电侵入波等采取合理、有效的防雷措施。

7.2.4　机械安全对策措施

1. 设计与制造的本质安全措施

机械设备的设计与制造应追求本质安全，包括以下两个方面的措施：

（1）选用适当的设计结构，主要包括：①采用本质安全技术；②限制机械应力；③提高材料和物质的安全性；④遵循安全人机工程学原则；⑤防止气动和液压系统的危险；⑥预防电气危险。

（2）采用机械化和自动化技术，主要包括：①操作自动化；②装卸搬运机械化；③确保调整、维修的安全。

2. 安全防护措施

安全防护措施是通过采用安全装置、防护装置或其他手段，对一些机械危险进行预防的安全技术措施，以防止机器运行时对人员产生的各种接触伤害。安全防护的重点是机械的传动部分、操作区、高处作业区、机械的其他运动部分、移动机械的移动区域，以及某些机器由于特殊危险形式需要采取的特殊防护等。

（1）安全防护装置的一般要求。安全防护装置必须满足与其保护功能相适应的安全技术要求，具体是：

1）防护装置的形式和布局设计合理，具有切实的保护功能，以确保人体不受到伤害。

2）装置结构要坚固耐用，不易损坏；装置要安装可靠，不易拆卸。

3）装置表面应光滑，无尖棱利角，不增加任何附加危险，不成为新的危险源。

4）装置不容易被绕过或避开，不出现漏保护区。

5）满足安全距离的要求，使人体各部位（特别是手或脚）不会接触到危险物。

6）不影响正常操作，不与机械的任何可动零件接触；对人的视线障碍最小。

7）便于检查和修理。

（2）安全防护装置的设置原则。

1）以操作人员所站立的平面为基准，凡高度在2m以内的各种运动零部件应设防护。

2）以操作人员所站立的平面为基准，凡高度在2m以上，有物料传输装置、皮带传动装置以及在施工机械施工处的下方，应设置防护。

3）在坠落高度基准面2m以上的作业位置，应设置防护。

4）为避免挤压伤害，直线运动部件之间或直线运动部件与静止部件之间的间距应符合安全距离的要求。

5）运动部件有行程距离要求的，应设置可靠的限位装置，防止因超行程运动而造成伤害。

6）对可能因超负荷发生部件损坏而造成伤害的，应设置负荷限制装置。

7）若有惯性冲撞运动部件，必须采取可靠的缓冲装置，防止因惯性而造成伤害事故。

8）运动中可能松脱的零部件，必须采取有效措施加以紧固，防止由于启动、制动、冲击、振动而引起松动。

9）每台机械都应设置紧急停机装置，使已有的或即将发生的危险得以避开。紧急停机装置的标识必须清晰、易识别，并可迅速接近其装置，使危险过程立即停止且不产生附加风险。

（3）安全防护装置的选择。选择安全防护装置的型式应考虑所涉及的机械危险和其他非机械危险，根据运动件的性质和人员进入危险区的需要决定。特定机器安全防护应根据对该机器的风险评价结果来选择。

1）机械正常运行期间操作者不需要进入危险区的场合，应优先考虑选用固定式防护装置，包括进料、取料装置，辅助工作台，适当高度的栅栏及通道防护装置等。

2）机械正常运转时需要进入危险区的场合，因操作者需要进入危险区的次数较多，经常开启固定防护装置会带来不便时，可考虑采用连锁装置、自动停机装置、可调防护装置、自动关闭防护装置、双手操纵装置、可控防护装置等。

3）对非运行状态等其他作业期间需进入危险区的场合，由于进行机器的设定、校正、过程转换、查找故障、清理或维修等作业时，防护装置必须移开或拆除，或安全装置功能受到抑制，可采用手动控制模式、操纵杆装置或双手操纵装置、点动操纵装置等。有些情况下，需要几个安全防护措施联合使用。

3. 安全人机工程学原则

遵循安全人机工程学原则，要注意以下几方面的要求：①操纵（控制）器的安全人机学要求；②显示器的安全人机学要求；③工作位置的安全性；④操作姿势的安全要求。

4. 安全信息应用

对文字、标记、信号、符号或图表等，以单独或联合使用的形式向使用者传递信息，用以指导使用者（专业或非专业）安全、合理、正确地操作机器。

7.2.5 起重作业安全对策措施

起重吊装作业的潜在危险是起重伤害、物体打击和机械伤害。如果吊装的物体是易燃、易爆、有毒、腐蚀性强的物料，若吊索吊具意外断裂、吊钩损坏或违反操作规程等发生吊物坠落，除有可能直接伤人外，还会将盛装易燃、易爆、有毒、腐蚀性强的物件包装损坏，介质流散出来，造成污染，甚至会发生火灾、爆炸、腐蚀、中毒等事故；起重设备在检查、检修过程中，存在着触电、高处坠落、机械伤害等危险性；汽车式起重机在行驶过程中存在引发交通事故的潜在危险性。起重作业的安全对策措施如下：

（1）吊装作业人员必须持有特殊工种业证。吊装质量大于 10t 的物体应办理吊装安全作业证。

（2）吊装质量大于等于 40t 的物体和土建工程主体结构，应编制吊装施工方案。吊物虽不足 40t，但形状复杂、刚度小、长径比大、精密贵重、施工条件特殊的情况下，也应编制吊装施工方案。吊装施工方案经施工主管部门和安全技术部门审查，报主管厂长或总工程师批准后方可实施。

（3）各种吊装作业前，应预先在吊装现场设置安全警戒标志并设专人监护，非施工人员禁止入内。

（4）吊装作业中，夜间应有足够的照明，室外作业遇到大雪、暴雨、大雾及六级以上大风时，应停止作业。

（5）吊装作业人员必须佩戴安全帽。高处作业时应遵守厂区高处作业安全规程的有关规定。

（6）吊装作业前，应对起重吊装设备、钢丝绳、缆风绳、链条、吊钩等各种机具进行检查，必须保证安全可靠，不准在机具有故障的情况下使用。

（7）进行吊装作业时，必须分工明确、坚守岗位，并按《起重吊运指挥信号》（GB/T 5082—1985）规定的联络信号，统一指挥。

（8）严禁利用管道、管架、电杆、机电设备等做吊装锚点。未经相关部门审查核算，不得将建筑物、构筑物作为锚点。

（9）吊装作业前必须对各种起重吊装机械的运行部位、安全装置以及吊具、索具进行详细的安全检查，吊装设备的安全装置应灵敏可靠。吊装前必须试吊，确认无误方可作业。

（10）任何人不得随同吊装重物或吊装机械升降。在特殊情况下必须随之升降的，应采取可靠的安全措施，并经过现场指挥员批准。

（11）吊装作业现场如需动火时，应遵守厂区动火作业安全规程的有关规定。吊装作业现场的吊绳索、缆风绳、拖拉绳等应避免同带电线路接触，并保持安全距离。

（12）用定型起重吊装机械（履带式起重机、轮胎式起重机、桥式起重机等）进行吊装作业时，除遵守通用标准外，还应遵守该定型机械的操作规程。

（13）进行吊装作业时，必须按规定负荷进行吊装，吊具、索具经计算选择使用，严禁超负荷运行。所吊重物接近或达到额定起重吊装能力时，应检查制动器，用低高度、短行程试吊后，再平稳吊起。

（14）悬吊重物下方严禁人员站立、通行和工作。

（15）有下列情况之一者不准进行吊装作业：①指挥信号不明；②超负荷或物体质量不明；③斜拉重物；④光线不足、看不清重物；⑤重物下站人，或重物超过人头；⑥重物埋在地下；⑦重物紧固不牢，绳打结、绳不齐；⑧棱刃物体没有衬垫措施；⑨容器内介质过满；⑩安全装置失灵。

（16）汽车式起重机作业时，除要严格遵守起重作业和汽车式起重机的有关安全操作规程外，还应保证车辆的完好，不准带病运行，做到安全行驶。

7.2.6 有害因素控制对策措施

有害因素控制对策措施的原则是：优先采用无危害或危害性较小的工艺和物料，减少有害物质的泄漏和扩展；尽量采用生产过程密闭化、机械化、自动化的生产装置（生产线），采用自动监测、报警装置，以及连锁保护、安全排放等装置，实现自动控制、遥控或隔离操作；尽可能避免、减少操作人员在生产过程中直接接触产生有害因素的设备和物料。

7.2.6.1 预防中毒的对策措施

根据《职业性接触毒物危害程度分级》（GBZ 230—2010）、《有毒作业分级》（GB/T 12331—1990）、《工业企业设计卫生标准》（GBZ 1—2010）、《工作场所有害因素职业接触限值　第 1 部分：化学有害因素》（GBZ 2.1—2007）、《工作场所有害因素职业接触限值　第2部分：物理因素》（GBZ 2.2—2007）、《生产过程安全卫生要求总则》（GB/T 12801—2008）、《使用有毒物品作业场所劳动保护条例》（国务院令第352号）等，对物料和工艺、生产设备（装置）、控制及操作系统、有毒介质泄漏（包括事故泄漏）处理、抢险等技术措施进行优化组合，采取综合对策措施。

（1）物料和工艺。尽可能以无毒、低毒的工艺和物料代替有毒、高毒工艺和物料，是防毒的根本性措施。

（2）工艺设备（装置）。生产装置应密闭化、管道化，尽可能实现负压生产，防止有毒物质泄漏、外溢。生产过程机械化、程序化和自动控制，可使作业人员不接触或少接触有毒物质，防止误操作造成的中毒事故。

（3）通风净化。应设置必要的机械通风排毒、净化（排放）装置，使工作场所空气中有毒物质浓度限制在规定的最高容许浓度值以下。

（4）应急处理。对有毒物质泄漏可能造成重大事故的设备和工作场所，必须设置可靠的事故处理装置和应急防护设施。应设置有毒物质安全排放装置（包括储罐）、自动检测报警装置、连锁事故排毒装置，还应配备事故泄漏时的解毒（含冲洗、稀释、降低毒性）装置。

（5）急性化学物中毒事故的现场急救。对急性化学物中毒人员进行及时有效的处理与急救，对挽救患者的生命，防止并发症具有关键作用。

（6）其他措施。在生产设备密闭和通风的基础上实现隔离、遥控操作；定期检测工作环境空气中有毒物质含量，尽量安装自动检测空气中有毒物质含量和超限报警装置；生产、储存、处理极度危害和高度危害毒物的厂房和仓库，其天棚、墙壁、地面均应光滑，便于清扫；必要时应加设防水、防腐等特殊保护层，以及专门的负压清扫装置和清洗设施；根据农药、涂装作业等有关标准要求，采取其他防毒措施；等等。

7.2.6.2　预防缺氧、窒息的对策措施

（1）针对缺氧危险工作环境中缺氧窒息和中毒窒息的原因，配备氧气含量、有害气体含量检测仪器，报警仪器，隔离式呼吸保护器具，通风换气设备和抢救器具。

（2）按先检测、通风，后作业的原则，工作环境空气中氧气含量大于18%且有害气体含量达到标准要求后，在密切监护下才能实施作业；对氧气、有害气体含量可能发生变化的作业和场所，作业过程中应定时或连续检测，保证安全作业。

（3）在由于防爆、防氧化的需要不能进行通风换气的工作场所，以及受作业环境限制不易充分通风换气的工作场所和已发生缺氧、窒息的工作场所，作业人员、抢救人员必须立即使用隔离式呼吸保护器具，严禁使用净气式面具。

（4）有缺氧、窒息危险的工作场所，应在醒目处设警示标志，严禁无关人员进入。

7.2.6.3　防尘对策措施

（1）工艺和物料。选用不产生或少产生粉尘的工艺，采用无危害或危害性较小的物料。这是消除、减弱粉尘危害的根本途径。

（2）限制、抑制扬尘和粉尘扩散。

（3）通风除尘。建筑设计时要考虑工艺特点和除尘的需要，利用风压、热压差，合理组织气流（如进排风口、天窗、挡风板的设置等），充分发挥自然通风改善作业环境的作用。当自然通风不能满足要求时，应设置全面或局部机械通风除尘装置。

（4）其他措施。由于工艺、技术上的原因，通风和除尘设施无法达到劳动卫生指标要求的有尘作业场所，操作人员必须佩戴防尘口罩、工作服、头盔、呼吸器、眼镜等个体防护用品。

7.2.6.4 噪声控制措施

根据《噪声作业分级》（LD 80—1995）、《工业企业噪声控制设计规范》（GB/T 50087—2013）、《工业企业噪声测量规范》（GBJ 122—1988）、《建筑施工场界环境噪声排放标准》（GB 12523—2011）、《工业企业厂界环境噪声排放标准》（GB 12348—2008）和《工业企业设计卫生标准》（GBZ 1—2010）等，采取低噪声工艺及设备、合理平面布置、隔声、消声、吸声等综合技术措施，控制噪声危害。

1. 工艺设计与设备选择

（1）减少冲击性工艺和高压气体排空的工艺。尽可能以焊代铆、以液压代冲压、以液动代气动，物料运输中避免大落差翻落和直接撞击。

（2）选用低噪声设备。采用振动小、噪声低的设备，使用哑声材料降低撞击噪声；控制管道内的介质流速，管道截面不宜突变，选用低噪声阀门；强烈振动的设备、管道与基础、支架、建筑物及其他设备之间采用柔性连接或支撑等。

（3）采用操作机械化（包括进、出料机械化）和运行自动化的设备工艺，实现远距离的监视操作。

2. 噪声源的平面布置

（1）主要强噪声源应相对集中，宜低位布置，充分利用地形隔挡噪声。

（2）主要噪声源（包括交通干线）周围宜布置对噪声较不敏感的辅助车间、仓库、料场、堆场、绿化带及高大建（构）筑物，用以隔挡对噪声敏感区、低噪声区的影响。

（3）必要时，噪声敏感区与低噪声区之间需保持防护间距，设置隔声屏障。

3. 隔声、消声、吸声和隔振降噪

采取上述措施后噪声级仍达不到要求，则应采用隔声、消声、吸声、隔振等综合控制技术措施，尽可能使工作场所的噪声危害指数达到《噪声作业分级》（LD 80—1995）规定的 0 级，且各类地点噪声 A 声级不得超过《工业企业噪声控制设计规范》（GB/T 50087—2013）规定的噪声限制值（55~90dB）。

对流动性、临时性噪声源和不宜采取噪声控制措施的工作场所，主要依靠个体防护用品（耳塞、耳罩等）防护。

7.2.6.5 其他有害因素控制措施

1. 防辐射（电离辐射）对策措施

（1）外照射源应根据需要和有关标准的规定，设置永久性或临时性屏蔽（屏蔽室、屏蔽墙、屏蔽装置）。

（2）设置与设备的电气控制回路连锁的辐射防护门，并采取迷宫设计，设置监测、预警和报警装置和其他安全装置，高能 X 射线照射室内应设紧急事故开关。

（3）在可能发生空气污染的区域，如操作放射性物质的工作箱、手套箱、通风柜等，必须设有全面或局部的送、排风装置，其换气次数、负压大小和气流组织应能防止污染的回流和扩散。

（4）工作人员进入辐射工作场所时，必须根据需要穿戴相应的个体防护用品（防放射性服、手套、眼面护品和呼吸防护用品），佩戴相应的个人剂量计。

（5）开放型放射源工作场所入口处，应设置更衣室、淋浴室和污染检测装置。

（6）应设有完善的监测系统和特殊需要的卫生设施，如污染洗涤、冲洗设施和消洗急救室等。

（7）根据《电离辐射防护与辐射安全基本标准》（GB 18871—2002）的要求，对有辐射照射危害的工作场所的选址、防护、监测、运输、管理等方面提出应采取的其他措施。

（8）核电厂的核岛区和其他控制设施的防护措施，依据《核电厂安全系统　第 1 部分：设计准则》（GB/T 13284.1—2008）、《核动力厂环境辐射防护规定》（GB 6429—2011）以及国家核安全局的专业标准、规范制定。

2. 防非电离辐射对策措施

（1）防紫外线措施。电焊等作业、灯具和炽热物体（达到1200℃以上）发射的紫外线，主要通过防护屏蔽（滤紫外线罩、挡板等）和保护眼睛、皮肤的个人防护用品（防紫外线面罩、眼镜、手套和工作服等）防护。

（2）防红外线（热辐射）措施。尽可能采用机械化、遥控作业，避开热源；应采用隔热保温层、反射性屏蔽（铝箔制品、铝挡板等）、吸收性屏蔽（通过对流、通风、水冷等方式冷却的屏蔽）等措施；应穿戴隔热服、防红外线眼镜、面具等个体防护用品。

（3）防激光辐射措施。为防止激光对眼睛、皮肤的灼伤和对身体的伤害，应采取下列措施：

1）优先采取用工业电视、安全观察孔监视的隔离操作。观察孔的玻璃应有足够的衰减指数，必要时还应设置遮光屏罩。

2）作业场所的地、墙壁、天花板、门窗、工作台应采用暗色不反光材料和毛玻璃；工作场所的环境色与激光色谱错开（如红宝石激光操作室的环境色可取浅绿色）。

3）整体光束通路应完全隔离，必要时设置密闭式防护罩。当激光功率能伤害皮肤和身体时，应在光束通路影响区设置保护栏杆，且与电源、电容器放电电路连锁。

4）设局部通风装置，排除激光束与靶物相互作用时产生的有害气体。

5）激光装置宜与所需高压电源分室布置；针对大功率激光装置可能产生的噪声和有害物质，采取相应的对策措施。

6）穿戴有边罩的激光防护镜和白色防护服。

（4）防电磁辐射对策措施。根据《电磁环境控制限值》（GB 8702—2014），按辐射源的频率（波长）和功率分别或组合采取对策措施。

3. 高温作业的防护措施

根据《高温作业分级》（GB/T 4200—2008）、《工业设备及管道绝热工程施工规范》（GB 50126—2008）、《高温作业分级检测规程》（LD 82—1995）、《高温作业分级》（GB/T 4200—2008），按限制高温作业级别的相关规定采取措施。

（1）尽可能实现自动化和远距离操作等隔热操作方式，设置热源隔热屏蔽，即热源隔热保温层、水幕、隔热操作室（间）和各类隔热屏蔽装置。

（2）通过合理组织自然通风气流，设置全面、局部送风装置或空调，降低工作环境的温度。

（3）依据《高温作业分级》（GB/T 4200—2008）的规定，限制持续接触热时间。

（4）使用隔热服（面罩）等个体防护用品。尤其是特殊高温作业人员，应使用适当的防护用品，如防热服装（头罩、面罩、衣裤和鞋袜等）以及特殊防护眼镜等。

（5）注意补充营养及合理的膳食，供应防高温饮料。口渴饮水以少量多次为宜。

4. 低温作业、冷水作业防护措施

根据《低温作业分级》（GB/T 14440—1993）、《冷水作业分级》（GB/T 14439—1993），提出相应的对策措施。

（1）实现自动化、机械化作业，尽量避免或减少低温作业和冷水作业。控制低温作业、冷水作业时间。

（2）穿戴防寒服（手套、鞋）等个体防护用品。

（3）设置采暖操作室、休息室、待工室等。

（4）冷库等低温封闭场所应设置通信、报警装置，防止误将人员关锁。

7.2.7 其他安全对策措施

1. 防高处坠落、物体打击对策措施

可能发生高处坠落危险的工作场所，应设置便于操作、巡检和维修作业的扶梯、工作平台、防护栏杆、护栏、安全盖板等安全设施；梯子、平台和易滑倒操作通道的地面应有防滑措施；设置安全网、安全距离、安全信号、安全标志和安全屏护，佩戴个体防护用品（安全带、安全鞋、安全帽、防护眼镜等），是避免高处坠落、物体打击事故的重要措施。针对强风、高温、低温雨天、雪天、夜间、带电、悬空和抢救高处作业等特殊高处作业，应提出针对性的防护措施。

另外，高处作业应遵循"十不登高"：①患有禁忌症者不登高；②未经批准者不登高；③未戴好安全帽、未系牢安全带者不登高；④脚手板、跳板、梯子不符合安全要求不登高；⑤在脚手架上作业，不直接攀爬登高；⑥穿易滑鞋、携带笨重物体不登高；⑦石棉、玻璃钢瓦上无垫脚板不登高；⑧高压线旁无可靠隔离安全措施不登高；⑨酒后不登高；⑩照明不足不登高。

2. 安全色、安全标志

根据《安全色》（GB 2893—2008）、《安全标志及其使用导则》（GB 2894—2008）的规定，充分利用红（禁止、危险）、黄（警告、注意）、蓝（指令、遵守）、绿（通行、安全）4 种传递安全信息的安全色，使相关人员能够迅速发现或分辨安全标志，及时得到提醒，以防止发生事故或伤害。

（1）安全标志的分类与功能。具体分为以下四类：

1）禁止标志，表示不准或制止人们的某种行为。

2）警告标志，使人们注意可能发生的危险。

3）指令标志，表示必须遵守，用来强调或限制人们的行为。

4）提示标志，示意目标地点或方向。

（2）安全标志应遵守的原则。具体如下。

1）醒目清晰。一目了然，易从复杂背景中识别，其细节、线条之间易于区分。

2）简单易辨。由尽可能少的关键要素构成，符号之间易于分辨，不致混淆。

3）易懂易记。容易被人理解（即使是外国人或不识字的人），并牢记。

3. 储运安全对策措施

（1）厂内运输安全对策措施应根据《工业企业厂内铁路、道路运输安全规程》（GB 4387—2008）、《工业车辆安全要求和验证 第 1 部分：自行式工业车辆（除无人驾驶车辆、伸缩臂式叉车和载运车)》（GB/T 10827.1—2014）和各行业有关标准的要求制定。

（2）危险化学品储运安全对策措施应根据《危险化学品安全管理条例》（国务院令第 591号）、《危险货物运输包装通用技术条件》（GB/T 12463—2009）、《常用化学危险品储存通则》（GB 15603—1995）等规章制定。

相关内容可参考前述"厂区平面布置"。

4. 焊割作业的安全对策措施

（1）存在易燃、易爆物料的企业应建立严格的动火制度，动火必须经批准并制定动火方案。

（2）焊割作业应遵循相关要求。焊割作业应严格遵守《焊接与切割安全》（GB 9448—1999）等有关国家标准和行业标准。电焊作业人员除进行特殊工种培训、考核、持证上岗外，还应严格按照焊割规章制度、安全操作规程进行作业。进行电弧焊时应采取隔离防护，保持绝缘良好，正确使用劳动防护用品，正确采取保护接地或保护接零等措施。

（3）焊割作业应严格遵守"十不焊"原则，具体如下：

1) 无操作证，不准焊割。

2) 禁火区，未经审批并办理动火手续，不准焊割。

3) 不了解作业现场及周围情况，不准焊割。

4) 不了解焊割物内部情况，不准焊割。

5) 盛装过易燃、易爆、有毒物质的容器、管道，未经彻底清洗置换，不准焊割。

6) 用可燃材料作保温层的部位及设备未采取可靠的安全措施，不准焊割。

7) 有压力或密封的容器、管道，不准焊割。

8) 附近堆有易燃、易爆物品，未彻底清理或采取有效安全措施，不准焊割。

9) 作业点与外单位相邻，在未弄清对外单位或区域有无影响或明知危险而未采取有效的安全措施，不准焊割。

10) 作业场所及附近有与明火相抵触的工作，不准焊割。

5. 防腐蚀安全对策措施

腐蚀的分类及针对各种腐蚀的安全对策措施如下。

(1) 大气腐蚀。在大气中，由于氧的作用、雨水的作用、腐蚀性物质的作用，裸露的设备、管线、阀、泵及其他设施会产生严重腐蚀，容易诱发事故。因此，设备、管线、阀、泵及其设施等，需要选择合适的材料及涂覆防腐涂层予以保护。

(2) 全面腐蚀。在腐蚀介质及一定温度、压力下，金属表面会发生大面积均匀的腐蚀。对于这种腐蚀，应考虑介质、温度、压力等因素，选择合适的耐腐蚀材料或在接触介质的内表面涂覆涂层，或加入缓蚀剂。

(3) 电偶腐蚀。这是容器、设备中常见的一种腐蚀，也称为"接触腐蚀"或"双金属腐蚀"。它是两种不同金属在溶液中直接接触，因其电极电位不同构成腐蚀电池，使电极电位较负的金属发生溶解腐蚀。

(4) 缝隙腐蚀。在生产装置的管道连接处，以及衬板、垫片等处的金属与金属、金属与非金属间及金属涂层破损时，金属与涂层间所构成的窄缝浸于电解液中，会造成缝隙腐蚀。防止缝隙腐蚀的措施有：①采用合适的抗缝隙腐蚀材料；②采用合理的设计方案，如尽量减少缝隙宽度（$1/40mm \leqslant 缝隙腐蚀 \leqslant 8/25mm$）、死角、腐蚀液（介质）的积存，法兰配合严密，垫片要适宜等；③采用电化学保护；④采用缓蚀剂等。

(5) 孔蚀。由于金属表面露头、错位、介质不均匀等，使其表面膜的完整性遭到破坏，成为点蚀源，腐蚀介质会集中于金属表面个别小点上形成深度较大的腐蚀。防止孔蚀的方法有：①减少溶液中腐蚀性离子的浓度；②减少溶液中氧化性离子的浓度，降低溶液温度；③采用阴极保护；④采用点蚀合金。

(6) 其他。金属及合金在拉应力和特定介质环境的共同作用下会产生应力腐蚀破坏，其外观见不到任何变化，裂纹发展迅速，危险性更大。

建（构）筑物应严格按照《工业建筑防腐蚀设计规范》（GB 50046—2008）的要求进行防腐蚀设计，并按《建筑防腐蚀工程施工规范》（GB 50212—2014）的规定进行竣工验收。

6. 生产设备的选择应用

在选用生产设备时，除考虑满足工艺功能外，应对设备的劳动安全性能给予足够的重视；保证设备在按规定使用时不会发生任何危险，不排放出超过标准规定的有害物质；应尽量选用自动化程度及本质安全程度高的生产设备。

选用的锅炉、压力容器、起重机械等危险性较大的生产设备，必须由具备安全及专业资质的单位进行设计、制造、检验和安装，并应符合国家标准和有关规定的要求。

7. 采暖、通风、照明、采光措施

（1）根据《采暖通风与空气调节设计规范》（HG/T 20698—2009）提出采暖、通风与空气调节的常规措施和特殊措施。

（2）根据《建筑照明设计标准》（GB 50034—2013）提出常规和特殊照明措施。

（3）根据《建筑采光设计标准》（GB 50033—2013）提出采光设计要求。

必要时，根据工艺、建（构）筑物特点和评价结果，针对存在问题，依据有关标准提出其他对策措施。

8. 体力劳动

（1）为消除超重搬运和限制重体力劳动，应采取降低体力劳动强度的机械化、自动化作业措施。

（2）根据成年男、女单次搬运重量、全日搬运重量的限制提出对策措施。

（3）针对女职工体力劳动强度、体力负重量的限制提出对策措施。

9. 定员编制、工时制度、劳动组织

（1）定员编制应满足国家现行工时制的要求；还应满足女职工劳动保护规定（包括禁忌劳动范围）、限制接触有害因素时间（例如高温作业和全身强振动作业等）以及监护作业等方面的要求。

（2）根据工艺流程、工艺设备、作业条件的特点和安全生产的需要，在设计中对劳动组织提出具体安排。

（3）劳动安全管理机构的设置应符合相关规定。

（4）根据《中华人民共和国劳动法》及《国务院关于职工工作时间的规定》（1995 年修正）（国务院令第 174 号），提出工时安排方面的其他对策措施。

10. 工厂辅助用室的设置

根据生产特点、实际需要和使用方便的原则，按职工人数、设计计算人数设置生产卫生用室（浴室、存衣室、盥洗室、洗衣房）、生活卫生用室（休息室、食堂、厕所）和医疗卫生、急救设施。

11. 女职工劳动保护

根据《中华人民共和国劳动法》《女职工劳动保护特别规定》（国务院令第 619 号）《女职工保健工作规定》（卫妇发 〔1993〕11 号）等，提出女职工"四期"保护等特殊的保护措施。

7.3　安全管理对策措施

安全管理对策措施是通过系列管理手段，将人、设备、物质、环境等涉及安全生产工作的各个环节有机地结合起来，进行整合、完善、优化，以保证企业在生产经营活动全过程的职业安全和健康，使已经采取的安全技术对策措施得到制度上、组织上、管理上的保证。

安全管理对策措施对于所有生产经营单位都是企业管理的重要组成部分，是保证安全生产必不可少的措施。安全管理对策措施涉及面比较广泛，本节将其总结为如下几个方面。

7.3.1　建立、健全安全管理制度

《安全生产法》第四条规定："生产经营单位必须遵守本法和其他有关安全生产的法律、法规，加强安全生产管理，建立、健全安全生产责任制和安全生产规章制度，改善安全生产条件，推进安全生产标准化建设，提高安全生产水平，确保安全生产。"不管是法律法规和技术标准的要求，

还是生产经营单位实际安全生产的需要，都必须建立健全企业安全生产责任制、落实生产经营单位安全生产规章制度和操作规程。

例如，依据企业的自身特点，应建立安全生产总则、安全生产守则、"三同时"管理制度等指导性安全管理文件，制定安全生产责任制、工艺技术安全生产规程、安全操作规程；对日常安全管理工作，应建立相应的安全检查制度、安全生产巡视制度、安全生产交接班制度、安全监督制度、安全生产确认制度、安全生产奖惩制度、有毒有害作业管理制度、劳保用品管理制度、厂内交通运输安全管理条例等管理制度；对工伤事故处理，应建立伤亡事故管理制度、伤亡事故责任者处理规定、职业病报告处理制度等制度；对设备、工机具管理，应建立特种设备管理责任制度、危险设备管理制度、手持电动工具管理制度、吊索具安全管理规程、蒸汽锅炉及压力容器管理细则等制度；在安全教育培训方面，应建立各级领导安全培训教育制度、新进员工三级安全教育制度、转岗安全培训教育制度、日常安全教育和考核制度、违章员工教育和临时性安全教育等制度；对检修、动火和紧急状态，应建立设备检修安全联络挂牌制度、动火作业管理规定、临时线审批制度、动力管线管理制度、危险作业审批制度等管理制度；对特殊工种，应建立特种作业人员的安全教育、持证上岗管理规定等制度；对外协、临时工和承包工程队的安全管理，也应建立相应的管理制度。

7.3.2 完善安全管理机构和人员配置

建立并完善生产经营单位的安全管理组织机构和人员配置，保证各类安全生产管理制度能认真贯彻执行，各项安全生产责任制能落实到人，明确各级第一负责人为安全生产第一责任人。

例如，生产经营单位设立安全生产委员会（或者相类似的管理机构），由单位负责人任主任，下设办公室，安全科长任办公室主任；建立安全员管理网络，各生产经营单位的安全管理机构设安全科，各作业区（包括物资储存区）设作业区级兼职安全员，各大班各设班组级兼职安全员等。

1. 安全管理机构和人员的配置

《安全生产法》第二十一条规定，矿山、金属冶炼、建筑施工、道路运输单位和危险物品的生产、经营、储存单位，应当设置安全生产管理机构或者配备专职安全生产管理人员。其他生产经营单位，从业人员超过一百人的，应当设置安全生产管理机构或者配备专职安全生产管理人员；从业人员在一百人以下的，应当配备专职或者兼职的安全生产管理人员。

2. 安全管理机构以及安全生产管理人员的主要职责

贯彻执行国家安全生产方针、政策、法律、法规、规定、制度和标准，在厂长（经理）和安全生产委员会的领导下开展安全生产管理和监督工作；负责员工安全教育、培训、考核工作，组织开展各种安全宣传、教育、培训活动；组织制订、修订本单位安全管理制度和安全技术规程，编制安全技术措施计划，并监督检查执行情况；组织安全大检查，协调和督促有关部门对查出的隐患和问题制订防范措施和整改计划，并检查监督隐患整改工作的完成情况；参加新建、改建、扩建工程及大修、技改项目的劳动保护设施"三同时"审查、验收，保证符合安全卫生要求；对锅炉、压力容器等特种设备及各类安全附件进行安全监督检查；依据相关法律法规要求，委托具有资质的中介机构，做好本企业的安全评价和职业安全健康管理体系认证工作；建立重大危险源的监控体系，制定重大事故应急预案等保障安全生产的基础工作；深入现场进行安全监督检查，纠正违章，督促并协调解决有关安全生产的重大问题。遇有危及安全生产的紧急情况，安全管理人员有权责令其停止作业，并立即报告企业主管及有关领导；如实负责各类事故汇总、统计上报工作，参加各类事故的调查、处理和工伤认定工作；按照国家有关规定，负责制定职工劳动保护用品、保健食品和防暑降温饮料的发放标准，并监督检查有关部门按规定及时发放和合理使用；

综合分析企业安全生产中的突出问题，及时向企业主管及有关领导汇报，并会同有关部门提出改进意见；对企业各部门安全生产工作进行考核评比，对在安全生产中有贡献者或事故责任者，提出奖惩意见；会同工会等有关部门组织开展安全生产竞赛活动，总结交流安全生产先进经验；开展安全技术研究，推广安全生产科研成果、先进技术及现代安全管理方法；监督检查有关安全技术装备的维护保养和管理工作；建立健全安全管理网络，加强安全工作基础建设，做好各种安全台账、记录的管理；定期召开安全专业人员会议，指导基层安全工作。

7.3.3　安全培训、教育和考核

生产经营单位的主要负责人、安全生产管理人员和生产一线作业人员，都必须接受相应的安全教育和培训。《安全生产法》规定，生产经营单位的主要负责人和安全生产管理人员必须具备与本单位所从事的生产经营活动相应的安全生产知识和管理能力；危险物品的生产、经营、储存单位以及矿山、金属冶炼、建筑施工、道路运输单位的主要负责人和安全生产管理人员，应当由主管的负有安全生产监督管理职责的部门对其安全生产知识和管理能力考核合格；危险物品的生产、储存单位以及矿山、金属冶炼单位应当有注册安全工程师从事安全生产管理工作；鼓励其他生产经营单位聘用注册安全工程师从事安全生产管理工作。

生产经营单位应当对从业人员进行安全生产教育和培训，保证从业人员具备必要的安全生产知识，知悉自身在安全生产方面的权利和义务。未经安全生产教育和培训合格的从业人员，不得上岗作业。特种作业人员必须按照国家有关规定经专门的安全作业培训，取得相应资格，方可上岗作业。

从业人员应当接受安全生产教育和培训，掌握本职工作所需的安全生产知识，提高安全生产技能，增强事故预防和应急处理能力。

1. 安全培训教育的层次

（1）主要负责人的安全培训教育。生产经营单位主要负责人培训的主要内容包括：国家安全生产方针、政策和有关安全生产的法律、法规、规章及标准；安全生产管理基本知识、安全生产技术、安全生产专业知识；重大危险源管理、重大事故防范、应急管理和救援组织以及事故调查处理的有关规定；职业危害及其预防措施；国内外先进的安全生产管理经验；典型事故和应急救援案例分析等。

（2）安全管理人员的安全培训教育。培训的主要内容包括：国家安全生产方针、政策和有关安全生产的法律、法规、规章及标准；安全生产管理、安全生产技术、职业卫生等知识；伤亡事故统计、报告及职业危害的调查处理方法；应急管理、应急预案编制，以及应急处置的内容和要求；国内外先进的安全生产管理经验；典型事故和应急救援案例分析等。

（3）从业人员的安全培训教育。从业人员是指除生产经营单位的主要负责人和安全生产管理人员以外，该单位从事生产经营活动的所有人员，包括其他负责人和管理人员、技术人员和各岗位的工人，以及临时聘用的人员。企业应加强对新职工的安全教育、专业培训和考核。新进人员必须经过严格的三级安全教育和专业培训，并经考试合格后方可上岗。对转岗、复工人员，应参照新职工的办法进行培训和考试。当企业采用新工艺、新技术或新设备、新材料进行生产时，应对作业人员进行有针对性的安全生产教育培训。

（4）特种作业人员的安全培训教育。在特种作业人员上岗前，必须按照国家有关规定经专门的安全作业培训，取得特种作业操作资格证书后方可上岗。要选拔具有一定文化程度、操作技能、身体健康和心理素质好的人员从事相关工作，并定期进行考察、考核、调整。重大危险岗位的作业人员还需要进行专门的安全技术训练，有条件的单位最好能对该类作业人员进行身体素质、心

理素质、技术素质和职业道德素质的测定，避免由于作业人员的先天性素质缺陷而造成隐患。

对于上述 4 个层面人员的教育和培训，都要求作业人员具有高度的责任心、缜密的态度，熟悉相应的业务，掌握相关操作技能，具备应急处理能力，有预防火灾、爆炸、中毒等事故和职业危害的知识，应对突发事故具有自救和互救能力。

2. 安全教育方式

（1）入厂教育。企业新进人员，包括新工人、合同工、临时工、外包工和培训、实习、外单位调入本厂人员等，均须经过厂级、车间（科）级、班组（工段）级三级安全教育；厂内调动（包括车间内调动）及脱岗半年以上的职工，必须对其进行第二级或第三级安全教育，然后进行岗位培训，考试合格，成绩记入安全作业证内，方准上岗作业。

1）厂级教育（第一级），由企业人力资源及劳资部门组织，安全技术、工业卫生与防火（保卫）部门负责。教育内容包括：安全生产的意义，党和国家有关安全生产的方针、政策、法规、规定、制度和标准；一般安全知识，本厂生产特点，重大事故案例；厂规厂纪以及入厂后的安全注意事项，工业卫生和职业病预防等。

2）车间级教育（第二级），由车间主任负责。教育内容包括：车间生产特点、工艺流程、主要设备的性能；安全技术规程和安全管理制度；主要危险和有害因素、事故教训、预防工伤事故和职业危害的主要措施及事故应急处理措施等。

3）班组（工段）级教育（第三级），由班组（工段）长负责。教育内容包括：岗位生产任务、特点，主要设备结构原理、操作注意事项；岗位责任制和安全技术规程；事故案例及预防措施；安全装置和工（器）具、个人防护用品、防护器具、消防器材的使用方法等。

（2）日常教育。各级领导和各部门要对职工进行经常性的安全思想、安全技术和遵章守纪教育，提高劳动者的安全意识和法制观念，定期研究解决职工安全教育中存在的问题。利用各种形式定期开展安全教育培训活动，如班组安全活动可每周进行一次（即安全活动日）。

在进行大修或重点项目检修以及重大危险性作业（含重点施工项目）时，安全技术部门应督促指导各检修（施工）单位进行检修（施工）前的安全教育。

职工违章及重大事故责任者和工伤人员复工，应由所属单位领导或安全技术部门进行安全教育，并将教育内容记入安全作业证内。

（3）特殊教育。特种作业人员应按《特种作业人员安全技术培训考核管理规定》（国家安监总局令第 30 号）的要求，进行安全技术培训考核，取得特种作业证后方可从事特种作业。到期应进行复审，复审合格后方可继续从事特种作业。

采用新工艺、新技术、新设备、新材料或新产品投产前，应按新的安全操作规程，对岗位作业人员和有关人员进行专门教育，考试合格后方能进行独立作业。

发生重大事故和恶性未遂事故后，企业主管部门应组织有关人员进行现场教育，吸取事故教训，防止类似事故重复发生。

安全培训、教育的具体要求、培训内容、培训学时等应按照《生产经营单位安全培训规定》（国家安监总局第 3 号令）（2015 年修订）执行。

3. 安全培训考核

（1）厂级主管人员的安全技术培训和考核，由上级有关部门组织进行。厂级以下的其他管理人员的安全技术考核，由企业人事部门和安全技术部门负责组织进行。

（2）职工的安全技术培训和考核，由车间（单位）领导负责组织，工段长具体执行，车间安全员参加。

（3）安全作业证的发放和管理。安全作业证是职工独立作业的资格凭证，记录安全培训、教育考核以及安全工作奖罚等内容。安全作业证是职工上岗作业的凭证，凡是独立直接从事生产作业的人员，应持证上岗；特种作业人员，除取得特种作业人员操作证外，还应取得本企业的安全作业证。

7.3.4 安全投入与安全设施

建立健全生产经营单位安全生产投入的长效保障机制，从资金和设施装备等物质方面保障安全生产工作的正常进行，也是安全管理对策措施的一项内容。主要内容包括满足安全生产条件所必需的安全投入、安全技术措施的制定和安全设施的配备。

1. 安全投入

《安全生产法》第二十条规定，生产经营单位应当具备的安全生产条件所必需的资金投入，由生产经营单位的决策机构、主要负责人或者个人经营的投资人予以保证，并对由于安全生产所必需的资金投入不足导致的后果承担责任。有关生产经营单位应当按照规定提取和使用安全生产费用，专门用于改善安全生产条件。安全生产费用在成本中据实列支。

《安全生产法》第二十八条规定，生产经营单位新建、改建、扩建工程项目的安全设施，必须与主体工程同时设计、同时施工、同时投入生产和使用。安全设施投资应当纳入建设项目概算。

建设项目在可行性研究阶段和初步设计阶段都应该考虑投入用于安全生产的专项资金的预算。生产经营单位在日常运行过程中应该安排用于安全生产的专项资金，进行安全生产方面的技术改造，配备足量的安全仪表、安全设施和防护设备，以及个体防护用品。

2. 安全技术措施计划

安全技术措施计划（以下简称"计划"）是安全管理的重要手段，对防止生产过程中的各类事故具有直接、明确的指导作用。

（1）计划编制依据。安全技术措施计划编制的主要依据有：国家和地方政府发布的有关安全生产方面的法律、法规、规章及标准；影响安全生产的重大隐患，预防火灾、爆炸、工伤、职业危害等需采取的技术措施；稳定和发展生产所需采取的安全技术措施以及职工提出的合理化建议等。

（2）计划编制范围。

1）以改善劳动条件、减轻劳动强度、预防职业危害为目的的安全卫生设施。如通风、照明、防尘、防毒、防辐射、喷淋冲洗、防寒保暖、防暑降温、空气净化、消除噪声、减振等设施。

2）以防止火灾、爆炸、工伤等事故为目的的安全技术措施。如安全防护装置、保险装置、连锁装置、报警装置、切断装置、泄压防爆装置、限位制动装置、灭火装置、防雷击和防触电装置等。

3）为防止事故发生和扩大的防范与应急救援措施。如抢险救灾的工程设施及器具、警示标志、检测报警仪器、通信联络器材、抢险救灾车辆、围堤、回收装置等。

4）为保证安全生产所需的辅助设施。如淋浴室、更衣室、消毒室、盥洗室、女工卫生室以及工作服洗涤、干燥、消毒等。

5）以安全培训教育、开展安全科学研究和建立与贯彻安全生产法律、法规、规章、标准为目的的安全管理措施。如安全宣传图书、资料、报刊、杂志、音像制品；安全培训教材；安全教育器材、设施；安全标志；劳动保护科研项目；化学品标签和安全技术说明书等。

（3）计划的编制及审批。安全技术部门负责编制企业年度安全技术措施计划，报总工程师或主管厂长（经理）审核批准（有时需循相关规定报上级审批）。安全技术措施计划应包含安全技术措施项目（见上述编制范围）、项目的资金、项目负责人、竣工或投产使用日期。企业应在当年安排的财务预算资金中优先保证足够的费用用于安全技术措施项目。安全技术部门应定期检查安全技术措施计划的执行情况，并向主管厂长（经理）或总工程师汇报请示。主管厂长（经理）或总工程师应对安全技术措施项目的实施情况进行检查，并及时召开有关部门参加的会议，协调处理实施中存在的问题，保证安全技术措施项目按期完成。

3. 安全设施配备

生产经营单位应根据企业规模和需要，配备必要的安全管理、检查、事故调查分析、检测检验的用房和检查、检测、通信、录像、照相、计算机、车辆等设施、设备；根据安全管理的需要，配备必要的培训教育及应急抢救仪器、设备与设施，如配备有急救药品的医护室、女工卫生室、供高温作业人员休息的空调室、防止化学事故所配备的防毒面具及淋洗设施等。

7.3.5 安全生产监督检查

安全管理对策措施的动态表现就是监督与检查，包括对有关安全生产方面国家法律法规、技术标准、规范和行政规章执行情况的监督与检查，以及对本单位所制定的各类安全生产规章制度和责任制的落实情况的监督与检查。《安全生产法》第四十三条规定，生产经营单位的安全生产管理人员应当根据本单位的生产经营特点，对安全生产状况进行经常性检查；对检查中发现的安全问题，应当立即处理；不能处理的，应当及时报告本单位有关负责人，有关负责人应当及时处理。检查及处理情况应当如实记录在案。

例如，某生产经营单位的《安全生产检查制度》明确了季节性安全检查、专业性安全检查和节假日安全检查的制度安排，要求安全管理部门每季度进行一次安全生产综合大检查，各作业区每月进行两次安全检查，等等。

7.4 事故应急预案对策措施

事故应急救援在安全管理对策措施中占有重要地位，在安全评价报告中也必须有相关内容。

7.4.1 事故应急预案及其类型

事故应急救援预案是针对可能发生的事故，为迅速、有序地开展应急行动而预先制定的行动方案。近年来一般称其为"应急预案"，指为有效预防和控制可能发生的事故，最大程度减少事故及其造成损害而预先制定的工作方案。

1. 编制事故应急预案的目的与原则

（1）编制事故应急预案的目的。具体如下。

1）采取预防措施将事故控制在局部，消除蔓延条件，防止突发性重大或连锁事故发生。

2）在事故发生后迅速有效控制和处理事故，尽量减轻事故对人和财产的影响。

（2）编制事故应急预案的原则。

事故应急预案应该由事故的预防和事故发生后的损失控制两部分构成，其制定原则是"以防为主，防救结合"，具体编制原则如下。

1）从事故预防的角度制定事故应急预案。从事故预防的角度，应该由技术对策和管理对策共同构成：①技术上采取措施，使"机—环境"系统具有保障安全状态的能力；②通过管理协调"人自身"及"人—机"系统的关系，实现整个系统的安全。

2）从事故发生后损失控制的角度制定应急预案。从事故发生后损失控制的角度，事先应该对可能发生的事故进行预测并制定救援措施，一旦发生事故则应做到：①能根据事故应急预案及时进行救援处理；②可最大限度地避免后续的恶性重大事故发生；③减轻事故所造成的损失；④能及时恢复生产。

2. 事故应急预案的类型

为有效处理多种类型的突发事故或灾害，应科学、合理地划分应急预案的层次和类型。应急预案可分为三个层次：综合应急预案、专项应急预案、现场处置方案。

（1）综合应急预案。综合应急预案是企业的整体应急预案，从总体上阐述企业的应急方针、政策、应急组织结构及相应的职责，以及应急行动的总体思路等。

通过综合预案可以很清晰地了解企业的应急体系及预案的文件体系，可以作为企业应急救援工作的基础和"底线"，即使对没有预料的紧急情况也能起到一般的应急指导作用。

（2）专项应急预案。专项应急预案是针对某种具体的、特定类型的紧急情况，例如瓦斯爆炸、危险物质泄漏、火灾、某一自然灾害等的应急预案。

专项应急预案是在综合预案的基础上，充分考虑了某一特定危险的特点，对应急的形式、组织机构、应急活动等进行更具体的阐述，具有较强的针对性；专项应急预案应制定明确的救援程序和具体的应急救援措施。

（3）现场处置方案。现场处置方案是在专项应急预案的基础上，根据具体情况而编制的，是针对特定的场所（或具体装置、岗位）所制定的应急处置措施。例如，危险化学品事故专项应急预案下编制的某重大危险源的应急预案、防洪专项应急预案下的某洪区的防洪预案等。

现场处置方案的特点是针对某一具体现场的特殊危险及周边环境情况，在详细分析的基础上，对应急救援中的各个方面做出具体、周密而细致的安排，因而现场处置方案具有更强的针对性和对现场具体救援活动的指导性。

现场处置方案的另一特殊形式为单项预案。单项预案可以针对某一大型公众聚集活动（如经济、文化、体育、集会等活动）或高风险的建设施工或维修活动（如人口高密集区建筑物的定向爆破、生命线施工维护等活动）而制定的临时性应急行动方案，是针对临时活动中可能出现的紧急情况，预先对相关应急机构的职责、任务和预防性措施做出的安排。

3. 事故应急预案的核心要素

事故应急预案是整个应急管理体系的反映，不仅包括事故发生过程中的应急响应和救援措施，还应包括事故发生前的各种应急准备和事故发生后的紧急恢复，以及预案的管理与更新等。一个完善的应急预案可分为 6 个一级核心要素，包括：方针与原则；应急策划；应急准备；应急响应；现场恢复；预案管理与评审改进。6 个一级要素相互之间既相对独立，又紧密联系，从应急的方针、策划、准备、响应、恢复到预案的管理与评审改进，形成了一个有机联系并持续改进的体系结构。根据一级要素中所包括的任务和功能，其中应急策划、应急准备和应急响应 3 个一级核心要素可进一步划分成若干个二级核心要素，具体如下：

1）应急策划。划分为基本情况分析、危险源辨识与风险评价、资源分析、法律法规要求。

2）应急准备。划分为组织机构设置及职责划分、应急资源分配、应急人员培训教育和预案演练、互助协议的签署。

3）应急响应。划分为现场指挥与控制、报警与通知系统、事故汇报程序、确定施救方案和处理程序、紧急处置、实施抢险、医疗卫生服务、应急结束。

7.4.2　应急预案的编制

根据《生产经营单位生产安全事故应急预案编制导则》（GB/T 29639—2013），生产经营单位应急预案编制程序包括成立应急预案编制工作组、资料收集、风险评估、应急能力评估、编制应急预案和应急预案评审 6 个步骤。

（1）成立应急预案编制工作组。生产经营单位应结合本单位各部门职能和分工，成立以单位主要负责人（或分管负责人）为组长，单位相关部门人员参加的应急预案编制工作组。

（2）资料收集。应急预案编制工作组应收集与预案编制工作相关的法律法规、技术标准、应急预案、国内外同行业事故资料，同时收集本单位安全生产相关技术资料、周边环境影响、应急资源等有关资料。

（3）风险评估。主要内容包括：①分析生产经营单位存在的危险因素，确定事故危险源；②分析可能发生的事故类型及后果，并指出可能产生的次生、衍生事故；③评估事故的危害程度和影响范围，提出风险防控措施。

（4）应急能力评估。在全面调查和客观分析生产经营单位应急队伍、装备、物资等应急资源状况基础上开展应急能力评估，并依据评估结果，完善应急保障措施。

（5）编制应急预案。依据生产经营单位风险评估以及应急能力评估结果，组织编制应急预案。应急预案编制应注重系统性和可操作性，做到与相关部门和单位应急预案相衔接。

（6）应急预案评审。应急预案编制完成后，生产经营单位应组织评审。评审分为内部评审和外部评审，内部评审由生产经营单位主要负责人组织有关部门和人员进行；外部评审由生产经营单位组织外部有关专家和人员进行评审。应急预案评审合格后，由生产经营单位主要负责人（或分管负责人）签发实施，并进行备案管理。

7.4.3　应急预案的实施

1. 应急预案的实施与演练

《生产安全事故应急预案管理办法》（国家安监总局令第 88 号，2016 年修订）中对应急预案的实施做了明确规定。各级安全生产监督管理部门、各类生产经营单位应当采取多种形式开展应急预案的宣传教育，普及生产安全事故避险、自救和互救知识，提高从业人员和社会公众的安全意识与应急处置技能。

生产经营单位应当组织开展本单位的应急预案、应急知识、自救互救和避险逃生技能的培训活动，使有关人员了解应急预案内容，熟悉应急职责、应急处置程序和措施。应急培训的时间、地点、内容、师资、参加人员和考核结果等情况应当如实记入本单位的安全生产教育和培训档案。

生产经营单位应当按照应急预案的规定，落实应急指挥体系、应急救援队伍、应急物资及装备，建立应急物资、装备配备及其使用档案，并对应急物资、装备进行定期检测和维护，使其处于适用状态。

生产经营单位应当制订本单位的应急预案演练计划，根据本单位的事故风险特点，每年至少组织一次综合应急预案演练或者专项应急预案演练，每半年至少组织一次现场处置方案演练。

应急预案演练结束后，应急预案演练组织单位应当对应急预案演练效果进行评估，撰写应急预案演练评估报告，分析存在的问题，并对应急预案提出修订意见。

生产经营单位发生事故时，应当第一时间启动应急响应，组织有关力量进行救援，并按照规定将事故信息及应急响应启动情况报告安全生产监督管理部门和其他负有安全生产监督管理职责的部门。

生产安全事故应急处置和应急救援结束后，事故发生单位应当对应急预案实施情况进行总结评估。

2. 应急预案的修订

应急预案编制单位应当建立应急预案定期评估制度，对预案内容的针对性和实用性进行分析，并对应急预案是否需要修订做出结论。

矿山、金属冶炼、建筑施工企业和易燃易爆物品、危险化学品等危险物品的生产、经营、储存企业、使用危险化学品达到国家规定数量的化工企业、烟花爆竹生产、批发经营企业和中型规模以上的其他生产经营单位，应当每三年进行一次应急预案评估。应急预案评估可以邀请相关专业机构或者有关专家、有实际应急救援工作经验的人员参加，必要时可以委托安全生产技术服务机构实施。经评估需要修订的应急预案，应及时修订并完整归档。

本 章 小 结

本章介绍了安全对策措施及其内容分类，说明了安全评价中制定安全对策措施的意义和原则，分别从安全技术措施、安全管理措施和事故应急预案三个方面，系统、简练、明确地介绍了相关对策措施的基本内容，分析了对策措施的制定思路和程序。通过本章学习，读者能够理解安全对策措施的内容及其制定方法，并能将其应用到安全评价工作中。

思考与练习题

1. 简述安全对策措施的内容划分、基本要求和基本原则。
2. 如何对建设项目进行选址？
3. 制定安全技术对策措施应主要考虑哪几个方面？
4. 如何防止可燃、可爆系统的形成？
5. 制定安全管理对策措施应主要考虑哪几个方面？
6. 简述安全技术措施计划的编制范围及主要内容。
7. 简述安全防护装置的设置原则。
8. 事故应急预案划分为哪几类？其核心要素包括那些？
9. 某机械加工企业，主要生产设备为金属切削机床：车床、铣床、磨床、钻床、冲床、剪床等，同时，车间还安装了 3t 桥式起重机，配备了 2 辆叉车。根据该公司近几年的事故统计资料，大部分事故为机械伤害和物体打击事故，其中 2015 年发生冲床断指事故 14 起。请回答下列问题：
（1）简述在金属切削过程中存在的主要危险、有害因素。
（2）为杜绝或减少冲床事故的发生，应该采取哪些有效的安全对策措施？
（3）简述防止触电的安全对策措施。

第 *8* 章

安全评价的工作程序与技术文件

学习目标

1. 熟悉安全评价的工作过程及安全评价资料、数据的分析、处理。

2. 熟悉安全评价技术文件，了解安全评价的文件和资料目录。

3. 熟悉安全评价过程控制的概念与意义，了解安全评价过程控制体系的内容及过程控制文件的编制。

4. 理解编制安全评价结论的原则和安全评价结论确定的逻辑过程。

5. 掌握安全评价报告的内容与格式要求，能够编制安全评价报告。

6. 熟悉安全评价项目实施计划管理及项目成果管理相关内容。

8.1 安全评价的工作程序

第 1 章曾经对安全评价的程序步骤（图 1.3）做了一般性介绍，本章则对安全评价的完整工作程序加以说明。本章各节所述内容均针对安全评价机构所承担的安全评价工作，其他类型的安全评价，如日常安全评价或研究性安全评价不在本章讨论之列。

8.1.1 安全评价的工作过程

（1）风险分析和签订合同。每个安全评价项目都应签订安全评价合同，合同中应注明评价范围和承担的责任。受理新领域的项目、重大项目或合同额较高的评价项目之前，应使用"风险分析程序"，填写评价项目风险分析记录表。

（2）建立评价项目组。每个评价项目均由安全评价负责人（总工程师）签发评价项目责任书，任命"项目组长"。"项目组长"组建评价项目组，并对评价项目组成员进行分工。

（3）评价现场检查。每个评价项目必须进行现场勘察和检查，做好现场记录，拍摄现场照片，项目组成员按项目组长的分工完成相应的现场工作。

（4）项目自审。项目组长邀请非本项目组的评价人员或外聘专家对安全评价报告进行审核。项目组长主持召开项目组全体成员参加的项目自审会议。

（5）技术审核。技术负责人根据发布的各类安全评价要求，对报告进行技术审核，提出报告修改意见。

（6）过程控制审核。项目组长按安全评价过程控制要求，每完成一个过程均要报过程控制负责人确认。技术审核完成后，项目组长将评价报告和过程证据交过程控制负责人进行过程控制审核。

（7）报告审批。项目组长将安全评价报告及评价项目所有相关资料交安全评价负责人或总工程师，对报告进行审批，并进行技术和过程控制审核意见的综合审定。若评价报告要进行外审，安全评价技术负责人需要对所准备材料的完整性进行核实。

安全评价负责人或总工程师审批通过的评价项目，除内部审核流转单中"报告签发"栏外，其他所有评价工作全部完成且相关资料齐全。以下为可供参考的安全评价项目相关文件与资料目录。

1）评价项目风险分析表。

2）安全评价合同（包括技术保密协议）。

3）评价项目任务书。

4）项目组成员组成与分工表。

5）现场勘查记录（日期、人员、记录和照片）。

6）项目自审会议记录。

7）安全评价报告内部审核流转单（技术审核、过程控制审核、报告审批、报告签发）。

8）相关审核意见（技术审核意见、过程控制审核意见、外聘专家审核意见、专题技术会议记录等）。

9）项目评审专家意见。

10）安全评价报告及附件。

11）项目洽谈形成的文字资料（洽谈记录、现场勘察记录、评价策划、企业资料借阅凭证）。

12）评价过程中所形成的文字资料。

13）所有与该项目相关的证明文件（文件、图纸复印件等）。

14）所有与该项目相关的电子文档（报告文本、现场照片、录音、录像、项目评价汇报的电子幻灯文件等）。

15）评价项目投诉及处理文件。

（8）报告签发。完成上述步骤后，项目组长将评价项目全套资料交法人代表进行签发。

8.1.2　前期准备和现场勘查

8.1.2.1　安全评价的前期准备

前期准备工作主要包括：采集安全评价相关的法律法规信息；采集与安全评价对象有关的生产安全事故案例信息；采集安全评价过程中涉及的人、机、物、法、环基础信息技术资料。

前期准备工作中，应注意评价对象及评价范围的确定。评价范围是指评价机构对评价项目实施评价时，评价内容所涉及的领域和评价对象所处的地理界限，必要时还包括评价责任界定。评价范围保证评价项目包含了所有要做的工作，而且只包含要求的工作。

评价范围确定主要考虑两方面因素：一是对评价范围的定义；二是评价范围的说明。在评价范围说明中要突出三点：说明评价内容所涉及的领域、说明评价对象所处的地理界限、说明评价责任的界定。评价范围的定义和说明，是评价机构、委托评价单位和相关方（政府管理部门）的共识，是进行安全评价的基础，必须写入安全评价合同和安全评价报告。

8.1.2.2　安全评价现场勘察

1. 现场调查的常用分析方法

（1）现场询问观察法。可采用如下方法进行现场询问和观察：

1）按部门调查：是以企业部门为中心进行调查的方式。

2）按过程调查：是以过程为中心进行调查的方式。

3）顺向追踪：顺向追踪也称为归纳式调查，是顺序调查的方式，从安全管理理念、安全管理制度、责任制等文件查到安全管理措施，危险有害因素的控制。

4）逆向追溯：逆向追溯也称演绎式调查，是逆向调查的方式，先假设事故发生，调查危险有害因素的控制过程，再追查企业安全管理制度及安全理念等文件；从事故形成条件的可能性调查发生事故的原因及概率。

（2）特尔菲法。也称德尔菲法（Delphi method），又名专家意见法或专家函询调查法，是采用背对背的通信方式征询专家小组成员的预测意见，最后做出符合未来发展趋势预测结论的方法。既可作为一种有效的调查分析的方法，也可作为安全评价的具体方法。

特尔菲法依据系统的程序，采用匿名发表意见的方式，以集结团队的共识。该方法主要是由调查者拟定调查表，按照既定程序，以函件的方式分别向专家组成员征询，专家组成员以匿名的方式（函件）提交意见，经过几次反复征询和反馈，专家组成员的意见逐步趋于集中，最后获得具有很高准确率的集体判断结果。该方法可以用于安全评价过程或系统生命周期的任何阶段。特尔菲法的一般程序如下：

1）成立调查组，确定调查目的，拟定调查提纲。首先必须确定目标，拟定出要求专家回答问题的详细提纲，并同时向专家提供有关背景材料，包括预测目的、期限、调查表填写方法及其他希望要求等说明。

2）选择一批熟悉本问题的专家，一般至少为20人，包括安全理论和实践等各方面专家。

3）以通信方式向各位选定专家发出调查表，征询意见。

4）对返回的意见进行归纳综合，定量统计分析后再寄给有关专家，每位成员收到一本问卷结果的复印件。

5）看过结果后，再次请成员提出他们的方案。第一轮的结果常常是激发出新的方案或改变某些人的原有观点。

6）重复4）、5）两步，直到取得大体上一致的意见。

这种方法的优点主要是简便易行，用途广泛，费用较低，具有一定科学性和实用性，在大多数情况下可以得到比较准确的预测结果，可以避免会议讨论时产生的害怕权威随声附和，或固执己见，或因顾虑情面不愿与他人意见冲突等弊病；同时也可以使大家发表的意见较快收敛，参加者也易接受结论，具有一定程度综合意见的客观性。其缺点是调查建立在专家主观判断的基础之上的，专家的学识、兴趣和心理状态对调查结果影响较大，从而使预测结论不够稳定。

2. 现场勘察的主要内容

（1）选址及平面布置布局勘察。

1）评价机构在签订评价合同前，应先对评价项目所处位置的水文、地质和气象条件进行了解。项目建于江海边是否会受潮汐或洪水的影响，地质条件与项目的建（构）筑物防震等级是否匹配，项目是否考虑地质沉降因素，评价项目平面布置是否考虑本地区全年风向和夏季风向的影响，石油化工企业不宜设在窝风地带，等等。特别是预评价项目更要深入分析平衡各种问题，找出最优方案。

2）要进行周边环境调查。按照《危险化学品安全管理条例》（国务院591号令）第十九条规定，除运输工具加油站、加气站外，危险化学品的生产装置和储存数量构成重大危险源的储存设施，与居民区、商业中心、公园等人口密集场所，学校、医院、影剧院等公共设施等地点的距离必须符合国家有关规定。

3）对重大危险源周边分布要进行调查，尤其针对具有爆炸性危险范围内500m内基本情况及有毒泄漏的1000m以内的基本情况要做好登记和记录，为风险评价的定量分析计算距离是否符合法规要求提供基本数据参考。

（2）主要频率风向调查。

1）风向。气象上把风吹来的方向确定为风的方向。因此，风来自北方叫作北风，风来自南方叫作南风，风来自西方叫作西风，风来自东方叫作东风。当风向在某个方位左右摆动不能肯定时，则加以"偏"字，如偏北风。当风速小于或等于 0.2m/s 时，称为静风。

2）风向频率。为了表示某个方向的风出现的频率，通常用风向频率这个量，它是指一年（月）内某方向风出现的次数和各方向风出现的总次数的百分比。由风向频率，可以知道某一地区哪种风向比较多，哪种风向最少。

[例 8-1] 考虑主要频率风向的厂区平面布置。某地区全年测定风向 24 次，实测数据记录如下：东风 1 次，东南风 4 次，南风 2 次，西南风 3 次，西风 2 次，西北风 5 次，北风 2 次，东北风 2 次，另有 3 次为静风。由实测数据分析，该地区夏季的主导频率风为东南风，冬季的主导频率风为西北风。除夏季刮东南风和冬季刮西北风外，很少有其他方向的风，全年最少频率风为东风。

平面布置原则是：办公与生活区应设置在可能散发有毒气体（或蒸气）装置的上风侧。通过分析，得到如下三种方案。

方案一：将生产储存区设在东南方向，将办公生活区设在西北方向。

方案二：将办公生活区设在东南方向，生产储存区设在西北方向，这样可以避开夏季东南风将有毒气体（或蒸气）从西北吹到生活区，但仍解决不了冬季刮西北风时，有毒气体（或蒸气）由西北吹到设在东南的办公生活区。因为有毒气体（或蒸气）冬季受气温冷却影响，挥发量比夏季少得多，故方案二优于方案一。

方案三：将生产储存区设在全年最小频率风的上风侧（东面），将办公生活区设在全年最小频率风的下风侧（西面）。这样，因季风将装置的有毒气体（或蒸气）吹到生活区的概率（可能性）最小。经论证，该厂区平面布置方案最为合理。

（3）平面设计及功能分区。平面设计包括的主要内容有：合理确定各建筑物、构筑物和各种工程设施的平面位置；合理组织人流、物流，选择运输方式，布置交通运输线路；根据工艺、运输等要求，结合地形，合理进行竖向设计；根据各有关专业的管线设计进行管线综合布置；进行厂区绿化和美化设计。

企业功能分区也是安全评价现场勘察需要关注的重点。功能分区内容包括：将生产性质相同、功能相近，工艺联系密切的建（构）筑物布置在一个生产区内；原料或燃料相同或者采用的运输方式相同的车间，可以合并在一个功能区内；布置在统一生产的建（构）筑物对防火、职业健康、防震等要求相同或相近；要求统一动力供应的车间，尽量集中布置在同一生产区内；功能分区应考虑人流和交通的便利，一般是以道路或通道作为分区的界限。

3. 评价项目现场勘察

（1）安全距离检查。一般认为"安全距离"是防火间距、卫生防护距离、机械防护安全距离等"安全防护距离"的总称。安全防护距离一般有内部安全距离和外部安全距离之分，其主要区别在于"可被接受"的标准，即破坏标准，同时要考虑建设项目用地和周边环境。

（2）安全设备设施的运行检查。主要包括防火设施、防爆设施及自动控制系统的检查。防火设施检查包括：建筑物耐火等级的规定；建筑物面积的规定；与相邻建筑物的间距规定；建筑物逃生通道的设置；必须配备的灭火设施。防爆设施的检查包括：设备装置的防爆设施，如安全阀、爆破片、温度计、阻火器等；环境空间的防爆设施，如泄压面积、防爆墙、水幕、高压水枪和消防车等。自动控制系统的检查包括：控制参数的检查、控制设备的检查及监控系统操作人员的安全管理检查。

（3）防范及监控设施检查。防范设施实际上是对事故防范的设施，属于控制型的安全设施，也包括"安全附件的间接设施"。监控设施实际上是事故发生前的警示设施，属于提示型的安全设施，也包括"预先警告的提示设施"。

（4）检测检验状况核查与汇总。根据评价项目重大危险源的实际情况，核对防爆电器检测、安全阀检测、报警仪标定、防雷设施检测、压力容器检验和防爆起重机检验等情况。相关检测检验核对见表 8.1。

表 8.1　检测检验核对表

序号	检测检验内容	法定资质检测检验单位	检测检验结果	检验日期或下次检验日期
1	防爆电器及安装	某电器防爆检验站	合格	检验日期：××××.××.××
2	安全阀	某特种设备监督检验技术研究院	合格	校准日期：××××.××.××
3	报警仪	某计量测试技术研究院	合格	检验日期：××××.××.××
4	防雷设施	某防雷装置监测站	合格	检验日期：××××.××.××
5	压力容器	某特种设备监督检验技术研究院	合格	下次检验时间：按钢瓶标注
6	防爆起重机	某特种设备监督检验技术研究院	合格	下次检验时间：××××.××.××

（5）安全管理情况调查。安全管理情况调查主要包括：安全管理组织和制度检查、安全生产日常管理检查、安全设施维护、安全培训及监督和检查等内容。

8.1.2.3　安全评价计划编制

安全评价工作计划是评价机构在完成某个安全评价项目期间，对评价工作进行的总体设计、对评价工作内容预先做出的日程安排。通过编制安全评价计划对评价工作的内容和过程提出总体设计方案，保证安全评价工作的进度，增加评价工作的可操作性。

安全评价工作计划是安全评价工作过程实施方案和日程安排，因此要从"做什么""怎么做"和"做到何种程度"进行具体说明。与委托评价单位签订安全评价合同之后，在工况调查、分析危险和有害因素分布及其受控制情况的基础上，依据委托评价单位的需求、评价类型和评价机构的技术能力，对照有关安全生产的法律法规和技术标准，确定安全评价的重点和要求，考虑评价项目的实际情况选择评价方法，并测算安全评价进度，编制安全评价工作计划。

将安全评价具体工作，按工作过程顺序相连（纵坐标），标出每个项目工作起始时间和完成时间（横坐标），建立安全评价工作计划进度表，即甘特图。表 8.2 是某项目安全评价工作计划进度表。

表 8.2　某项目安全评价工作计划进度表

工作内容	1	2	3	4	5	6	7	8	9	10	11	12	13	14
业务洽谈														
调查分析														
信息采集														
危险识别														
现场勘查														
检测检验														
分析评价														
隐患判断														
安全对策														
评价结论														
报告编制														
报告审核														
文件整理														
报告发出														

8.1.3　安全评价资料、数据的采集与处理、分析

8.1.3.1　评价资料、数据的采集

安全评价资料、数据采集是进行安全评价的关键性基础工作。安全预评价与验收评价资料以可行性研究报告及设计文件为主，同时要求可类比的安全卫生技术资料、监测数据；适用的法律、标准、规范是评价的依据；还要包括安全卫生设施及其运行效果，安全卫生的管理以及运行情况，安全、卫生、消防组织机构情况等。安全现状评价所需资料则复杂得多，它重点要求被评价的厂矿企业提供反映现实运行状况的各种资料与数据，而这类资料、数据往往由生产一线的车间，或设备管理部门、安全、卫生、消防管理部门、技术检测部门等分别掌握，有些资料还需要财务部门提供。表 8.3 是美国 CCPS（化工过程安全中心）针对化工行业安全评价，列出的"安全评价所需资料一览表"。

表 8.3　安全评价所需资料一览表

1. 化学反应方程式和主次的二次反映的最佳配比	22. 设备厂家提供的图纸
2. 所用催化剂类型和特性	23. 仪表明细表
3. 所有的包括工艺化学物质的流量和化学反应数据	24. 管道说明书
4. 主要过程反应，包括顺序、反应速率、平衡途径、反应动力学数据等	25. 公用设施说明书
5. 不希望的反应，如分解、自聚合反应的动力学数据	26. 检验和检测报告
6. 压力、浓度、催化速率比值等参数的极限值，以及超出极限值的情况下，进行操作可能产生的后果	27. 电力分布图
	28. 仪表布置及逻辑图
7. 工艺流程图、工艺操作步骤或单元操作过程，包括从原料的储存，加料的准备至产品产出及储存的整个过程操作说明	29. 控制及报警系统说明书
	30. 计算机控制系统软硬件设计
8. 设计动力及平衡点	31. 操作规程（包括关键参数）
9. 主要物料量	32. 维修操作规程
10. 基本控制原料说明（例：辨识主要控制变化及选择变化的原因）	33. 应急救援计划和规程
11. 对某些化学物质包含的特殊危险或特性、要求而进行的专门设计说明	34. 系统可靠性设计依据
12. 原材料、中间体、产品、副产品和废物的安全、卫生及环保数据	35. 通风可靠性设计依据
13. 规定的极限值和/或容许的极限值	36. 安全系统设计依据
14. 规章制度及标准	37. 消费系统设计依据
15. 工艺变更说明书	38. 事故报告
16. 厂区平面布置图	39. 气象数据
17. 单元的电力分级图	40. 人口分布数据
18. 建筑和设备布置图	41. 场地水文资料
19. 管道和仪表图	42. 已有的安全研究
20. 机械设备明细表	43. 内部标准和检查表
21. 设备一览表	44. 有关行业生产经验

安全评价资料、数据的采集应遵循以下原则：首先保证满足评价的全面、客观、具体、准确的要求；其次应尽量避免不必要的资料索取，从而给企业带来不必要负担。根据这一原则，结合我国对各类安全评价的具体要求，各类安全评价的资料、数据应满足表 8.4 所示的一般要求。

表 8.4　安全评价所需资料、数据

资料类别 ＼ 评价类别	安全预评价	安全验收评价	安全现状综合评价
有关法规、标准、规范	√	√	√
评价所依据的工程设计文件	√	√	√
厂区或装置平面布置图	√	√	√
工艺流程图与工艺概况	√	√	√

（续）

评价类别 资料类别	安全预评价	安全验收评价	安全现状综合评价
设备清单	√	√	√
厂区位置图及厂区周围人口分布数据	√	√	√
开车试验资料	—	√	√
气体防护设备分布情况	√	√	√
强制检定仪器仪表标定检定资料	—	√	√
特种设备检测和检验报告	—	√	√
近年来的职业卫生监测数据	—	√	√
近年来的事故统计及事故记录	—	—	√
气象条件	√	√	√
重大事故应急预案	√	√	√
安全卫生组织机构网络	√	√	√
厂消防组织、机构、装备	√	√	√
预评价报告	—	√	√
验收评价报告	—	—	√
安全现状综合评价报告	—	—	—
不同行业的其他资料要求	—	—	—

8.1.3.2 评价数据的分析处理

安全评价资料、数据的收集要以满足安全评价需要为前提，要尽量保证收集到的数据、资料全面、客观、具体、准确。

1. 数据、资料内容

安全评价要求提供的数据、资料内容一般分为：人力与管理数据、设备与设施数据、物料与材料数据、方法与工艺数据、环境与场所数据。涉及被评价单位提供的设计文件（可行性研究报告或初步设计）、生产系统实际运行状况和管理文件等；其他法定单位测量、检测、检验、鉴定、检定、判定或评价的结果或结论等；评价机构或其委托检测单位，通过对被评价项目或可类比项目实地检查、检测、检验得到的相关数据，以及通过调查、取证得到的安全技术和管理数据；以及相关的法律法规、相关的标准规范、相关的事故案例、相关的材料或物性数据、相关的救援知识等资料。

数据、资料的真实性和有效性关系到安全评价工作的成败，应注意以下几方面问题：

1）收集的资料数据，要对其真实性和可信度进行评估，必要时可要求资料提供方书面说明资料来源。

2）对用作类比推理的资料要注意类比双方的相关程度和资料获得的条件。

3）代表性不强的资料（未按随机原则获取的资料）不能用于评价。

4）安全评价引用反映现状的资料必须在数据有效期限内。

2. 数据处理与质量控制

通过现场检查、检测、检验及访问，得到大量数据资料，首先应将数据资料分类汇总，再对数据进行处理，保证其真实性、有效性和代表性，必要时可进行复测，经数理统计将数据整理成可以与相关标准比对的格式，采用能说明实际问题的评价方法，得出评价结果。

（1）数据筛选与处理。收集到的数据要经过筛选和整理，才能用于安全评价。要做到：来源可靠，收集到的数据要经过甄别，舍去不可靠的数据；数据完整，凡安全评价中要使用的数据都应设法收集到；取值合理，尽量减少主观性。

为提高取值准确性可从以下三个方面着手：严格按技术守则规定取值；有一定范围的取值，可采用内插法提高精度；较难把握的取值，可采用向专家咨询方法，集思广益来解决。

（2）统计分析与异常数据处理。在安全检测检验中，通常用随机抽取的样本来推断总体。为了使样本的性质充分反映总体的性质，在样本的选取上遵循随机化原则：样本各个体选取要具有代表性，不得任意删留；样本各个体选取必须是独立的，各次选取的结果互不影响。对获得的数据在使用之前，要进行数据统计处理，消除或减弱不正常数据对检测结果的影响。

1）显著性差异。数理统计中习惯上认为概率 $P \leqslant 0.05$ 为小概率，并以此作为事物间差别有无显著性的界限。原设定的系统，若系统之间无显著性差异（通过显著性检查确定），就可将其合并，采用相同的安全技术措施；若系统之间存在显著性差异，就应分别对待。

2）数据统计分析。按一定要求将原始数据进行分组，画出各种统计表及统计图；将原始数据由小到大顺序排列，从而由原始数列得到递增数列；按照统计推断的要求将原始数据归纳为一个或几个数字特征。

3）"异常值"和"未检出"的处理。

①"异常值"的处理。异常值是指现场检测或实验室分析结果中偏离其他数据很远的个别极端值，极端值的存在导致数据分布范围拉宽。当发现极端值与实际情况明显不符时，首先要在检测条件中查明可能造成干扰的因素，以便对极端值加以修正；若发现极端值属外来影响造成则应舍去；若查不出产生极端值的原因时，应对极端值进行判定再决定取舍。极端值的判定有许多方法，如"Q 值检验法"等。

②"未检出"的处理。在检测上，有时因采样设备和分析方法不够精密，会出现一些小于分析方法"检出限"的数据，在报告中成为"未检出"。这些"未检出"并不是真正的零值，而是处于"零值"与"检出限"之间的值，用"0"来代替不合理（可造成统计结果偏低）。"未检出"的处理在实际工作中可用两种方法进行处理：将"未检出"按标准的 1/10 加入统计整理；将"检出限"按分析方法"最低检出限"的 1/2 加入统计。总之，统计时不要轻易将"未检出"舍掉。

8.1.4　安全评价与安全评价结论

1. 安全评价的分析与计算工作

针对具体安全评价项目，根据《安全评价通则》（AQ 8001—2007）、《安全预评价导则》（AQ 8002—2007）、《安全验收评价导则》（AQ 8003—2007）等，选择科学、合理的定性安全评价、定量安全评价，或定性、定量相结合的一种或多种安全评价方法，通过分析、计算等工作进行项目的安全评价。具体的方法和内容已在前面各章详细介绍，不再赘述。

2. 安全评价结论

安全评价结论是安全评价工作的总结性判断结果，是安全评价必须阐明的最为关键的问题，也是安全评价机构和安全评价人员必须为之负责的问题。

安全评价结论应体现系统安全的概念，要明确说明整个被评价系统的安全能否得到保障、系统存在的危险能否得到控制及其受控的程度如何等问题。本书 8.3 节将专门讨论安全评价结论的编制问题。

8.1.5 安全评价报告的审核

安全评价报告是安全评价工作的结果性文件，也是安全评价工作最主要的技术文件，本书8.4节将专门讨论安全评价报告的编制问题。

安全评价报告由评价项目组编制完成后，要经过相关机构和相关负责人的多方面、严格审核，以保证安全评价报告的质量。只有通过全部审核的安全评价报告，才能经安全评价机构的法人代表签发，成为安全评价的结果文件。

1. 安全评价报告的校核与审核

安全评价机构应制定并实施报告校核、报告审核的管理制度或程序，对校核和审核的人员职责、方式、内容、标准、结论等提出明确要求，规范报告校核、内部审核、技术负责人审核及过程控制负责人审核工作。

报告校核是指安全评价报告草稿完成后，应由评价项目组对报告格式是否符合评价机构作业文件要求、文字和数据是否准确等进行校核。

内部审核应在报告校核完成后进行，审核人员必须是非项目组成员。内部审核应包括以下内容：评价依据是否充分、有效，危险有害因素识别是否全面，评价单元划分是否合理，评价方法选择是否适当，对策措施是否可行，结论是否正确，格式是否符合要求，文字、数据是否准确等。

评价报告经内部审核并修改完成后，应由技术负责人进行技术审核。技术负责人审核应包括以下内容：现场收集的有关资料是否齐全、有效，危险有害因素识别的充分性，评价方法的合理性，对策措施的针对性、合理性，结论的正确性，格式的符合性、文字的准确性等。

经技术负责人审核并做出修改的安全评价报告，应由过程控制负责人进行审核。过程控制负责人审核应包括以下内容：是否进行了风险分析，是否编制了项目实施计划，是否进行了报告校核、审核，记录是否完整，纸质记录和影像记录是否满足过程控制要求等。

2. 安全评价报告内部审核的方法与过程

安全评价报告应该进行内部审核；如有需要，也可进行外部审核。下面简单介绍内部审核的方法与过程。

内部审核，由项目组长邀请非本项目组的评价人员或外聘专家对报告进行审核。项目组长主持召开审核会议，首先介绍项目概况及评价过程；然后核对项目组成员按分工完成的工作，就报告是否真实反映项目现状等问题征求项目组成员意见，确认项目组每个成员对报告的贡献；最后听取非本项目组的评价人员和外聘专家对报告提出的问题和意见。以上会议内容必须有会议记录，并作为下一步审核的依据。

8.2 安全评价过程控制

8.2.1 安全评价过程控制及其意义

1. 安全评价过程控制的概念

安全评价过程控制是安全评价机构为实现其方针和目标，依据一系列文件化的管理制度，对本机构的安全评价业务活动所实施的管理措施的总和，体现为保证安全评价工作质量的一系列文件。

安全评价作为一项有目的的行为，必须具备一定的质量水平，才能满足企业安全生产的需求。

2. 安全评价过程控制的意义

安全评价机构建立过程控制体系的重要意义，主要体现在以下几方面：

（1）强化安全评价质量管理，提高安全评价工作质量水平。

（2）有利于安全评价规范化、法制化及标准化的建设和安全评价事业的发展。

（3）提高了安全评价的指数就能使安全评价在安全生产工作中发挥更有效的作用，确保人民生命安全、生活安定，具有重要的社会效益。

（4）有利于安全评价机构管理层实施系统和透明的管理，学习运用科学的管理思想和方法。

（5）促进安全评价工作的有序进行，使安全评价人员在评价过程中做到各负其责，提高工作效率。

（6）加强对安全评价人员的培训，促进其工作交流，持续不断地提高其业务技能和工作水平。

（7）提高安全评价机构的市场信誉，在市场竞争中取胜。

3. 安全评价过程控制的方针和目标

（1）安全评价过程控制方针。安全评价过程控制方针是评价机构安全评价工作的核心，表明了评价机构从事安全评价工作的发展方向和行动纲领，阐明安全评价机构的质量目标和改进安全评价绩效的管理承诺。

安全评价过程控制方针，在内容上应适合安全评价机构安全评价工作的性质和规模，确保其对具体工作的指导作用；应包括对持续改进的承诺，遵守现行的安全评价法律法规和其他要求的承诺。安全评价过程控制方针需经最高管理者批准，确保与员工及其代表进行协商，并鼓励员工积极参与。安全评价过程控制方针应文件化，付诸实施，予以保持；应传达到全体员工，并可为相关方所获取。安全评价过程控制方针应定期评审，以适应评价机构不断变化的内外部条件和要求，确保体系的持续适宜性。

（2）安全评价过程控制目标。评价机构应针对其内部相关职能和层次，建立并保持文件化的安全评价机构过程控制目标。评价机构在确立和评审其过程控制目标时，应考虑法律法规及其他要求，考虑可选安全评价技术方案，适应财务、运行和经营要求。目标应符合安全评价过程控制方针，并遵循过程控制体系对持续改进的承诺。

4. 安全评价过程控制体系的建立依据

安全评价过程控制体系的建立，首先应考虑国家安全生产监督管理部门对安全评价机构的监督管理要求，主要从从业人员管理、机构管理、质量控制和内部管理制度这四方面对安全评价机构提出要求。

对于安全评价机构而言，一方面是对机构的管理，另一方面是保证评价过程的质量。安全评价机构应运用管理学的原理——全过程控制、强调持续改进的 PDCA 循环原理和目标管理原理，结合自身的特点，建立适合本机构自身发展的过程控制体系。

8.2.2　安全评价过程控制体系的构成

1. 安全评价过程控制体系的内容

安全评价过程控制按其内容可划分为"硬件管理"和"软件管理"两大部分。前者主要指安全评价机构建设的管理，包括安全评价内部机构的设置，各职能部门职责的划定、相互间分工协作的关系，安全评价人员及专家的配备等管理；后者主要指"硬件"运行中的管理，包括项目单位的选定，合同的签署，安全评价资料的收集，安全评价报告的编写，安全评价报告的内部评审，安全评价技术档案的管理，安全评价信息的反馈，安全评价人员的培训等一系列管理活动。

安全评价过程控制体系主要包括以下内容：①机构的设置与职责的划定；②评价人员的培训

和专家的配备；③项目单位的选定；④合同的签署；⑤评价资料的收集；⑥安全评价报告的编写；⑦安全评价报告的审核；⑧安全评价信息的反馈；⑨安全评价技术档案的管理；⑩安全评价文件的记录。

2. 安全评价过程控制文件的构成

安全评价过程控制体系就是安全评价机构为保障安全评价工作的质量而形成的文件化的体系，是安全评价机构实现其质量管理方针、目标和进行科学管理的依据。安全评价机构应建立并保持系统化的安全评价过程控制文件，所建立的过程控制文件应满足《安全评价过程控制文件编写指南》（安监总规划字〔2005〕177 号）的要求，严格按照过程控制文件的规定运行并保持相关记录，不断改进、完善安全评价过程控制文件。

安全评价过程控制体系文件的内容主要包括：安全评价风险分析、实施评价、报告审核、技术支撑、作业文件、内部管理、档案管理和检查改进等。

安全评价过程控制体系的文件通常分管理手册（一级）、程序文件（二级）、作业文件（三级）三个层次，其层次关系和构成内容如图 8.1 和图 8.2 所示。

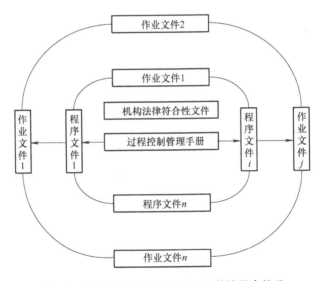

图 8.1　安全评价过程控制体系文件的层次关系

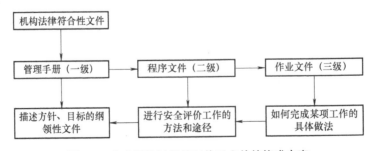

图 8.2　安全评价过程控制体系文件的构成内容

需要指出的是：安全评价过程控制体系文件应相互协调一致。各评价机构可以根据自身的规模大小和实际情况来划分体系文件的层次和等级；另外，安全评价文件的编制也应与具体安全评价项目相适应。

8.2.3　安全评价过程控制文件的编制

1. 安全评价过程控制文件编写的内容

安全评价过程控制文件的内容包括：风险分析、实施评价、报告审核、技术支撑、作业文件、内部管理、档案管理和检查改进等。

（1）风险分析。风险分析应在安全评价项目合同签订之前进行，分析的重点在于被评价单位的基本概况、评价类别（预评价、验收评价、现状评价、专项评价）和项目投资规模、地理位置、周边环境、行业风险特性等；评价项目是否在资质业务范围之内，现有评价人员专业构成是否满足评价项目需要，是否聘请相关专业的技术专家，承担项目的风险；项目的经济性、可行性和工作计划。

（2）实施评价。要根据过程控制方针和目标实施安全评价，在评价过程中组建评价项目组并任命项目组组长。项目组应由与评价项目相关的专业人员组成，且评价人员专业配备能够满足项目要求。专业人员不足时，应选择相应专业的技术专家参加。要求项目组按照有关法律法规和技术标准及过程控制要求进行安全评价。安全评价程序应包括从评价准备到编制评价报告的全部过程。

（3）报告审核。报告审核的重点是评价依据资料的完整性、危险有害因素辨识的充分性、评价单元划分的合理性、评价方法的适用性、对策措施的针对性和评价结论的正确性等，包括内部审核、技术负责人审核、过程控制负责人审核三个方面。报告审核的实施要求是建立并不断改进报告审核程序文件；明确报告内部审核部门和审核人员职责，重点明确技术和过程控制负责人职责；明确内部审核、技术负责人审核和过程控制负责人审核要求，保证内部审核、技术负责人审核和过程控制负责人审核记录完整并保存。

（4）技术支撑。技术支撑的内容包括基础数据库、法律法规及技术标准数据库、有关物质特性、事故案例数据库、技术及软件、检测检验及科研开发能力、协作支撑渠道等。

（5）作业文件。作业文件是程序文件的支持性文件。安全评价机构必须按照相关规定和技术标准，结合业务范围及领域，编制相应的安全评价作业文件。作业文件的实施要求是根据不同的评价种类分别编制安全预评价、验收评价、现状评价和专项安全评价作业文件，并不断完善。同时评价机构要根据其业务范围及领域，编制相应的作业文件，并通过加强内部培训，保证其贯彻执行。

（6）内部管理。内部管理包括评价人员和技术专家管理、业绩考核、业务培训、信息通报、跟踪服务、保密制度、资质及印章管理。内部管理的实施要求是建立评价人员和技术专家管理制度、业绩考核管理制度、业务培训制度、信息通报制度、跟踪服务制度、保密制度和资质以及印章管理制度。

（7）档案管理。档案管理的文件和资料主要包括法律法规及技术标准、过程控制手册、程序文件、作业文件、管理制度、基础数据库、评价项目档案、过程控制记录和外部文件等。

（8）检查改进。检查改进是安全评价机构过程控制实现自我约束、自我发展、自我完善的重要环节，包括内部审查、采取纠正和预防措施。检查改进的实施要求是建立并不断改进内部审查程序和投诉申诉处理程序。

2. 安全评价过程控制文件编写的层次

安全评价过程控制文件编写包括过程控制管理手册、程序文件和作业文件三大层次，经安全评价机构主要负责人批准实施，并定期检查改进。

（1）安全评价过程控制管理手册的编写。安全评价过程控制管理手册一般应包括如下内容：

①安全评价过程控制方针指标；②组织结构及安全评价管理工作的职责和权限；③安全评价机构运行中涉及重要环节的控制要求和实施要求；④安全评价过程控制管理手册的审批、管理和修改的规定。

安全评价过程控制管理手册应当按照评价机构安全评价工作分析的结果，对体系的构成、涉及的内容及其相互之间的联系做出系统、明确和原则的规定。手册编写流程如图8.3所示。

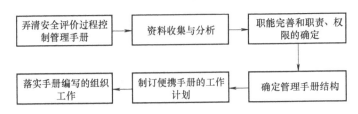

图8.3 过程控制管理手册编写流程图

（2）安全评价过程控制程序文件的编写。程序是为实施某项活动而规定的方法，安全评价过程控制体系程序文件是指为进行某项活动所规定的途径。由于程序文件是管理手册的支持性文件，是手册中原则性要求的进一步展开和落实，因此编制程序文件必须以安全评价管理手册为依据，符合安全评价管理手册的有关规定和要求，并从评价机构的实际出发，进行系统编制。程序文件的编写要求如下：

1）程序文件至少应包括体系重要控制环节的程序。

2）每一个程序文件在逻辑上都应该是独立的，程序文件的数量、内容和格式由评价机构自行确定。程序文件一般不涉及纯技术的细节，细节通常在工作指令或作业指导书中具体规定。

3）程序文件应结合评价机构的业务范围和实际情况具体阐述。

4）程序文件应有可操作性和可检查性。

安全评价机构程序文件的多少，每个程序的详略、篇幅和内容，在满足安全评价过程控制的前提下，应做到越少越好。每个程序之间应有必要的链接，但要避免相同的内容在不同的程序之间重复。

（3）安全评价过程控制作业文件的编写。作业文件是程序文件的支持性文件。为了使各项活动具有可操作性，一个程序文件可能涉及几个作业文件。作业文件应与程序文件相对应，是对程序文件的补充和细化。

8.2.4 安全评价过程控制体系的建立、运行及改进

1. 安全评价过程控制体系的建立与运行

安全评价机构按照自身的过程控制方针与目标，根据前述过程控制体系的建立依据，编写安全评价过程控制体系文件，建立适应自身特点的安全评价过程控制体系。之后，安全评价机构应使过程控制体系真正运行起来，使质量管理职能得到充分的实施。

2. 安全评价过程控制体系的持续改进

制定安全评价过程控制文件，不仅要使安全评价过程控制体系正确、有效地运行，还要达到持续改进的目的。因为在安全评价过程控制体系运行的过程中，难免会发生偏离过程控制方针和目标的情况，这些情况应该及时加以纠正，以便预防同类问题的再次发生，建立的这些纠正和预防措施也是对过程控制运行过程的有效监督。因此评价机构在完成每一个PDCA循环的基础上，都应根据内部条件和外部环境的变化，制定新的安全评价过程控制方针和目标，通过不断检查和

改进，来实现新的方针和目标，实现安全评价全过程的持续改进。

持续改进是安全评价过程控制体系的核心思想，体现了安全评价管理体系的持续发展的理念。持续改进的内容主要包括以下几点：①分析和评价现状，以便识别改进区域；②确定改进目标；③为实现改进目标寻找可能的解决办法；④评价这些解决办法；⑤实施选定的解决办法；⑥测量、验证、分析和评价实施的结果以证明这些目标已经实现；⑦正式采纳更改；⑧必要时，对结果进行评审，以确定进一步的改进机会。

8.3　安全评价结论的编制

8.3.1　安全评价结论编制原则

安全评价结论应体现系统安全的概念，要阐述整个被评价系统的安全能否得到保障，系统客观存在的固有危险、有害因素在采取安全对策措施后能否得到控制及其受控的程度如何。

由于系统进行安全评价时，通过分析和评估将单元各评价要素的评价结果汇总成各单元安全评价的小结，因此，整个项目的评价结论应是各评价单元评价小结的高度概括，而不是将各评价单元的评价小结简单地罗列起来作为评价的结论。

评价结论的编制时，应遵循客观公正、观点明确、清晰准确的原则，结论要有概括性、条理性，语言要求精练。

（1）客观公正性。评价报告应客观地、公正地针对评价项目的实际情况，实事求是地给出评价结论。应注意既不夸大危险也不缩小危险。

1）对危险、危害性分类、分级的确定，如火灾危险性分类、防雷分类、重大危险源辨识、火灾危险区域的划分、毒性分级等，应恰如其分，实事求是。

2）对定量评价的计算结果应认真分析其是否与实际情况相符，如果发现计算结果与实际情况出入较大，就应该认真分析所建立的数学模型或采用的定量计算方法是否科学、基础数据是否合理、计算是否有误。

（2）观点明确。在评价结论中观点要明确，不能含糊其辞、模棱两可、自相矛盾。

（3）清晰准确。评价结论应是评价报告进行充分论证的高度概括，层次要清楚，语言要精练，结论要准确，要符合客观实际，要有充足的理由。

8.3.2　评价结果与评价结论

评价结果是指评价单元（或子系统）的各评价要素通过检查、检测、检验、分析、判断、计算、评价，汇总后得到的结果；评价结论是对整个被评价系统进行安全、卫生综合评判的结果，是各个评价结果的综合。

显然，简单地以各单元评价小结来代替评价结论是不合适的，可能犯以下 3 种错误：

（1）未得出整个系统的综合评价结论。

（2）没有考虑各评价单元之间的关联、影响和相互作用。

（3）忽略了各评价单元对整个系统不同的安全贡献。

评价结果与评价结论的关系是输入与输出的关系，输入的各单元评价结果按照一定的原则整合后，就可以在输出端得到评价结论。通过将各单元评价小结按照一定的原则整合，可以从结果之间的相互关系及结果对结论的贡献两方面进行考虑，得出系统评价的结论。例如，要得出危险程度的结论，可以将结果的重要度和频率分别作为横坐标和纵坐标的输入。两个输入结果的交点至原点的距离，就表示危险程度的结论。输入结果不同，距离随之变动。根据距离的长短可以比较危险程度的大小，如图8.4所示。根据重要度和频率变化的组合，还可按一定规律划出不同的半径区域，如特危区A级、高危区区B级、低危区C级、轻危区D级等，这样，就可以将危险程度进行分级，体现出"从量变到质变"的原理，如图8.5所示。

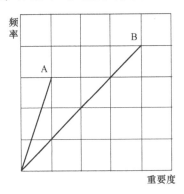

图8.4　根据距的长短比较危险程度

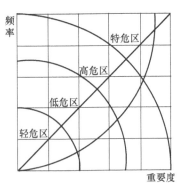

图8.5　危险程度区域和分级

危险程度的评价结论可以分定性和定量两种：

1）定性结论：以半径划分出的区域，定性确定危险的级别。例如，若重要度和频率的点在高危区就属于高危级。

2）定量结论：以距或弧的长短，定量评价危险的具体大小。

8.3.3　评价结论的主要内容

1. 评价结论应考虑的主要问题

做出评价结论之前，应对如下主要问题进行认真考虑。

（1）在总体上对被评价项目中提出的安全技术措施、安全设施进行考查，看其是否能满足系统安全的要求；对于安全验收评价项目，还需考虑安全设施和技术措施的运行效果及其可靠性。

（2）对生产过程和主要设备的本质安全性进行分析，应考虑：

1）工艺、设备的本质安全程度。

2）系统、装置、设备能否保证安全。主要分析：总图布置是否合理；生产工艺条件在正常和发生变化时的适应能力；一旦超越正常的工艺条件或发生误操作时，系统能否保证安全；控制系统的有效性及可靠性。

（3）给出的作业环境能否符合安全卫生要求。

（4）自然条件对评价对象的影响；周围环境对评价对象的影响；评价对周围环境是否有严重影响。

（5）管理体系、管理制度方面的情况。

2. 评价结果归类及重要性判断

由于系统内各单元评价结果之间存在关联，且各评价结果在重要性上不平衡，对安全评价结论的贡献有大有小，因此，在编写评价结论之前，最好对评价结果进行整理、分类，并按重要度和频率分别将结果排序列出。

例如，可将下列评价结果排序列出：

（1）影响特别重大的危险（群死群伤）或故障（或事故）频发的结果。

（2）影响重大的危险（个别伤亡）或故障（或事故）发生的结果。

（3）影响一般的危险（偶有伤亡）或故障（或事故）偶然发生的结果等。

3. 评价结论的主要内容

安全评价结论应高度概括安全评价结果，从风险管理角度给出被评价对象是否符合国家有关法律、法规、标准、规章、规范的符合性结论，给出事故发生的可能性和严重程度的预测性结论，以及采取安全对策措施后的安全状态等。

安全评价结论的具体内容，因评价种类（安全预评价、安全验收评价、安全现状评价）的不同而各有差异。一般情况下，安全评价结论的主要内容应该包括：

（1）评价对象是否符合国家安全生产法律、法规、标准、规章、规范的要求。

（2）评价对象存在的危险、有害因素引发各类事故的可能性及其严重程度；在采取所要求的安全对策措施后达到的安全程度。

（3）对受条件限制而遗留的问题提出改进方向和措施建议。

（4）对于风险可接受的项目，应提出需要重点防范的危险和危害。

（5）对于风险不可接受的项目，要指出存在的问题，列出不可接受的充足理由。

另外，在安全评价结论中，还可提出建设性的建议和希望。

具体地说，安全预评价结论（《安全预评价导则》（AQ 8002—2007））为：概括评价结果，给出评价对象在评价时的条件下与国家有关法律法规、标准、行政规章、规范的符合性结论，给出危险、有害因素引发各类事故的可能性及其严重程度的预测性结论，明确评价对象建成或实施后能否安全运行的结论。

安全验收评价结论（《安全验收评价导则》）应包括：符合性评价的综合结果；评价对象运行后存在的危险、有害因素及其危险危害程度；明确给出评价对象是否具备安全验收的条件。对达不到安全验收要求的评价对象，明确提出整改措施建议。

8.4　安全评价报告

安全评价报告是安全评价工作的成果体现，是提交给被评价单位应用、提交给相关政府部门作为安全监管依据的重要技术文件，应做到内容完整、结论准确和格式规范。

安全评价报告是最为重要的安全评价技术文件，报告的载体一般采用文本形式。为适应信息处理、交流和资料存档的需要，报告也可采用多媒体电子载体。电子版本中能容纳大量评价现场的照片、录音、录像及文件扫描，可增强安全评价工作的可追溯性。

8.4.1　安全评价报告的特点及要求

安全评价报告是安全评价过程的具体体现和概括性总结，也是评价对象实现安全运行的技术性指导文件，对完善自身安全管理、应用安全技术等方面具有重要作用。对于国家要求进行的安全预评价、安全验收评价、安全现状评价，安全评价报告作为第三方出具的技术性咨询文件，可作为政府安全生产监管部门、行业主管部门等相关单位对评价单位开展安全管理的重要依据。

安全评价报告应全面、概括地反映安全评价过程的全部工作，文字叙述应简洁、准确，技术资料应清楚、可靠，安全评价结论应明确、清晰。

8.4.2　安全评价报告的内容

1. 安全预评价报告的基本内容

根据《安全预评价导则》，安全预评价报告的基本内容为：

（1）结合评价对象的特点，阐述编制安全预评价报告的目的。

（2）列出有关的法律法规、标准、规章、规范和评价对象被批准设立的相关文件及其他有关参考资料等安全预评价的依据。

（3）介绍评价对象的选址、总图及平面布置、水文情况、地质条件、工业园区规划、生产规模、工艺流程、功能分布、主要设施、设备、装置、主要原材料、产品（中间产品）、经济技术指标、公用工程及辅助设施、人流、物流等概况。

（4）列出辨识与分析危险、有害因素的依据，阐述辨识与分析危险、有害因素的过程。

（5）阐述划分评价单元的原则、分析过程等。

（6）列出选定的评价方法，并做简单介绍，阐述选定此方法的原因。详细列出定性、定量评价过程。明确重大危险源的分布、监控情况以及预防事故扩大的应急预案内容。给出相关的评价结果，并对得出的评价结果进行分析。

（7）列出安全对策措施建议的依据、原则、内容。

（8）做出评价结论。安全预评价结论应简要列出主要危险、有害因素评价结果，指出评价对象应重点防范的重大危险有害因素，明确应重视的安全对策、措施、建议，明确评价对象潜在的危险、有害因素在采取安全对策措施后，能否得到控制，以及受控的程度如何。给出评价对象从安全生产角度是否符合国家有关法律法规、标准、规章、规范的要求。

2. 安全验收评价报告的基本内容

根据《安全验收评价导则》，安全验收评价报告的基本内容为：

（1）结合评价对象的特点，阐述编制安全验收评价报告的目的。

（2）列出有关的法律法规、标准、行政规章、规范；评价对象初步设计、变更设计或工业园区规划设计文件；安全预评价报告；相关的批复文件等评价依据。

（3）介绍评价对象的选址、总图及平面布置、生产规模、工艺流程、功能分布、主要设施、设备、装置、主要原材料、产品（中间产品）、经济技术指标、公用工程及辅助设施、人流、物流、工业园区规划等概况。

（4）危险、有害因素的辨识与分析。列出辨识与分析危险、有害因素的依据，阐述辨识与分析危险、有害因素的过程，明确在安全运行中实际存在和潜在的危险、有害因素。

（5）阐述划分评价单元的原则、分析过程等。

（6）选择适当的评价方法并做简单介绍。描述符合性评价过程、事故发生可能性及其严重程度分析计算；得出评价结果，并进行分析。

（7）列出安全对策措施建议的依据、原则、内容。

（8）列出评价对象存在的危险、有害因素种类及其危险危害程度；说明评价对象是否具备安全验收的条件；对达不到安全验收要求的评价对象明确提出整改措施及建议；明确评价结论。

3. 安全现状评价报告的基本内容

参照《安全评价通则》等标准和规章，安全现状评价报告宜包括如下基本内容。具体评价工作中，可根据实际需要进行部分调整或补充。

（1）前言。

（2）目录。

（3）评价项目概述。包括：评价项目概况；评价范围；评价依据。

（4）评价程序和评价方法。包括：评价程序；评价方法。

（5）危险、有害因素分析。针对项目涉及的如下材料、设备设施、工艺等开展危险、有害因素分析：工艺过程、物料、设备、管道、电气、仪表自动控制系统，水、电、气、风、消防等公用工程系统，危险物品的储存方式、储存设施、辅助设施、周边防护距离，其他。

（6）定性、定量化评价及计算。通过分析，对上述生产装置和辅助设施所涉及的内容进行危险、有害因素识别后，运用定性、定量的安全评价方法进行定性化和定量化评价，确定危险程度和危险级别，以及发生事故的可能性和严重后果，为提出安全对策措施提供依据。

（7）事故原因分析与重大事故的模拟。包括：重大事故原因分析；重大事故概率分析；重大事故预测、模拟。

（8）安全对策措施与建议。

（9）安全评价结论。

8.4.3 安全评价报告的格式

1. 安全评价报告的基本格式要求

（1）封面。封面的内容应包括：委托单位名称；评价项目名称；标题（统一写为"安全××评价报告"，其中××应根据评价项目的类别填写为：预、验收或现状）；安全评价机构名称；安全评价机构资质证书编号；评价报告完成时间。

（2）安全评价机构资质证书影印件。

（3）著录项。"安全评价机构法定代表人、评价项目组成员"等著录项一般分2页布置。第1页署明安全评价机构的法定代表人、技术负责人、评价项目负责人等主要责任者姓名，下方为报告编制完成的日期及评价机构公章用章区；第2页则为评价人员、各类技术专家以及其他有关责任者名单，评价人员和技术专家均应亲笔签名。

（4）前言。

（5）目录。

（6）正文。

（7）附件。

（8）附录。

2. 安全评价报告的格式规定

《安全评价通则》中，对安全评价报告规定了明确的格式要求，包括规格、封面格式、著录项格式等，应严格遵照执行。

8.5 安全评价项目管理

8.5.1 项目实施计划管理

1. 评价项目承接风险的分析

安全评价是一项责任重大、风险性高的工作。评价机构在制订项目实施计划前，必须先对承接评价项目的风险进行分析。根据委托方的要求、自身的业务能力和资质范围，分析、预测承担评价项目的风险程度，策划评价过程，确定实施评价项目的可行性，明确评价机构自身的法律责任，以确保评价工作符合国家法律、法规的要求。

进行项目风险分析时，根据项目所属行业特有风险，结合现有的技术资源情况，判断是否有能力完成评价项目。风险分析结论要明确风险程度，并提出项目是否可行的建议，为评价机构管理层的决策提供依据。

2. 评价项目人员配置管理计划制订

根据评价项目目标和任务的要求，需要正确选择、合理使用人员，在适当的时候、以合适的人员完成项目规定的各项工作。人员配置管理计划是为确保整个项目目标和各项任务的完成，并使项目人员能够有效完成安全评价工作的计划。

3. 现场勘察方案的编制

不同的安全评价项目所需的现场勘察内容是不同的。在进行现场勘察之前，应考虑项目要求和自身现有条件，编制一个合理可行的现场勘察方案。

现场勘察方案中，应包括现场勘察的人员安排及具体分工，应包括现场勘察器材、设备的配置方案；为提高现场勘察工作的效率，宜编制现场勘察调查表。

4. 评价项目实施方案的编制

项目实施方案的内容通常包括工作内容、工作进度、职责与权限、项目成果等。其中，工作进度安排及工作计划编制尤为重要，应通过认真、仔细的分析、计算和规划，明确安全评价各阶段工作及其过程控制内容，编制项目工作计划进度表（甘特图）。

8.5.2 项目成果管理

1. 项目信息

（1）项目信息。项目信息是指报告、数据、计划、安排、会议等与项目实施有直接或间接关系的各种信息。能否准确地收集项目信息，并将项目信息及时传递给项目决策者，是关系到项目成功与否的关键，需要对项目信息进行科学、系统的管理。

（2）项目信息交流与反馈。项目信息交流是指项目执行时为实现组织目标而进行的信息传递和交流活动，既包括人际信息交流，也包括组织信息交流。组织信息交流是指组织之间的信息传递。

项目信息交流过程中，应特别注意信息的反馈，即信息接收者对发送者提供的信息有疑问、不清楚的地方做出的反应，项目组应该对反馈信息做出及时的处理和澄清。信息反馈可以是语言的，也可以是非语言的。

2. 项目完成情况的跟踪与反馈

在项目执行过程中，必须对项目的执行情况进行跟踪评价，以确保项目执行符合计划的要求，跟踪的方法可分为正规跟踪和非正规跟踪。

正规跟踪就是定期召开本项目进展情况汇报会，提交项目进度报告，使项目管理者了解项目的执行情况。根据进度报告，与参会者讨论项目遇到的具体问题，分析并找出问题的原因，研究、确定应对方案和预防措施，为项目控制提供依据。非正规跟踪是项目负责人通过观察、与评价人员交谈、收集数据等方式了解情况，发现问题。在项目管理过程中，非正规跟踪常常比正规跟踪更加有效。

3. 用户对评价报告意见的处理

评价报告是评价机构提交给用户的最终产品。在评价报告初稿完成后，评价机构要与用户就评价报告的内容进行充分的沟通交流。用户在审阅完评价报告后，通常会反馈一些对评价报告的意见。这些意见有些是合理的，有些则是为了各种目的而提出的不合理要求。因此，在采纳用户意见前，应经过认真分析、讨论，去伪存真，不能盲目遵从，但应该认真做好沟通、解释工作。

特别是，对于用户提出的危险有害因素辨识的异议，首先应进行核实，确认辨识方法的适宜性和辨识过程的充分性，避免遗漏重大危险有害因素。要认真分析用户的意见，若合理，应予接纳、改进评价工作；若不合理，则不可简单听从。对于风险等级、评价结论、安全对策措施等方面的异议，也按照这一原则处理。

4. 项目成果管理注意事项

（1）注意项目信息管理的时效性。在信息管理流程中，应该特别注意信息的时效性，采用项目运行阶段的有效信息，避免使用过期或其他不符合时效的信息。

（2）注意对项目过程中的信息管理。项目实施过程中，项目各阶段资料的管理也是十分重要的，主要包括：

1）项目过程资料，包括现场勘察记录表、被评价单位所提供资料清单等。

2）项目管理文件，包括项目策划书、项目报告审核表、用户反馈意见等。

3）评价报告书。

本 章 小 结

本章介绍了安全评价的完整工作程序，对安全评价过程控制进行了详细说明；详细介绍了安全评价结论及其编制原则，以及安全预评价、安全现状评价和安全验收评价报告的内容与格式。之后，简要介绍了安全评价项目管理相关内容。

通过本章学习，应熟悉安全评价的工作程序与工作方法，能够合理确定安全评价结论，编制内容完整、格式正确的安全评价报告，并了解过程控制文件等相关文件的编制过程。

思考与练习题

1. 试述安全评价的完整工作程序及其主要内容。

2. 论述建设项目安全验收评价与"三同时"的关系。

3. 什么是安全评价过程控制？安全评价过程控制体系的内容包括哪些方面？

4. 安全评价过程控制体系文件的内容是什么？其构成层次是怎样的？

5. 安全评价过程控制体系建立的原则和步骤分别是什么？

6. 如何保证安全评价过程控制体系的运行和持续改进？

7. 安全评价技术文件包含的资料和文件有哪些？

8. 阐述安全评价结果和安全评价结论的区别与联系。

9. 简述安全评价报告的编制原则，说明安全预评价、安全现状评价、安全验收评价报告的主要内容。

10. 简述安全评价报告的格式。

11. 简述安全评价项目管理的内容与思路。

12. 某公司已开展多年安全评价工作，为参与安全评价市场竞争，公司准备申报安全评价甲级机构资质，决定由你来编制安全评价技术支撑文件，请叙述安全评价技术支撑文件的主要内容。

第9章

安全评价实例分析

本章分别介绍安全预评价、安全验收评价和安全现状评价实例。其中，安全预评价、安全验收评价为针对同一对象的安全评价。为节省篇幅，每个实例均只简要介绍安全评价报告相关内容。

9.1 安全预评价实例分析

本节介绍 YZQD 公司香精项目安全预评价报告。

9.1.1 编制说明

（1）评价依据。本次评价依据主要包括国家有关法律、法规，国家和部门标准、规范，行业标准、规范以及本项目申请报告等。

（2）评价程序。按照《安全评价通则》（AQ 8001—2007）的要求，本次评价程序分为 7 个阶段：前期准备；辨识与分析危险有害因素；划分评价单元和选择评价方法；定性定量评价；提出安全对策措施建议；做出评价结论；编制安全评价报告。

（3）评价范围。本次评价范围仅限 YZQD 实业有限公司香精香料调制中心项目，评价范围包括总平面布置（生产车间、原料库、成品库、控制室及空压机房）及周边环境；生产工艺及设施（热水罐、原料罐、计量罐、调制罐、热水槽及搅拌器、压缩机等）；与工艺系统配套的公用工程（供水、供电、供气、消防等）等设施依托公司原有设施，本报告仅对依托的公用工程的符合性进行说明。

9.1.2 建设项目概况

本项目工程在 YZQD 实业有限公司粘合剂分公司现有厂区内实施，利用现有建筑改建而成。厂区南侧设有 YZ 置业餐厅，由外协单位承包经营，不在本评价范围内。

该项目总平面布置中香精香料调制车间与醋酸乙烯库的防火间距不符合《建筑设计防火规范》（GB 50016—2014）的要求。本项目设计的建（构）筑物的耐火等级、防火分区等均符合《建筑设计防火规范》（GB 50016—2014）的相关要求。YZQD 实业有限公司粘合剂分公司成立了安全生产委员会和职业健康委员会，配备安全分管领导 1 名，主管领导 1 名，专职安全生产管理人员 1 名。本项目劳动安全卫生投资约为 13.0 万元。本项目总建设规模为年产香精香料为 176t，分 14 个品种。根据进厂原材料、成品性能及生产需要，各种物料采用不同的储存方式。香精香料调制工艺分为两部分，一是底料配制；二是表香配制。本项目供排水、供电、消防、供气、建（构）筑物的耐火等级、防火分区等均满足项目相关要求。

9.1.3 危险、有害因素辨识与分析

1. 危险、有害因素的辨识与分析

根据《危险化学品名录》（2015 年版），本项目无危险化学品。根据《建筑设计防火规范》（GB 50016—2014），丙二醇是高闪点易燃液体。根据《易制毒化学品管理条例》（国务院令 [2005] 第 445 号），本项目无易制毒化学品；根据《剧毒化学品名录》（2015 版）、《高毒化学品名录》（2003 版）等，本项目无剧毒化学品、无高毒化学品等。

2. 主要危险、有害因素

根据《企业职工伤亡事故分类》（GB 6441—1986）及项目有关技术资料和按照伤害事故发生的频率及严重程度分析，本项目生产过程中存在的主要危险因素有：火灾爆炸、机械伤害、触电、高处坠落、物体打击、车辆伤害、容器爆炸、坍塌、灼烫及其他危害等。根据《职业病危害因素分类目录》（疾控发 [2015] 92 号），本项目生产过程中存在的主要有害因素有：噪声。危险有害因素分布情况见表 9.1。

表 9.1 主要危险、有害因素分布表

危险有害因素	分布场所及部位	备 注
火灾、爆炸	香精香料配制车间、总降压变电站、电气控制室	
机械伤害	香精香料配制车间、空压机	
触电	总降压变电站、电气控制室、生产车间用电器设备、配电线路	
高处坠落和物体打击	香精香料配制车间	
车辆伤害	原料卸车、成品出库	
容器爆炸	空压机储气罐	
坍塌	钢平台	
其他危害	香精香料配制车间	
噪声	香精香料配制车间、空压室	

本项目生产过程不涉及危险化学品，压力容器和压力管道均达不到重大危险源申报条件，因此，本项目不构成重大危险源。

9.1.4 评价单元划分和评价方法选择

本评价项目划分为以下 4 个评价单元：总图布置和建筑单元、生产工艺及设备单元、公用工程及辅助设施单元、安全管理单元。

根据以上评价单元划分，为便于定性定量评价，本报告选用了安全检查表、预先危险性分析、事故树分析 3 种评价方法。

9.1.5 定性、定量评价

1. 安全检查表评价法

安全检查表评价结果见表 9.2。

表9.2 安全检查表检查结果汇总表

检 查 项 目	检查总项数	具备条件或可研报告中已涉及项数	可研报告中未涉及项数	不 符 合 项
项目选址、平面布置及建筑	23	19	4	0
工艺及设备、储存设施	27	6	21	0
公用及辅助设施	28	5	23	0
安全生产管理	22	21	1	0
合计	100	51	49	0

通过对安全检查表检查结果分析可知：本检查表共检查100项，其中51项符合，49项可研报告中未涉及，该项目满足基本建设条件，基本符合国家有关要求。对可研报告中未涉及的项目，本报告将在补充的安全对策措施做进一步明确和完善，作为对该项目设计、建设的要求，使项目建成后能够满足国家有关安全生产法律法规、标准规范的规定，符合安全生产条件的要求。

2. 预先危险性分析评价

预先危险分析结果见表9.3。

表9.3 预先危险性分析结果表

危险有害因素	危险等级	可能造成的伤害和损失
火灾、爆炸	IV	破坏性的，会造成灾难性事故，必须立即排除
机械伤害	II	临界的，处于事故的边缘状态，但应采取控制措施
触电	III	危险的，会造成人员伤亡和系统损坏，要立即采取措施
高处坠落	II	临界的，处于事故的边缘状态，但应采取控制措施
物体打击	II	临界的，处于事故的边缘状态，但应采取控制措施
车辆伤害	II	临界的，处于事故的边缘状态，但应采取控制措施
容器爆炸	III	危险的，会造成人员伤亡和系统损坏，要立即采取措施
坍塌	III	危险的，会造成人员伤亡和系统损坏，要立即采取措施
灼烫	II	临界的，处于事故的边缘状态，但应采取控制措施
噪声	I	安全的，不会造成人员伤亡及系统损坏

3. 事故树分析法

变配电系统的触电事故是电气系统的主要事故类型，多发生于检修作业中。变配电系统检修作业触电事故树如图9.1所示。求出该事故树的45个最小割集为：

$K_1 = \{X_1, X_{10}\}$ $K_2 = \{X_2, X_3, X_{10}\}$ $K_3 = \{X_2, X_4, X_{10}\}$

$K_4 = \{X_2, X_5, X_{10}\}$ $K_5 = \{X_2, X_6, X_{10}\}$ $K_6 = \{X_8, X_{13}, X_{10}\}$

$K_7 = \{X_8, X_{14}, X_{10}\}$ $K_8 = \{X_8, X_{15}, X_{10}\}$ $K_9 = \{X_9, X_{16}, X_{10}\}$

$K_{10} = \{X_9, X_{17}, X_{10}\}$ $K_{11} = \{X_2, X_{20}, X_{18}, X_{10}\}$ $K_{12} = \{X_2, X_{20}, X_{19}, X_{10}\}$

$K_{13} = \{X_{21}, X_{10}\}$ $K_{14} = \{X_7, X_{11}, X_{10}\}$ $K_{15} = \{X_7, X_{12}, X_{10}\}$

$K_{16} = \{X_1, X_{22}\}$ $K_{17} = \{X_2, X_3, X_{22}\}$ $K_{18} = \{X_2, X_4, X_{22}\}$

$K_{19} = \{X_2, X_5, X_{22}\}$ $K_{20} = \{X_2, X_6, X_{22}\}$ $K_{21} = \{X_8, X_{13}, X_{22}\}$

$K_{22} = \{X_8, X_{14}, X_{22}\}$ $K_{23} = \{X_8, X_{15}, X_{22}\}$ $K_{24} = \{X_9, X_{16}, X_{22}\}$

$K_{25} = \{X_9, X_{17}, X_{22}\}$ $K_{26} = \{X_2, X_{20}, X_{18}, X_{22}\}$ $K_{27} = \{X_2, X_{20}, X_{19}, X_{22}\}$

$K_{28} = \{X_{21}, X_{22}\}$ $K_{29} = \{X_7, X_{11}, X_{22}\}$ $K_{30} = \{X_7, X_{12}, X_{22}\}$

$K_{31} = \{X_1, X_{23}\}$ $K_{32} = \{X_2, X_3, X_{23}\}$ $K_{33} = \{X_2, X_4, X_{23}\}$

$K_{34} = \{X_2, X_5, X_{23}\}$ $K_{35} = \{X_2, X_6, X_{23}\}$ $K_{36} = \{X_8, X_{13}, X_{23}\}$

$K_{37} = \{X_8, X_{14}, X_{23}\}$ $K_{38} = \{X_8, X_{15}, X_{23}\}$ $K_{39} = \{X_9, X_{16}, X_{23}\}$

$K_{40} = \{X_9, X_{17}, X_{23}\}$ $K_{41} = \{X_2, X_{20}, X_{18}, X_{23}\}$ $K_{42} = \{X_2, X_{20}, X_{19}, X_{23}\}$

$K_{43} = \{X_{21}, X_{23}\}$ $K_{44} = \{X_7, X_{11}, X_{23}\}$ $K_{45} = \{X_7, X_{12}, X_{23}\}$

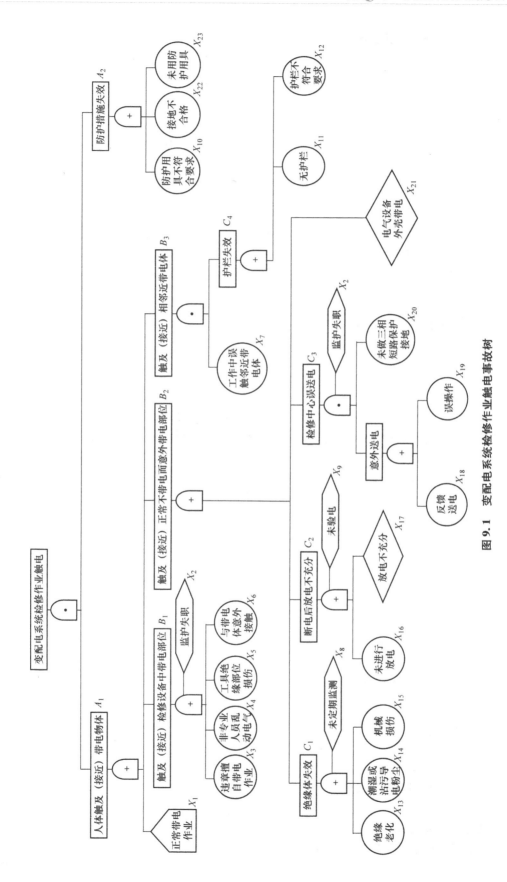

图 9.1 变配电系统检修作业触电事故树

各基本事件的结构重要度顺序为：

$$I_{\Phi}(10) = I_{\Phi}(22) = I_{\Phi}(23) > I_{\Phi}(2) > I_{\Phi}(8) > I_{\Phi}(1)$$
$$= I_{\Phi}(7) = I_{\Phi}(9) = I_{\Phi}(21) > I_{\Phi}(3) = I_{\Phi}(4) = I_{\Phi}(5) = I_{\Phi}(6)$$
$$= I_{\Phi}(11) = I_{\Phi}(12) = I_{\Phi}(13) = I_{\Phi}(14) = I_{\Phi}(15) = I_{\Phi}(16)$$
$$= I_{\Phi}(17) = I_{\Phi}(20) > I_{\Phi}(18) = I_{\Phi}(19)$$

通过事故树分析可知，防止触电事故发生的最重要的途径是加强防护设施。变配电区域良好、可靠接地与正确穿戴符合要求的劳动防护用品，是防止变配电系统检修作业触电事故的最重要的环节；其次是严格执行电气检修作业中的监护制度和对系统中不带电体绝缘性能的及时检查与检修，减少正常不带电部位意外带电和操作中误触电的可能性；充分放电，严格验电，可靠的防漏电保护和停电检修时对停电线路做三相短路接地也是减少作业中触电事故的重要措施。

4. 建设项目安全条件

1) 选址的安全条件分析（略）。

2) 总平面布置的安全条件分析（略）。

9.1.6 安全对策措施及建议（略）

9.1.7 安全评价结论

1. 评价结果

（1）项目选址与周边环境安全间距符合《建筑设计防火规范》（GB 50016—2014）的要求，平面布置中生产设施和储存设施间防护距离多项不符合《建筑设计防火规范》的规定。

（2）经过对该项目的危险、有害因素分析，明确了主要装置（设施）、公用工程中应重点防范的主要危险、有害因素为火灾爆炸、灼烫、触电、机械伤害、高处坠落、物体打击、车辆伤害、容器爆炸、噪声等，在正常生产中要注意防范，最大限度的保证装置安全运行。

（3）通过对安全检查表检查结果分析，该项目满足基本建设条件，符合国家有关要求。

（4）通过对该项目生产过程预先危险性分析，该企业在生产过程中可能存在火灾爆炸、灼烫、触电、机械伤害、高处坠落、物体打击、车辆伤害、容器爆炸、噪声等主要的危险有害因素。其危险等级火灾爆炸为Ⅳ级，容器爆炸、触电、坍塌为Ⅲ级，噪声为Ⅰ级，其余为Ⅱ级。

（5）其他方面：①建设项目符合国家和当地政府产业政策与布局；②建设项目符合当地政府区域规划；③建设项目选址符合《工业企业总平面设计规范》（GB 50187—2012）、《化工企业总图运输设计规范》（GB 50489—2009）等相关标准；④建设项目周边重要场所、区域及居民分布情况，建设项目的设施分布和连续生产经营活动情况及其相互影响情况，安全防范措施科学、可行；⑤当地自然条件对建设项目安全生产的影响和安全措施科学、可行；⑥主要技术、工艺成熟可靠。

2. 评价结论

YZQD 实业有限公司香精香料调制中心项目生产工艺成熟，设备设施、安全设施、配套和辅助工程设备设施符合国家有关法律、法规、标准和规范的要求；但项目总平面布局多项防护距离不符合要求，企业应在下一步的设计中进行调整并采用可研及本评价报告提出的建议措施。项目的危险程度可以接受，可以满足安全生产的要求。

附件：

附件1：安全评价委托书。

附件2：香精香料调制中心系统工艺流程图；其他略。

9.2　安全验收评价实例分析

本节介绍 YZQD 公司香精项目安全验收评价报告，即上一节安全预评价项目的安全验收评价。

9.2.1　编制说明

（1）前期准备。明确评价对象及其评价范围，组建评价组；收集国内外相关法律法规、标准、规章、规范；安全预评价报告、各项安全设施、装置检测报告、交工报告、现场勘察记录、检测记录、查验特种设备使用、特殊作业、从业等许可证明，典型事故案例、事故应急预案及演练报告、安全管理制度台账、各级各类从业人员安全培训落实情况等实地调查收集到的基础资料。

（2）评价范围。评价范围包括项目总平面布置及周边环境；生产工艺及设施、储存设施；与工艺系统配套的公用工程供水、供电、供气、消防等设施。凡涉及该项目的环境影响、职业卫生评价问题，应执行国家有关规定和相关标准，不包括在本评价范围之内。

（3）评价依据。本次评价依据主要包括国家有关法律、法规，国家和部门标准、规范，水泥行业标准、规范，以及本项目安全评价委托书、双方技术服务合同、《YZQD 公司香精项目安全预评价报告》等。

9.2.2　建设项目概况

建设项目生产规模、生产工艺、供排水、供电、消防、防雷与接地、建（构）筑物的耐火等级、防火分区等同 9.1 节建设项目内容。该项目试生产期间设备运转正常，各类工艺参数与设备运行参数符合设计要求。在主体工程投入生产的同时，安全设施也同时投入运行，投产运行以来，截至目前系统运行平稳，未发生生产安全事故。

9.2.3　危险、有害因素辨识与分析

1. 主要危险、有害因素辨识

根据《企业职工伤亡事故分类》（GB 6441—1986），本项目生产过程中存在的主要危险因素有：火灾爆炸、机械伤害、触电、高处坠落、物体打击、车辆伤害、容器爆炸、坍塌、灼烫及其他危害等。根据《职业病危害因素分类目录》（疾控发〔2015〕92 号），本项目生产过程中存在的主要有害因素是：噪声。危险有害因素分布情况可列表表示（略）。

2. 重大危险源辨识

本项目生产过程不涉及构成重大危险源的危险化学品，本项目涉及的压力容器和压力管道均达不到特种设备重大危险源申报条件。因此，本项目不构成重大危险源。

9.2.4　评价单元的划分和评价方法的选择

本评价项目划分为以下 4 个评价单元：总图布置和建筑单元、生产工艺及设备单元、公用工程及辅助设施单元、安全管理单元。

根据以上评价单元划分，为便于定性定量评价，本报告选用了安全检查表、预先危险性分析、事故树分析 3 种评价方法。

9.2.5　安全生产条件分析

建设项目安全条件（略）；安全生产条件符合性分析（略）；装置、设备和设施的法定检验、

检测情况（略）；作业场所情况（略）；事故及应急管理（略）。

9.2.6 定性、定量评价

（1）安全检查表分析评价。安全检查表结论汇总表见表9.4。

表9.4 安全检查表检查结果汇总表

检查项目	检查项目总数	符合项	不符合项
项目选址、平面布置及建筑	24	24	0
工艺及设备、储存设施	34	27	7
公用及辅助设施	28	24	4
安全生产管理	21	21	0
合计	107	96	11

通过安全检查表对安全设施试生产阶段的运行情况进行检查。在检查的107项内容中，符合96项，不符合11项；不符合项已在安全验收评价期间进行了整改。

本次评价认为，该项目试生产阶段安全状况正常，采取的安全设施及技术措施符合设计和有关标准规范的要求，基本满足安全生产要求。

（2）预先危险性分析。通过对该项目生产过程进行预先危险性分析，明确了其存在的危险因素及其危险等级（略）。

（3）事故树分析。通过对变配电检修作业触电事故的事故树分析，明确了其有效预防措施（略）。

9.2.7 安全对策措施与建议（略）

9.2.8 安全评价结论

1. 安全生产条件符合性评价结果

（1）该建设项目购买的设备和安全设施均由有资质单位生产和制造，安装过程中按照法律法规要求施工。工程竣工后按照要求对防雷装置进行了定期检测。

（2）该项目建设过程中，针对预评价提出的安全措施和设施，基本按要求采纳并得到落实，未执行的在安全验收评价期间已进行了整改。本次评价认为，该项目安全设施的实施和落实情况基本符合有关法规、规章的要求。

（3）该项目建设过程中设备设施安装、施工、试验记录完整。经过试生产，主体工程和安全设施运行正常，生产能力、产品质量达到要求，期间未发生事故。本次评价认为，安全设施的施工情况符合安全生产要求。

（4）根据安全检查表检查评价，以及不符合项整改情况，本次评价认为，该项目采取的安全设施及技术措施符合有关标准规范的要求，试生产阶段安全状况正常、有效，基本满足安全生产要求。

（5）企业的安全管理状况符合相关法规、规章要求，适应企业安全生产需要。

2. 安全验收评价综合结论

（1）YZQD公司香精项目，厂区与周边距离满足相关规定要求。主要生产车间布置紧凑，工艺流程通畅，运输道路便捷，各功能分区按照防火分区布置；企业采用评价提出的安全措施后，符合国家现行《建筑设计防火规范》（GB 50016—2014）的规定。

（2）该项目生产工艺成熟，工业设备比较先进，防护设施齐全，生产过程配置自动化程度较高的操作、控制、检测、监视系统。同时，按照相关法律法规、规范标准的要求，在工艺控制、物质隔离、消防设施等方面都采取了相应的安全防护措施；特种设备相关产品的合格证明、监督检验报告证书齐全、有效。

（3）该项目选用的安全设施基本符合标准规范的要求，经过试生产验证，产品质量及产能达到设计要求，试生产一切正常，没有发生生产安全事故，证明其工艺装置、设备和安全设施安全可靠，能够满足生产的正常运行；同时，针对评价组提出的事故隐患和企业试生产过程中发现的问题，企业均进行了积极整改。

（4）企业制定了相应的安全管理制度和应急预案，安全生产管理人员、特种作业人员、从业人员均参加了相应的安全培训，安全管理和安全培训工作较充分，应急预案有效，安全管理适应安全生产要求。

综上，本次评价认为，该项目周边情况良好，平面布置合理，生产工艺成熟、设备先进，安全管理工作比较到位，采取的安全设施及技术措施符合有关安全生产法规和标准规范的要求，试运行阶段及后续生产中安全状况正常。同时，针对本次评价提出的主要问题及隐患，企业进行了积极配合和认真整改，并已经落实。从整体上看，该建设项目的运行状态和安全管理状况正常、安全、可靠，安全水平处于可接受程度，具备向政府主管部门申请安全设施竣工验收条件。

附件（略）。

9.3 安全现状评价实例分析

本节简要介绍内蒙古 MT 煤矿安全现状评价报告。

9.3.1 内蒙古 MT 煤矿安全现状评价概述

1. 安全现状评价对象及范围

（1）安全现状评价范围。对 MT 煤矿采矿许可证范围内现开采煤层生产系统和辅助系统、生产工艺、安全设备设施、安全管理、应急救援等方面进行全面、综合的安全评价。

（2）安全现状评价目的。MT 煤矿安全生产许可证（编号：MK 安许证字〔2014　KG012〕）于 2014 年 10 月 22 日延期至 2017 年 10 月 25 日。本次安全现状评价的目的是为安全生产许可证延期提供技术支撑。

2. 安全现状评价依据

进行安全现状评价主要依据《中华人民共和国安全生产法》等相关法律法规、规程以及《安全评价通则》（AQ 8001—2007）等各类相关标准、规范等，以及企业的采矿许可证、安全生产许可证等各类基础资料。

3. 煤矿概况

对 MT 煤矿的基本情况、自然地理情况、井田边界、矿井储量及服务年限、地质特征、煤层及顶底板、煤质及工业用途、水文地质等方面做出了简要说明（略）。

9.3.2 危险、有害因素辨识与分析

根据矿井地质条件、开拓布局、生产及辅助系统的特点和煤矿生产的现状，按照《安全生产法》《企业职工伤亡事故分类》（GB 6441—1986）等规定，采用类比推断法、直观分析法、安全检查表法等，对照有关标准、法规，对该矿在生产过程中可能出现的危险、有害因素进行辨识。MT 煤矿危险、有害因素辨识结果如表 9.5 所示。

表 9.5　主要危险、有害因素及存在场所（部分）

序号	主要危险有害因素	存在的场所	可能造成的危害
1	瓦斯	采掘工作面回风侧、采煤工作面上隅角、采空区、掘进巷道高冒区、盲巷、地质破碎带等瓦斯涌出异常地点	瓦斯燃烧、瓦斯爆炸、窒息等
2	煤（岩）粉尘	采掘工作面、回风巷道、运煤转载点、有沉积粉尘的巷道等	煤尘爆炸、职业病、污染作业场所
3	火灾	内因火灾：采煤工作面切眼、停采线、煤巷高冒区、保护煤柱、采空区等；外因火灾：机电硐室、带式运输机巷等	火灾，中毒，窒息，引起瓦斯、煤尘爆炸等
4	冒顶、片帮	采掘工作面、工作面上下端头及出口、巷道、硐室、采空区、交岔点	煤壁片帮、两帮内挤、顶板离层、冒顶、底鼓等
5	水害	工业广场，采掘工作面，采空区等	地表雨季洪水、采空区积水、封闭不良钻孔水、含水层水、断层水、陷落柱水等
6	爆破伤害	爆炸材料运输途中、爆破作业地点	爆破伤害、中毒和窒息等

9.3.3　安全评价单元划分和评价方法选择

1. 评价单元的划分

本次安全现状评价单元的划分，主要依据《安全评价通则》（AQ 8001—2007）和《煤矿安全评价导则》（煤安监技监字［2003］114 号），将矿井生产系统与辅助系统划分为开拓、开采系统，通风系统，瓦斯、粉尘防治系统，防灭火系统，防治水系统，安全监测监控系统，爆破器材储存、运输及使用系统，提升、运输系统，电气系统，压气及其输送系统，通信、人员定位及工业视频监控系统，地面生产系统，应急救援系统，职业危害管理与健康监护系统，煤矿井下安全避险"六大系统"和安全管理 16 个评价单元。

2. 评价方法的选择

对生产系统、辅助系统和安全管理评价单元，分别选用安全检查表法和专家评议法进行评价；采用事故树分析等方法对生产过程中存在的重大危险、有害因素及可能引发的事故进行定性、定量评价。

9.3.4　煤矿安全管理评价

安全管理采用安全检查表法和专家评议法进行评价。评价项目组根据《安全生产许可证条例》（2014 年修正本）、《煤矿企业安全生产许可证实施办法》（国家安监总局令第 86 号）等有关规定，经现场核实、综合分析，对该矿安全管理现状做出评价。评价结果如下：

该矿建立、健全了安全生产责任制、安全生产规章制度，编制了符合实际的操作规程和作业规程；设置了专职安全管理机构，配备了安全管理人员。煤矿主要负责人和安全管理人员均取得了安全生产知识和管理能力考核合格证（或培训合格证明）。特种作业人员经培训合格，持证上岗。煤矿按规定足额提取安全生产费用，并按规定使用，为从业人员办理了工伤保险，并缴纳了工伤保险费。该矿采用的安全保障、安全技术、安全投入、安全监督检查管理体系运行有效，符合安全生产法律、法规和行业管理的规定，适应煤矿安全生产要求，能够保障煤矿的安全生产。

9.3.5　生产系统与辅助系统评价

该矿生产系统与辅助系统评价主要有通风系统，瓦斯、粉尘防治系统，防灭火系统等 15 个系统。为节省篇幅，此处选取具有代表性的通风系统进行评价。

（1）评价方法和过程。采用安全检查表法和专家评议法进行评价。根据安全检查表内容，现场检查主斜井、副斜井、进风立井和回风立井，主运、辅运、回风大巷，F6205 综放工作面、F6208 综放工作面，F6206 主运顺槽掘进工作面等；地面查阅图纸、报表、各种措施等资料。

（2）系统安全检查。利用表 9.6 所示安全检查表进行通风系统安全检查和评价。

表 9.6　通风系统安全检查表（部分）

序号	评价内容	评价依据	系统现状	评价结果
1		通风系统		
1.1	井巷风速	井巷中风速应满足《煤矿安全规程》（2016 年版）第一百三十六条的规定	查阅通风报表，井巷中风速均符合《煤矿安全规程》（2016 年版）第一百三十六条的规定	合格
1.2	通风系统图	矿井通风系统图必须标明风流方向风量和通风设施的安装地点。多煤层同时开采的矿井，必须绘制分层通风系统图，矿井应绘制通风系统立体示意图和矿井通风网络图	煤矿绘制了通风系统图，在图纸上标明了风流方向、风量和通风设施的安设地点；同时，绘制了矿井通风网络图和通风系统立体示意图	合格
1.3	矿井空气温度	进风井口、采掘工作面及机电硐室温度不得超过规定	查阅通风报表，主、副斜井，进风立井，采、掘工作面，中央变电所等地点的温度均不超《煤矿安全规程》（2016 年版）第一百三十七条的规定	合格
		矿井必须有井口防冻设施及装置	主、副斜井和进风立井口均设有暖风装置	合格
1.4	矿井反风	矿井有反风系统，主要通风机必须有反风设施	矿井有完善的反风系统。通过风机反转来实现反风	合格
		矿井按规定进行反风，反风结果符合《煤矿安全规程》（2016 年版）要求	煤矿于 2016 年 8 月 7 日进行了反风演习，5min 内井下风流方向发生改变，反风率72.3%	合格
1.5	技术检测	煤矿在用主通风机检测周期：高瓦斯矿井、突出矿井、1.8m 以下的 1 年；其他 3 年	内蒙古安科安全生产检测检验有限公司于 2016 年 3 月 17 日对主要通风机进行了性能测定，检验结论：合格，并出具了煤矿在用主通风机系统安全检验报告	合格
		委托有资质并由国家授权的检测机构每三年进行一次通风网路阻力测定	内蒙古安科安全生产检测检验有限公司于 2016 年 3 月 17 日对矿井通风系统进行了通风阻力测定，并出具了矿井通风阻力测定报告	合格

（3）评价及结果。矿井通风系统合理，通风设备、设施齐全，符合《煤矿安全规程》（2016 年版）、《煤矿井工开采通风技术条件》（AQ 1028—2006）规定，满足安全生产需要。

9.3.6　重大危险、有害因素定性、定量评价

为了便于危险度分级，对瓦斯、煤尘、火灾、顶板、水害等重大危险、有害因素选用函数分析法进行评价，对特别严重事故再选用事故树分析法进行评价。

此处的函数分析法指瓦斯爆炸评价函数、火灾事故评价函数等，见参考文献 [16] 的 14.3.4 节"隧道工程安全评价法"，本书未列入。

9.3.7　安全措施及建议

安全措施和建议包括安全管理措施和安全技术措施两个方面，详细内容略。

9.3.8 安全现状评价结论

通过现场调查、分析，对照安全生产许可证发放条件和相关法律法规要求，本次评价认为，该矿建立健全了安全管理机构，安全管理体系运行有效，安全管理模式满足煤矿安全生产需要；对生产过程中存在瓦斯、煤尘、火灾、顶板、水害等主要危险、有害因素已采取了有效措施，并得到了预防和控制；对重大危险源进行了检测、评估和监控，制定了事故应急预案；该矿现有采掘作业地点均在采矿许可范围内；各生产系统和辅助系统、生产工艺、安全设施、设备、职业危害防治、安全资金投入等安全生产条件符合有关安全法律、法规和《煤矿安全规程》（2016 年版）等的规定，满足安全生产需要，具备安全生产条件。

本 章 小 结

本章简要介绍了不同行业、不同种类的 3 个安全评价实例，可帮助读者理解不同类型安全评价的联系与区别，分析、体验各种安全评价的实用方法、工作程序、安全评价成果表示方法及分析技巧。

思考与练习题

1. 分析安全预评价、安全验收评价和安全现状评价的联系与区别。
2. 由本章 3 个安全评价报告，分析安全评价结果和安全评价结论的整合规律。
3. 由本章 3 个安全评价报告分析，不同行业进行安全评价时，其方法选择有无规律可循？

第 *10* 章

安全评价新技术、新方法研究应用

学习目标

1. 了解安全评价的方法研究与程序创新，熟悉安全评价新方法研究思路。

2. 熟悉煤矿安全评价方法、步骤及其研究思路，了解研究工作中需要做哪些基础工作。

3. 了解国内机械工业企业安全评价方法及其具体应用。

4. 了解现代信息技术，特别是大数据、云计算等对安全评价的支撑与促进作用，分析它们在安全评价中的应用方式。

10.1 安全评价的方法与程序创新

在长期的安全工作实践中，国内外专家从不同角度入手，研究出各种各样的安全评价方法，期望对被评价系统的职业安全状况及危险程度做出符合实际的科学评价结论。但是，除法规要求的安全评价之外，我国安全评价工作开展得并不是很普遍，不少企业还没有开展系统的安全评价工作，安全评价的过程、方法和内容等还有待进一步完善；同时，随着安全科学技术的不断发展，安全评价的方法与程序也应该得到不断的创新与进步。

为讨论安全评价的方法与程序创新，应进一步明确安全评价拟实现的目的和安全评价方法的选择问题，并对其应用情况做出分析。

10.1.1 安全评价方法的选择及应用情况分析

1. 安全评价的目的及安全评价方法选择

安全评价的对象主要是企业生产系统。对企业进行安全评价工作，不外乎如下四个方面的目的；针对安全评价工作的每一目的，考虑评价工作和生产工作的时间关系，对安全评价方法的选择问题分析如下。

（1）在生产过程中，随时了解其实际安全状况，以便及时采取安全技术措施，进行事故预防工作。针对这一目的，应采用日常安全评价，并应平行于生产工作，每班（或每天、每周等）进行评价。可以说，对于事故预防和安全管理工作来说，日常评价是最重要、也是最实用的。

（2）在生产工作进行之前，即在规划设计阶段或某一时期的生产工作进行之前，评价即将开展的生产过程中的危险程度，以便安排事故预防措施，降低生产中的危险性。此时，应根据具体阶段，采用安全预评价或安全验收评价；对于正常生产企业的生产过程，则采用安全现状评价。

（3）对某一时期的安全生产状况进行总体评价，指导下一时期的安全管理工作。针对这一目的，应采用安全现状评价。

（4）综合评价各企业某一时期安全生产工作及安全管理水平的优劣，作为主管部门宏观安全管理工作的依据，也可作为安全工作选优评比工作的依据。针对这一目的，应采用安全现状评价。

2. 安全评价的用途及应用情况分析

根据国内多年来的安全评价工作实践，安全评价的用途可总结为以下三项，针对安全评价的每一用途，其应用情况及存在问题分析如下。

（1）安全评价作为政府安全监管依据，也作为企业中长期安全工作和事故预防依据。因此，针对项目建设不同阶段开展的安全预评价、安全验收评价、安全现状评价，按照国家法规的强制性规定，对矿山、危险化学品等行业予以实施。这些安全评价是强制性的，在相关行业实施正常，政府部门很重视，但很多企业重视程度不够。

（2）安全评价作为企业日常事故预防依据。有的企业、有些大学和研究单位开展了多方面研究，有些企业实施并取得了良好效果；但大多数企业未实施，也不重视。

（3）安全评价作为一种职业。大量安全评价师在众多安全评价机构中执业，提供专业性的安全评价服务。安全评价的职业化提高了安全评价工作的地位，规范了安全评价工作行为，但安全评价师的专业素养和安全评价机构的运作仍需提高和完善。

10.1.2 安全评价程序分析与研究

1. 安全评价程序的作用

安全评价程序是达成安全评价目标的途径，是安全评价方法得以有效实施、安全评价效果得以有效发挥的过程保障。因此，无论是现有安全评价方法的实施，还是新安全评价方法的开发研究，都需要充分重视、合理规划安全评价程序。

安全评价的方法众多，安全评价的程序多样。由前面各章的介绍可知，根据《安全评价通则》（AQ 8001—2007）开展的安全预评价、安全验收评价和安全现状评价，其程序相对固定，评价方法也主要在《安全评价通则》和相关安全评价导则的规定范围内选取；而对于日常事故预防和安全管理工作指导作用大、随着生产进程同步开展的日常安全评价，其评价程序则相对灵活，应在安全评价方法开发研究的同时合理确定。本小节讨论的评价程序主要用于日常安全评价方法。

2. 安全评价程序研究

为有效达成安全评价目标、科学保障安全评价效果，人们对安全评价程序进行了较为系统的研究。张兴凯、周建新等学者对企业现状安全评价程序进行研究，认为应设立"改进交流"阶段，并应建立强有力的安全评价组；曹庆贵对煤矿事故安全评价的方法程序进行研究，提出了"煤矿事故三步安全评价法"。本节分别介绍这两方面的研究结果。

3. 设有"改进交流"阶段的安全评价程序

张兴凯等学者认为，针对企业现状的安全评价，其程序一般包括准备阶段、危险源辨识、危险性评价和改进交流四个阶段。其中，危险源辨识、危险性评价与本书其他各章节介绍的基本相同，准备阶段针对企业的实施特点提出了具体要求，改进交流阶段则是其程序中改进创新的主体部分。

（1）准备阶段的新要求。在进行安全评价之前，应做好必要的准备工作。首先，应建立强有力的安全评价组，由能够指挥全企业的安全负责人、掌握安全生产状况人员、工会人员等组成，一般由企业安全负责人任组长。安全评价组全面负责安全评价工作，并负责评价结果的落实，即隐患整改及危险源控制等工作。强化安全评价组的配置，主要优势是使评价结果的落实更为到位。其次，应结合本企业的情况，确定安全评价范围和对象，制订安全评价计划等，做好安全评价的常规准备工作。

（2）改进与交流阶段。根据安全评价结果，特别是危险程度分级，制定相应的安全措施，并组织员工讨论、交流安全评价结果，使之相互促进，提高控制危险的认识；安全措施应该征求员工的意见和建议，使采取的各项措施能够被员工接受并落到实处。

安全评价组应该及时将安全评价结果向企业决策层汇报，特别说明安全措施的必要性和可行性，以获得必要的资源。然后，安全评价组应组织事故隐患的整改和危险源控制措施的落实，并对效果进行追踪；同时，编写安全评价总结报告，真实记录安全评价的过程和结果。

对企业而言，安全评价是一项持续性的工作，是一个不断循环的过程，以实现企业安全绩效的持续改进和提高。

4. 煤矿事故三步安全评价法

"煤矿事故三步安全评价法"即"指数法、事故树法和安全对策"三步安全评价法，由曹庆贵于 1989 年提出，用于评价煤矿生产过程中的实际安全状况。也就是说，这一评价方法用于评价生产过程中的危险程度，即事故发生的可能性及其风险率的大小。这一方法的评价结果主要用于指导日常的事故预防工作。

煤矿事故三步安全评价法是一种日常评价方法。这一评价方法综合考虑了定性评价、指数法的定量评价和概率安全评价法的不同特点，以评价结果具有足够的可靠性和评价工作简单易行作为判别准则，是经过综合比较后选定的煤矿事故安全评价方法，可以作为研究其他各类煤矿安全评价方法的基础。

煤矿事故三步安全评价法的具体内容及做法是：

第一步：指数评价法。首先确定评价项目，并设计出评价用的安全检查表；然后根据安全检查表进行检查，评定出各项目的危险指数；再结合各项目的权重算出被评地点发生事故的危险指数 W_r，根据 W_r 数值的大小，将事故危险性分为 I、II、III、IV 四级，其具体评价意义分别为很危险、危险、较危险和安全。若事故危险等级为 I 级或 II 级，则进行第二步；否则，直接进行第三步。

第二步：事故树评价法。用事故树分析法对事故危险性进行分析和评价，求出事故树的最小割集和最小径集、各基本事件的结构重要度、事故的发生概率和风险率。如果风险率小于安全指标，则认为危险性在允许值以下；否则，要根据最小径集（或最小割集）和结构重要度所指出的方向，采取措施降低事故危险性，并重新进行评价，直到事故的风险率小于安全指标为止。

第三步：安全对策。据第一步得出的危险等级，有针对性地采取安全对策措施，以有效地降低事故危险性。如果危险等级为 I 级或 II 级，在确定安全对策时，要充分考虑第二步评价所得出的结论，使采取的措施更加切实可行。

"指数法、事故树法及安全对策"三步安全评价法的流程图见图 10.1。

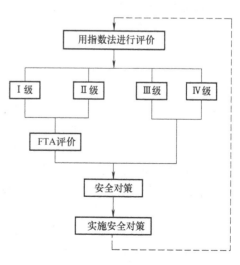

图 10.1　三步安全评价法流程图

10.1.3 安全评价方法研究及创新

1. 安全评价方法研究概述

经过多年来的研究和实践，安全评价方法从定性方法到定量方法，又从定量方法到模糊评价方法，经历了一个由简单到复杂、由粗放到精确的发展过程。直到如今，安全评价方法也一直处于探索、提高和完善的过程中。人们既希望找到理想的、完善的定量数学模型开展安全评价，又希望安全评价方法简单、方便、易于实施。有关学者和相关研究机构、生产企业对安全评价方法进行了多方面的研究，取得了一批研究成果，可总结为如下几个方面。

（1）基于新方法、新技术的安全评价方法。基于系统分析和系统工程的新方法、新技术，开发了更为科学、准确和有效的安全评价新方法。具体来说，基于数值模拟、灰色系统方法、人工神经网络、贝叶斯网络和证据理论等方法开展安全评价工作。由于所依据方法的科学性和先进性，所开发的安全评价方法在科学性和可靠性等方面也得到明确提高。

一般说，这类方法是在指数法、概率风险评价和综合评价等方法的基础上，应用数值模拟方法，建立危险物质、设施、装置和环境的结构特性参数及数值模拟结果的数据库，应用人工智能、专家系统实现安全评价过程中的判断、推理、决策过程，确定有关安全系统结构参数。这类方法的应用，可以避免传统安全评价方法的局限性、专家评价的主观性以及数据来源的单一性等弊端。

人工神经网络具有极强的非线性逼近、模糊推理、自组织和良好的容错性等特点，将人工神经网络技术用于安全评价，对于解决非线形、离散系统的安全评价过程中因素变权等关键问题有独特优势，能克服传统安全评价方法的一些缺陷，比较准确地对系统的综合安全水平做出评价，提高安全评价的可靠度和可信度，并使安全评价工作具有一定的智能性。

采用灰色系统方法进行安全综合评价，则是通过计算不同企业的特征参数序列（由事故情况、经济损失等参数组成的序列）与其基准参数序列的关联度来综合评价各企业安全生产状况的优劣，其评价结果用于比较企业之间安全生产工作的好坏和安全管理水平的高低。

（2）多种安全评价方法的集成方法。可以说，定性评价是"估计"安全，定量评价是"计算"风险，取长补短，综合利用是安全评价方法选择的基本原则，这是本书多次讨论的问题。但是，此处讨论的"多种安全评价方法的集成方法"，不是多种安全评价方法的简单综合，而是多种安全评价方法有机融合的集成方法，集成后可以作为一种新的安全评价方法应用，如 HAZOP 和 LOPA 安全评价集成方法，以及 F&EI、HAZOP 和 LOPA 安全评价集成方法等。

（3）工业企业实用安全评价方法的研究实施。以科学、可靠的方法和方便、有效的程序为基础，研究实施了多种实用的工业企业安全评价方法，用于工业企业安全评价，指导安全管理和事故预防工作。例如，机械工厂安全性评价标准、核工业总公司评价法、航空航天部安全评价法等，分别用于相关行业的安全评价工作；煤矿安全评价方法，用于对煤矿生产系统的现实危险性进行评价，作为日常事故预防工作的依据。这些实用安全评价方法的研究实施，既取得了良好的防灾效果，也有力地推动了安全评价技术的发展。

（4）计算机及信息技术在安全评价中的应用。采用计算机和计算机网络进行安全评价和其他安全管理工作是一条必由之路。利用数据库技术和计算机技术开发安全评价软件，是定量安全评价方法、特别是概率风险评价方法应用的基础性工作。国内外较为成熟的安全评价软件有是挪威DNV 公司开发的定量风险分析软件 SAFETI、瑞典 RELCON AB 公司开发的概率风险分析软件 Risk-Spectrum、中国科学院合肥物质科学研究院开发的概率风险分析软件 Risk A 等。

在研究安全评价方法的同时，有关机构、有关学者也研制了多种不同的安全评价应用软件，有的开发了较为完善的安全评价信息系统，可利用计算机方便、准确、迅速地进行安全评价工作，利用计算机网络及时、准确地传递安全信息；本书作者还对风险评价、风险监控与应急救援技术体系进行了研究探讨，以提高企业防灾减灾的总体水平。

信息技术的发展日新月异，近年快速发展的大数据、云计算等新技术，也必将在安全评价的技术创新中发挥引领作用。

2. F&EI、HAZOP 和 LOPA 安全评价集成方法

（1）安全评价集成方法及其程序。F&EI、HAZOP 和 LOPA 安全评价集成方法，是多种安全评价方法集成方法的代表性方法。该方法将道化学公司火灾、爆炸指数 F&EI 评价法和危险与可操作性研究 HAZOP、保护层分析 LOPA 有机集成，形成一个完善的方法体系，其评价程序如图 10.2 所示。首先划分安全评价的工艺单元，采用道化学公司火灾、爆炸指数评价法进行评价，如果 F&EI > 128，则该工艺单元发生火灾、爆炸事故的严重度较大，应进行详细的 HAZOP 分析；否则，少进行或者不进行 HAZOP 分析。

通过 HAZOP 分析，如发现某个偏差下事故场景比较复杂，难以进行准确评价，需进一步采取半定量的 LOPA

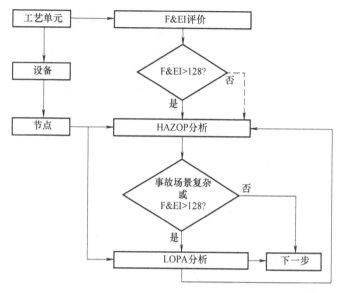

注：虚线箭头表示不进行或少进行 HAZOP 分析

图 10.2 F&EI、HAZOP 和 LOPA 安全评价集成方法流程图

分析，其结果返回给未完成的 HAZOP 分析；LOPA 分析可由 HAZOP 分析启动，也可由 F&EI 直接启动。如此往复进行，直到本单元分析结束，再分析下一单元，直至整个系统分析、评价完成。

在开展道化学公司火灾、爆炸指数评价法之后、确定后续评价方法时，除直接应用 F&EI 评价结果以外，采用风险矩阵进行危险等级评价，并确定后续安全评价方法的走向，是更为常用的处理方式。

（2）集成方法中的信息融合与数据共享。这一安全评价集成方法中，评价基础数据共享，各单项评价的信息相互融合，使之科学、全面、有效、可靠。

道化学公司火灾、爆炸指数 F&EI，不但可直接用于划分危险等级，也可作为选取后一步安全评价方法、深入开展安全评价的依据，即由 F&EI 的数值来确定下一步是先启动 HAZOP 做详细分析，据分析结果再启动 LOPA，还是直接启动 LOPA，开展系统分析和全面安全评价工作。

LOPA 可以从 HAZOP 中获取相关信息，用始发事件频率等级、后果严重程度，以及独立保护层的失效概率来评定事故场景的风险大小，以确定是否存在足够的独立保护层，通过对 HAZOP 的事故场景等有用信息加以整合利用，完成风险评价。

信息不仅可以由 HAZOP 传递至 LOPA，LOPA 的评价结果也可以丰富 HAZOP 案例库。由于 LOPA 在评价过程中包含大量信息，在向 HAZOP 逆向传输数据的过程中，需要注意信息的有效整合。LOPA 的"始发事件"和"条件事件"构成了 HAZOP 的"原因"，而"独立保护层"和"非独立保护层的保护措施"则一起构成了 HAZOP 的"安全措施"。

研究认为，这一集成安全评价方法将 3 种评价方法有机结合，可以有效提高评价结果的准确性，有利于分析数据的共享，使安全评价更为规范和可靠。

10.2 煤矿安全评价方法的研究应用

10.2.1 煤矿安全评价方法的研究应用状况

从20世纪80年代后期开始，随着安全系统工程在煤炭系统的推广应用，煤矿安全评价工作的重要性也逐步被人们所认识，有关学者和煤矿生产企业对煤矿安全评价方法进行了多方面的研究，取得了一批研究成果。本节主要介绍本书作者的相关研究情况。

以上一节介绍的"煤矿事故三步安全评价法"为基础，研究实施了实用的煤矿日常安全评价方法，对煤矿生产系统的现实危险性进行评价，并研制了与之配套的应用程序。20世纪90年代，山东科技大学（山东矿业学院）与新汶矿务局等单位合作，开展了煤矿安全评价实用方法的研究与应用工作。

10.2.2 煤矿日常安全评价方法

如上所述，日常评价是最实用、最重要的一种煤矿安全评价方法。日常评价与矿井生产工作同时进行，及时为煤矿安全管理提供决策依据，其具体做法是：采用评分法（指数法）进行煤矿安全评价工作，并根据评价结果选择实施安全对策。因此，这一评价方法采用了三步安全评价法的第一步和第三步。

煤矿日常安全评价方法的主要部分，是采煤工作面安全评价和掘进工作面安全评价，还包括运输、机电和通防系统的安全评价以及全矿井安全评价。

下面主要介绍采煤工作面安全评价方法。掘进工作面安全评价，以及运输系统、机电系统和通防系统的安全评价方法与采煤系统的安全评价方法基本相同，可参照采煤系统安全评价的方法、步骤进行这几个系统的安全评价工作；全矿井的安全评价，则根据采煤、掘进、运输、机电和通防五个子系统的评价结果综合确定，即根据各个子系统的安全度分数值，采用加权评分法计算全矿井的安全度分数值，然后由全矿井的安全度分数值，确定矿井的安全等级。

1. 安全评价的方法步骤

科学而实用的安全评价方法，既要具有足够的可靠性，又要简单易行、便于掌握，这是判别评价方法优劣的两个重要准则。采煤工作面（或掘进工作面等）的安全评价方法，正是根据这两个准则确定的，其具体步骤如下：

（1）现场检查评定。根据安全评价表（即评价用安全检查表），在生产现场逐条进行检查评定，确定各评价指标是否合格，并记录在安全评价表中。

（2）计算安全指数。根据现场检查结果，按照各评价指标的基础分数值，计算出采煤工作面或掘进工作面的安全指数。根据安全指数的大小，将工作面安全程度划分为A级、B级、C级或D级，其评价意义分别为安全、较安全、危险和很危险。

（3）选择并实施安全对策。根据评价结果，选择相应的安全对策，并及时将这些对策付诸实施，确保工作面安全生产。

2. 安全评价项目设置

采用评分法进行安全评价工作，首先必须选择评价项目、确定各评价项目的基础分数值并编印评价用安全检查表。

研究过程中，首先提出了安全评价项目的选择原则，然后根据选择原则，经过系统研究，确定了采煤工作面安全评价项目和其他子系统的安全评价项目。由于各矿的自然地质条件和生产技术条件存在很大差别，所以在进行采煤工作面安全评价时，各矿使用的评价项目也不尽相同。对于采用单体液压支柱支护的炮采工作面，可采用如下 10 个评价项目进行采煤工作面安全评价工作：①安全组织与管理；②顶板管理；③工作面支护；④安全出口与端头支护；⑤回柱放顶；⑥煤壁与机道；⑦机电设备；⑧打眼放炮及火药管理；⑨煤炭回收；⑩区段平巷管理与文明生产。

上述每一个评价项目中，又分别包括若干条具体的评价指标。此处，我们将评价项目中的若干条小项目称为"评价指标"，以便于区别。例如，"回柱放顶"评价项目中包括"移溜与支设排柱的距离是否小于 8m"和"回柱放顶的开茬距离是否大于 15m，是否先支后回、二人放顶"等 5 个评价指标。这些评价指标内容具体、要求明确，便于进行检查和评定。

采煤工作面的上述 10 个评价项目中，共设有 46 个评价指标，表 10.1 列出了部分评价指标。

表 10.1 采煤工作面安全评价表（部分）

单位		地点		年 月 日		班次
序号		评 价 项 目		基础分值	1	2
一		安全组织与管理		135		
1		本班是否有区队管理人员上岗		28		
2		班长和管理人员是否在现场交接班		27		
3		特殊工种（各类司机、放炮工、维修工）是否全部持证上岗		15		
4		工作面现场是否有"五图一表"并实行工种岗位责任制		11		
5		作业人员是否坚持"敲帮问顶"和"挂牌开工"制度		15		
6		本班无轻伤以上事故，并且无"三违"人员		40		
二		顶板管理		89		
7		工作面没有冒顶（面积超过 $1m^2$，冒高超过 $0.3m^2$）		28		
…		……		…		
※		重要评价项目				
1		初次放顶				
2		老顶初次来压				
3		老顶周期来压				
4		过断层带				
5		大游离岩块				
主要存在问题						

采用上述指标进行安全评价工作，在正常情况下，可以对工作面的实际安全状况做出较为系统、全面的评价。但是，若工作面处于某些特殊情况下，例如，若工作面处于初次放顶阶段，仅仅利用这些指标进行安全评价，就难以对工作面安全状况做出客观、真实的反应。为了解决这一问题，又增设了"初次放顶""老顶来压"等 4 个"重要评价项目"，并用这 4 个重要评价项目的评价结果对正常评价情况进行干预，见表 10.2 所示。

表 10.2 重要评价项目

序 号	项 目	评价结果处理
1	初次放顶	若工作面处于初次放顶阶段，则其安全等级降低 2 级
2	老顶来压	老顶初次来压，工作面安全等级降低 2 级 老顶周期来压，工作面安全等级降低 1 级
3	过断层带	若工作面的某一（些）部位过破碎断层带，其安全等级降低 1 级
4	游离岩块	若工作面的某一（些）部位处于大范围游离岩块下，其安全等级降低 1 级

3. 评价项目基础分数值确定与安全评价表设计

（1）评价项目基础分数值的确定。评价指标的基础分数值即该指标所占的安全度分数值，是表示该指标对于安全工作的重要性程度的数值，评价时用这一数值来代表该指标所处的实际状况。基础分数值合理与否，直接影响到安全评价结果的合理性，是决定评价工作成败的关键之一。

由于评价指标涉及的范围较广，所以确定评价指标的基础分数值是一个比较复杂的问题。采用层次分析法，可以较好地解决这一问题，即可以利用层次分析法，求得各个评价项目、评价指标的基础分数值。

我们编制了应用程序，采用层次分析法来确定基础分数值，列在表10.1中。

（2）安全评价表设计。安全评价表即评价用安全检查表，是一种专业性安全检查表。根据评价工作的实际需要，此表中不但列出了安全评价指标和用于记录每班两次评价结果的栏目，还列出了各指标的基础分数值，并设立了"主要存在问题"栏目。采煤工作面安全评价表见表10.1。

4. 安全评价结果计算与安全等级划分

（1）班评价结果的计算。进行采煤工作面安全评价时，根据安全评价表在采煤工作面逐条进行检查评定。采煤工作面每班检查评定两次，第一次检查结果作为督促现场整改的依据，在接班后的两小时之内进行；第二次检查情况用于计算当班的安全评价结果，于交班前两小时之内进行。

工作面的安全度分数值由合格指标的分数值之和与该面存在的所有指标的分数值之和的比值乘以100求得，其计算公式为：

$$W_i = \frac{\sum_{j=1}^{m} F_{ij}}{\sum_{j=1}^{m} F_{ij} + \sum_{l=1}^{n} F_{tl}} \times 100 \tag{10.1}$$

式中　W_i——采煤工作面第 i 班的安全度分数值；

　　　F_{ij}——合格指标 j 的分数值；

　　　F_{tl}——不合格指标 l 的分数值；

　　　m——合格指标的数目；

　　　n——不合格指标的数目。

这样，就可以用0~100之间的某一具体数值定量地反映工作面当班的安全状况，并根据表10.3划分当班安全等级。

如果"重要评价项目"存在问题，则根据表10.2的原则，按降低后的等级进行管理。

表10.3　评价标准与安全对策

安全等级	A	B	C	D
安全度分数	$W \geq 90$	$90 > W \geq 80$	$80 > W \geq 70$	$W < 70$
评价意义	安全	较安全	危险	很危险
安全对策	注意防止	及时整改	立即整改	停产整改

（2）日评价结果的计算。每日3个班的安全度分数值算出后，如何计算日评价结果也是个重要的问题。日评价分数的计算公式为：

$$W = S \cdot \frac{W_1 + W_2 + W_3}{3} + (1 - S)W' \tag{10.2}$$

式中　　　W——采煤工作面当日的评价分数，即工作面当日的安全度分数值；

　　W_1、W_2、W_3——该工作面当日一、二、三班的班评价分数；

W'——该工作面前一天的日评价分数；

S——加权系数，$0 < S < 1$，一般取 $S = 0.9$，并可根据需要做适当的调整。

采用式（10.2）求得的日评价分数，实际上并非本来意义上的"当日"的安全度分数值，而是次日安全度分数值的预测值。因为这一计算公式，实际上是时间序列法中的一个预测公式。它包括了当天的评价值 $(W_1 + W_2 + W_3)/3$、前一天的评价值 W'、前两天的评价值（因为前一天的评价值 W' 中包括前两天的评价值）……并体现了当天的评价结果对次日的影响最大、近期的评价结果影响较大、远期的评价结果影响较小的客观规律，能较好地与实际情况相吻合，也与人们的思维方式相一致。

（3）安全等级与安全对策。根据工作面日评价分数 W 的数值大小，将采煤工作面的安全状况划分为 A、B、C、D 四个等级，并根据评价结果采取安全对策，见表 10.3。

5. 评价结果的反馈及安全对策的实施

各工作面每班的安全评价结果均应进行及时的分析，并及时反馈给有关管理人员和职能科室。根据需要，可进行班评价结果、日评价结果及日分析报表的打印，输出每班的评价分数、评价等级和当班存在问题（主要是不合格指标等）。评价结果分析表及时交安监处、矿调度室以及生产矿长等领导。有关领导签署处理意见后，交各责任部门及时做出处理和改进。

10.2.3　煤矿安全评价应用软件

在研究安全评价方法的同时，应该研制与之配套的应用软件，以便用计算机方便、准确、迅速地进行安全评价工作。如下煤矿安全评价应用软件系统可供参考。该软件的扫描输入部分需要光学字符识别（Optical Character Recognition，OCR）软件的支持；软件由多个功能模块和数据库组成，如图 10.3 所示。

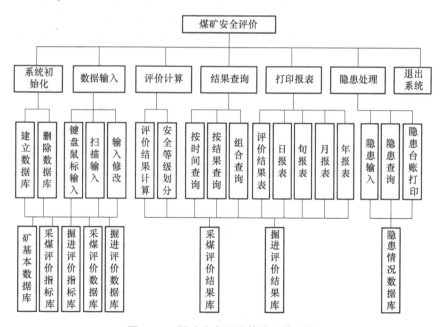

图 10.3　煤矿安全评价软件总体结构

煤矿安全评价应用软件可完成评价结果的计算、安全等级的划分、安全评价结果及分析报表的打印等工作。其中，各评价指标的评定结果既可用键盘、鼠标输入，也可用扫描仪扫描输入。

国内工业企业安全评价方法的研究与实施

从 20 世纪 80 年代后期开始，我国相关工业行业从多方面开展了安全评价的研究、应用工作，如 1988 年原机械电子工业部颁布的《机械工厂安全性评价标准》，1992 年原化工部制定的《化工厂危险程度分级方法》，1997 年航空航天部制定的《危险点控制管理规定》（2008 年修订）等，分别在相关行业得到了成功应用。限于篇幅，本节只介绍《机械工厂安全性评价标准》。

10.3.1 《机械工厂安全性评价标准》概述

《机械工厂安全性评价标准》（简称《评价标准》），是 1988 年 1 月 1 日机械电子工业部颁布实施的一种评价标准。对机械工厂进行安全性评价，既可以宏观控制、抓住重点、分类指导，也可为微观管理提供可靠的基础数据。

《评价标准》包括了两个方面的内容：一，企业固有危险性评价，即企业危险程度分级；二，企业安全管理现状的评价。

10.3.2 企业固有危险性评价

1. 企业固有危险性评价方法

危险程度的划分是按照危险设备（设施）和物品的拥有量确定的。以我国机械行业 1068 个重点企业 35 年的事故统计分析为基础，考虑各种事故的发生概率和事故损失的严重程度，从中确定了 16 种设备（设施）和物品作为衡量机械工厂危险等级的基准。用这 16 种危险设备（设施）和物品在机械工厂中的拥有量来确定其危险程度的大小。拥有量包括危险种类和危险容量两个方面，危险种类，指在 16 个危险种类中工厂拥有几种；危险容量，指每一个危险种类有多大的容量。对危险容量分 I、II、III 类。I 类容量表示对事故的影响小，II 类容量其次，III 类容量对事故的影响大。16 种不同的设备（设施）及物品的危险容量分类，见表 10.4。

表 10.4　机械工厂危险等级划分表

序号	设备（物品）名称	单位	危险容量					
			I 类		II 类		III 类	
			R_I	H_I	R_{II}	H_{II}	R_{III}	H_{III}
1	蒸汽锅炉	1	<10		10~40		>40	
2	乙炔发生器	m^3/h	<5		5~20		>20	
3	煤气发生炉	台	<5		3~10		>10	
4	高压气瓶	个	<40		40~100		>100	
5	闪点<40℃的易燃易爆物品储量	t	<10		10~50		>50	
6	轻质易燃易爆物品储量	m^3	<50		50~200		>200	
7	压力机	台	<20		20~60		>60	
8	木工机械	台	<4		4~10		>10	
9	起重机械	台	<30		30~100		>100	
10	机动车辆	辆	<40		40~100		>100	
11	空压机	m^3/h	<40		40~100		>100	
12	制氧机	m^3/h	<50		50~300		>300	
13	变配电所	kV·A	<380		380~750		>750	
14	锻锤	t	<0.5		0.5~1		>1	
15	电弧炼钢炉	t	<5		5~10		>10	
16	冲天炉	t	<5		5~10		>10	
			N_I		N_{II}		N_{III}	

表 10.4 中，R_{I}、R_{II}、R_{III} 分别表示 I、II、III 类危险容量的范围；N_{I}、N_{II}、N_{III} 分别表示危险设备（设施）和物品拥有量处于 I、II、III 类危险容量范围内的个数，即：

$$N_{\text{I}} = \sum_{i=1}^{16} H_{\text{I}i} \tag{10.3}$$

$$N_{\text{II}} = \sum_{i=1}^{16} H_{\text{II}i} \tag{10.4}$$

$$N_{\text{III}} = \sum_{i=1}^{16} H_{\text{III}i} \tag{10.5}$$

以上三式中，$H_{\text{I}i} = 1$ 或 $H_{\text{I}i} = 0$；H_{I}、H_{II}、H_{III} 分别表示 I、II、III 类危险容量状态的分布，用 1 或 0 表示。若企业设备（设施）及物品危险容量处于某类时，用 1 表示，否则为 0。

已知 N_{I}、N_{II}、N_{III} 的数值，就可按下式计算危险程度 T 的数值：

$$T = \frac{C_{\text{I}} N_{\text{I}} + C_{\text{II}} N_{\text{II}} + C_{\text{III}} N_{\text{III}}}{16} \tag{10.6}$$

式中　C_{I}、C_{II}、C_{III}——I、II、III 类危险容量的系数，它反映了三类危险容量分别对企业的危险程度的影响，分别取 $C_{\text{I}} = 10$，$C_{\text{II}} = 20$，$C_{\text{III}} = 30$。

按危险程度数值 T 的大小，将危险等级划分为：$T > 23$，高度危险；$13 \leq T \leq 23$，中度危险；$T < 13$，低度危险。

[**例 10-1**]　某企业危险设备（设施）及物品的拥有量见表 10.5，求其危险等级。

根据该厂危险设备（设施）及物品的拥有量，按危险容量的多少分别填入机械工厂危险等级划分表（表 10.4）中，由表中得出：$N_{\text{I}} = 1$、$N_{\text{II}} = 6$、$N_{\text{III}} = 5$，代入式（10.6），得：

$$T = \frac{C_{\text{I}} N_{\text{I}} + C_{\text{II}} N_{\text{II}} + C_{\text{III}} N_{\text{III}}}{16} = \frac{10 \times 1 + 20 \times 6 + 30 \times 5}{16} = 17.5$$

即 $13 \leq T \leq 23$，该企业危险等级属中度危险。

表 10.5　某工厂危险设备（设施）及物品拥有量表

序号	名称	单位	危险容量	序号	名称	单位	危险容量
1	蒸汽锅炉	t	16	8	木工机械	台	7
2	乙炔发生器	m^3/h	21	9	起重机械	台	114
3	煤气发生炉	台	0	10	机动车辆	辆	60
4	高压气瓶	个	70	11	空压机	m^3/h	49
5	闪点<40℃易燃易爆物品储量	t	3	12	制氧机	m^3/h	0
				13	变配电所	kV·A	1900
6	轻质易燃易爆物品储量	m^3	140	14	锻锤	t	71
				15	电弧炼钢炉	t	0
7	压力机	台	71	16	冲天炉	t	0

2. 企业固有危险评价注意事项

企业固有危险评价过程中，对于涉及危险等级划分的几项指标，它们的取值问题需注意如下几点：

（1）选取 16 项危险设备（设施）及物品作为衡量危险程度的内容，若企业中缺少其中的一项或几项时，在危险等级划分表的 H 栏内记 0，但是在计算危险程度 T 时，仍按 16 项危险来进行加权平均。

（2）在企业中，若有某些设备属于16种设备（设施）及物品，但是长期不用、备用或者临时租用给外单位，在考虑危险容量分类时，只要该设备在1年内使用，不论使用期长短，一律计算在内。

（3）危险等级划分表中的轻质易燃易爆物品，是指除闪点 < 40℃ 以外的其他易燃易爆的液体和固体，如油漆、机油、木材、橡胶制品、化学易燃品、炸药、赛璐珞等。易燃易爆物品储量的计算，以企业中一年内最大储量为准。

（4）蒸汽锅炉是指以水为介质的承压锅炉，不论压力大小，一律作为计算的对象，废热锅炉和热水锅炉不计在内。

（5）空压机危险容量，是指企业中各台固定式和移动式空压机排气量之和。

10.3.3　企业安全管理现状评价

企业安全管理现状的评价，包括综合安全管理、危险设备与设施安全管理和环境安全管理3个方面的评价。对于一个企业，如果综合安全管理很好，安全技术措施合理，危险得到有效控制，生产环境符合工业卫生标准，职工安全意识强，可以认为该企业的安全状况符合要求，安全评价可得高分。

综合安全管理评价，是对整个企业的安全管理体系，安全管理工作的有效性，组织措施的完善性，以及企业领导者、管理者、操作者的安全素质和对不安全行为控制能力的评价。企业安全管理体系涉及企业各部门、各项工作、各种人员和生产全过程。综合安全管理评价共设14项指标，满分240分，占评价总分（1000分）的24%，其中包括安全科学管理、"三同时"、事故处理、安全目标管理、安全教育、规章制度、操作行为、安全档案与图表、安措经费支配、安全机构等内容。

危险设备与设施管理评价共设40项指标，满分为600分，占评价总分的60%。这40项指标和每项应得分值的确定依据，是机电部所属1068个重点企业35年重大伤亡事故的统计分析，和多年来各工厂对安全技术的系统总结。除了固有危险性评价（危险等级划分）的16项内容外，又增加了化学危险品库、油库、液化气站等24项内容。这些项目既不是按区域划分，也不是按专业划分，而是按危险性划分。只要是危险性大的均被列入评价项目。

环境安全管理评价共11项指标，其中包括有害作业点达标率、防尘防毒状况、特种作业人机匹配、安全通道、车间布局等，满分为160分，占评价总分的16%。

企业安全管理现状的评价采用了安全检查表的形式，每一项指标基本上都有对应的检查表，表中详细规定了查证测定的内容和方法。评价时，只要逐项按检查表对应检查，就能完成评价工作。

计分标准规定，安全检查表中应当有的安全设施而实际没有，按不合格处理；评价表中有，而实际没有的项目，计满分。

同时，标准对各项目的评价规定了检查抽查的数量：10台以下应全部检查；10～500台抽查率应大于10%，但不得少于10台；500台以上抽查5%。

企业安全性评价的具体做法，是采取工厂自评（初评）、主管部门（各省市厅（局）及计划单列市机械工业管理部门）组织复评和机械电子部审批（终评）的步骤。

通过实践，这个《评价标准》对提高企业安全管理水平的促进效果很好。但也发现，其固有危险性评价的量化方法不够完善；其安全管理现状评价中，规定企业缺少的项目评满分，也难以正确反映企业安全管理的实际水平。另外，在这个《评价标准》中，对企业固有危险性和管理现状两个方面的评价没有有机地联系起来，未能从整体上全面地反映企业的安全生产水平，也有待完善。

10.4 现代信息技术在安全评价中的应用与展望

10.4.1 信息技术及系统科学概述

1. 信息技术与系统科学

信息技术（Information Technology，IT），是主要用于管理和处理信息所采用的各种技术的总称。它主要是应用计算机科学和通信技术来设计、开发、安装和实施信息系统及应用软件。它也常被称为信息和通信技术（Information and Communications Technology，ICT），主要包括传感技术、计算机与智能技术、通信技术和控制技术。

系统科学是以系统思想为中心的一类新型的科学群，着重考察各类系统的关系和属性，揭示其活动规律，探讨有关系统的各种理论和方法。系统科学包括系统论、信息论、控制论、耗散结构论、协同学，以及运筹学、系统工程、信息传播技术、控制管理技术等许多学科在内，是 20 世纪中叶以来发展最快的一大类综合性科学。

这些学科是分别在不同领域中诞生和发展起来的。它们本来都是独立形成的科学理论，但它们相互间紧密联系，互相渗透，在发展中趋向综合、统一，有形成统一学科的趋势。因此国内外许多学者认为，把以系统为中心的这一大类新兴科学联系起来，可以形成一门有着严密理论体系的科学。

2. 大数据与云计算

（1）大数据及其特点。大数据虽然是近几年的热门话题和研究议题，但作业一个专业术语，其历史要久远得多，其出现大约是在 30 年前。据可查证的资料，1987 年，美国学者泽莱尼（Zeleny）在其论文《管理支持系统：走迈向集成知识管理》中首次提出了大数据（Big Data）的概念。不过那个时候，还没有进入数据爆炸时代，只是随着信息技术的发展，处理数据的软件的重要性日益下降，而数据本身的重要性日趋上升，因此，那时泽莱尼提及的"大数据"之大，主要是指数据的价值大，而非体积庞大。

随着计算机技术全面和深度地融入社会生活，信息爆炸已经积累到了一个开始引发变革的程度。它不仅使世界充斥着比以往更多的信息，而且其增长速度也在加快。信息总量的变化还导致了信息形态的变化——量变引起了质变。综合观察社会各个方面的变化趋势，我们能真正意识到信息爆炸或者说大数据的时代已经到来。

时至今日，学术界对"大数据"这一新兴的科学，还没有明确的定义。全球知名的 IT 研究与顾问咨询公司高德纳（Gartner）曾这样描述大数据：大数据是一种多样性的、海量的且增长率高的信息资产，其基于新的处理模式，产生强大的决策力、洞察力以及流程优化能力；世界著名咨询机构麦肯锡（McKinsey）公司于 2011 年 5 月发布"大数据：下一个创新、竞争和生产力的前沿"的技术报告中认为：大数据是指其大小超出了典型数据库软件的采集、储存、管理和分析等能力的数据集。

有人定义大数据的 3 个特点，即 3V 特征：容量（Volume）、多样性（Variety）、速度快（Velocity）；更为流行的，是认为大数据的 4V 特征，除前 3V 外，还有价值（Value），且 Value 比前面 3V 更重要，是大数据的最终意义——获得洞察力和价值。

（2）云计算及其应用。云计算（Cloud Computing）的"云"是指散布在 Internet 上的各种资源的统称。把 Internet 比喻为蓝天，把 Internet 上所有可以利用的资源称为"云"，利用 Internet 上的"云"来为我服务，就叫作"云计算"。关于云计算的专业解释为：云计算是商业化的超大规模分布式计算技术，即用户可以通过已有的网络将所需要的庞大的计算处理程序自动分拆成无数个较小的子程序，再交由多部服务器所组成的更庞大的系统，经搜寻、计算、分析之后将处理的结果回传给用户。

最简单的云计算技术在网络服务中已经随处可见并为我们所熟知，如搜寻引擎、网络信箱等，使用者只要输入简单指令即可获得到大量信息。而在未来的"云计算"的服务中，"云计算"就不仅仅是只做资料搜寻工作，还可以为用户提供各种计算技术、数据分析等的服务。透过"云计算"，人们能够利用手边的 PC 和网络，在极短时间（数秒）之内，处理数以千万计甚至亿计的信息，得到和"超级计算机"同样强大效能的网络服务，获得更多、更复杂的信息计算的帮助。

在云计算中，"云"不仅仅是信息源，还包括一系列可以自我维护和管理的虚拟的计算资源，如大型计算服务器、存储服务器、宽带资源等。云计算将所有的信息资源和计算资源集中起来，由软件实现自动管理，无需人为参与。使用者只需提出目标，而把所有事务性的事情都交给"云计算"。可见，云计算不是一个单纯的产品，也不是一项全新的技术，而是一种产生和获取计算能力的新的方式。有人这样解释道：云计算是一种服务，这种服务可以是 IT 和软件，也可以是与互联网相关的任意其他的服务。可用一句话来概括：云计算就是网络计算的一个商业升级版。

（3）大数据和云计算的关系。大数据和云计算相辅相成，有人比喻它们的关系就像一枚硬币的正反面一样密不可分。它们关系的一个形象解释为：云计算是硬件资源的虚拟化，大数据则是海量数据的高效处理。也就是说，大数据相当于海量数据的"数据库"，云计算则作为计算资源的底层，支撑着上层的大数据处理。

10.4.2 安全评价中现代信息技术的研究应用

1. 计算机及网络技术在安全评价中的应用

采用计算机和计算机网络进行安全评价工作，10.1 节中已有介绍，10.2 节中煤矿安全评价应用软件的开发，也是这方面研究应用的一个示例。

2. 风险评价、风险监控与应急救援技术——网络信息技术的应用

（1）煤矿重大事故风险评价方法概述。为便于开展煤矿重大事故风险评价工作，提高风险评价的速度、准确性和规范性，并开展科学有效的风险管理工作，作者建立了风险评价的指数评价模型，采用指数法（评分法）开展重大事故危险性的日常评价工作，分别根据煤矿水灾事故危险性评价表和瓦斯煤尘爆炸与火灾事故危险性评价表对各自的评价指标进行检查和评定。根据检查评定结果，确定每一评价指标的得分，然后计算危险性指数，划分危险性等级，以便开展风险监测、风险预警和风险控制工作。

例如，通过评价，计算出矿井水灾危险性指数 F_w 后，根据 F_w 的数值大小，将矿井水灾危险性划分为 Ⅰ、Ⅱ、Ⅲ、Ⅳ 4 个等级，分别代表"很危险""危险""一般"和"安全"。煤矿重大事故风险评价方法详见参考文献 [18] 项和 [19] 项。

（2）煤矿事故应急预案及其数据库。要保证应急救援系统的正常运行，必须事先制订完善的应急预案；为建立科学的煤矿重大事故应急救援体系，应采用计算机和计算机网络对其进行管理。为此，需建立重大事故应急预案数据库。我们采用 SQL Server 建立了煤矿重大事故应急预案数据库，可以在矿业集团公司（或某一煤矿）企业内部网 Intranet 上管理和应用。

（3）煤矿重大事故风险评价、风险监控与应急救援方法体系。煤矿重大事故风险评价、风险监控和应急救援体系相结合，则可以建立煤矿重大事故风险监控与应急救援的完整方法体系。以网络技术和信息技术为依托，利用计算机和计算机网络进行实施。该体系包括如下内容。

1）采用指数法，对瓦斯煤尘爆炸、水害和火灾三类煤矿重大事故进行日常风险评价。

2）利用计算机处理煤矿重大事故日常风险评价结果。

3）根据风险评价结果，利用计算机对煤矿重大事故风险进行监控预警；同时，利用计算机对煤矿其他事故风险——主要是严重事故隐患进行监控预警。

4）制定煤矿重大事故应急预案，建立重大事故应急预案数据库。

5）建立专用网站，利用计算机网络，传输和管理煤矿重大事故风险监控与应急救援信息，发布风险控制对策，开展风险管理的日常工作。

6）应用配套软件系统——煤矿重大事故风险监控与应急预警系统，开展煤矿重大事故危险性评价与风险监控预警、重大事故应急预案管理、重大事故应急预案启动等工作。

（4）煤矿重大事故风险监控与应急预警系统。煤矿重大事故风险监控与应急预警系统是与煤矿重大事故风险评价、风险监控与应急救援方法体系配套的应用软件，采用 B/S 模式开发。该系统具备信息输入、信息处理、重大事故风险评价、重大事故危险性预警、重大隐患预警提示、应急预案查询和安全指令发布等功能。系统主页如图 10.4 所示。

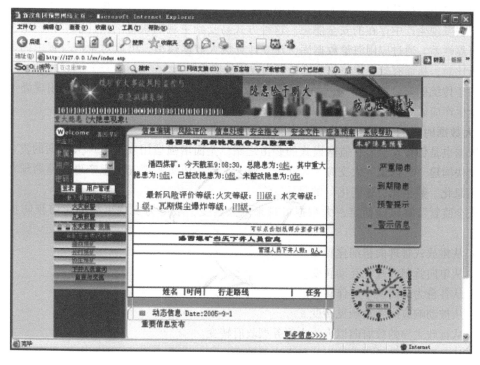

图 10.4　煤矿重大事故风险监控与应急预警系统主页

10.4.3　大数据及信息技术对安全评价的支撑、促进与展望

在进入 21 世纪的今天，信息技术特别是近年来大数据技术的快速发展，给人类的生产、生活带来了巨大的便利，也带来了巨大的冲击，的确是机遇与挑战并存。下面就作者的理解，分析大数据及信息技术对安全评价的支撑、促进与展望。

1. 大数据与云计算技术在安全生产中应用的可行性

2015 年 4 月 2 日，国务院办公厅印发了《关于加强安全生产监管执法的通知》（国办发〔2015〕20 号），该通知把加快监管执法信息化建设作为创新安全生产监管执法机制的一项重要内容，并提及要整合建立安全生产综合信息平台，统筹推进安全生产监管执法信息化工作，实现与事故隐患排查治理、重大危险源监控、安全诚信、安全生产标准化、安全教育培训、安全专业人才、行政许可、监测检验、应急救援、事故责任追究等信息共建共享，消除信息孤岛。要大力提升安全生产大数据利用能力，加强安全生产周期性、关联性等特征分析，做到检索查询即时便捷、归纳分析系统科学，实现来源可查、去向可追、责任可究、规律可循。

大数据的精髓在于分析信息时的"三个转变"：

1）第一个转变是，在大数据时代可以分析更多的数据，有时候甚至可以处理和某个特别现象相关的所有数据，而不再是只依赖于随机采样。

2）第二个转变是，研究数据如此之多，以至于我们不再热衷于追求精确度。

3）第三个转变是，我们不再热衷于寻找因果关系。

大数据对安全生产意义非凡。安全生产大数据可以定义为企业安全生产、政府安全监管、社会个人参与、以及与此关联的经济活动全过程所形成的文本、音频、视频、图片等海量信息的集合。将大数据用到安全生产中，可提升源头治理能力，降低事故的发生。大数据应用可及时准确地发现事故隐患，提升排查治理能力。当前，企业生产中的隐患排查工作主要靠人力，通过人的专业知识去发现生产中存在的安全隐患。这种方式易受到主观因素影响，且很难界定安全与危险状态，可靠性差。通过应用海量数据库，建立计算机大数据模型，可以对生产过程中的多个参数进行分析比对，从而有效界定事物状态是否构成事故隐患。

相对于传统的安全管理模式，我国安全生产对于"互联网＋"、大数据的应用现处于起步阶段。安全生产应做好准备迎接大数据，要在现有基础上加大力度。

2. 大数据时代的安全监管监察模式展望

大数据也是创新安全监管监察模式的必由之路，全面增强运用安全生产大数据的责任感、使命感，加快构建"大数据、大支撑、大安全"服务平台，切实实现安全生产事故预测预判和风险防控"信息化、数字化、智能化"的目标。

对安全监管监察机构而言，大数据可带来六大转变，最终为实现事故的超前预防提供预测预警：

（1）从粗放式管理向精细化转变。

（2）从单向管制向政民互动转变。

（3）从各自为战向共享协作转变。

（4）从被动响应向主动预见转变。

（5）从行政主导的政府向以人为本服务型政府转变。

（6）从经验决策向基于大数据的科学决策转变。

大数据与信息技术在安全评价领域的进一步应用，可通过如下几个方面加以实施。

一是完善数据库，做好数据库衔接。安监、工信、建筑、交通、民航等具有安全监管职责的部门应做好安全生产相关数据的采集、整理和存储工作，建立和完善安全生产相关数据库，包括事故数据库、监管信息数据库等。各部门应统一安全生产相关数据库建设标准，事故数据库、监管信息数据库等应做好衔接。信息化主管部门做好相关协调和保障工作，建立部门间协调机制，保障安全生产相关数据的有效应用。

二是加强安全生产信息化建设，做好信息公开工作。进一步深化安全生产信息化工作，加强海量数据分析工具的开发和利用，推进大数据价值尽快实现；在现有信息公开的基础上加大信息公开力度，特别是做好事故信息和安全监管信息的公开，并保障信息的真实可靠。

三是由大数据寻求安全生产规律，实时评价安全生产状况。如研究建立起一套安全生产状况评价指标体系，并提炼出一个安全生产指数（如企业的安全生产指数），可通过对企业人、机、环、管等信息进行采集及智能判断，评价企业量化的安全生产指数，就可以重点盯住安全指数差的企业，兼顾安全指数一般的企业，对安全指数高的企业给予政策上的鼓励。同时，针对煤矿、非煤矿山、化工等不同的行业领域，进行大数据分析和及时判断企业的安全生产状态，可有效地找到安全生产规律。

本 章 小 结

本章系统介绍了安全评价的方法研究与程序创新，介绍了煤矿安全评价方法的研究思路和应用方法，简要介绍了国内机械工业企业安全评价方法的研究与实施；分析了现代信息技术对安全评价的支撑与促进作用，介绍了计算机及网络技术在安全评价中的应用，并展望了大数据、云计算等现代信息技术对安全评价技术的引领作用及实施方案。本章可作为安全评价领域研究工作的参考。

思考与练习题

1. 试述安全评价的目的及安全评价方法的选择思路。
2. 简述安全评价的程序研究及安全评价的方法创新。
3. 试述煤矿事故三步安全评价法的方法步骤，如何对其进行深入的研究和完善？
4. 说明煤矿日常安全评价法的方法步骤，分析其研究思路。
5. 采煤工作面安全评价的基础研究工作有哪些？如何进行采煤工作面安全评价？
6. 试述机械工厂安全评价法的方法步骤，掌握固有危险性评价计算方法。
7. 简述信息技术、系统科学、大数据、云计算的概念，分析它们与安全评价的关系。

参 考 文 献

[1] 国家安全生产监督管理局. 安全评价 [M]. 3 版. 北京：煤炭工业出版社，2005.

[2] 张乃禄. 安全评价技术 [M]. 西安：西安电子科技大学出版社，2016.

[3] 王起全，等. 安全评价 [M]. 北京：化学工业出版社，2015.

[4] 张延松. 安全评价师：基础知识 [M]. 北京：中国劳动社会保障出版社，2010.

[5] 刘铁民，张兴凯，刘功智. 安全评价方法应用指南 [M]. 北京：化学工业出版社，2005.

[6] 景国勋，施式亮. 系统安全评价与预测 [M]. 徐州：中国矿业大学出版社，2009.

[7] 孙世梅，张智超. 安全评价 [M]. 北京：中国建筑工业出版社，2016.

[8] 周波. 安全评价技术 [M]. 北京：国防工业出版社，2012.

[9] 刘双跃. 安全评价 [M]. 北京：冶金工业出版社，2010.

[10] 陈宝智. 系统安全评价与预测 [M]. 北京：冶金工业出版社，2005.

[11] 赵耀江. 安全评价理论与方法 [M]. 2 版. 北京：煤炭工业出版社，2015.

[12] 罗云，樊运晓，马晓春. 风险分析与安全评价 [M]. 北京：化学工业出版社，2004.

[13] 佟瑞鹏. 常用安全评价方法及其应用 [M]. 北京：中国劳动社会保障出版社，2011.

[14] 郝秀清，任建国，樊晶光. 我国安全评价机构现状与分析 [J]. 中国安全生产科学技术，2007，3
(2)：78-82.

[15] 许芝瑞，孙文勇，赵东风. HAZOP 和 LOPA 两种安全评价方法的集成研究 [J]. 安全与环境工程，
2011，18 (5)：65-68.

[16] 曹庆贵. 安全系统工程 [M]. 北京：煤炭工业出版社，2010.

[17] 曹庆贵. 企业风险管理与监控预警技术 [M]. 北京：煤炭工业出版社，2006.

[18] 曹庆贵，王以功. 煤矿重大事故风险评价方法的研究与应用 [J]. 中国矿业，2012，21 (10)：16-
19，29.

[19] 曹庆贵，周鲁洁，张玉鹏. 煤矿事故风险监控与应急救援方法体系研究 [C] //郭德勇，杜波，王宏伟.
中国煤矿应急救援基础研究. 北京：煤炭工业出版社，2014：209-214.

[20] 曹庆贵. 煤矿安全评价与安全信息管理 [M]. 徐州：中国矿业大学出版社，1993.

[21] 刘文生，曾凤章. 贝叶斯网络在煤矿生产系统安全评价中的应用 [J]. 工矿自动化，2008 (1)：1-4.

[22] 郑恒，徐连胜，韦健. 基于贝叶斯网络的港口生产安全评价方法 [J]. 水运工程，2007 (4)：23-27.

[23] 张兴凯，周建新，李彪. 企业安全评价过程探讨 [J]. 华北科技学院学报，2004，1 (4)：1-3.

[24] A 库尔曼. 安全科学导论 [M]. 赵云胜，等，译. 北京：中国地质大学出版社，1991.

[25] 蔡庄红，何重玺. 安全评价技术 [M]. 北京：化学工业出版社，2008.

[26] 马剑，叶新，林鹏. 基于证据理论的地铁火灾安全评价方法 [J]. 中国安全生产科学技术，2017，13
(1)：134-140.

[27] 刘峰，叶义成，黄勇. 系统安全评价方法的研究现状及发展前景 [J]. 中国水运，2007，7 (1)：
179-181.

[28] 张其立，邱彤，赵劲松，等. 3 种安全评价方法的集成研究 [J]. 计算机与应用化学，2009，29 (8)：
961-965.

[29] 宋马俊. 安全评价方法科学性与适应性论证研究 [J]. 电力安全技术, 2007, 9 (4)：28-31.

[30] 吴昊. 系统安全评价方法对比研究 [J]. 中国安全生产科学技术, 2009, 5 (6)：209-213.

[31] 陆君花. 浅析安全评价方法的选择、运用和完善 [J]. 化工文摘, 2008 (2)：55-57.

[32] 张晓燕, 冯明洋, 林红. 基于 PDPC 方法的 LNG 储罐安全评价创新研究 [J]. 石油化工安全环保技术, 2015, 31 (5)：10-13, 32.

[33] 曹庆贵. 煤矿顶板事故安全评价应用软件初探 [J]. 煤炭企业管理, 1990 (5)：23-26.

[34] 蒋军成, 郭振龙. 工业装置安全卫生预评价方法 [M]. 北京：化学工业出版社, 2004.

[35] 宋大成. 风险评价方法——MES 法 [J]. 中国职业安全卫生管理体系认证, 2002 (5)：34-35.

[36] 翟家常. 建筑施工安全管理系统评价方法研究 [J]. 建筑安全, 2007 (10)：21-23.

[37] 包丽雅. 基于事件树的石油储罐区火灾风险的定量评估 [J]. 防灾科技学院学报, 2013, 15 (1)：82-87.

[38] 王智源, 来国伟, 王峰, 等. 基于事件树分析法的油库作业安全风险评估研究 [J]. 石油库与加油站, 2010, 19 (5)：31-35.

[39] 谢飞. 道化学公司火灾、爆炸指数评价法在生产场所中的应用 [J]. 科技信息, 2012 (30)：476-477.

[40] 程卫民, 苏绍桂, 辛嵩. 系统安全性预测模型与系统的建立 [J]. 辽宁工程技术大学学报, 2003, 22 (4)：533-535.

[41] 陈晓剑, 梁樑. 系统评价方法及应用 [M]. 合肥：中国科学技术大学出版社, 1993.

[42] 刘学明. 大型原油储罐定量评价及事故后果分析 [D]. 沈阳：东北大学, 2014.

[43] 吴宗之, 高进东, 魏利军. 危险评价方法及其应用 [M]. 北京：冶金工业出版社, 2002.

[44] 中国安全生产科学研究院. 危险化学品重大危险源辨识：GB 18218—2009 [S]. 北京：中国标准出版社, 2009.

[45] 裘霖. 大连港原油库区安全评价及风险控制研究 [D]. 大连：大连海事大学, 2013.

[46] 中国就业培训技术指导中心. 安全评价常用法律法规 [M]. 北京：中国劳动社会保障出版社, 2010.

[47] 王洪德, 石剑云, 潘科. 安全管理与安全评价 [M]. 北京：清华大学出版社, 2010.

[48] 许琛琛. 保护层分析（LOPA）在油气管道输油站场的应用 [J]. 仪器仪表标准化与计量, 2016, 4 (54)：13-15.

[49] 周宁, 孙权, 魏钰人, 等. 保护层分析在化工园区重大危险源事故风险分析中的应用 [J]. 安全与环境工程, 2015, 22 (3)：126-129.

[50] 于红红, 王德国, 张华兵, 等. 城镇燃气管道典型事故案例保护层分析 [J]. 完整性与可靠性, 2016, 35 (3)：254-258.

[51] 施式亮, 王鹏飞, 李润求. 工业安全评价方法与矿井安全评价技术综述 [J]. 湘潭矿业学院学报, 2002, 17 (4)：5-8.

[52] 杨玉中, 吴立云. 胶带运输系统安全性的模糊综合评判 [J]. 数学的实践与认识, 2008, 38 (3)：29-35.

[53] 董颖. 浅谈我国安全评价行业现状及其发展发向 [EB/OL]. https：//wenku.baidu.com/view/840fdb9d376baf1ffd4fad6d.html, 2015, 11.

[54] 邢锐, 贡锁平, 王云慧. 保护层分析技术在液氯罐车现场使用风险控制中的应用 [J]. 常州大学学报（自然科学版）, 2015, 27 (4)：107-112.

[55] 邓军, 李珍宝, 李贝, 等. 基于安全质量标准化的煤矿安全评价新方法 [J]. 煤矿安全, 2014, 45 (2)：218-223.

[56] 王太峰. 煤矿安全及评价方法现状研究 [J]. 山东煤炭科技, 2013 (2)：195-197.

[57] 潘继红. 矿山工程安全评价方法的探讨 [J]. 科技经济市场, 2016 (7)：43-45.

[58] 刘戈然. 蝶形图在冷热空气试验中的应用 [J]. 石河子医学院学报, 1991, 13 (2)：81-82.

[59] 张景林, 崔国璋. 安全系统工程 [M]. 北京：煤炭工业出版社, 2002.

[60] 于文贵. 我国安全评价现状的分析及对策的思考 [J]. 中国安全科学学报, 2010, 20 (1): 56-60.

[61] 周波, 谭芳敏. 安全管理 [M]. 北京: 国防工业出版社, 2015.

[62] 刘茂. 事故风险分析理论与方法 [M]. 北京: 北京大学出版社, 2011.

[63] 任波. 空中交通安全管理的研究 [D]. 南京: 南京航空航天大学, 2002.

[64] 中国安全生产科学研究院, 等. 生产经营单位生产安全事故应急预案编制导则: GB/T 29639—2013 [S]. 北京: 中国标准出版社, 2013.

[65] 何旭洪, 黄祥瑞. 工业系统中人的可靠性分析: 原理、方法与应用 [M]. 北京: 清华大学出版社, 2007.

[66] 李树清. 风险矩阵法在危险有害因素分级中的应用 [J]. 中国安全科学学报, 2010, 20 (4): 83-87.

[67] 黄曙东. 基于人因失误率预测法改进的事故后人因可靠性分析技术 [J]. 安全与环境学报, 2005, 5 (6): 115-117.

[68] 蔡凤英, 谈宗山, 孟赫, 等. 化工安全工程 [M]. 北京: 科学出版社, 2001.

[69] 蒋军成. 化工安全 [M]. 北京: 中国劳动社会保障出版社, 2008.

[70] 机械工业仪器仪表综合技术研究所, 等. 过程工业领域安全仪表系统的功能安全: GB/T 21109—2007 [S]. 北京: 中国标准出版社, 2007.

[71] 机械工业仪器仪表综合技术研究所, 等. 保护层分析 (LOPA) 应用指南: GB/T 32857—2016 [S]. 北京: 中国标准出版社, 2017.

[72] 中国标准化研究院, 等. 生产过程危险和有害因素分类与代码: GB/T 13861—2009 [S]. 北京: 中国标准出版社, 2009.

[73] Zeleny, M. Management support systems: towards integrated knowledge management [J]. Human Systems Management, 1987, 7: 59-70.

[74] Editor's Summary. Big data: science in the petabyte era [EB/OL]. http://www.nature.com/nature/journal/v455/n7209/edsumm/e080904-01.html.

[75] 张玉宏. 品味大数据 [M]. 北京: 北京大学出版社, 2016.

[76] 周苏, 王文. 大数据导论 [M]. 北京: 清华大学出版社, 2016.